物理学（上）

主 编 杨晓峰 许丽萍

北京大学出版社
PEKING UNIVERSITY PRESS

内 容 简 介

本教材是以全日制普通高等学校大学物理课程的教学为目的而编写的.全书共21章,分上、下两册,覆盖了普通物理学中的力学、热学、电磁学、光学和近代物理学五大部分.上册主要内容为:力学的物理基础,机械振动与机械波,气体动理论,热力学基础,静电场与静电场中的导体和电介质;下册主要内容为:稳恒电流,稳恒磁场,电磁感应,物质的磁性,麦克斯韦方程组以及电磁场与电磁波,光的干涉,光的衍射和光的偏振,狭义相对论,光的量子性和量子物理基础.

本书可作为高等学校理工科非物理类专业的教材,也可用作函授院校、高等职业技术学院的教材或教学参考书.

前　　言

物理学是研究物质的基本结构、基本运动形式、相互作用和转化规律的学科，是其他自然科学和工程技术的基础.以物理学为主要内容的大学物理课程是高等学校理、工、农、医等专业学生的一门重要基础课，它所阐述的物理学基本概念、基本规律和研究的基本方法不仅是学生学习后续专业课程的基础，也是培养和提高学生综合素质和科技创新能力的重要内容.

物理学的研究范畴几乎无所不包.从空间尺度上看，远至宇宙深处，近在咫尺之间，大到广袤苍穹，小到分子原子；从时间上看，长的可溯源整个宇宙的历史，短的只有 10^{-24} s 左右(不稳定粒子的寿命).

物理学最初是从对力学运动规律的研究中发展起来的.17 世纪，开普勒、伽利略和牛顿建立了自然科学的研究方法，这种方法最终使得他们能用数学术语来系统地阐述物理学的基本规律，并能理解诸如自由落体、行星运动和钟摆摆动等运动过程.沿着这种思维范式，从 18 世纪到 19 世纪后半叶，库仑、伏特、安培、法拉第、麦克斯韦对电磁现象进行不懈的研究，成功揭示电、磁现象的本质和电与磁的联系，形成了电磁学.在对热现象本质的探索和提升热机效率的努力中，焦耳、卡诺、克劳修斯、玻尔兹曼等人得出了热学的两条核心定律和分子运动的微观解释.到 19 世纪末，物理学成为一个完整的体系，称为经典物理学(classical physics).20 世纪初的 30 年里，物理学经历了伟大的革命，相对论和量子力学诞生，从此产生了近代物理学(modern physics).

物理学不但是研究其他自然学科必不可少的基础，而且和现代人类生活紧密联系.没有哪一门学科像物理学这样极大地推动着人类文明的进步.手机、电视的产生和发展要归功于 1888 年赫兹的电磁波产生和接收实验；计算机最基本的逻辑单元可追溯到 1947 年物理学家巴丁等人发明的半导体三极管；空调和冰箱则是热学研究最直接的产品；医疗诊断技术，从传统的 X 射线成像到 B 超、核磁、CT(电子计算机断层扫描)，无一不是从物理实验室走出来的技术；激光和光纤的应用更是构筑人类高度依赖的数字化生活和互联网时代的基石.这种例子我们可以一直列举下去，很难想象，我们身边的哪一件物品和物理学的发展无关.

物理学也是极能反映人类杰出智慧的领域.伽利略、牛顿、麦克斯韦、玻尔兹曼、爱因斯坦、居里夫人等都是我们从小学起就顶礼膜拜的偶像.他们那闪耀着智慧光芒的理论与发现，以及极具人格魅力的逸闻趣事，我们从小就耳熟能详.在人类历史文明的星空中，最具独特耀眼光芒的当数这些物理学家.

当前在市场经济大潮冲击下，物理学学科和物理教育面临新的挑战.本书编者有强烈的愿望，希望物理教育回归它的本来面目，并展示它应有的价值，体现出物理学的“好学，有趣，有用”.本书编者都是 20 年以上教龄的高校物理教师，他们长期教学形成的讲义各有特点，希望本书的编写能把它们整合起来.同时，考虑科研对物理基础知识的要求，本书也吸纳了国外优秀物理学教材和现今国内教材中一些好的讲法.

本教材编写的特点以及致力于解决的问题如下.

1.加大对日常生活中物理现象的讨论，力求减少虚构的理想问题.传统的物理例题和习题有太多理想化和虚构出来的问题，由于和实际严重脱离，难免使本来生动活泼的物理学变成枯燥的数学技巧的演算.实际上，无论是经典的力学还是最新的物理学前沿，都和我们的生活及身边现象密切相关.编者希望,通过对本教材的学习,让学生切实体验到用物理学知识解决实际问题的成就感.

2.物理理论繁复的数学推导应该让位于定性的演绎.过去我们把物理理论推导的严谨性放在首位,其实这对工科学生并不是最重要的,反而可能会减弱他们对物理的兴趣.国际上一些物理学大家的讲授风格是物理学教学的最佳榜样,他们总是非常注重用浅显易懂的类比和形象化的语言来代替复杂的推导.

3.定性半定量化分析物理现象是物理学研究中一种最重要的能力.一方面物理的理论简单而精确,一方面世界展示的现象错综复杂,多个因素掺杂其中,这需要抓住问题的主要方面进行定性半定量化的分析推演.当一位成熟的物理学家进行探索性研究时,常常从定性半定量的方法入手,包括对对称性的考虑、守恒定律的利用、简化模型的选取,对问题的性质和解的概貌取得一个整体的估计和理解.否则一下子陷入细枝末节的讨论,形成一叶障目,只见树木,不见森林的困境.

4.立足传统基本的知识点,不奢望囊括太多的物理学前沿内容.力学、热学、光学、电磁学、近代物理学五大部分,是个恢宏的体系,任何试图全面系统地介绍这一整个体系的尝试都会显得力不从心,近年来一些教材为了让学生了解更多的近代物理学前沿知识,加入了许多现代高新技术的内容,无疑更加重了教学难度.然而,经过多年的教学发现,一些内容不具有贯通性.

实现上述目标是个长期而艰巨的任务,我们将致力于斯,一些变革在本教材中有所体现,考虑教材使用的连续性,也保留了很多传统教材中讲授的特征.另外,本教材对重要的物理学家的学术成就和生活逸事做了较详细的介绍,使学生们在仰慕他们的超凡智慧的同时,也能领略他们迥异的个性和色彩斑斓的人生.

全书分上、下两册,共21章.参加编写的有杨常青(第1至第4章),田瑞生(第5、第6章),王志斌(第7、第8章),闫仕农(第9、第10章),魏天杰(第11、第12章),许丽萍(第13至第15章),李亦军(第16至第18章),杨晓峰(第19至第21章).全书由杨晓峰教授和许丽萍教授担任主编.贾华、钟运连、沈阳编辑了配套教学资源,魏楠、苏娟、汤晓提供了版式和装帧设计方案.在此一并感谢.

由于编者水平有限,有些内容尚处于探索阶段,错误之处在所难免,恳请广大教师和读者不吝批评指正.

编　者

2019年10月

目　　录

第1章 质点运动学

物理学是研究物质运动最一般规律和物质基本结构的学科. 物理学的兴起,是从经典力学开始的. **经典力学**一般简称为**力学**,所谓“经典”,是指其仅适用于宏观物体在不涉及强引力场情况下的低速(速度远小于光速) 运动.

经典力学是研究物体机械运动规律的一门学科. 所谓**机械运动**,是指物体位置随时间而相对变化的运动. 机械运动是物质最简单、最基本的运动形态,而各种复杂的运动形态都包含有机械运动. 要研究复杂的运动形态,当然应该从最简单的运动形态开始,因此力学是学习物理学的入门向导,也是近代工程技术的理论基础.

通常把力学分为运动学、动力学和静力学. **运动学**只研究对物体机械运动的描述,不追究运动发生的原因. 而讨论物体由一种状态改变成另一种状态的问题属于**动力学**的问题,它研究的是物体运动状态与相互作用的联系. **静力学**研究物体在相互作用下维持平衡状态的问题,可以把它看作动力学中的一个特例.

质点运动学既是动力学的基础,也是其后各部分内容的基础. 它研究的是在不同时刻物体的位置、运动状态(速度),以及运动状态的变化率(加速度). 在本章中,应用矢量和微积分概念,着重分析描述运动的三个物理量 —— 位置矢量、速度和加速度的意义,以及它们的相互关系. 同时讨论在不同参考系中处理运动学问题的方法,以及它们的相互联系.

1.1 物理量及其量度

物理学是实验科学,是以测量为基准的. 为了研究物质运动的规律,必须引入一些量来描述物质的性质和运动的状态,这些能够定量地反映物质性质或物质运动状态的量,称为**物理量**. 一个物理量的测量结果一般包括数值和单位两个不可缺少的部分.

1.1.1 单位制 基本单位和导出单位

物理量的量度,就是对物理量先规定一个标准单位,然后把待测的量跟这个标准单位进行比较,看它是标准单位的多少倍.

由于各物理量之间可以通过定义和规律建立一定的联系,所以在量度物理量时,不必给所有物理量规定单位,只需选取几个物理量,规定它们的标准单位,其他物理量的单位可以通过定义或规律导出. 这些选取出来的互相独立的物理量(如长度、质量、时间等) 称为**基本量**,其他物理量则可按照与基本量之间的关系式(定义或定律) 导出,这些物理量叫作**导出量**.

导出量的单位都是基本单位的组合,称为导出单位. 按照物理量之间关系制定的单位,构成一定的单位制.

1.1.2 国际单位制(SI)

在采用国际单位制以前,常用的力学单位制有绝对单位制和重力单位制两类. 绝对单位制是先规定了质量的单位,然后根据牛顿运动方程规定力的单位.重力单位制是先规定力的单位,然后根据牛顿运动方程规定质量的单位.

目前,国内外通用的单位制是国际单位制,国际单位制规定以下七个量为基本量:

① 时间的基本单位为秒,符号为 s.

② 长度的基本单位为米,符号为 m.

③ 质量的基本单位为千克,符号为 kg.

④ 电流的基本单位为安[培],符号为 A.

⑤ 热力学温度的基本单位为开[尔文],符号为 K.

⑥ 物质的量的基本单位为摩[尔],符号为 mol.

⑦ 发光强度的基本单位为坎[德拉],符号为 cd.

为了方便地表示物理中常用的极大或极小的量,我们可以用科学记数法表示.例如,地球的平均半径可以写为 6.37×10^{6} m,光速可以写成 2.99792458×10^{8} m/s 等.

在描述物理量大小时,加上如表1-1所示的词头则会更加方便.在国际单位制中,每个词头代表乘一个确定的10的 n 次方因数.例如,生活中常用的厘米、毫升和兆字节等,就是一些加上了词头的单位.

表1-1 国际单位制(SI)词头表示法

因数	词头名称	符号	因数	词头名称	符号
10^{18}	艾[可萨]	E	10^{-1}	分	d
10^{15}	拍[它]	P	10^{-2}	厘	c
10^{12}	太[拉]	T	10^{-3}	毫	m
10^{9}	吉[咖]	G	10^{-6}	微	μ
10^{6}	兆	M	10^{-9}	纳[诺]	n
10^{3}	千	k	10^{-12}	皮[可]	p
10^{2}	百	h	10^{-15}	飞[母托]	f
10^{1}	十	da	10^{-18}	阿[托]	a

[ ]号内的字,在不引起混淆的情况下,可以省略.

1.1.3 时间

时间表征物质运动的持续性.物理学的时间不是抽象的时间,而是测量到的时间.

任意一个周期性重复的现象均可作为时间的标准,一般采用地球绕自己轴线的转动(自转)作为时间的计量基准,并定义1 s为平均太阳日的1/86 400——平均太阳日就是一年间在地面上某一位置从正午到正午或从子夜到子夜的平均所用时间.由于地球的自转受到潮汐等因素的影响而有微小的变化,以地球的自转作为计时的依据是不精确的,于是人们开始寻求更具等时性的、不受外界影响的、量度时间的自然标准.

利用某些分子或原子的固有振动频率作为时间的计量基准的原子钟,它们的精度分别达到

10^{-9} 和 10^{-10} 以上，比基于地球自转的时钟准确几十倍或几百倍以上. 因此 1967 年第十三届国际计量大会决定采用铯原子能级跃迁周期作为新的时间计量基准，定义 1 s 等于铯-133 原子基态的两个超精细能级间跃迁对应的辐射的 9 192 631 770 个周期的持续时间. 2018 年第二十六届国际计量大会重新修订时间单位为：当铯频率 $\Delta\nu_{Cs}$，也就是铯-133 原子不受干扰的基态超精细跃迁频率，以单位 Hz 即 s^{-1} 表示时，取其固定值为 9 192 631 770 来定义秒. 这个跃迁频率测量的准确度达到 10^{-12} 至 10^{-13}. 一般讲，两个铯原子钟在运行 6 000 年后相差将不超过 1 s.

在运动学中还常用到时刻的概念. 在一定的参考系中考察质点的运动时，与质点某一所在位置相对应的为某一时刻，与质点所走某一段路程相对应的为某一段时间. 例如，钟表上指针所指的某一位置表示某一时刻，两个不同位置表示两个不同时刻，而两个时刻的间隔就表示一段时间. 一些时间间隔的近似值如表 1-2 所示.

表 1-2　一些时间间隔的近似值

宇宙年龄	4.3×10^{17} s	人类寿命估计值	2.4×10^{9} s
太阳年龄	1.4×10^{17} s	一天的长度	8.64×10^{4} s
地球年龄	1.4×10^{17} s	人的脉搏周期	0.9 s
地球公转周期	3.2×10^{7} s	介子半衰期	2.0×10^{-6} s
人类文明史	1.6×10^{11} s	最短粒子寿命	1.0×10^{-25} s

1.1.4　长度

空间反映物质运动的广延性. 空间中两点间的距离为长度. 任何长度的计量都是通过与某一长度基准比较而进行的.

长度的米制标准是 18 世纪法国引进的，把通过巴黎的子午线从北极到赤道之间长度的千万分之一定义为米，但在这一定义最初确定之后，许多精确测量结果都表明，这和它所要表达的值略有差值(约 0.023%). 此后，国际上对长度基准"米"的定义做过四次修改.

第一次，1889 年第一届国际计量大会通过：将保存在法国的国际计量局中铂铱合金棒在 0℃ 时两条刻线间的距离定义为 1 米. 这是长度计量的实物基准.

图 1-1　米原器

第二次，考虑到米原器(见图 1-1)是人造的实物标准，它会随环境条件变化，有被破坏的可能，例如被火灾、战争或其他灾害所破坏；而且其精度也不满足科学技术发展的要求. 于是人们开始寻找更稳定、更精确的自然标准.

用光的波长作为长度标准很早就被提出. 在狭义相对论被实验证明后，真空中的光速 c 具有不变性被公认. 人们开始探索用光波作长度基准的方法. 当光干涉技术出现以后，人们可以将实物的长度和光的波长进行比较.

1960 年第十一届国际计量大会上决定用氪 86(^{86}Kr) 原子的橙黄色光波来定义米，规定米为这种光的波长的 1 650 763.73 倍. 这一波长数目是用该光波精确量度标准米原器而得到的. 这一新的米标准，不仅恒定不变，随地可得，实现了长度的自然基准，而且提高了测量的精确度(达 4×10^{-9}).

第三次,是在20世纪60年代激光器问世以后.激光具有极好的单色性.随着激光稳频技术的迅速发展,使激光的频率稳定性可高于10^{-11},远优于氪86(^{86}Kr)光对米的定义.1983年10月第十七届国际计量大会通过:米是光在真空中1/299 792 458 s的时间间隔内运行路程的长度.

第四次,2018年第二十六届国际计量大会重新修订长度单位为:当真空中光速c以单位m/s表示时,取其固定数值为299 792 458来定义米,其中秒用$\Delta\nu_{Cs}$定义.

一些长度的近似值如表1-3所示.

表1-3 一些长度的近似值

可观察宇宙半径	2.0×10^{26} m	人眼最敏感光波波长	5.5×10^{-7} m
地球到冥王星距离	5.9×10^{12} m	典型生物病毒的大小	1.0×10^{-8} m
地球的半径	6.4×10^{6} m	原子半径	1.0×10^{-10} m
珠穆朗玛峰高度	8.8×10^{3} m	质子半径	1.0×10^{-15} m
说话声波波长	4.0×10^{-1} m	夸克半径	小于1.0×10^{-20} m

1.1.5 质量

质量的基准单位叫作千克(kg).1889年,第一届国际计量大会决定,1 kg质量的实物基准是保存在法国巴黎国际计量局中的一个特制的、直径为39 mm的铂-铱圆柱体,称为国际千克原器(见图1-2).将这基准质量的千分之一定义为克(g).

图1-2 国际千克原器

实物原器会受到空气及空气中碳、汞等污染物的影响而产生质量变化.2018年11月16日,第二十六届国际计量大会正式通过:更新国际标准质量单位"千克"的定义,由普朗克常数取固定值$h=6.626\,070\,15\times10^{-34}$ kg·m²/s确定."千克"成为最后一个由实物定义转为自然量定义的基本量单位.至此,所有基本物理量单位都由自然规律定义,不再依靠任何实际物质.

一些物体的近似质量如表1-4所示.

表1-4 一些物体的近似质量

已知的宇宙	1.0×10^{53} kg	鸡蛋	7.0×10^{-2} kg
太阳	2.0×10^{30} kg	尘埃微粒	7.0×10^{-10} kg
月球	7.3×10^{22} kg	铀原子	4.0×10^{-25} kg
远洋货轮	7.0×10^{7} kg	质子	1.7×10^{-27} kg
大象	5.0×10^{3} kg	电子	9.1×10^{-31} kg

1.2 参考系和坐标系

什么是运动?要给运动以精确的描述,就不得不依赖空间和时间的概念.时间、空间和物质(物体)是建立物理学不可缺少的基本概念.运动总是在空间与时间中发生的,一个物体如果在不同时刻占据不同位置,我们就说它是在运动着的. 空间与时间是物质与运动的广延性与持续性的反映,是事物的次序性的体现. 对机械运动而言,空间规定了运动物体的大小与位置,时间则规定了运动过程的长短与顺序. 在牛顿力学范围内,空间与时间是脱离物质与运动独立存在而互不相关的,称为**绝对时空观**. 近代的相对论表明,时间、空间是与物质及其运动紧密联系着的,空间的几何性质与时间的量度,既与观察者的运动状态有关,又与物质分布及其运动状态有关.

1.2.1　参考系　坐标系　质点

1. 参考系

物理学的基本问题之一是描述物体的位置及其运动. 一般地说,一个物理量的测量依赖于观察者进行测量时选作参考的其他物体或物体群. 研究物体运动时所参照的物体或物体群,称为**参考系**. 物体是运动还是静止,总是相对于一定的参考系而言的.

研究运动学问题时,参考系的选择可以是任意的,主要看问题的性质和研究的方便. 但是在考虑动力学问题时,选择参考系就要慎重了,因为一些重要的动力学规律(如牛顿第二定律等)只对某类特定的参考系(惯性系)成立.

2. 运动描述的相对性

参考系的选择对描述物体的运动具有重要意义. 同一个物理量,如果由两个彼此做相对运动的观察者来测量的话,可能有不同的值.

同一物体运动,参考系不同,对物体运动的描述就会不同,称为运动描述的相对性. 例如,在匀速行驶的车上,有人放开手中的石子,在车上的人认为石子在做自由落体运动,石子的轨迹是一条直线;站在地面的人看来,石子在做平抛运动,其运动轨迹是抛物线.

运动是物质存在的形式,物质的各种运动形式都有其特殊规律,物质运动存在于人类意识之外,这就是所谓运动的绝对性.

3. 坐标系

在选定参考系后,要想进一步精确地描述物体的运动,把物体在各个时刻相对于参考系的位置定量地表示出来,就要在参考系上选择一个固定的坐标系. 要解决任何一个具体的力学问题,首先应当建立坐标系. **坐标系**实质上是参考系的数学抽象,指明坐标系也就指明了参考系.

常用坐标系有直角坐标系、球坐标系、极坐标系和自然坐标系等. 坐标系选择得当,可以使计算简化. 直角坐标系的坐标轴固定不动,而且是正交坐标系,比较易于掌握. 当加速度为常量时(如重力加速度),应选取直角坐标系;当加速度总指向空间一点时(有心力情形),选极坐标系较为方便;当质点的轨迹已知时(如限定在某曲线轨道上滑动),则可选用自然坐标系.

4. 质点

质点的概念是力学中的基本概念之一,也是物理学中引入的第一个理想化模型. 理想模型是当对某一物体的某一性质进行研究时,为了便于研究而忽略对研究问题没有直接关系的属性和作用而建立的一种高度抽象的理想客体. 其作用是把所要研究问题的主要有关特点分离出来以简化分析工作.

物体的机械运动可分为平动、转动和形变. 一般情况下,物体的运动是既有平动又有转动还有形变的,例如,地球一面绕太阳公转 —— 平动,一面绕地轴自转 —— 转动,一面又有潮汐、大

气环流等运动 —— 形变.

如果物体的大小和形状在我们研究的问题中不起作用或所起作用可忽略不计,我们就可以近似地把物体看作一个只有质量而没有大小和形状的点,称为**质点**.

质点是经过科学抽象而形成的物理模型,是为了更确切地描述运动的主要方面,因而忽略其次要方面而引入的. 它突出了物体具有质量和占有位置这两个主要因素,而忽略了形状、大小及内部运动等次要因素.

把物体当作质点是有条件的,对具体情况要具体分析. 一个物体能否被视为质点,并不是单纯看物体的大小,而是看物体的形状、大小在所研究的问题中所起的作用. 例如,在研究地球绕太阳公转问题中,地球可以看成质点,而在研究地球自转问题时,就不能把地球看成质点.

1.2.2 位置矢量　运动方程　位移

矢量在物理学中有着广泛的应用. **矢量**既有大小又有方向,其运算要遵从一定的定则,如矢量的相加遵从平行四边形定则或三角形定则.

矢量表示的优点是,给定了参考系时与选择的坐标形式无关,便于做一般性的定义陈述和关系式推导,使物理定律的表述无须引入坐标系而具有物理内容. 然而,在做具体计算时,因为代数运算比矢量运算要容易,我们可以根据问题的特点,选择适当的坐标系,把矢量方程投影到各个坐标轴,使之成为代数方程. 这是通常处理问题的方法.

如果一个物理量是矢量,我们就不能忽略它的方向性,因为方向的变化所产生的影响和数值大小的变化所产生的影响同样重要.

1. 位置矢量 $\boldsymbol{r}$

质点的运动是指质点的空间位置随时间的变化. 质点运动学的基本问题是如何描述质点的位置及其变化情况.

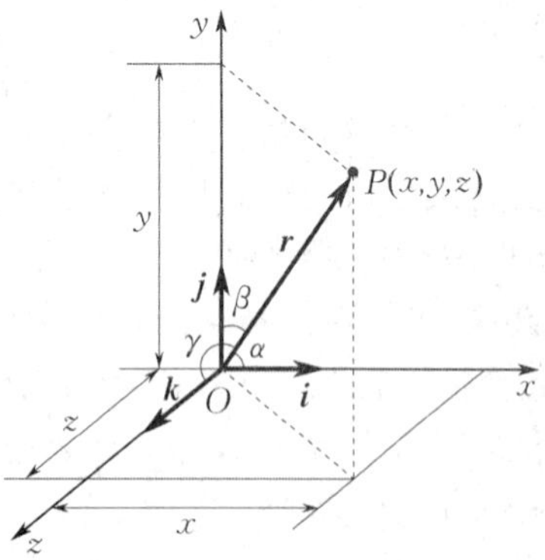

图 1-3　位置矢量

在物理学中,质点的位置用位置矢量 $\boldsymbol{r}$ 表示. **位置矢量**简称**位矢**,是一根从原点指向质点在 t 时刻位置的有向线段. 若在选定的参考系中确定了坐标系的原点 O 和坐标轴,则由 O 点指向质点所在位置 P 点的矢量 $\boldsymbol{r}$ 就是质点的位矢,如图 1-3 所示.

位矢有两个要素:一是用它的长度表示质点到原点的距离,叫作位矢 $\boldsymbol{r}$ 的大小,用 $|\boldsymbol{r}|$ 表示,也可以用 r 表示;二是用箭头所指的方向表示位矢的方向.

在直角坐标系中,如果 $\boldsymbol{r}$ 沿三个坐标轴的分量分别为 x,y 和 z,以 $\boldsymbol{i}$,$\boldsymbol{j}$,$\boldsymbol{k}$ 分别表示沿 x,y,z 轴正方向的单位矢量,这里单位矢量就是具有单位长度的矢量,则 $\boldsymbol{r}$ 可表示为

$$\boldsymbol{r} = x\boldsymbol{i} + y\boldsymbol{j} + z\boldsymbol{k}. \tag{1-1}$$

位矢的大小为

$$r = |\boldsymbol{r}| = \sqrt{x^2 + y^2 + z^2}. \tag{1-2}$$

位矢 $\boldsymbol{r}$ 的方向可以用它与三个坐标轴夹角的余弦(称为**方向余弦**)表示. 设 α,β,γ 分别是位矢 $\boldsymbol{r}$ 与 x 轴、y 轴以及 z 轴的夹角,则位矢 $\boldsymbol{r}$ 的方向余弦是

$$\cos\alpha = \frac{x}{r},\quad \cos\beta = \frac{y}{r},\quad \cos\gamma = \frac{z}{r},\tag{1-3}$$

且 $\cos^2\alpha + \cos^2\beta + \cos^2\gamma = 1$.

当质点运动时，位矢的大小和方向都随时间变化，并且与通常的矢量不同，位矢依赖于坐标系的选择，所以位矢具有矢量性、瞬时性、相对性.

2. 运动方程 $\boldsymbol{r}(t)$

质点的机械运动是质点的空间位置随时间而变化的过程，质点的坐标 x,y,z 和位矢 $\boldsymbol{r}$ 都是时间 t 的函数，如图 1-4 所示，表示运动过程的函数式称为**运动方程**，可以写为

$$\boldsymbol{r} = \boldsymbol{r}(t) = x(t)\boldsymbol{i} + y(t)\boldsymbol{j} + z(t)\boldsymbol{k}.\tag{1-4}$$

在直角坐标系中，分量形式可以写为

$$x = x(t),\quad y = y(t),\quad z = z(t).\tag{1-5}$$

当质点在 x 轴和 y 轴组成的平面内运动时，运动方程可简化为两个函数式：

$$x = x(t),\quad y = y(t).\tag{1-6}$$

另一函数式 $z=0$ 通常不再写出. 知道了运动方程就能确定任一时刻质点的位置，从而确定质点的运动. 力学的主要任务之一，就是根据各种问题的具体条件求解质点的运动方程.

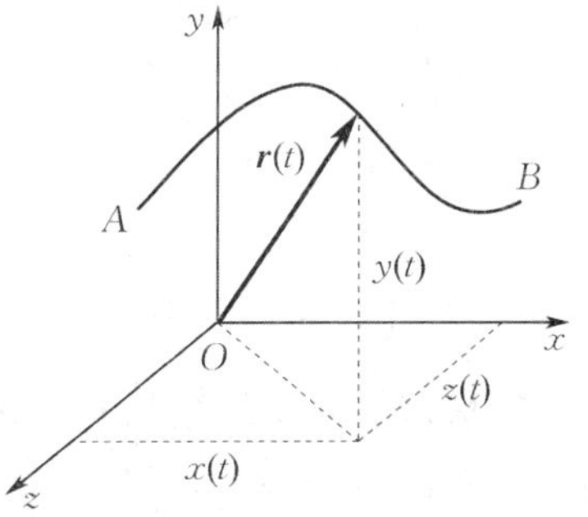

图 1-4　运动方程

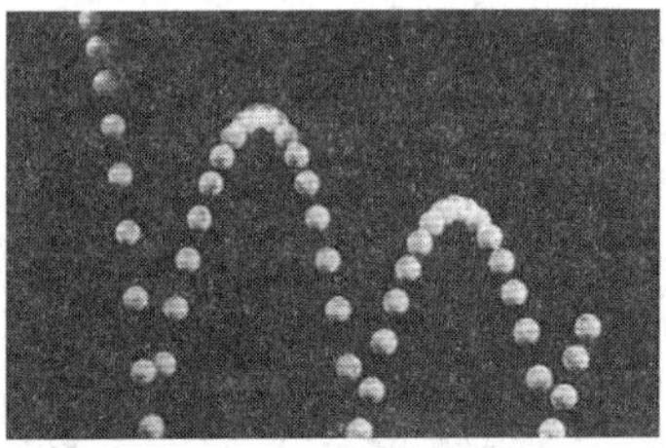

图 1-5　曲线运动

参考系选定之后，相对于参考系，任何时刻质点在空间中占据一点，且仅占据一点. 根据运动的连续性，质点在运动中所经过的空间各点连成的是一条连续曲线（见图 1-5），这条连续曲线就称为质点相对于参考系的运动**轨迹**. 同一个质点对于不同参考系的轨迹一般是不同的. 从分量方程中消去参数 t 就可以得到质点运动的轨迹方程. 运动轨迹为直线的运动，称为直线运动. 运动轨迹为曲线的运动，称为曲线运动.

【例 1.1】　已知一质点的位矢为 $\boldsymbol{r}(t) = R(\cos\omega t\boldsymbol{i} + \sin\omega t\boldsymbol{j})$，其中 R 和 ω 为常量，求该质点的轨迹.

解　由 $\boldsymbol{r} = x\boldsymbol{i} + y\boldsymbol{j} + z\boldsymbol{k}$ 知

$$x = R\cos\omega t,\quad y = R\sin\omega t,\quad z = 0,$$

消去参数 t，得

$$x^2 + y^2 = R^2,\quad z = 0.$$

由此可知，质点的运动轨迹是半径为 R 的圆.

3. 位移 $\Delta\boldsymbol{r}$

质点的位置变化叫作质点的**位移**，用 $\Delta\boldsymbol{r}$ 表示，它是描述物体位置变化大小和方向的物理量，如图 1-6 所示. 若质点在 t_1 时刻在 A 点的位矢为 $\boldsymbol{r}_1$，t_2 时刻在 B 点的位矢为 $\boldsymbol{r}_2$，则从 t_1 时刻到 t_2 时刻的位移为

$$\Delta\boldsymbol{r} = \boldsymbol{r}_2 - \boldsymbol{r}_1.\tag{1-7}$$

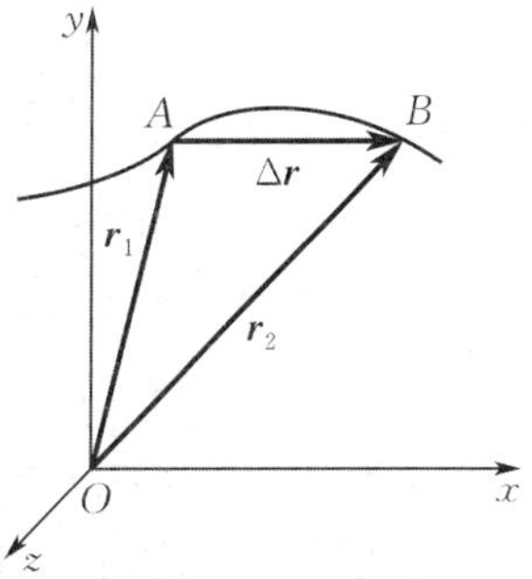

图 1-6　位移

在直角坐标系中，位移的表达式为

$$\Delta \boldsymbol{r} = (x_2 - x_1)\boldsymbol{i} + (y_2 - y_1)\boldsymbol{j} + (z_2 - z_1)\boldsymbol{k} = \Delta x\boldsymbol{i} + \Delta y\boldsymbol{j} + \Delta z\boldsymbol{k}, \tag{1-8}$$

位移的大小为

$$|\Delta \boldsymbol{r}| = \sqrt{(x_2 - x_1)^2 + (y_2 - y_1)^2 + (z_2 - z_1)^2}. \tag{1-9}$$

位移的大小只能记为$|\Delta \boldsymbol{r}|$,不能记作Δr. Δr表示的是两个位矢的长度差,是位矢的大小在t_1时刻到t_2时刻的增量,$\Delta r = |\boldsymbol{r}_2| - |\boldsymbol{r}_1|$.一般情况下$|\Delta \boldsymbol{r}| \neq \Delta r$,如图1-7所示.

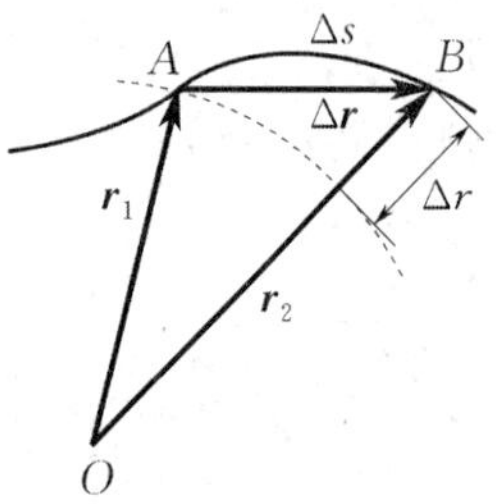

图1-7　$|\Delta \boldsymbol{r}|$和Δr的区别

与位移相对应的一个概念是质点在Δt时间内走过的路程Δs,质点运动轨迹的长度称为**路程**,是一个标量,可以是直线的长度,也可以是曲线的长度.

位移表示物体位置的改变,并非质点所经历的路程,仅与质点的初、末位置有关,与质点所经历的实际路程无关,是从起始位置指向终点位置的有向直线.它并不能描述在这段过程中质点位置的变化过程.任意两点之间的位移是唯一的,路程却可以有无数个.

一般情况下,$\Delta s \neq |\Delta \boldsymbol{r}|$,但有两种情况出现时,路程和位移大小可以相等:(1)方向不变的直线运动;(2)当$\Delta t \to 0$时,$\lim\limits_{\Delta t \to 0} \Delta \boldsymbol{r} = \mathrm{d}\boldsymbol{r}$,$\lim\limits_{\Delta t \to 0} \Delta s = \mathrm{d}s$,分别称为微元位移(简称元位移)和微元路程(简称元路程),有$\mathrm{d}s = |\mathrm{d}\boldsymbol{r}|$.

注意:即使$\Delta t \to 0$,$|\mathrm{d}\boldsymbol{r}|$也不能用$\mathrm{d}r$表示.

位矢和位移的量值都为长度,其单位在国际单位制(SI)中为米(m).

【例1.2】　一质点在Oxy平面内依照$x = t^2$的规律沿曲线$y = \frac{x^3}{320}$运动,其中x和y的单位是cm,t的单位是s.试求:该质点从第2 s末到第4 s末的位移.

解　将式$x = t^2$代入$y = \frac{x^3}{320}$,得

$$y = \frac{t^6}{320}.$$

分别将$t = 2$ s和$t = 4$ s代入运动方程$x = t^2$和$y = \frac{t^6}{320}$,求得

$t = 2$ s时刻,

$$x = 4.0\ \text{cm}, \quad y = 0.2\ \text{cm};$$

$t = 4$ s时刻,

$$x = 16.0\ \text{cm}, \quad y = 12.8\ \text{cm}.$$

这表明质点在这段时间内由A点(4,0.2)移至B点(16,12.8),如图1-8所示.位移$\overrightarrow{AB}$在x轴和y轴上的分量x,y分别为

$$\Delta x = (16 - 4)\ \text{cm} = 12\ \text{cm},$$

$$\Delta y = (12.8 - 0.2)\ \text{cm} = 12.6\ \text{cm}.$$

由此算出位移$\overrightarrow{AB}$的大小为

$$|\overrightarrow{AB}| = \sqrt{(\Delta x)^2 + (\Delta y)^2} = \sqrt{(12)^2 + (12.6)^2}\ \text{cm} = 17.4\ \text{cm}.$$

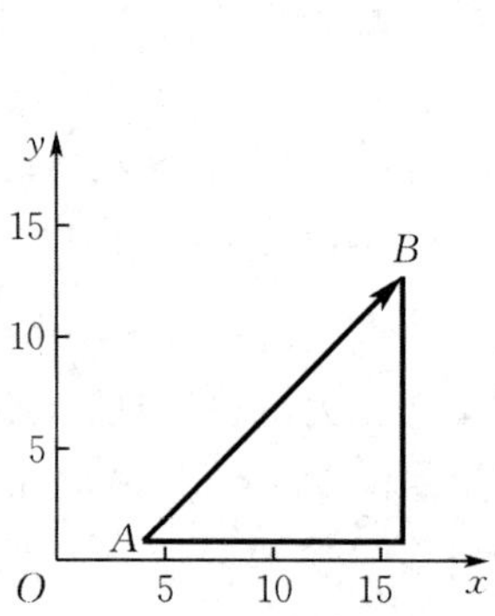

图1-8

$\overrightarrow{AB}$ 与 x 轴正方向的夹角为

$$\varphi = \arctan \frac{\Delta y}{\Delta x} = \arctan \frac{12.6}{12.0} \approx 46.4°.$$

1.3　速度和加速度

1.3.1　速度 $\boldsymbol{v}$

质点在运动过程中,其位置随着时间在变化着.为了描述质点运动的快慢程度,引入速度矢量.质点的**速度**是质点的位置随时间的变化率,是描述质点运动快慢和运动方向的物理量.运动的定量描述的核心概念是速度.

1.平均速度 $\overline{\boldsymbol{v}}$

若在 t 时刻质点的位矢为 $\boldsymbol{r}_1$,在 $t+\Delta t$ 时刻位矢为 $\boldsymbol{r}_2$,则在 Δt 时间间隔内质点的位移为

$$\Delta \boldsymbol{r} = \boldsymbol{r}_2 - \boldsymbol{r}_1,$$

那么,$\Delta \boldsymbol{r}$ 与 Δt 的比值,称为质点在时间 Δt 内的**平均速度**,表示为

$$\overline{\boldsymbol{v}} = \frac{\boldsymbol{r}_2 - \boldsymbol{r}_1}{\Delta t} = \frac{\Delta \boldsymbol{r}}{\Delta t}. \tag{1-10}$$

由式(1-10)可知,平均速度的方向与位移 $\Delta \boldsymbol{r}$ 的方向相同.一般地说,平均速度(包括大小和方向)只能用来描述所取时间间隔内的运动情况,所以在讨论平均速度时必须说明是在哪一段时间间隔内的平均速度.

描述质点运动时,也常采用速率这个物理量.把路程 Δs 与时间 Δt 的比值 $\frac{\Delta s}{\Delta t}$ 称为质点在时间 Δt 内的**平均速率**.平均速率是标量,不能与平均速度等同起来.例如,在某一段时间内,质点环行了一个闭合路径,显然质点的位移等于零,平均速度也为零,而平均速率却不等于零.

2.瞬时速度 $\boldsymbol{v}$

平均速度只能反映质点在 t 到 $t+\Delta t$ 这段时间内运动的平均快慢,不能详尽地反映这段时间内质点运动快慢的细致变化,对质点运动的描述是粗略的、不精确的.

为了最详尽地掌握质点运动快慢的细致变化,需要借用极限的概念,引入瞬时速度来解决这个问题.由平均速度的定义可知,要精确知道质点在某一时刻 t(或某一位置)的运动情况,应使 Δt 无限减小而趋近于零,以平均速度的极限来表示,即

$$\boldsymbol{v} = \lim_{\Delta t \to 0} \frac{\Delta \boldsymbol{r}}{\Delta t} = \frac{\mathrm{d}\boldsymbol{r}}{\mathrm{d}t}. \tag{1-11}$$

也就是说,**瞬时速度** $\boldsymbol{v}$(也简称为**速度**)等于位矢对时间的一阶导数.速度 $\boldsymbol{v}$ 的方向就是当 Δt 趋近于零时,平均速度 $\frac{\Delta \boldsymbol{r}}{\Delta t}$ 或位移 $\Delta \boldsymbol{r}$ 的方向.由一阶导数的几何意义可知,速度 $\boldsymbol{v}$ 的方向沿质点运动轨道的切线方向.以后我们提到速度,一般都指瞬时速度.

当 $\Delta t \to 0$ 时,有 $\mathrm{d}s = |\mathrm{d}\boldsymbol{r}|$,则瞬时速率

$$v = \lim_{\Delta t \to 0} \frac{\Delta s}{\Delta t} = \frac{\mathrm{d}s}{\mathrm{d}t} = \left| \frac{\mathrm{d}\boldsymbol{r}}{\mathrm{d}t} \right| = |\boldsymbol{v}|, \tag{1-12}$$

瞬时速率(简称**速率**)就是瞬时速度的大小.

速度 $\boldsymbol{v}$ 既可因其大小改变而改变,也可因其方向改变而改变,或者因两者同时改变而改变.

3. 速度矢量在直角坐标系中的分量

速度 $\boldsymbol{v}$ 是位矢 $\boldsymbol{r}$ 对时间 t 的一阶导数,而位矢 $\boldsymbol{r}$ 在直角坐标系中的表达式为

$$\boldsymbol{r} = x\boldsymbol{i} + y\boldsymbol{j} + z\boldsymbol{k},$$

对 $\boldsymbol{r}$ 求 t 的导数,可得质点的速度

$$\boldsymbol{v} = \frac{\mathrm{d}\boldsymbol{r}}{\mathrm{d}t} = \frac{\mathrm{d}x}{\mathrm{d}t}\boldsymbol{i} + \frac{\mathrm{d}y}{\mathrm{d}t}\boldsymbol{j} + \frac{\mathrm{d}z}{\mathrm{d}t}\boldsymbol{k}. \tag{1-13}$$

可见质点的速度分量等于质点的相应坐标对时间的一阶导数,即

$$v_x = \frac{\mathrm{d}x}{\mathrm{d}t},\quad v_y = \frac{\mathrm{d}y}{\mathrm{d}t},\quad v_z = \frac{\mathrm{d}z}{\mathrm{d}t}, \tag{1-14}$$

速度的大小为

$$v = |\boldsymbol{v}| = \sqrt{v_x^2 + v_y^2 + v_z^2} = \sqrt{\left(\frac{\mathrm{d}x}{\mathrm{d}t}\right)^2 + \left(\frac{\mathrm{d}y}{\mathrm{d}t}\right)^2 + \left(\frac{\mathrm{d}z}{\mathrm{d}t}\right)^2}. \tag{1-15}$$

类似于位矢的方向,瞬时速度的方向也可用它的方向余弦表示,即

$$\cos\alpha = \frac{v_x}{v},\quad \cos\beta = \frac{v_y}{v},\quad \cos\gamma = \frac{v_z}{v}. \tag{1-16}$$

速度和速率在量值上都是长度与时间之比,在国际单位制(SI)中其单位为米每秒(m/s).

只要知道了质点的运动方程 $x(t)$,$y(t)$,$z(t)$,就可以按照式(1-14)求出各时刻瞬时速度的分量 $v_x(t)$,$v_y(t)$,$v_z(t)$.

另一方面,如果知道了质点在各时刻的瞬时速度的分量 $v_x(t)$,$v_y(t)$,$v_z(t)$ 和质点在初始时刻即 $t=0$ 时的坐标 x_0,y_0,z_0,则可用积分法得出质点在各时刻的坐标.

以 x 轴分量为例,一般而言,除了匀速直线运动之外,$v_x(t)$ 都是变量,为了解决"变量"这一困难,通常借助极限概念.首先将时间划分为许多极短的时间段,任取某个极短的时间段,从 t 到 $t+\mathrm{d}t$,在这个极短的时间段内,$v_x(t)$ 变化很小,几乎是不变的,可以看成不变量.这样,从 t 到 $t+\mathrm{d}t$ 的极短时间段内,质点做匀速运动,其运行距离 $\mathrm{d}x = v_x(t)\mathrm{d}t$.设初始时刻 t_0 时质点位于 x_0 处,从初始时刻 t_0 到某个时刻 t,质点运行的距离 $x(t)-x_0$ 应当是 $\mathrm{d}x$ 的总和,即

$$x(t) - x_0 = \int_{t_0}^{t} v_x(t)\mathrm{d}t,$$

或

$$x(t) = x_0 + \int_{t_0}^{t} v_x(t)\mathrm{d}t.$$

$y(t)$,$z(t)$ 可以用同样的方法求得,即

$$\begin{cases} x(t) = x_0 + \displaystyle\int_{t_0}^{t} v_x(t)\mathrm{d}t, \\ y(t) = y_0 + \displaystyle\int_{t_0}^{t} v_y(t)\mathrm{d}t, \\ z(t) = z_0 + \displaystyle\int_{t_0}^{t} v_z(t)\mathrm{d}t. \end{cases} \tag{1-17}$$

因此,知道了各时刻的瞬时速度和初始条件,就可以确定质点的运动方程.

【例 1.3】 一质点做直线运动,其运动方程为 $x = 2 + 3t - t^2$,式中 x 的单位为 m,t 的单位为 s.试计算:(1) 从时刻 $t = 1$ s 到 $t = 3$ s 的时间间隔内质点位移的大小和它走过的路程;(2) 该

质点在第 1 s 末到第 3 s 末这段时间内平均速度;(3) 第 1 s 末和第 3 s 末的瞬时速度.

解　(1) 位移大小为

$$\Delta x = x(3) - x(1) = [(2+9-9)-(2+3-1)]\ \mathrm{m} = -2\ \mathrm{m}.$$

先求出速度变号的时刻. 由

$$v_x = \frac{\mathrm{d}x}{\mathrm{d}t} = 3 - 2t = 0\ \mathrm{m/s},$$

得此时 $t = 1.5$ s,即质点在 $t = 1$ s 到 $t = 1.5$ s 内沿 x 轴正方向运动,然后反方向运动.

分段计算:

$$\Delta x_1 = x(1.5) - x(1) = [(2+4.5-2.25)-(2+3-1)]\ \mathrm{m} = 0.25\ \mathrm{m},$$

$$|\Delta x_2| = |x(3) - x(1.5)| = |(2+9-9)-(2+4.5-2.25)|\ \mathrm{m} = 2.25\ \mathrm{m}.$$

路程为$\Delta x_1 + |\Delta x_2| = (0.25 + 2.25)\ \mathrm{m} = 2.50\ \mathrm{m}$.

(2) 第 1 s 末质点的位置 $x_1 = 4.0$ m,第 3 s 末质点的位置 $x_3 = 2.0$ m,根据平均速度的定义,

$$\overline{v}_x = \frac{\Delta x}{\Delta t} = \frac{2.0 - 4.0}{2}\ \mathrm{m/s} = -1.0\ \mathrm{m/s}.$$

(3) 用质点的运动方程 $x = 2 + 3t - t^2$,对时间求一阶导数,可得质点瞬时速度表达式

$$v_x = \lim_{\Delta t \to 0} \frac{\Delta x}{\Delta t} = \frac{\mathrm{d}x}{\mathrm{d}t} = 3 - 2t.$$

将 $t = 1$ s 和 $t = 3$ s 分别代入,可算出

$$v_x\big|_{t=1\,\mathrm{s}} = 1.0\ \mathrm{m/s},\quad v_x\big|_{t=3\,\mathrm{s}} = -3.0\ \mathrm{m/s}.$$

负速度表示速度沿 x 轴负方向.

1.3.2　加速度 $\boldsymbol{a}$

质点运动过程中,其位置随着时间在变化,速度也可能随着时间变化. 为了描述速度变化的快慢程度,引入加速度这一矢量. 质点的**加速度**是质点速度矢量随时间的变化率,无论是速度的大小还是速度的方向在变化,质点都有加速度. 与速度方向变化有关的加速度和与速度大小变化有关的加速度都是同样重要的. 加速度是联系运动学和动力学的关键.

1. 平均加速度 $\overline{\boldsymbol{a}}$

质点在其运动轨迹上不同位置,其速度的大小和方向通常都是不相同的. 如图 1-9 所示,一质点在时刻 t_1 位于 A 点的速度为 $\boldsymbol{v}_A$,在时刻 t_2 位于 B 点的速度为 $\boldsymbol{v}_B$,在时间 Δt 内,质点的速度变化为

$$\Delta \boldsymbol{v} = \boldsymbol{v}_B - \boldsymbol{v}_A.$$

$\Delta \boldsymbol{v}$ 所描述的变化,包括速度方向的变化和速度大小的变化. 与平均速度的定义相类似,比值$\dfrac{\Delta \boldsymbol{v}}{\Delta t}$称为**平均加速度**,即

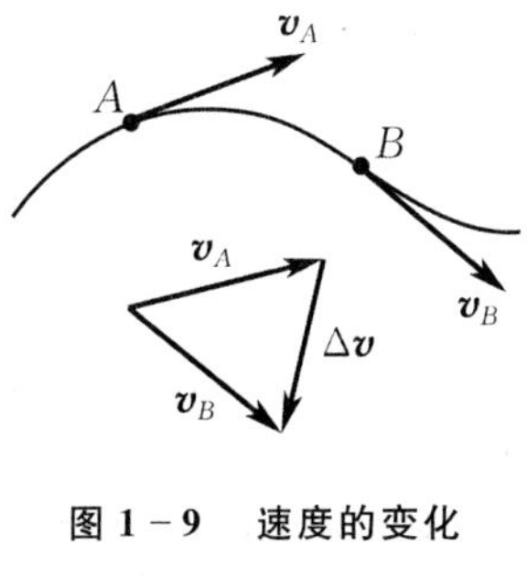

图 1-9　速度的变化

$$\overline{\boldsymbol{a}} = \frac{\Delta \boldsymbol{v}}{\Delta t} = \frac{\boldsymbol{v}_B - \boldsymbol{v}_A}{t_2 - t_1}. \tag{1-18}$$

一般地说,平均加速度因所取时间间隔的不同而有所差异. 在说明平均加速度时,必须指出是哪一段时间内的加速度. 和平均速度类似,平均加速度只能粗略地表示某一段时间内的速度变化情况,而不能精确地表示质点在运动轨迹上各点的运动情况.

2. 瞬时加速度 $\boldsymbol{a}$

为精确描述质点在任一时刻 t(或任一位置处)的速度变化率,引入瞬时加速度的概念.类似瞬时速度的定义,质点在某时刻(或某位置)的**瞬时加速度**(以下简称**加速度**)等于当时间间隔趋近于零时平均加速度的极限值,用数学式表示为

$$\boldsymbol{a}=\lim_{\Delta t\to 0}\frac{\Delta\boldsymbol{v}}{\Delta t}=\frac{\mathrm{d}\boldsymbol{v}}{\mathrm{d}t}=\frac{\mathrm{d}^2\boldsymbol{r}}{\mathrm{d}t^2},\tag{1-19}$$

即加速度 $\boldsymbol{a}$ 是速度 $\boldsymbol{v}$ 对时间的一阶导数,或位矢 $\boldsymbol{r}$ 对时间的二阶导数.

3. 加速度在直角坐标系中的分量

在直角坐标系中,加速度 $\boldsymbol{a}$ 表示为

$$\boldsymbol{a}=\frac{\mathrm{d}v_x}{\mathrm{d}t}\boldsymbol{i}+\frac{\mathrm{d}v_y}{\mathrm{d}t}\boldsymbol{j}+\frac{\mathrm{d}v_z}{\mathrm{d}t}\boldsymbol{k}=\frac{\mathrm{d}^2x}{\mathrm{d}t^2}\boldsymbol{i}+\frac{\mathrm{d}^2y}{\mathrm{d}t^2}\boldsymbol{j}+\frac{\mathrm{d}^2z}{\mathrm{d}t^2}\boldsymbol{k}=a_x\boldsymbol{i}+a_y\boldsymbol{j}+a_z\boldsymbol{k}.\tag{1-20}$$

加速度 $\boldsymbol{a}$ 在 x,y,z 方向的三个分量分别是

$$a_x=\frac{\mathrm{d}v_x}{\mathrm{d}t}=\frac{\mathrm{d}^2x}{\mathrm{d}t^2},\quad a_y=\frac{\mathrm{d}v_y}{\mathrm{d}t}=\frac{\mathrm{d}^2y}{\mathrm{d}t^2},\quad a_z=\frac{\mathrm{d}v_z}{\mathrm{d}t}=\frac{\mathrm{d}^2z}{\mathrm{d}t^2}.\tag{1-21}$$

加速度 $\boldsymbol{a}$ 的大小为

$$a=|\boldsymbol{a}|=\sqrt{a_x^2+a_y^2+a_z^2}.\tag{1-22}$$

加速度的方向同样可以用方向余弦表示,即

$$\cos\alpha=\frac{a_x}{a},\quad \cos\beta=\frac{a_y}{a},\quad \cos\gamma=\frac{a_z}{a}.\tag{1-23}$$

加速度的方向就是 Δt 趋近于零时,速度增量 $\Delta\boldsymbol{v}$ 的极限方向,而 $\Delta\boldsymbol{v}$ 的极限方向一般不同于速度方向,因此加速度的方向一般与该时刻的速度方向不一致.例如,竖直上抛运动,在质点上升阶段,$\boldsymbol{a}$ 与 $\boldsymbol{v}$ 反向;在质点下落阶段,$\boldsymbol{a}$ 与 $\boldsymbol{v}$ 同向.当质点做曲线运动时,速度沿切线方向,而加速度总是指向曲线凹的一侧(见图 1-10).

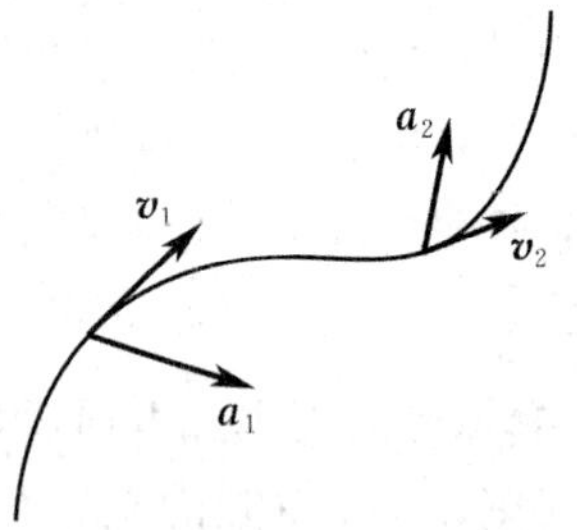

图 1-10 曲线运动的加速度方向

加速度在量值上是速度与时间的比值,在国际单位制(SI)中其单位为米每二次方秒($\mathrm{m/s^2}$).

只要知道了质点的运动方程 $x(t),y(t),z(t)$,就可以按照式(1-21)求出各时刻瞬时加速度的分量 $a_x(t),a_y(t),a_z(t)$,可以利用式(1-22)和式(1-23)求出加速度的大小和方向.

另一方面,只要知道了质点在各时刻的瞬时加速度的分量 $a_x(t),a_y(t),a_z(t)$(通常是由动力学规律确定)和质点在初始时刻,即 $t=0$ 时的速度 v_{0x},v_{0y},v_{0z},则可用积分法得出质点在各时刻的速度分量,即

$$\begin{cases} v_x(t) = v_{0x} + \int_{t_0}^{t} a_x(t)\mathrm{d}t, \\ v_y(t) = v_{0y} + \int_{t_0}^{t} a_y(t)\mathrm{d}t, \\ v_z(t) = v_{0z} + \int_{t_0}^{t} a_z(t)\mathrm{d}t. \end{cases} \tag{1-24}$$

【例 1.4】　一质点沿 y 轴做直线运动,它的运动方程为 $y = 5t^2 - t^3$(SI),求第 2 s 内质点的平均加速度,以及 $t = 1$ s 和 $t = 2$ s 的瞬时加速度.

解　先求出瞬时速度的表达式

$$v_y = \frac{\mathrm{d}y}{\mathrm{d}t} = 10t - 3t^2.$$

第 2 s 内的平均加速度

$$\overline{a}_y = \frac{\Delta v_y}{\Delta t} = \frac{v_{y2} - v_{y1}}{2-1} = \frac{(20-12)-(10-3)}{1}\ \mathrm{m/s^2} = 1\ \mathrm{m/s^2}.$$

瞬时加速度

$$a_y = \frac{\mathrm{d}v}{\mathrm{d}t} = 10 - 6t.$$

将 $t = 1$ s 和 $t = 2$ s 分别代入,可算出

$$a_y\big|_{t=1\,\mathrm{s}} = 4.0\ \mathrm{m/s^2},\quad a_y\big|_{t=2\,\mathrm{s}} = -2.0\ \mathrm{m/s^2}.$$

负加速度表示加速度沿 y 轴负方向.

【例 1.5】　已知一质点的运动方程为 $\boldsymbol{r} = 2t\boldsymbol{i} + (4t^2 - 8)\boldsymbol{j}$(SI).

(1) 画出质点的运动轨迹.

(2) 求出 $t = 1$ s 和 $t = 2$ s 时质点的位矢.

(3) 求出 $t = 1$ s 和 $t = 2$ s 时质点的速度.

(4) 求出加速度.

解　(1) 由运动方程得到沿 x,y 方向的分量为

$$x = 2t,\quad y = 4t^2 - 8.$$

消去时间 t,可得轨迹方程

$$y = 4\left(\frac{x}{2}\right)^2 - 8 = x^2 - 8,$$

即轨迹曲线为抛物线,如图 1-11 所示.

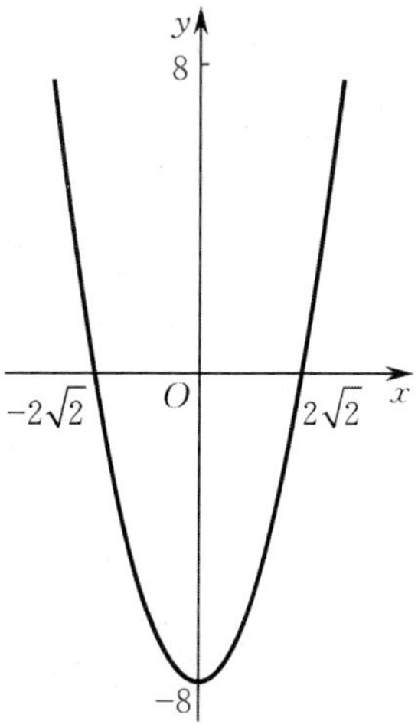

图 1-11

(2) 当 $t = 1$ s 时,

$$\boldsymbol{r}_1 = 2\boldsymbol{i} - 4\boldsymbol{j},\quad r_1 = \sqrt{2^2 + 4^2}\ \mathrm{m} = 2\sqrt{5}\ \mathrm{m},$$

$$\theta_1 = \arctan\frac{-4}{2} \approx -63.43^\circ\quad (\theta_1\ 为\ \boldsymbol{r}_1\ 与\ x\ 轴的夹角);$$

当 $t = 2$ s 时,

$$\boldsymbol{r}_2 = 4\boldsymbol{i} + 8\boldsymbol{j},\quad r_2 = \sqrt{4^2 + 8^2}\ \mathrm{m} = 4\sqrt{5}\ \mathrm{m},$$

$$\theta_2 = \arctan\frac{8}{4} \approx 63.43^\circ\quad (\theta_2\ 为\ \boldsymbol{r}_2\ 与\ x\ 轴的夹角).$$

(3) 质点运动速度

$$\boldsymbol{v}=\frac{\mathrm{d}\boldsymbol{r}}{\mathrm{d}t}=2\boldsymbol{i}+8t\boldsymbol{j}.$$

当 $t=1\ \mathrm{s}$ 时，

$$\boldsymbol{v}_1=2\boldsymbol{i}+8\boldsymbol{j},\quad v_1=\sqrt{2^2+8^2}\ \mathrm{m/s}=2\sqrt{17}\ \mathrm{m/s},$$

$$\theta_1=\arctan\frac{8}{2}\approx 75.96^\circ\quad(\theta_1\text{ 为 }\boldsymbol{v}_1\text{ 与 }x\text{ 轴的夹角});$$

当 $t=2\ \mathrm{s}$ 时，

$$\boldsymbol{v}_2=2\boldsymbol{i}+16\boldsymbol{j},\quad v_2=\sqrt{2^2+16^2}\ \mathrm{m/s}=2\sqrt{65}\ \mathrm{m/s},$$

$$\theta_2=\arctan\frac{16}{2}\approx 82.87^\circ\quad(\theta_2\text{ 为 }\boldsymbol{v}_2\text{ 与 }x\text{ 轴的夹角}).$$

(4) 质点的加速度

$$\boldsymbol{a}=\frac{\mathrm{d}\boldsymbol{v}}{\mathrm{d}t}=8\boldsymbol{j}.$$

表明质点在 x 轴做匀速直线运动，而在 y 轴做匀变速直线运动.

描述质点运动的四个基本物理量(位矢 $\boldsymbol{r}$、位移 $\Delta\boldsymbol{r}$、速度 $\boldsymbol{v}$ 和加速度 $\boldsymbol{a}$) 有三个重要性质：

(1) 矢量性：$\boldsymbol{r}$，$\Delta\boldsymbol{r}$，$\boldsymbol{v}$ 和 $\boldsymbol{a}$ 都是矢量，具有矢量的共性(如矢量的合成与分解等)；

(2) 瞬时性：$\boldsymbol{r}$，$\boldsymbol{v}$ 和 $\boldsymbol{a}$ 都是时间 t 的函数，都是瞬时量；

(3) 相对性：$\boldsymbol{r}$，$\boldsymbol{v}$ 和 $\boldsymbol{a}$ 都与参考系的选择有关，在不同参考系中表达形式不同.

1.4 直线运动

在直线运动中，位移、速度、加速度各矢量全部都在同一直线上，可把各有关量当标量来处理. 设质点的直线运动是沿 x 轴进行的，质点的坐标 x 是随时间 t 而改变的，运动方程可写为 $x=x(t)$，速度和加速度分别为

$$v=\frac{\mathrm{d}x}{\mathrm{d}t},\quad a=\frac{\mathrm{d}v}{\mathrm{d}t}=\frac{\mathrm{d}^2x}{\mathrm{d}t^2}.$$

v 和 a 的正负，表示它们的方向是沿 x 轴正方向或 x 轴负方向.

1.4.1 匀速直线运动

对于匀速直线运动，v 是常数，此时只要知道质点的初始位置，就可以确定质点在各个时刻的位置. 根据式(1-17) 可知，匀速直线运动的运动方程为

$$x(t)=x_0+v\int_{t_0}^{t}\mathrm{d}t=x_0+v(t-t_0).\quad(1-25)$$

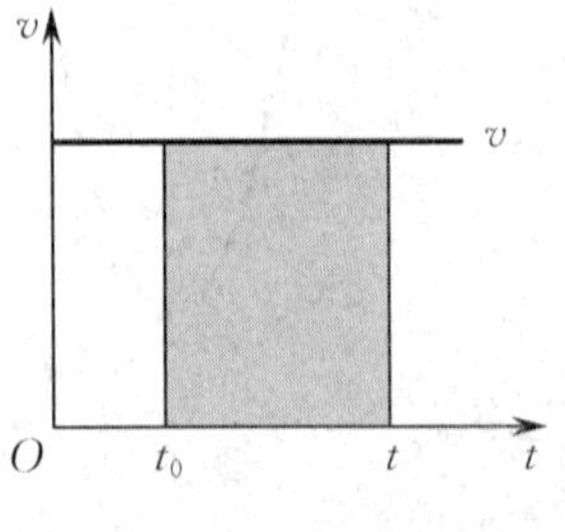

图 1-12 匀速直线运动的 v-t 曲线

以时间 t 为横坐标、速度 v 为纵坐标画出一条曲线，称为速度图或 v-t 曲线.

匀速直线运动用一条与 t 轴平行的直线表示，如图 1-12 所示. 阴影部分的面积 $v(t-t_0)$ 就等于质点在时间 $t-t_0$ 内通过的位移. 如果速度为负值，速度和时间所围阴影面积在横轴下方.

以时间 t 为横坐标，坐标 x 为纵坐标，把运动规律画出

一条曲线，称为坐标-时刻曲线图或 $x-t$ 曲线. 匀速直线运动的 $x-t$ 曲线是一条直线，如图1-13所示. 这条直线的斜率

$$\tan\alpha = \frac{x-x_0}{t-t_0} = v$$

就是质点运动的速度. 当该直线的斜率是正的，如图1-13(a)所示，质点沿 x 轴正方向运动，速度沿 x 轴正方向；当该直线的斜率是负的，如图1-13(b)所示，质点沿 x 轴负方向运动，速度沿 x 轴负方向.

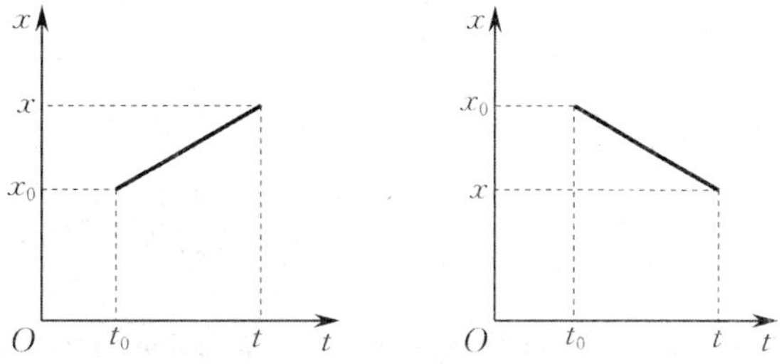

图1-13　匀速直线运动的 $x-t$ 曲线

1.4.2　匀变速直线运动

匀变速直线运动是质点速度随时间均匀变化的直线运动，即加速度 a 为一常数，根据式(1-24)和式(1-17)得

$$v(t) = v_0 + a\int_{t_0}^{t} \mathrm{d}t = v_0 + a(t-t_0), \tag{1-26}$$

$$x(t) = x_0 + \int_{t_0}^{t} [v_0 + a(t-t_0)]\mathrm{d}t = x_0 + v_0(t-t_0) + \frac{1}{2}a(t-t_0)^2. \tag{1-27}$$

联立式(1-26)和式(1-27)，得

$$v^2 = v_0^2 + 2a(x-x_0), \tag{1-28}$$

x，x_0 和 v，v_0 分别表示质点的位置、初位置和速度、初速度.

匀变速直线运动的 $v-t$ 曲线是一条与 v 轴斜交的直线，如图1-14所示，它的斜率 $\tan\alpha$ 就是加速度 a. 和匀速直线运动的 $v-t$ 曲线类似，图中阴影部分的面积表示的是质点在时间 $t-t_0$ 内通过的位移.

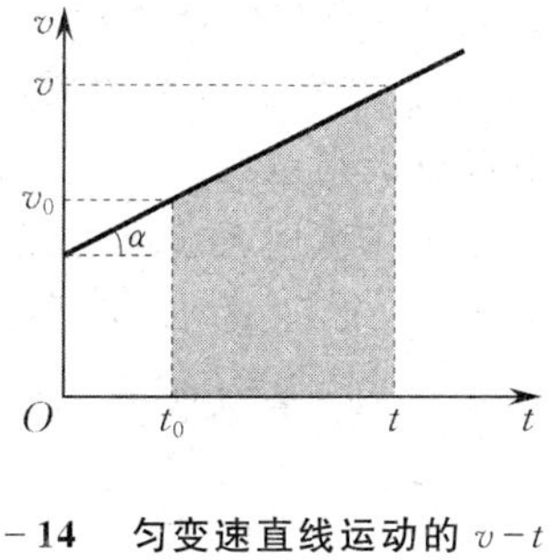

图1-14　匀变速直线运动的 $v-t$ 曲线

【例1.6】　一辆汽车沿笔直的公路行驶，速度和时间的关系曲线如图1-15所示.

(1) 试说明图中 OA，AB，BC，CD，DE，EF 等线段各表示什么运动.

(2) 根据图中的曲线与数据，计算汽车在整个行驶过程中所走过的路程、位移和平均速度.

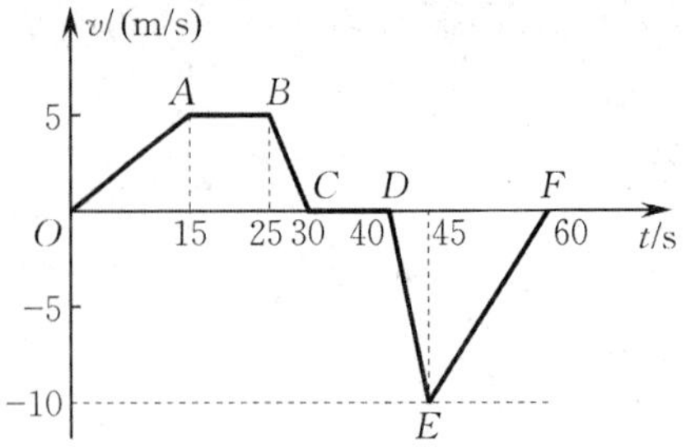

图 1 - 15

解 (1) OA:匀加速直线运动;AB:匀速直线运动;BC:匀减速直线运动;CD:静止;DE:反方向匀加速直线运动;EF:反方向匀减速直线运动.

(2) 根据 $x(t)-x_0=\int_{t_0}^{t} v(t)\mathrm{d}t$,

$$\begin{aligned}\text{路程} &= \text{梯形 } OABC \text{ 的面积} + \text{三角形 } DEF \text{ 的面积} \\ &= \left[\frac{1}{2}(30+10)\times 5+\frac{1}{2}\times 20\times 10\right]\ \mathrm{m} \\ &= (100+100)\ \mathrm{m} = 200\ \mathrm{m}.\end{aligned}$$

由于梯形 $OABC$ 的面积和三角形 DEF 的面积相等,即正向位移距离等于反向位移距离,所以汽车在整个路程的位移为零.因为位移为零,所以汽车的平均速度为零.

1.5 抛体运动

1.5.1 运动叠加原理

由于位移的矢量性质,物体的位移可以按照平行四边形定则分解成几个不同矢量之和,因而一个运动可以看成几个各自独立运动的叠加.这个结论称为**运动叠加原理**.三维空间中,人们通常把一个运动按直角坐标沿三个相互垂直的方向分解,称为正交分解.二维平面中,人们通常把一个运动沿两个相互垂直的方向,即 x,y 方向分解.有时也可以沿平行四边形的任意两斜边分解.叠加性是运动的一个重要特性,是力学中用来分析复杂运动的一条基本原理.

运动叠加原理是叠加原理之一,叠加原理也叫作叠加性质,即对于任何线性系统,由两个或多个因素产生的合效果是由每个因素单独产生的效果的累加.标量叠加的效果为代数和,矢量叠加的结果为矢量和,需要按照矢量运算规则运算.

叠加原理适用于任何线性系统,而许多物理系统都可以用线性系统作为模型,所以叠加原理在物理学中有广泛的应用,如力的叠加、波的叠加、场强的叠加、电势的叠加等.利用叠加原理,可以把复杂问题的研究等效转化为简单问题的研究.

1.5.2 抛体运动

运用运动叠加原理分析竖直平面内抛体运动.从地上某点向空中抛出一个物体,它在空中的运动就叫作**抛体运动**.抛体运动是曲线运动中比较重要的一种.研究抛体运动有重要的意义.投出的铅球,射出的子弹、炮弹,飞机投下的炸弹,以及匀强电场中偏转的电子束等都做抛体运动.

抛体运动的轨迹是抛物线 $y = ax^2 + bx + c$，即运动中质点的加速度是一个恒矢量.

物体被抛出后，若忽略空气阻力和风的作用，它的运动被限制在由初速度 $\boldsymbol{v}_0$ 方向和重力加速度 $\boldsymbol{g}$ 方向所确定的平面内，所以抛体运动是一个二维匀加速运动.

描述抛体运动时，选择平面直角坐标系最为方便，因为抛体运动只在竖直方向有加速度，在水平方向没有加速度，即水平速度保持不变，所以抛体运动可以看成水平方向的匀速直线运动和竖直方向的匀加速运动的叠加.

如图 1-16 所示，一物体自某点 O 以初速度 $\boldsymbol{v}_0$ 抛出. 取 O 为原点，水平方向为 x 轴，竖直方向为 y 轴. 用 α 表示抛出角，那么物体的初速在水平和竖直方向的分量分别为

$$\begin{cases} v_{0x} = v_0 \cos\alpha, \\ v_{0y} = v_0 \sin\alpha, \end{cases} \tag{1-29}$$

物体在空中的加速度为

$$\begin{cases} a_x = 0, \\ a_y = -g, \end{cases} \tag{1-30}$$

其中负号表示与 y 轴正方向相反. 由直线运动方程可得出物体在空中任意时刻的速度为

$$\begin{cases} v_x = v_0 \cos\alpha, \\ v_y = v_0 \sin\alpha - gt, \end{cases} \tag{1-31}$$

物体在空中任意时刻的位置为

$$\begin{cases} x = v_0 t\cos\alpha, \\ y = v_0 t\sin\alpha - \dfrac{1}{2} gt^2, \end{cases} \tag{1-32}$$

消去 t 求得抛体的轨道方程

$$y = x\tan\alpha - \frac{g}{2v_0^2\cos^2\alpha}x^2. \tag{1-33}$$

因为 α, v_0, g 都是恒量，所以简化为

$$y = bx - cx^2. \tag{1-34}$$

这就是抛物线方程，所以抛体的轨迹是抛物线.

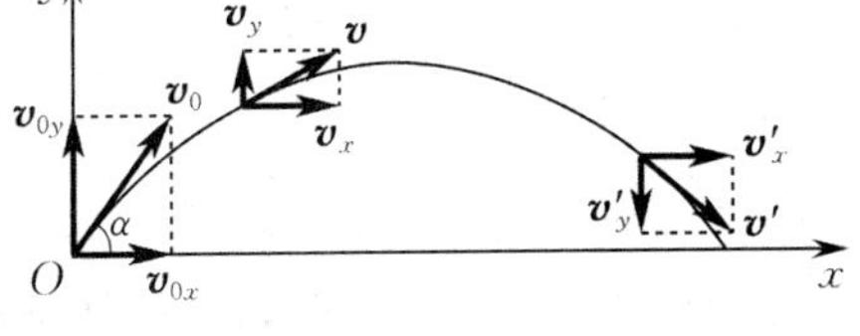

图 1-16　抛体运动

如果抛体从地面上一点抛出，最后又落到同一高度的另一点，也就是终点和起点同高，即令 $y = 0$，则可求得飞行的总时间

$$T = \frac{2v_0 \sin\alpha}{g}. \tag{1-35}$$

如果要求出射程即水平距离 d_0，只要将飞行总时间 T 代入 x 的表达式就可解得

$$d_0 = \frac{2v_0^2}{g}\sin\alpha\cos\alpha = \frac{v_0^2}{g}\sin 2\alpha. \tag{1-36}$$

可以看出，在初速度给定的情况下，d_0 是抛射角的函数，最大射程可以通过令其一阶导数

等于零,即数学上求最值的方法求得,

$$\frac{\mathrm{d}d_0}{\mathrm{d}\alpha}=\frac{2v_0^2}{g}\cos 2\alpha=0,$$

得 $\alpha=\frac{\pi}{4}$,即当 $\alpha=\frac{\pi}{4}$ 时,抛体的射程最大,其值为

$$d_{0\mathrm{m}}=\frac{v_0^2}{g}. \tag{1-37}$$

考虑空气阻力,实际射程 d 往往比真空中射程 d_0 小很多.

【例 1.7】 如图 1-17 所示,在小丘上 A 点放置一靶子,在炮位所在处看靶子的仰角为 β,炮与靶子间的水平距离为 L,向目标射击时炮身的仰角为 α. 求炮弹击中目标需要的初速度.

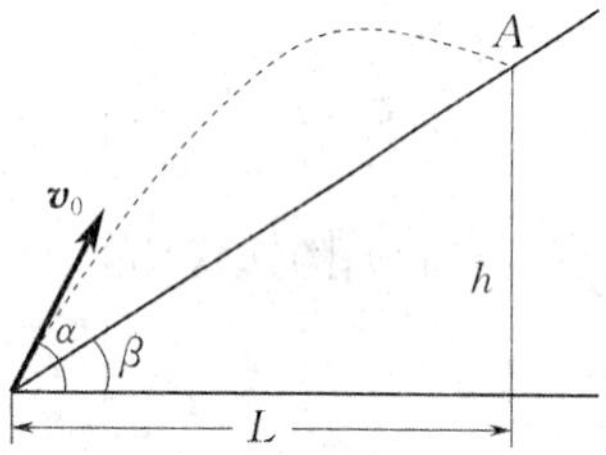

图 1-17

解 设靶子与炮位的高度为 h,射中靶子所经历的时间为 t,则有

$$h=v_0t\sin\alpha-\frac{1}{2}gt^2,$$

$$L=v_0t\cos\alpha,$$

$$h=L\tan\beta.$$

联立以上三式,可得

$$v_0=\sqrt{\frac{gL\cos\beta}{2\cos\alpha\cdot\sin(\alpha-\beta)}}.$$

【例 1.8】 篮球运动员在三分线外立定投篮,三分线与篮筐中心线间的水平距离为 6.25 m,篮筐离地高度为 3.05 m,运动员投篮时出手点的高度为 2.25 m. 要想空心入篮(球不碰撞直接入篮),求最佳抛射角和对应的初速率.

解 以出手点为坐标原点建立坐标系,如图 1-18 所示,则有

$$\begin{cases}L=v_0t\cos\theta,\\ h=v_0t\sin\theta-\frac{1}{2}gt^2,\end{cases}$$

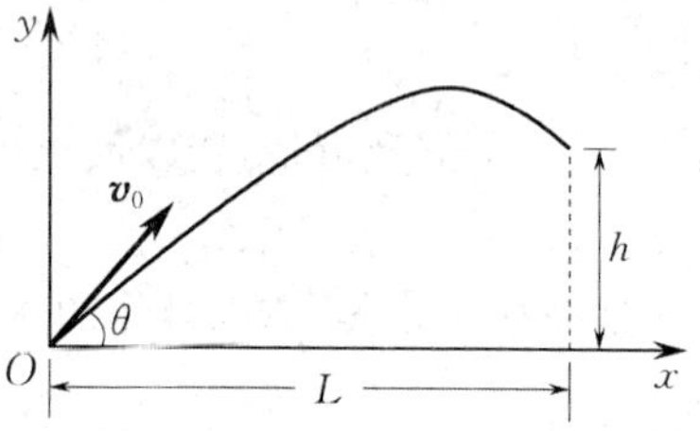

图 1-18

消去 t,得

$$h\cos^2\theta=\frac{1}{2}L\sin 2\theta-\frac{1}{2}\frac{gL^2}{v_0^2}.$$

由此可看出,决定能否命中篮筐的位置参数 L 是抛射角 θ 和出手速度 v_0 的二元函数,即 $L(\theta,v_0)$. 抛射角 θ 的任何微小改变 $\mathrm{d}\theta$ 都会引起位置参数 L 的改变 $\mathrm{d}L$. 所谓最佳抛射角 θ_0 是指,以这个角度抛射,当抛射角发生微小改变时,任何小的误差 $\mathrm{d}\theta$ 将引起位置参数的改变为零,即 $\mathrm{d}L=0$,或 $\frac{\partial L}{\partial\theta}=0$.

上式两边对 θ 求导,并令 $\frac{\partial L}{\partial\theta}=0$,得最佳抛射角 θ_0 满足

$$2L\cos 2\theta_0+2h\sin 2\theta_0=0.$$

将 $L=6.25\ \mathrm{m}$,$h=(3.05-2.25)\ \mathrm{m}=0.80\ \mathrm{m}$ 代入,计算得

$$\theta\approx 48.65^\circ,\quad v_0\approx 8.34\ \mathrm{m/s}.$$

1.6 圆周运动

从运动学来讲，圆周运动是曲线运动的一个重要特例. 圆周运动是很常见的运动类型，机器、车辆等的转动部件上的各点都做圆周运动. 圆周运动各点的曲率半径都相等. 研究清楚圆周运动问题后，再研究一般曲线运动就会更加简单.

1.6.1 匀速圆周运动　向心加速度

质点做圆周运动时，如果质点在每一时刻的速率相等，这种运动称为**匀速圆周运动**. 当质点做匀速圆周运动时，速度的大小恒定，但其方向时刻在变. 质点速度的变化是由加速度引起的，做匀速圆周运动时的加速度 $\boldsymbol{a}$ 只引起了速度 $\boldsymbol{v}$ 方向的改变，所以没有与 $\boldsymbol{v}$ 同方向的分量，即总与 $\boldsymbol{v}$ 垂直.

如图 1-19 所示，设圆周半径为 R、圆心为 O，在时间 Δt 内，质点从 A 点到达 B 点. 在 A，B 两点的速度分别为 $\boldsymbol{v}_A$ 和 $\boldsymbol{v}_B$，速度的增量 $\Delta\boldsymbol{v}=\boldsymbol{v}_B-\boldsymbol{v}_A$. 由加速度的定义可知

$$\boldsymbol{a}=\lim_{\Delta t\to 0}\frac{\Delta\boldsymbol{v}}{\Delta t}=\lim_{\Delta t\to 0}\frac{\boldsymbol{v}_B-\boldsymbol{v}_A}{t_B-t_A}.$$

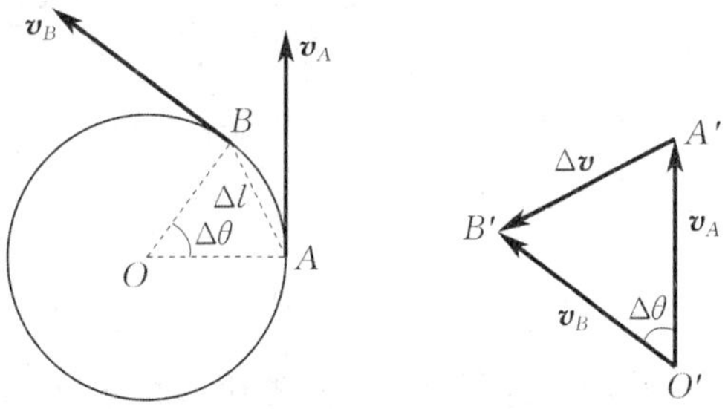

图 1-19　匀速圆周运动速度变化

加速度的大小和方向可以用简单的几何关系求得. 三角形 OAB 和速度三角形 $O'A'B'$ 是两个相似的等腰三角形，按相似三角形对应边成比例，

$$\frac{|\Delta\boldsymbol{v}|}{v}=\frac{\Delta l}{R},$$

以 Δt 除等式两边，得

$$\frac{|\Delta\boldsymbol{v}|}{\Delta t}=\frac{v}{R}\frac{\Delta l}{\Delta t}.$$

当 Δt 趋近于零时，B 点趋近于 A 点，因而弦长 Δl 趋近于弧长 Δs，所以求得加速度大小为

$$a=\lim_{\Delta t\to 0}\frac{|\Delta\boldsymbol{v}|}{\Delta t}=\lim_{\Delta t\to 0}\frac{v\Delta l}{R\Delta t}=\frac{v}{R}\lim_{\Delta t\to 0}\frac{\Delta s}{\Delta t}=\frac{v^2}{R}.\tag{1-38}$$

加速度 $\boldsymbol{a}$ 的方向，可由速度增量 $\Delta\boldsymbol{v}$ 的极限方向来确定. 当 Δt 趋近于零时，$\Delta\theta$ 也趋近于零，$\Delta\boldsymbol{v}$ 的极限方向垂直于 $\boldsymbol{v}_A$. 所以，在 A 点处加速度 $\boldsymbol{a}$ 的方向沿半径 OA 指向圆心. 这个加速度也称为**向心加速度**.

1.6.2 变速圆周运动

质点做圆周运动时，如果速率是随时间改变的，这种运动称为**变速圆周运动**.

如图 1－20 所示，设质点在圆周上 A，B 两点处的速度分别为 $\boldsymbol{v}_A$ 和 $\boldsymbol{v}_B$. 速度的增量 $\Delta\boldsymbol{v}=\boldsymbol{v}_B-\boldsymbol{v}_A$. 从 D 作 DF，使 $CF=CD$，可将速度增量 $\Delta\boldsymbol{v}$ 分解成两个分矢量 $\Delta\boldsymbol{v}_{\mathrm{n}}$ 和 $\Delta\boldsymbol{v}_{\mathrm{t}}$，增量 $\Delta\boldsymbol{v}_{\mathrm{n}}$ 表示速度的方向改变，而增量 $\Delta\boldsymbol{v}_{\mathrm{t}}$ 表示速度的大小改变. 由加速度的定义式可得

$$\boldsymbol{a}=\lim_{\Delta t\to 0}\frac{\Delta\boldsymbol{v}}{\Delta t}=\lim_{\Delta t\to 0}\frac{\Delta\boldsymbol{v}_{\mathrm{n}}}{\Delta t}+\lim_{\Delta t\to 0}\frac{\Delta\boldsymbol{v}_{\mathrm{t}}}{\Delta t}=\boldsymbol{a}_{\mathrm{n}}+\boldsymbol{a}_{\mathrm{t}}, \tag{1-39}$$

其中，

$$\boldsymbol{a}_{\mathrm{n}}=\lim_{\Delta t\to 0}\frac{\Delta\boldsymbol{v}_{\mathrm{n}}}{\Delta t},\quad \boldsymbol{a}_{\mathrm{t}}=\lim_{\Delta t\to 0}\frac{\Delta\boldsymbol{v}_{\mathrm{t}}}{\Delta t}. \tag{1-40}$$

加速度 $\boldsymbol{a}$ 可看成两个分加速度的叠加.

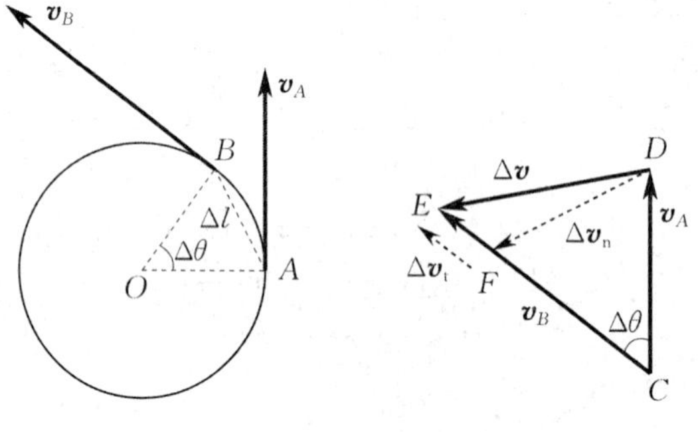

图 1－20　匀变速圆周运动速度变化

先求 $\boldsymbol{a}_{\mathrm{n}}$. 当 Δt 趋近于零时，$\Delta\theta$ 趋近于零，有

$$a_{\mathrm{n}}=\lim_{\Delta t\to 0}\frac{|\Delta\boldsymbol{v}_{\mathrm{n}}|}{\Delta t}=\lim_{\Delta t\to 0}\frac{v\Delta l}{R\Delta t}=\frac{v^2}{R}. \tag{1-41}$$

$\boldsymbol{a}_{\mathrm{n}}$ 的方向在任何时候都垂直于圆的切线方向而沿着半径指向圆心，这个分加速度称为**法向加速度**. 法向加速度表示由速度方向的改变引起的速度的变化率. 在所有圆周运动中，都存在法向加速度.

再求分加速度 $\boldsymbol{a}_{\mathrm{t}}$. 由图 1－20 知，$\Delta\boldsymbol{v}_{\mathrm{t}}$ 数值为速率的增量，即 $|\Delta\boldsymbol{v}_{\mathrm{t}}|=\Delta v$. 于是

$$a_{\mathrm{t}}=\lim_{\Delta t\to 0}\frac{\Delta v}{\Delta t}=\frac{\mathrm{d}v}{\mathrm{d}t}, \tag{1-42}$$

即 a_{t} 等于速率的变化率. 当 Δt 趋近于零时，$\Delta\boldsymbol{v}_{\mathrm{t}}$ 的方向和 $\boldsymbol{v}$ 在同一直线上，因此 $\boldsymbol{a}_{\mathrm{t}}$ 的方向也沿着圆的切线方向. 这一分加速度称为**切向加速度**. 切向加速度表示质点速度大小的变化率.

【例 1.9】　一质点沿半径为 R 的圆周按规律 $s=v_0t-\frac{1}{2}bt^2$ 运动，其中 v_0 和 b 都是常数.

(1) 求 t 时刻质点的加速度；

(2) t 为何值时，总加速度在数值上等于 b?

(3) 加速度为 b 时，质点已沿圆周运行了多少圈?

解　(1) 这个问题用切向加速度及法向加速度来解比较方便. 先求瞬时速率

$$v=\frac{\mathrm{d}s}{\mathrm{d}t}=\frac{\mathrm{d}}{\mathrm{d}t}\left(v_0t-\frac{1}{2}bt^2\right)=v_0-bt,$$

则切向加速度

$$a_{\mathrm{t}}=\frac{\mathrm{d}v}{\mathrm{d}t}=-b,$$

法向加速度

$$a_n = \frac{v^2}{R} = \frac{(v_0 - bt)^2}{R},$$

加速度

$$a = \sqrt{a_t^2 + a_n^2} = \sqrt{(-b)^2 + \left[\frac{(v_0 - bt)^2}{R}\right]^2} = \frac{1}{R}\sqrt{(-Rb)^2 + (v_0 - bt)^4},$$

加速度方向(与切线间夹角)

$$\alpha = \arctan\frac{a_n}{a_t} = \arctan\frac{(v_0 - bt)^2}{-Rb}.$$

(2) 由(1)可知,总加速度在数值上等于 b 时,即

$$b = \frac{1}{R}\sqrt{(-Rb)^2 + (v_0 - bt)^4},$$

从而

$$R^2b^2 = R^2b^2 + (v_0 - bt)^4,$$

解得

$$t = \frac{v_0}{b}.$$

(3) 由(2)可知,当总加速度在数值上等于 b 时,$t = \frac{v_0}{b}$,则有

$$s = v_0 t - \frac{1}{2}bt^2 = \frac{v_0^2}{b} - \frac{1}{2}b\cdot\left(\frac{v_0}{b}\right)^2 = \frac{v_0^2}{2b},$$

$$N = \frac{s}{2\pi R} = \frac{v_0^2}{4\pi Rb}.$$

1.6.3　圆周运动的角量描述

质点的圆周运动通过选择适当的坐标系可以简化成类似直线运动的一维运动.

1. 平面极坐标系

平面极坐标系是一个二维的坐标系,由极点、极轴组成.

如图 1-21 所示,在所研究的平面内取固定于参考系的一点 O 为**极点**(相当于直角坐标系中的原点),由 O 点出发的一条射线 Ox,称为**极轴**,这就组成了极坐标系. 通常规定角度取逆时针方向为正. 这样,平面上任一点 P 的位置就可以用线段 OP 的长度 r,以及从 Ox 到 OP 的角度 θ 来确定,有序数对 (r,θ) 就称为 P 点的**极坐标**,记为 $P(r,\theta)$; r 称为 P 点的**极径**,θ 称为 P 点的**极角**.

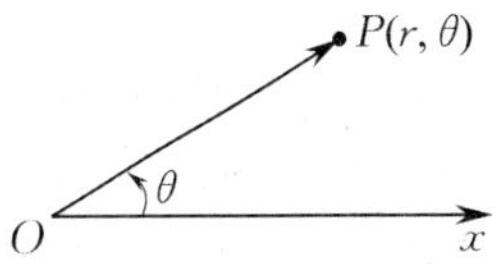

图 1-21　极坐标

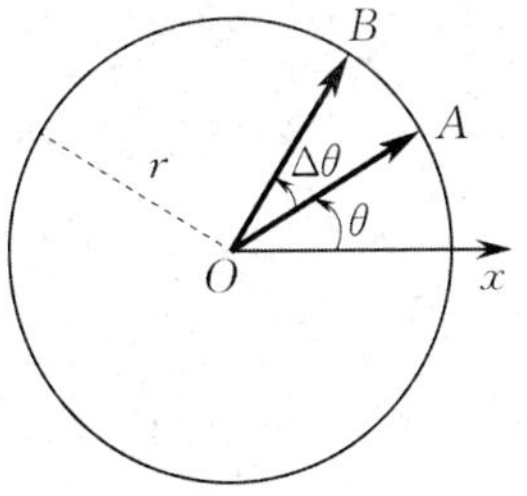

图 1-22　角位移

2. 角位置　角位移　角速度　角加速度

(1) 角位置,角位移. 一质点在平面内绕原点 O 做圆周运动,如图 1-22 所示. 取极坐标系,极点在圆心,坐标系平面与圆平面重合,则在圆周上运动的质点的坐标可以表示为 (r,θ),其中 r 是圆的半径,为一恒量,θ 为质点的位矢与极轴间的夹角. 这样描述质点运动所需的变量只有一个 θ,所以选择极坐标系后,圆周运动就转化为简单的

一维运动，使问题大为简化.

设在 t 时刻，质点在 A 点，半径 OA 与极轴成 θ 角，θ 角称为**角位置**. 在时刻 $t+\Delta t$，质点到达 B 点，半径 OB 与 x 轴成 $\theta+\Delta\theta$ 角，即在 Δt 时间内，质点转过角度 $\Delta\theta$，$\Delta\theta$ 角称为质点对 O 点的**角位移**. 角位移不但有大小而且有方向. 一般规定，当质点沿逆时针方向转动时，角位移取正值；沿顺时针方向转动时，角位移取负值.

在国际单位制(SI) 中，角位移的单位是弧度(rad).

(2) 角速度 ω. 角位移 $\Delta\theta$ 与时间 Δt 之比称为在时间 Δt 内质点对 O 点的平均角速度，以 $\bar{\omega}$ 表示，即

$$\bar{\omega}=\frac{\Delta\theta}{\Delta t}.$$

如果 Δt 趋于零，相应的 $\Delta\theta$ 也趋于零，比值趋近于某一极限值

$$\omega=\lim_{\Delta t\to 0}\frac{\Delta\theta}{\Delta t}=\frac{\mathrm{d}\theta}{\mathrm{d}t}, \tag{1-43}$$

ω 称为某一时刻质点对 O 点的瞬时角速度(简称**角速度**)，角速度是角位置对时间的一阶导数.

在国际单位制中，角速度的单位是弧度每秒(rad/s)；在工程技术中，角速度也以每秒绕行的转数表示. 两者的关系为：1 转每秒(rev/s) = 2π rad/s.

(3) 角加速度 α. 设质点在某一时刻的角速度为 ω_0，经过时间 Δt 后，角速度为 ω，$\Delta\omega=\omega-\omega_0$ 称为这段时间内角速度的增量. 角速度的增量 $\Delta\omega$ 与时间 Δt 之比称为在 Δt 这段时间内质点对 O 点的平均角加速度，用 $\bar{\alpha}$ 表示，

$$\bar{\alpha}=\frac{\Delta\omega}{\Delta t}.$$

如果 Δt 趋近于零，则比值趋近于某一极限值

$$\alpha=\lim_{\Delta t\to 0}\frac{\Delta\omega}{\Delta t}=\frac{\mathrm{d}\omega}{\mathrm{d}t}, \tag{1-44}$$

α 称为在某一时刻质点对 O 点的瞬时角加速度(简称**角加速度**). 在国际单位制中，角加速度的单位是弧度每二次方秒($\mathrm{rad/s^2}$).

3. 圆周运动的角量描述

质点做匀速圆周运动时，角速度 ω 是恒量，角加速度 α 为零. 质点做变速圆周运动时，角速度 ω 不是恒量，角加速度 α 不为零，若 α 是恒量，这就是匀变速圆周运动.

匀速圆周运动的运动方程为

$$\theta=\theta_0+\omega t. \tag{1-45}$$

匀变速圆周运动的运动方程为

$$\begin{cases}\omega=\omega_0+\alpha t,\\ \theta=\theta_0+\omega_0 t+\dfrac{1}{2}\alpha t^2,\\ \omega^2=\omega_0^2+2\alpha(\theta-\theta_0),\end{cases} \tag{1-46}$$

式中 $\theta,\theta_0,\omega,\omega_0,\alpha$ 分别表示角位置、初角位置、角速度、初角速度和角加速度.

可以看出，这些公式和质点的直线运动公式一一对应. 也就是说，通过角量描述，质点的圆周运动可以简化成类似直线运动的一维运动.

4. 线量和角量之间的关系

如图 1－23 所示，设圆的半径是 r，在时间 Δt 内，质点的角位移为 $\Delta\theta$. 质点在这段时间 Δt 内所经过的圆弧 $\Delta s = r\Delta\theta$. 当 Δt 趋近于零时，$\Delta s/\Delta t$ 的极限值为

$$|\boldsymbol{v}| = \frac{\mathrm{d}s}{\mathrm{d}t} = \lim_{\Delta t\to 0}\frac{\Delta s}{\Delta t} = r\lim_{\Delta t\to 0}\frac{\Delta\theta}{\Delta t} = r\frac{\mathrm{d}\theta}{\mathrm{d}t}.$$

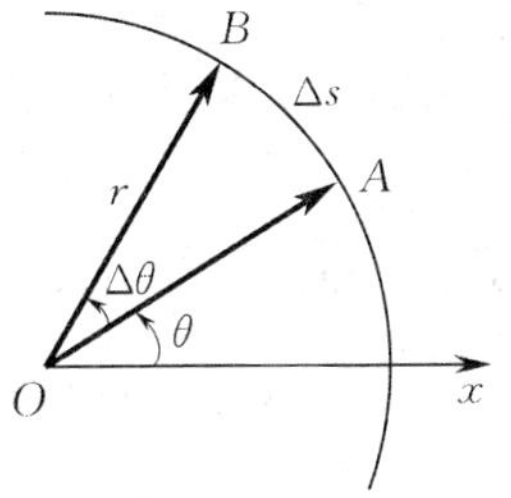

图 1－23　线量与角量的关系

由上式得

$$v = r\omega. \tag{1-47}$$

按照切向加速度和角加速度的定义得

$$a_{\mathrm{t}} = \frac{\mathrm{d}v}{\mathrm{d}t} = r\frac{\mathrm{d}\omega}{\mathrm{d}t} = r\alpha. \tag{1-48}$$

若把 $v = r\omega$ 代入法向加速度的公式 $a_{\mathrm{n}} = \dfrac{v^2}{r}$，可得

$$a_{\mathrm{n}} = \frac{v^2}{r} = r\omega^2. \tag{1-49}$$

【例 1.10】　一飞轮以 1 500 rev/min（转每分）的转速绕定轴做逆时针转动. 制动后，飞轮均匀地减速，经时间 $t = 50$ s 而停止转动，求：

(1) 角加速度 α；

(2) 从开始制动到静止，飞轮转过的转数 N；

(3) 制动开始后 $t = 25$ s 时飞轮的角速度 ω；

(4) 设飞轮半径 $R = 1$ m，求 $t = 25$ s 时飞轮边缘上一点的速度和加速度.

解　(1) 由已知 $n_0 = 1\,500$ rev/min $= 25$ rev/s 可得

$$\omega_0 = 2\pi n_0 = 50\pi\ \mathrm{rad/s}.$$

$t = 50$ s 时，角速度 $\omega = 0$，所以

$$\alpha = \frac{\omega - \omega_0}{t} = \frac{0 - 50\pi}{50}\ \mathrm{rad/s^2} \approx -3.14\ \mathrm{rad/s^2}.$$

(2) 从开始制动到静止，飞轮的角位移 θ 为

$$\theta = \omega_0 t + \frac{1}{2}\alpha t^2 = \left(50\pi\times 50 - \frac{1}{2}\pi\times 50^2\right)\ \mathrm{rad} = 1\,250\pi\ \mathrm{rad} \approx 3\,925\ \mathrm{rad},$$

转数 N 为

$$N = \frac{\theta}{2\pi} = \frac{1\,250\pi}{2\pi}\ \mathrm{rev} = 625\ \mathrm{rev}.$$

(3) $t = 25$ s 时飞轮的角速度为

$$\omega = \omega_0 + \alpha t = (50\pi - 25\pi)\ \mathrm{rad/s} \approx 78.5\ \mathrm{rad/s}.$$

(4) $t = 25\ \mathrm{s}$ 时飞轮边缘上一点速度的大小为

$$v = \omega R = (78.5 \times 1)\ \mathrm{m/s} = 78.5\ \mathrm{m/s},$$

相应的切向加速度和法向加速度分别为

$$a_\mathrm{t} = \alpha R = -3.14\ \mathrm{m/s^2},$$

$$a_\mathrm{n} = \omega^2 R \approx 6.16 \times 10^3\ \mathrm{m/s^2},$$

总加速度为

$$a = \sqrt{a_\mathrm{n}^2 + a_\mathrm{t}^2} \approx 6.16 \times 10^3\ \mathrm{m/s^2}.$$

1.7 曲线运动

1.7.1 曲线运动的自然坐标系表示

如果质点运动的轨迹相对于选定的参考系是一条曲线,此运动称为**曲线运动**.

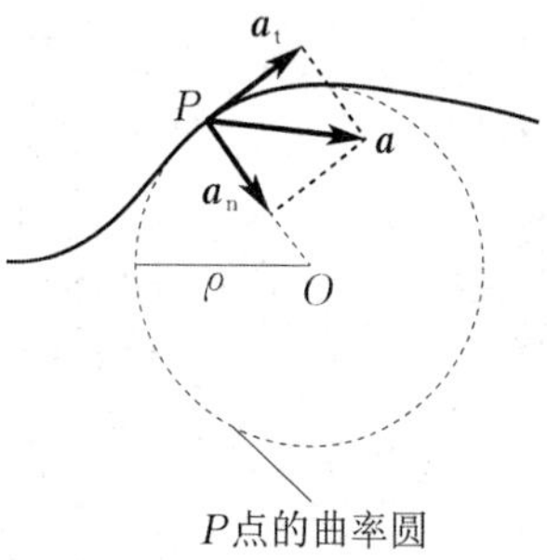

图 1-24 曲率圆

质点在平面内做一般的曲线运动时,任意形状的曲线均可看作由许多弯曲程度不同的小段圆弧组成,每段圆弧有与它相应的圆和圆半径,如图 1-24 所示. 这种圆和圆半径叫作曲率圆和曲率半径. 这样,就可以应用变速圆周运动的知识来研究任意曲线运动. 在任意曲线运动中,质点在曲线上任一点的速度沿曲线的切向方向.

与变速圆周运动相似,质点在任一点的切向加速度为

$$a_\mathrm{t} = \frac{\mathrm{d}v}{\mathrm{d}t} = \frac{\mathrm{d}^2 s}{\mathrm{d}t^2}, \tag{1-50}$$

法向加速度为

$$a_\mathrm{n} = \lim_{\Delta t \to 0} \frac{v\Delta\theta}{\Delta t} = v\frac{\mathrm{d}\theta}{\mathrm{d}t}. \tag{1-51}$$

可以将式(1-51)变形为

$$a_\mathrm{n} = v\frac{\mathrm{d}\theta}{\mathrm{d}t} = v\frac{\mathrm{d}\theta}{\mathrm{d}s}\frac{\mathrm{d}s}{\mathrm{d}t} = v^2\frac{\mathrm{d}\theta}{\mathrm{d}s}, \tag{1-52}$$

其中$\frac{\mathrm{d}\theta}{\mathrm{d}s}$表明了该处轨迹的弯曲程度,通常将它称为曲率. 弯曲程度越大的地方曲率越大. 曲率的倒数称为**曲率半径**,即 $\rho = \frac{\mathrm{d}s}{\mathrm{d}\theta}$. 所以

$$a_\mathrm{n} = \frac{v^2}{\rho}. \tag{1-53}$$

一般地,曲线上各点处的曲率圆的圆心(简称曲率中心)和曲率半径是逐点不同的,但 $\boldsymbol{a}_\mathrm{n}$ 在各处都指向曲率中心.

【例 1.11】 求抛体轨道顶点的曲率半径,如图 1-25 所示.

解 在抛物线轨道的顶点处,速度只有水平分量 $v_0\cos\alpha$,加速度 g 是沿法向的,即 $a_\mathrm{n} = g$. 按式(1-53),曲率半径为

$$\rho = \frac{(v_0\cos\alpha)^2}{a_\mathrm{n}} = \frac{v_0^2\cos^2\alpha}{g}.$$

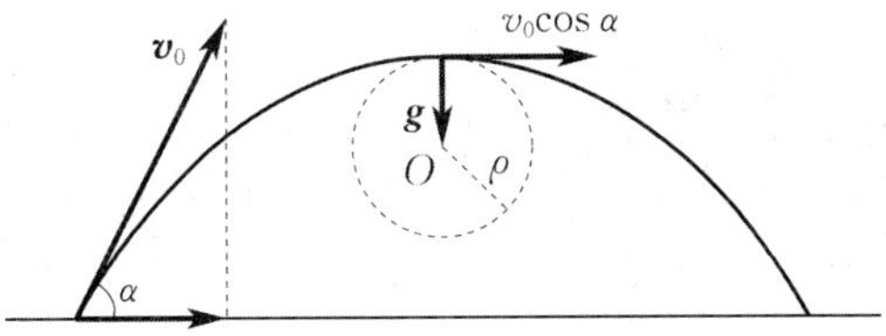

图 1－25

质点运动时,如果同时有法向加速度和切向加速度,那么速度的大小和方向将同时改变,这是一般曲线运动的特征. 在轨迹曲线给定的情况下,将加速度 $\boldsymbol{a}$ 分解为切向分量 $\boldsymbol{a}_t$ 和法向分量 $\boldsymbol{a}_n$ 是比较方便的. 矢量的这种表示法称为“自然坐标系”表示法.

1.7.2　质点运动学的两类基本问题

质点运动学仅讨论质点运动时在空间的位置与时间的关系,所以主要处理的问题有两类:一类是微分问题,即已知质点运动方程求质点的速度和加速度;另一类是积分问题,即已知加速度和初始条件,求质点的速度和运动方程. 运用微积分求解物理问题的方法统称为解析法.

1. 微分问题

如果质点的运动方程已知,则可以通过求导数的方法求出速度和加速度.

【例 1.12】　已知质点在竖直平面内运动,位矢为 $\boldsymbol{r} = 3t\boldsymbol{i} + (4t - 3t^2)\boldsymbol{j}$(SI),求 $t = 1$ s 时的法向加速度、切向加速度和轨迹的曲率半径.

解　由位矢可以求得速度为

$$\boldsymbol{v} = \frac{\mathrm{d}\boldsymbol{r}}{\mathrm{d}t} = 3\boldsymbol{i} + (4 - 6t)\boldsymbol{j},$$

速率为

$$v = \sqrt{v_x^2 + v_y^2} = \sqrt{3^2 + (4 - 6t)^2},$$

加速度为

$$\boldsymbol{a} = \frac{\mathrm{d}\boldsymbol{v}}{\mathrm{d}t} = -6\boldsymbol{j},$$

切向加速度为

$$a_t = \frac{\mathrm{d}v}{\mathrm{d}t} = \frac{24(3t - 2)}{2\sqrt{3^2 + (4 - 6t)^2}} = \frac{12(3t - 2)}{\sqrt{3^2 + (4 - 6t)^2}}.$$

当 $t = 1$ s 时,

$$a_t = \frac{12}{\sqrt{13}}\ \mathrm{m/s^2} \approx 3.3\ \mathrm{m/s^2},$$

法向加速度为

$$a_n = \sqrt{a^2 - a_t^2} = \sqrt{6^2 - \left(\frac{12}{\sqrt{13}}\right)^2}\ \mathrm{m/s^2} \approx 5.0\ \mathrm{m/s^2},$$

曲率半径为

$$\rho = \frac{v^2}{a_n} = \frac{3^2 + (4 - 6)^2}{5.0}\ \mathrm{m} = 2.6\ \mathrm{m}.$$

2. 积分问题

根据式(1-17),在已知初始条件的情况下,只要知道速度随时间变化的函数形式及初坐标,就可以用积分的方法求出坐标随时间变化的函数关系. 同样,已知加速度随时间变化的函数表达式及初速度,可以通过积分的方法求出速度随时间变化的函数关系式,再求出坐标随时间变化的函数关系.

【例 1.13】 一质点沿 x 轴做加速运动,当 $t=0$ 时,$x=x_0$,$v=v_0$.

(1) 当 $a=-kv$ 时,求任意时刻的速度和位置;

(2) 当 $a=kx$ 时,求任意位置的速度.

解 (1) 由加速度的定义知,

$$a=\frac{\mathrm{d}v}{\mathrm{d}t}=-kv,$$

分离变量积分

$$\int_{v_0}^{v}\frac{\mathrm{d}v}{v}=-k\int_0^t\mathrm{d}t,$$

$$\ln\frac{v}{v_0}=-kt,$$

解得 $v=v_0\mathrm{e}^{-kt}$.

由速度的定义知,

$$v=\frac{\mathrm{d}x}{\mathrm{d}t}=v_0\mathrm{e}^{-kt},$$

$$\int_{x_0}^{x}\mathrm{d}x=\int_0^t v_0\mathrm{e}^{-kt}\mathrm{d}t,$$

$$x-x_0=-\frac{v_0}{k}(\mathrm{e}^{-kt}-1),$$

$$x=x_0+\frac{v_0}{k}(1-\mathrm{e}^{-kt}).$$

(2) 由于本问题考虑的是 x 与 v 的函数关系,设法对公式做变换,消去变量 t,则有

$$a=\frac{\mathrm{d}v}{\mathrm{d}t}=\frac{\mathrm{d}v}{\mathrm{d}x}\frac{\mathrm{d}x}{\mathrm{d}t}=v\frac{\mathrm{d}v}{\mathrm{d}x},$$

$$a\mathrm{d}x=v\mathrm{d}v,$$

$$kx\mathrm{d}x=v\mathrm{d}v,$$

$$\int_{x_0}^{x}kx\mathrm{d}x=\int_{v_0}^{v}v\mathrm{d}v,$$

积分后化简得

$$v=\sqrt{v_0^2+k(x^2-x_0^2)}.$$

1.8 相对运动

力学中所说的运动,都是在某一参考系中观测到的运动,描述运动的物理量(速度、加速度)与参考系有关. 从不同参考系观察同一物体,可以有不同的结果,反映了运动描述的相对性. 在实际问题中常从一个参考系变换到另一参考系,这一过程称为**参考系变换**.

描述运动的物理量只涉及空间距离(长度)和时间间隔,参考系(坐标系)变换的依据是对时间和空间的认知. 在 1.2 节中介绍过,经典时空观也称为绝对时空观,它是经典物理学的基础.

在任何参考系上,对物体的运动状态进行定量观测,总要借助于与参考系有关的坐标系. 因此,参考系变换就是不同参考系上的坐标变换.

按照经典时空观,时间和空间是彼此独立的,而且与物体的质量及其运动状态无关. 若 S 是一参考系,S' 是与 S 有相对运动的另一参考系,在 S 和 S' 上观测到的同一过程的持续时间是相等的;在 S 和 S' 上观测到的给定两点间的距离也是相等的. 这就是经典的绝对时间和绝对空间的概念. 经典的空间是均匀的和各向同性的. 如果把一物体从一位置移动到另一位置,从不同的参考系观测,物体的大小和形状都相同,且不因物体运动状态而改变. 以经典的时空为依据的参考系变换,叫作伽利略变换.

设 S' 系相对于 S 系没有旋转,两者互为相对平动的参考系. 在两参考系中分别建立一直角坐标系,且使两坐标系对应的坐标轴互相平行,如图 1-26 所示. 因两坐标系中有相同的长度单位,故两坐标系有相同的单位矢量 $\boldsymbol{i},\boldsymbol{j},\boldsymbol{k}$. 若一质点位于 P 点,从 S 系观测其位矢为 $\boldsymbol{r}$,在 S' 系中观测为 $\boldsymbol{r}'$,对于 S 系,S' 系中的原点 O' 的位矢为 $\boldsymbol{r}_0$.

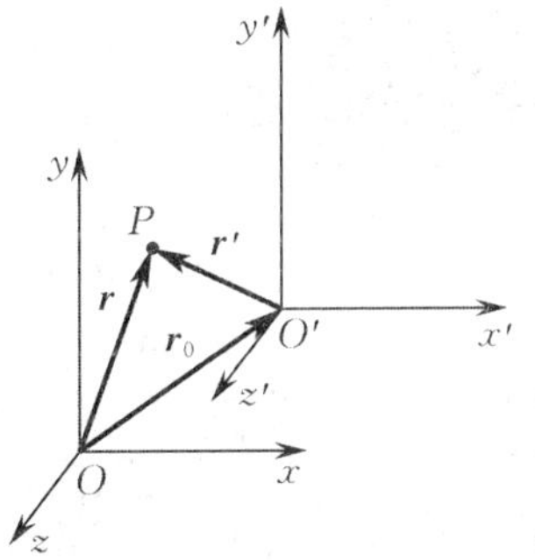

图 1-26　两相对平动坐标系中位置矢量关系

由图 1-26 可得

$$\boldsymbol{r} = \boldsymbol{r}_0 + \boldsymbol{r}'. \tag{1-54}$$

设两参考系中的时间分别为 t 和 t',按照经典的观念,对于同一微过程恒有

$$\mathrm{d}t = \mathrm{d}t'.$$

若 P 点和 O' 点在 S 系中观测到的速度分别为

$$\boldsymbol{v} = \frac{\mathrm{d}\boldsymbol{r}}{\mathrm{d}t} = \frac{\mathrm{d}\boldsymbol{r}}{\mathrm{d}t'},\quad \boldsymbol{v}_0 = \frac{\mathrm{d}\boldsymbol{r}_0}{\mathrm{d}t} = \frac{\mathrm{d}\boldsymbol{r}_0}{\mathrm{d}t'}.$$

$\boldsymbol{v}_0$ 不仅是 O' 点相对于 S 系的速度,也是 S' 系中任一固定点相对于 S 系的速度,在 S' 系观测到 P 点的速度为

$$\boldsymbol{v}' = \frac{\mathrm{d}\boldsymbol{r}'}{\mathrm{d}t'} = \frac{\mathrm{d}\boldsymbol{r}'}{\mathrm{d}t}.$$

将式(1-54)对时间求导,可得

$$\boldsymbol{v} = \boldsymbol{v}_0 + \boldsymbol{v}'. \tag{1-55}$$

这就是经典的速度合成公式. 该式可表述为:质点相对于 S 系的速度 $\boldsymbol{v}$ 等于质点相对于 S' 系的速度 $\boldsymbol{v}'$ 与 S' 系相对于 S 系的速度 $\boldsymbol{v}_0$ 的矢量和. $\boldsymbol{v}$ 称为质点相对 S 系的**绝对速度**,$\boldsymbol{v}'$ 称为质点相对 S' 系的**相对速度**,$\boldsymbol{v}_0$ 称为 S' 系对 S 系的**牵连速度**.

【例 1.14】 一飞机驾驶员想往正北方向航行,而风以 60 km/h(千米每小时)的速度由东向西刮,如果飞机的行速(在静止空气中的速率)为 180 km/h,试问驾驶员应取什么航向?飞机相对于地面的速率为多少?试用矢量图说明.

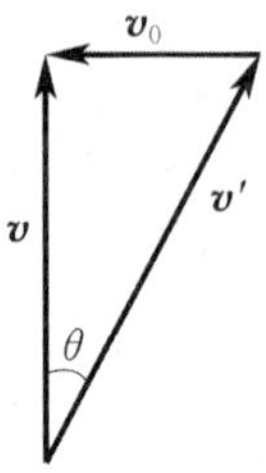

图 1-27

解 研究相对运动必须先确定研究物体、S 系和 S' 系. 本题中研究的物体为飞机,设定地面为 S 系,空气为 S' 系. 所以飞机相对地面的绝对速度为 $\boldsymbol{v}$,因为在随风一起运动的坐标系中,空气为静止的,故飞机在静止空气中的行速即为飞机相对于风的速度 $\boldsymbol{v}'$. 风速为空气相对地面的速度,即牵连速度 $\boldsymbol{v}_0$. 作矢量图,如图 1-27 所示.

$$\boldsymbol{v} = \boldsymbol{v}' + \boldsymbol{v}_0,$$

$$\theta = \arcsin\frac{v_0}{v'} = \arcsin\frac{1}{3} \approx 19.47°,$$

$$v = \sqrt{v'^2 - v_0^2} = \sqrt{180^2 - 60^2}\ \text{km/h} \approx 170\ \text{km/h}.$$

【例 1.15】 一个人骑车以 18 km/h 的速率自东向西行进,看见雨点垂直下落. 当他的速率增至 36 km/h 时,看见雨点与他前进的方向成 120° 角下落. 设他速率变化前后雨点速度不变,求雨点对地的速度.

解 选择地面为 S 系,人为 S' 系,则雨点相对于地面的速度为绝对速度,雨点相对于人的速度为相对速度,人相对于地面的速度为牵连速度. 根据 $\boldsymbol{v}_{雨对地} = \boldsymbol{v}_{雨对人} + \boldsymbol{v}_{人对地}$ 作矢量图,如图 1-28 所示.

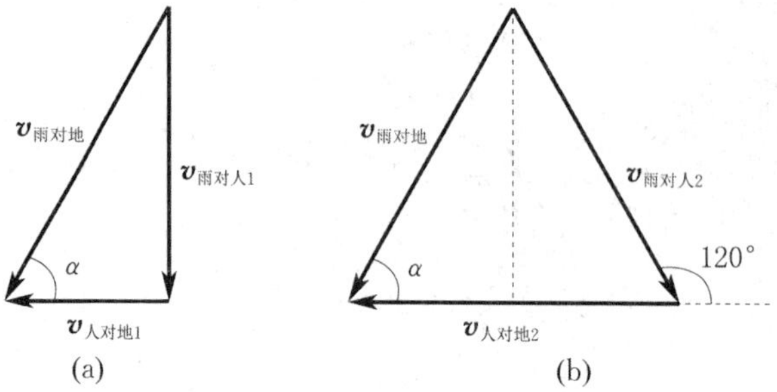

图 1-28

由题中数据可知

$$\alpha = 60°,$$

$$v_{雨对地} = \frac{v_{人对地1}}{\cos\alpha} = \frac{18}{\cos 60°}\ \text{km/h} = 36\ \text{km/h}.$$

速度方向与水平方向夹角为 60°,即与竖直方向夹角为垂直向下偏西 30°.

伽利莱·伽利略(Galileo Galilei,1564—1642),意大利物理学家、数学家、天文学家及哲学家,科学革命中的重要人物. 伽利略通过总结实验规律得出:受到引力作用的物体并不是做等速运动,而是做加速运动;物体只要不受到外力的作用,就会保持其原来的静止状态或匀速运动状态不变. 伽利略被誉为"现代观测天文学之父""现代物理学之父""科学之父"及"现代科学之父". 史蒂芬·霍金说:"自然科学的诞生要归功于伽利略."

伽利略

1.9　应用拓展——风洞

“风洞”(wind tunnel)是空气动力学研究和试验中最广泛使用的工具.它广泛用于研究空气动力学的基本规律,以验证和发展有关理论,并直接为各种飞行器的研制服务,通过风洞试验来确定飞行器的气动布局,进而评估其气动性能.现代飞行器的设计对风洞的依赖性很大.

“风洞”是运动相对性的应用之一.用严格的理论计算来解决空气动力学问题通常比较困难,因此,航空工业需要将所设计的飞机制作成模型,然后进行试验测定其性能.但是使模型在空气中高速飞行是比较难做到的,所以将模型静止地放在“风洞”中,使空气(风)以高速度吹过模型,如图 1-29 所示.以空气为参考系,根据相对性原理,飞机在静止空气中飞行所受到的空气作用力,与飞机静止不动、空气以同样的速度从反方向吹来对飞机产生的作用力是一样的.“风洞”其实不是洞,而是一条大型隧道或管道,里面有一个巨型扇叶,能产生一股强劲气流.气流经过一些风格栅(以减少涡流)后进入试验间.

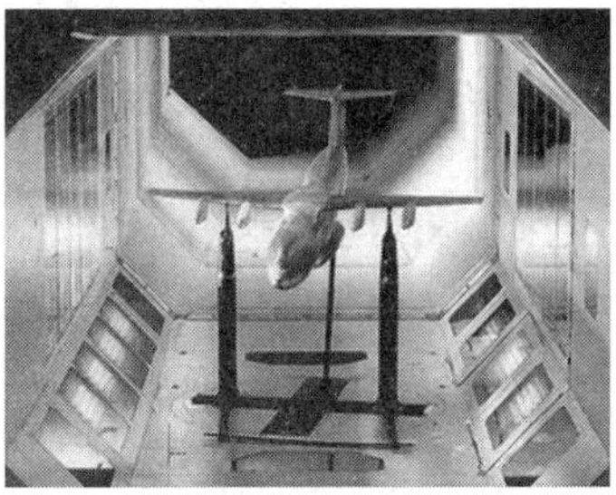

图 1-29　风洞试验

因为风洞具有可控制性强、可重复性高、安全高效等特点,所以除了航空航天之外,还广泛应用于汽车空气动力学和风力工程测试等(见图 1-30).目前全世界的风洞总数已达千余座.

图 1-30

思 考 题 1

1.1 质点的位矢方向不变,它是否一定做直线运动?质点做直线运动,其位矢的方向是否一定保持不变?

1.2 $|\Delta \boldsymbol{r}|$ 与 Δr、$|\Delta \boldsymbol{v}|$ 与 Δv 各有何区别?

1.3 回答下列问题:

(1) 位移和路程有何区别?

(2) 速度和速率有何区别?

(3) 瞬时速度和平均速度的区别和联系是什么?

1.4 判断下列说法的正确性:

(1) 做曲线运动的物体,必有切向加速度;

(2) 做曲线运动的物体,必有法向加速度;

(3) 具有加速度的物体,其速率必随时间改变.

1.5 质点做匀速圆周运动,以下各量哪些变哪些不变?

(1) $\lim\limits_{\Delta t\to 0}\dfrac{\Delta \boldsymbol{r}}{\Delta t}$, (2) $\lim\limits_{\Delta t\to 0}\dfrac{\Delta r}{\Delta t}$, (3) $\lim\limits_{\Delta t\to 0}\dfrac{|\Delta \boldsymbol{r}|}{\Delta t}$,

(4) $\lim\limits_{\Delta t\to 0}\dfrac{\Delta \boldsymbol{v}}{\Delta t}$, (5) $\lim\limits_{\Delta t\to 0}\dfrac{\Delta v}{\Delta t}$, (6) $\lim\limits_{\Delta t\to 0}\dfrac{|\Delta \boldsymbol{v}|}{\Delta t}$.

1.6 一斜抛物体的水平初速度是 v_{0x},它的轨迹的最高点处的曲率半径是多大?

1.7 在圆周运动中,加速度的方向是否一定指向圆心?为什么?

1.8 为什么质点在做曲线运动时,每一微过程都可看作圆周运动?

1.9 某人观察两辆做直线运动的汽车,发现在相同时间间隔内两汽车走过相同的路程.因此,他断定两辆汽车的平均速度和平均加速度都相同.这种论断充分吗?

1.10 一质点做抛体运动,试分析切向加速度和法向加速度在何处最大,在何处最小.

1.11 下雨时,用置于地面的水桶盛雨水,在刮风与不刮风两种情况下,哪一种情况水桶中的雨水满得快些?设风的方向与地面平行.

1.12 打篮球时,跑步投篮,如果瞄准篮筐投反而投不进,为什么?应如何投才能投准?

习 题 1

1.1 质点做曲线运动,$\boldsymbol{r}$ 表示位置矢量,s 表示路程,$\boldsymbol{v}$ 表示速度,v 表示速率,$\boldsymbol{a}$ 表示加速度,a_t 表示切向加速度,则下列四组表达式中,正确的是( ).

A. $\dfrac{dv}{dt}=a,\dfrac{d|\boldsymbol{r}|}{dt}=v$ B. $\dfrac{d|\boldsymbol{v}|}{dt}=a_t,\left|\dfrac{d\boldsymbol{r}}{dt}\right|=v$

C. $\dfrac{ds}{dt}=v,\left|\dfrac{d\boldsymbol{v}}{dt}\right|=a_t$ D. $\dfrac{d\boldsymbol{r}}{dt}=\boldsymbol{v},\dfrac{d|\boldsymbol{v}|}{dt}=\boldsymbol{a}$

1.2 一质点从静止出发,绕半径为 R 的圆周做匀变速圆周运动,角加速度为 α,当该质点走完一圈回到出发点时,所经历的时间为( ).

A. $\dfrac{1}{2}\alpha^2 R$ B. $\sqrt{\dfrac{4\pi}{\alpha}}$ C. $\dfrac{2\pi}{\alpha}$ D. 条件不够,不能确定

1.3 质点沿轨迹 AB 做曲线运动,速率逐渐减小,以下选项中( )正确地表示了质点在 C 处的加速度.

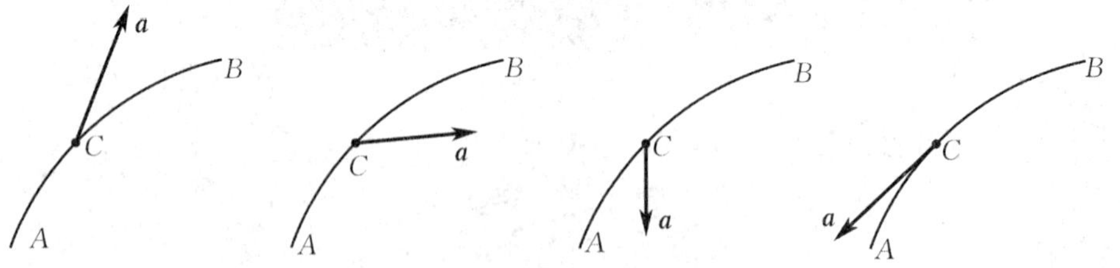

A. B. C. D.

1.4 下列说法中正确的是( ).

A. 加速度恒定不变时,物体的运动方向也不变

B. 平均速率等于平均速度的大小

C. 当物体的速度为零时,加速度必定为零

D. 质点做曲线运动时,质点速度大小的变化产生切向加速度,速度方向的变化产生法向加速度

1.5 某人以 4 km/h 的速率向东前进,感觉风从正北吹来;将前进速率增加一倍,则感觉风从东北方向吹来.实际风速与风向为( ).

A. 4 km/h,从北方吹来　　B. 4 km/h,从西北方吹来

C. $4\sqrt{2}$ km/h,从东北方吹来　　D. $4\sqrt{2}$ km/h,从西北方吹来

1.6 一快速火车做变速直线运动,其运动方程为 $x = 10t^2$,式中 x 的单位是 m,t 的单位是 s.计算:

(1) 火车在 2 s 至 2.1 s 时间内的平均速度;

(2) 火车在 2 s 至 2.001 s 时间内的平均速度;

(3) 火车在 2 s 时的瞬时速度.

1.7 一质点在平面上运动,运动方程为 $x = 2t, y = 4t^2 - 8$,求:

(1) 质点运动的轨道方程,并画出轨道曲线;

(2) $t_1 = 1$ s 和 $t_2 = 2$ s 时,质点的位置、速度和加速度,以及该点的轨道曲率半径.

1.8 大型喷气式客机在跑道上达到 360 km/h 的速率才能起飞.假定飞机的加速度是恒定的,飞机从 1.80 km 长的跑道上起飞时至少需要多大的加速度?

1.9 当交通灯转变为绿灯时,一辆汽车以 2.2 m/s^2 的恒定加速度由静止启动.同一时刻,一辆货车以 10 m/s 的速度沿同方向匀速运动并超过这辆汽车,问要经过多少时间汽车追上货车?此时两车离路口有多远?汽车的速度有多大?

1.10 某车的速率(单位:km/h)和时间 t(单位:h)的关系为 $v = \dfrac{20}{1+t}$ km/h,求:

(1) 在汽车的速率减小到 4 km/h 的时间内,车所走的路程;

(2) 车走完 10 km 的路程需要的时间.

1.11 一质点沿 x 轴运动,其加速度和位置的关系为 $a = 3 + 5x^2$(SI),质点在 $x = 0$ 处的速度为 10 m/s,求质点在任意位置处的速度.

1.12 在离水面高度为 h 的岸边,有船在离岸边 s 距离处,有人用绳子拉船靠岸,当人以速率 v_0 匀速收绳时,试求船的速率和加速度大小.

1.13 一质点由静止开始做直线运动,初始加速度为 a_0,以后加速度均匀增加,每经过时间 τ 增加 a_0,求经过时间 t 后质点的速度和运动的距离.

1.14 一物体悬挂在弹簧上做竖直振动,其加速度 $a = -ky$,其中 k 为常量,y_0 是以平衡位置为原点所测得的坐标,假定振动的物体在坐标 y_0 处的速度为 v_0,求速度 v 与坐标 y 的函数关系式.

1.15 离地高为 2.00 m 的水管滴水,水滴按固定的时间间隔落下,每当第四滴开始下落时,第一滴刚好落在地板上.求第一滴刚落到地板上时,第二和第三个水滴所处的位置.

1.16 一个正以速率 10 m/s 上升的热气球在距地面 80 m 高处放下一包裹,问:(1) 包裹需要多长时间才能到达地面?(2) 包裹落地时速度有多大?

1.17 一跳伞运动员离开飞机后自由下落了 50 m,这时她张开降落伞,并以 2.0 m/s^2 的加速度减速下降.她到达地面时的速率为 3.0 m/s.问:(1) 她在空中下落的时间有多长?(2) 她在多高的地方离开飞机?

1.18 一物体以初速 $v_0 = 20$ m/s 被抛出,抛射角(仰角)$\alpha = 60°$,略去空气阻力,问:

(1) 物体开始运动后 1.5 s 末,运动方向与水平方向的夹角 θ 是多少?

(2) 物体抛出后经过多少时间,其运动方向与水平方向成 45° 角?这时物体所在高度是多少?

(3) 在物体轨迹最高点处和落地点处,轨迹的曲率半径各为多大?

1.19 以初速度 $\boldsymbol{v}_0$ 水平射出一发子弹.以枪口为原点,沿 $\boldsymbol{v}_0$ 方向为 x 轴正方向,竖直向下为 y 轴正方向,求:

(1) 子弹在任一时刻 t 的坐标及子弹的轨迹方程;

(2) 子弹在 t 时刻的速度、切向加速度和法向加速度.

1.20 在网球比赛中,运动员发出的球以 23.6 m/s 的速度离地高度 2.37 m 水平飞出.已知球网高为 0.90 m,与发球点距离为 12 m.当球到达球网时,(1) 它能否从网上飞过?(2) 球与网顶距离是多少?(3) 假定发球情况同上,但球离开球拍时有 5° 的俯角.当球到达球网时,它能否从网上飞过?(4) 此时球与网顶距离是多少?

1.21 一小球从 1.2 m 高的桌面边缘水平滚下，落地点与桌边距离为 1.52 m. 问：(1) 此球在空中经过多长时间落地？(2) 此球离开桌边时的速率是多少？

1.22 质点 P 在水平面内沿一半径为 $R = 1\ \mathrm{m}$ 的圆轨绕转，绕转的角速度 ω 与时间 t 的函数关系为 $\omega = kt^2$. 已知 $t = 2\ \mathrm{s}$ 时质点 P 的速率为 16 m/s，试求 $t = 1\ \mathrm{s}$ 时质点 P 的速率与加速度的大小.

1.23 一汽车在半径 $R = 400\ \mathrm{m}$ 的圆弧弯道上减速行驶. 设在某一时刻汽车的速率为 $v = 10\ \mathrm{m/s}$，切向加速度的大小 $a_t = 0.2\ \mathrm{m/s^2}$，求汽车的法向加速度和总加速度的大小和方向.

1.24 一质点沿半径为 R 的圆周运动，其路程随时间变化的规律为 $s = bt - \frac{1}{2}ct^2$ (SI)，其中，b，c 为大于零的常数，且 $b^2 > Rc$.

(1) 求 t 时刻质点的切向加速度、法向加速度和总加速度；

(2) 问：t 为何值时，$a_t = a_n$？

(3) 当 $a_t = a_n$ 时，质点已经沿圆周运动了多少圈？

1.25 公园游乐园中的摩天轮半径为 15 m，绕水平轴每分钟转 5 圈. 问：(1) 运动周期是多少？(2) 在最高点和最低点时游客的向心加速度是多少？假定游客在半径 15 m 处.

1.26 一张 CD(光盘) 音轨区域的内半径 $R_1 = 2.2\ \mathrm{cm}$，外半径 $R_2 = 5.6\ \mathrm{cm}$，径向音轨密度 $N = 650$ 条 /mm. 在 CD 唱机内，光盘每转一圈，激光头沿径向向外移动一条音轨，激光束相对光盘是以恒定线速度 $v = 1.2\ \mathrm{m/s}$ 运动的. (1) 这张光盘的全部放音时间是多长？(2) 求激光束到达光盘中心处时，光盘转动的角速度和角加速度.

1.27 一个人走上一个静止的 15 m 长的自动扶梯需要 90 s，站在开动的扶梯上被带上去，需要 60 s. 问人在移动的扶梯上走到顶端需要多少时间？这个时间和扶梯的长度有关吗？

1.28 当轮船以 $v_1 = 18\ \mathrm{km/h}$ 的航速向正北航行时，测得风是西北风(风从西北吹向东南)；当轮船以 $v_2 = 36\ \mathrm{km/h}$ 的航速改向正东航行时，测得风是正北风(即风从北吹向南)，求在地面测得的风速 v.

1.29 设河面宽 $l = 1\ \mathrm{km}$，河水由北向南流动，流速 $v = 2\ \mathrm{m/s}$，有一船相对于河水以 $v' = 1.5\ \mathrm{m/s}$ 的速率从西岸驶向东岸.

(1) 如果船头与正北方向成 $\alpha = 15°$ 角，船到达对岸要花多少时间？到达对岸时，船在下游何处？

(2) 如果要使船相对于岸走过的路程为最短，船头与河岸的夹角为多大？到达对岸时，船又在下游何处？要花多少时间？

1.30 当速率为 30 m/s 的西风正吹时，相对于地面，声音向东、向西和向北传播的速率各是多大？已知声音在空气中传播的速率为 344 m/s.

第2章　牛顿定律

运动学的任务是研究如何描述运动现象,就是由某些描述运动的物理量之间的关系来推算另一些描述运动的物理量.这只是表面现象的研究,并没有深入运动的本质,不能揭示运动的内在规律.

在动力学部分,我们将阐明质点在什么条件下会发生什么样的运动,研究物体运动的原因.动力学的核心是牛顿三定律.300多年前,牛顿在前人大量工作的基础上,对力学现象进行了深入的实验和理论研究,运用新的数学手段——微积分,成功地总结出三条运动定律和万有引力定律,奠定了经典力学的基础,这是科学史上的一个里程碑.

牛顿三定律是经典力学的主要组成部分,我们要深入理解牛顿三定律的意义及其在具体问题上的应用.

2.1　引　　言

对物体运动原因的认知,在16世纪以前,是亚里士多德的运动理论居于统治地位.亚里士多德的力学理论着眼于对"运动的原因"的探索,属于动力学性质.他把运动分为两类:自然运动和受迫运动.他认为前者是物体固有的功能造成的,后者则是外力推动的结果.他认为天上物体的运动都属于自然运动.日、月、星辰自然运动就是绕地球做圆周运动.而要让物体做受迫运动,必须有推动者,一旦外力消失,运动即停止.这种观点影响人们达2000年之久,因为从表面看,它似乎是正确的.

伽利略是第一个从根本上认真批判亚里士多德观点的科学家.伽利略对运动现象作了更深入的观察和分析,提出了他的惯性原理,从而驳斥了亚里士多德关于外力是维持物体运动原因的说法.他在1638年出版的《关于两门新科学的对话》中,设想了一个理想实验(见图2-1):一个物体由静止沿光滑斜面滑下,随后沿另一斜面上升时,它将上升到原来的高度;物体在上升的斜面上达到原来的高度所需要走过的距离随着斜面坡度的减小而增大;当坡度很小时,物体将走过很长的距离才能达到原来的高度.伽利略由此推论:当这一斜面的坡度减小为零,即变为一个水平的平面时,物体再也达不到原来的高度,将会永远向前运动下去.

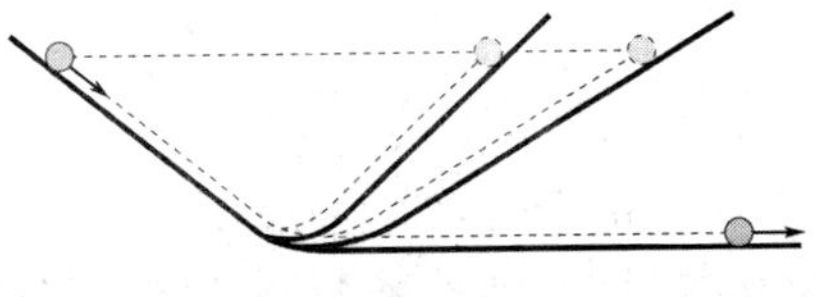

图2-1　伽利略关于惯性定律的理想实验

伽利略作为近代科学的先驱,他在动力学方面所做的开创性工作是意义深远的.在他工作的基础上,又经过一些科学家,如笛卡儿(Rene Descartes,1596—1650)和惠更斯(Christiaan Huygens,1629—1695),特别是牛顿(Issac Newton,1643—1727)的努力,才将这一工作推向成功的高峰.

物体在力的作用下运动状态发生变化的规律是牛顿提出的.1687 年,牛顿发表了《自然哲学的数学原理》,提出了力学的三大定律和万有引力定律,对宏观物体的运动给出了精确的描述.他把地面上的运动和太阳系内行星的运动统一在相同的物理定律之中.这部巨著总结了力学的研究成果,标志着经典力学体系的初步建立.这是物理学史上第一次大综合,是天文学、数学和力学历史发展的产物,也是牛顿创造性研究的结晶.

亚里士多德

亚里士多德(Aristotle,公元前 384 — 公元前 322)是古希腊伟大的思想家,他是柏拉图的学生,曾做过亚历山大一世的老师.作为一位百科全书式的科学家,他几乎对每个学科都做出了贡献.他的写作涉及伦理学、形而上学、心理学、经济学、神学、政治学、修辞学、自然科学、教育学、诗歌、风俗,以及雅典法律.亚里士多德的著作构建了西方哲学的第一个广泛系统,包含道德、美学、逻辑、科学、政治和玄学.

2.2 牛顿运动定律

2.2.1 牛顿第一定律

1. 牛顿第一定律的表述

任何物体都保持静止或匀速直线运动状态,直到外力迫使它改变这种状态为止.

物体可以是质点,也可以是质点组.牛顿第一定律是质点动力学的基础,该定律是从大量实验事实中概括出来的,不能用实验证明,因为世界上没有完全不受其他物体作用的"孤立"物体.通常我们观察到某一物体处于静止状态,是由于这个物体受到的其他物体的作用相互抵消了.例如,桌子上的物体呈静止状态是由于地球对物体的引力和桌面对物体的支撑力相抵消了.

第一定律包含了两个基本的物理概念:一个是物体的惯性,另一个是力.

2. 惯性

惯性是指物体本身具有保持其运动状态不变的特性,是物体的固有属性.牛顿第一定律也称为惯性定律.

牛顿指出"惯性"是每个物体对自身运动状态发生改变的一种抵抗能力,这种抵抗能力使物体保持其原来的运动状态(静止或者在直线上等速运动).状态改变的难易程度可以度量物体惯性的大小.

3. 惯性系

由于物体的运动只有相对于一定的参考系才有意义,因此,惯性定律除了描述不受外力的自由运动之外,还定义了**惯性参考系**:在这种参考系中观察,一个不受力作用的物体将保持静止或匀速直线运动状态不变.惯性参考系简称惯性系.

惯性定律是动力学的出发点,不先确定合适的惯性系,就无法正确地使用其他定律,所以,在动力学问题中,参考系的选择是很重要的.

要决定一个参考系是不是惯性系,只能根据观察和实验.一切实际的参考系都只能是近似于严格定义的惯性系.马赫曾指出,所谓惯性系,其实是相对于整个宇宙(或者说所有物质分布)

的平均加速度为零的参考系.由于宇宙的无限性,这样的理想惯性系只能尽量接近.

几种实用的惯性系如下:

(1) FK_4 系:以选定的 1 535 颗恒星的平均静止的位形作为基准的参考系.这是目前所用的最好的实用惯性系.

(2) 地球:地球是最常用的惯性系.伽利略就是在地球上发现惯性定律的.地球很明显不是严格的惯性系,地球的公转和自转都会引起加速度,分别约 $5.9\times10^{-3}\ m/s^2$ 和 $3.4\times10^{-2}\ m/s^2$(赤道),使物体表现出相应的惯性力.但由于地球上的所有物体本身也受地球引力作用,而根据引力质量和惯性质量的等价原理,任何实验都无法区分作用在物体上的力是由引力引起的还是由惯性引起的,所以,物体因地球公转和自转引起的惯性力已经被包括在物体的重量之中,也就是说,地面物体的重力中实际上已包含惯性力.这样考虑了物体重力因素后,固定在地面的参考系便又成了好的惯性系.

(3) 太阳系:通常是指以太阳为原点,以太阳与恒星的连线为坐标轴的参考系.但精确观察表明,由于太阳受银河系整个质量分布的作用,它与整个银河系的其他星体一起绕其中心旋转,使它有约$10^{-10}\ m/s^2$ 的加速度.它与惯性系的偏离在观察恒星运动时仍会显示出来.

惯性系有一个重要的性质:如果我们认定某一参考系为惯性系,则相对于此参考系静止或做匀速直线运动的任何其他参考系也是惯性系.相反,凡是相对于已知惯性系做变速运动的参考系必是非惯性系.

如果一个物体与周围物体之间有相互作用,则其效果可能改变该物体的原本运动状态.为了弄清这一问题,必须仔细研究力的概念.

4.力的概念

牛顿动力学中的核心概念是力.

人们对力的认识,最初是与举、拉、推等动作中的肌肉紧张程度相联系的.古代对力的认识主要是通过平衡,也就是从静力学角度发展起来的.从亚里士多德所处时代以来近 2000 年中,人们相信运动是由力维持的,第一定律否定了这种错误的认知,通过对不受力作用的物体运动规律的描绘,揭示出力是运动状态变化的原因.

从动力学角度来认识力,把力与物体运动状态正确地联系起来,主要是伽利略和牛顿的功绩.伽利略通过对斜面上物体运动规律的研究,得出了不受加速或减速因素影响的物体将做匀速直线运动的结论.牛顿将这种加速(或减速)因素明确地称为力,从而确立了力不是物体运动的原因,而是物体运动状态发生变化的原因的观点.牛顿第一定律阐明了这一思想,提出了**力**是迫使物体改变静止状态或匀速直线运动状态的一种作用,这样就给出了力的定性定义.力的这一定义大大拓宽了力的范围,使力的范畴从原来仅限于弹性力、压力开拓到包括引力、磁力等.

那么力是什么呢?力是为了描述物体对物体的作用强弱程度而引入的一个物理量.力是一个物体对另一个物体的作用,是物体获得加速度的原因.力不但有大小而且有方向,所以力也是一种矢量.

对力学的研究只有首先弄清不受力作用的物体是怎样运动的,才有可能弄清受力物体运动变化的规律.所以,牛顿第一定律扫清了关于运动和力的关系在认识上的障碍,成为动力学的基础.

牛顿第一定律揭示出力、惯性和加速度三者的紧密联系.力是物体所受外界的作用,惯性是物体本身固有的性质,加速度是受外界作用后物体本身运动状态改变程度的特征量.牛顿第一定律具有丰富的内容,它既提出了力和惯性的概念,又定义了惯性系;而且,它的成立并不依赖于力和惯性的定量量度. 它比牛顿第二定律具有更大的兼容性.

当然,牛顿第一定律并没有给出惯性、加速度和力之间的定量关系.

2.2.2 牛顿第二定律

1. 牛顿第二定律的表述

物体受到外力作用时,物体所获得的加速度的大小与合外力成正比,并与物体的质量成反比;加速度的方向与合外力的方向相同. 数学表达式为

$$\boldsymbol{F} = \frac{\mathrm{d}(m\boldsymbol{v})}{\mathrm{d}t} = m\boldsymbol{a}. \tag{2-1}$$

这个方程是 1750 年瑞士数学家欧拉所写出的. 牛顿第二定律是质点动力学的基本方程,它给出了力、质量和加速度三个物理量之间的定量关系. 只要知道了物体所受的外力和物体质量,以及物体的初位置和初速度,那么受力物体在任何时刻的位置和速度就可以确定. 这一方程也称为**牛顿运动方程**.

牛顿第二定律在牛顿第一定律的基础上给出了力和加速度之间的定量关系,引入了力和质量这两个重要的物理量.

如果说牛顿第一定律说明了力是物体运动状态变化的原因,那么牛顿第二定律则说明了同一物体在不同外力作用下物体的加速度与所受的外力成正比,方向与所受合外力方向相同.

2. 力与加速度

力的本质是物体之间的相互作用,一个物体受力后的效果是它相对惯性系获得了加速度. 因为加速度是可以测量的,所以我们可以利用一个力对标准千克引起的加速度来定义力的单位.

在国际单位制中,力的单位为牛[顿](N). 1 牛[顿] 的力,就是作用于质量为1 kg 的物体可使其获得 1 $\mathrm{m/s^2}$ 的加速度的力,即 $1\ \mathrm{N} = 1\ \mathrm{kg \cdot m/s^2}$.

3. 质量

物体的质量是把物体所受的合力和该合力所产生的加速度联系起来的一种特性. 只有在我们加速一个物体的时候,才会对质量有感受.

牛顿第一定律说明惯性是物体都具有的属性,牛顿第二定律则定量地描述了惯性. 即在同样外力作用下,物体的质量和加速度成反比,质量大的物体产生的加速度小,难于改变其运动状态,即它的惯性大. 因此,物体的质量就是物体惯性大小的量度,这样定义出来的质量称为**惯性质量**. 实验证明,这样定义的质量符合代数相加法则,所以质量是标量. 在经典物理中所研究物体的运动速度远远低于光速,在这种条件下,惯性质量是不变的.

4. 力的叠加原理

实验证明,力的合成满足矢量相加法则. 几个力同时作用于一个物体上所产生的加速度,等于每个力单独作用时所产生的加速度的叠加(矢量加法),称为**力的独立性原理**或**力的叠加原理**.

如图 2-2 所示,$\boldsymbol{F}_1$,$\boldsymbol{F}_2$ 表示同时作用在物体上的两个力,$\boldsymbol{F}$ 表示它们的矢量和. 一般情况下,力的叠加原理可表示为

$$\boldsymbol{F}=\sum \boldsymbol{F}_i=m\boldsymbol{a}. \tag{2-2}$$

式(2-2)是常用的牛顿第二定律公式,其中 **F** 表示物体所受的合力,这是一个矢量式,在实际中常用它们的分量式.

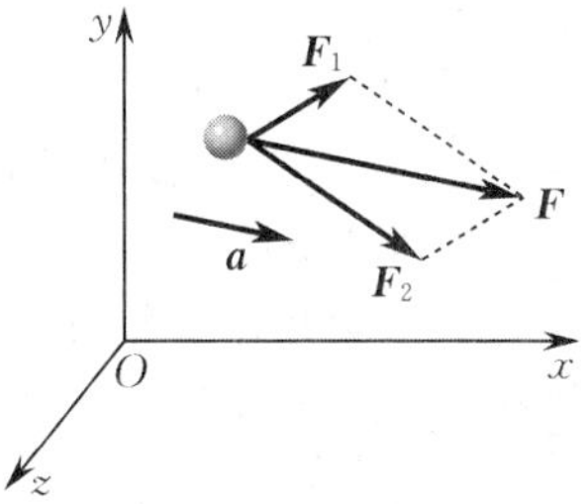

图 2-2　力的叠加

对于一般的空间运动,在直角坐标系中,常常把矢量式 $\boldsymbol{F}=m\boldsymbol{a}$ 沿 x,y,z 轴投影,得到三个分量方程

$$F_x=ma_x,\quad F_y=ma_y,\quad F_z=ma_z \tag{2-3}$$

或

$$\begin{cases} F_x=m\dfrac{\mathrm{d}v_x}{\mathrm{d}t}=m\dfrac{\mathrm{d}^2x}{\mathrm{d}t^2},\\ F_y=m\dfrac{\mathrm{d}v_y}{\mathrm{d}t}=m\dfrac{\mathrm{d}^2y}{\mathrm{d}t^2},\\ F_z=m\dfrac{\mathrm{d}v_z}{\mathrm{d}t}=m\dfrac{\mathrm{d}^2z}{\mathrm{d}t^2}.\end{cases} \tag{2-4}$$

曲线运动中的加速度 **a** 可以分解为沿轨迹切线方向的切向加速度 $\boldsymbol{a}_{\mathrm{t}}$ 和沿轨迹法线方向的法向加速度 $\boldsymbol{a}_{\mathrm{n}}$,常用沿切线方向和沿法向方向的分量式表示,即

$$\begin{cases} F_{\mathrm{t}}=ma_{\mathrm{t}}=m\dfrac{\mathrm{d}v}{\mathrm{d}t},\\ F_{\mathrm{n}}=ma_{\mathrm{n}}=m\dfrac{v^2}{\rho},\end{cases} \tag{2-5}$$

其中切向加速度 $\boldsymbol{a}_{\mathrm{t}}$ 使质点速度大小发生变化,法向加速度 $\boldsymbol{a}_{\mathrm{n}}$ 使质点速度方向发生变化.

对于圆周运动,式(2-5)中的曲率半径 ρ 就等于圆的半径 R,即

$$F_{\mathrm{n}}=ma_{\mathrm{n}}=m\frac{v^2}{R}, \tag{2-6}$$

可见,其法线方向上的力是沿半径指向圆心的. 所以,做圆周运动的质点所受到的合外力沿半径方向的分力称为**向心力**. 如图 2-3 所示,质点在以悬挂点为圆心,绳长为半径的圆周上运动,在运动过程中质点受两个外力作用:重力 $m\boldsymbol{g}$,竖直向下;绳子的拉力 **T**,沿绳子指向圆心. 所以在这个问题中,物体所受到的向心力就是它所受的合外力 $\boldsymbol{T}+m\boldsymbol{g}$ 沿半径方向的分力,即 $F_{\mathrm{n}}=T-mg\cos\theta$,而切线方向上的力为 $F_{\mathrm{t}}=mg\sin\theta$.

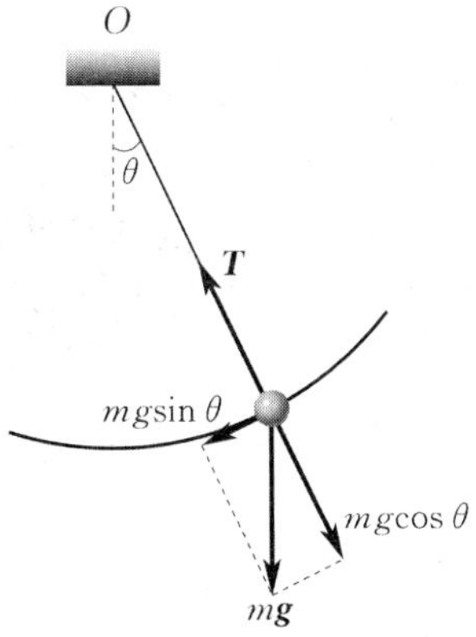

图 2-3　圆周运动受力分析

已知某段时间内任意时刻物体所受的外力、物体质量以及物体的初位置、初速度,就可以确定任意时刻物体运动的加速度、速度和位置,即确定物体的运动,因此牛顿第二定律的数学式又称为动力学基本方程.

牛顿第二定律是牛顿力学的核心,用它解决问题时应注意以下三点:

(1) 牛顿第二定律只适用于惯性系.

(2) 牛顿第二定律所表示的合外力与加速度之间的关系是瞬时关系. 加速度只在有外力作用时才产生,外力改变了,加速度也随之改变. 当外力变为零时,加速度也相应地变为零.

(3) 牛顿第二定律只适用于质点的运动. 物体做平动时,物体上各质点的运动情况完全相同,所以物体的运动可看作质点运动,此时整个物体的质量就是这个质点的质量.

2.2.3 牛顿第三定律

牛顿第三定律是牛顿通过分析和总结两个小球碰撞这类相互接触物体之间的作用力而提出来的,是牛顿独创性的贡献.

牛顿第三定律揭示了自然界中作用力的性质,是一条描述力的相互作用性质的定律.从这一定律可直接导出在物理学中具有普适性的能量守恒定律.可以说牛顿第三定律是用力的语言表述了能量守恒定律.

牛顿第三定律的表述:当物体 A 以力 $\boldsymbol{F}_1$ 作用在物体 B 上时,物体 B 也必定同时以力 $\boldsymbol{F}_2$ 作用在物体 A 上;$\boldsymbol{F}_1$ 和 $\boldsymbol{F}_2$ 在同一直线上,大小相等而方向相反.即

$$\boldsymbol{F}_1=-\boldsymbol{F}_2.$$

在 $\boldsymbol{F}_1$ 和 $\boldsymbol{F}_2$ 两个力中,如果把其中一个力称为作用力,那么另一个力就称为反作用力.理解牛顿第三定律时要注意:

(1) 力是成对出现的,作用力和反作用力同时存在,同时消失.

(2) 当作用力和反作用力存在的时候,不论在哪一时刻一定在同一直线上,而且大小相等,方向相反;相互作用的两个物体的运动状态如何变化,则由每一个物体各自所受的合力和各自的质量决定.

(3) 作用力和反作用力是作用在不同物体上的.

(4) 作用力和反作用力一定属于同一性质的力.例如,作用力是万有引力,反作用力也是万有引力;作用力为摩擦力,反作用力也必然是摩擦力.

(5) 由于牛顿第三定律不涉及运动,因而它并不要求参考系是惯性系.

(6) 牛顿第三定律是有应用范围限制的.在有些情况下,如运动电荷间的电磁相互作用,以及原子、原子核等微观粒子的相互作用等,是不遵守牛顿第三定律的.但对于力学中常遇到的几种宏观力:万有引力、弹性力和摩擦力,牛顿第三定律是成立的.

【例 2.1】 如图 2-4 所示,一质量为 m 的汽车,以速度 v 匀速驶过一半径为 R 的凸形桥,求汽车驶过桥顶时对桥面的压力.

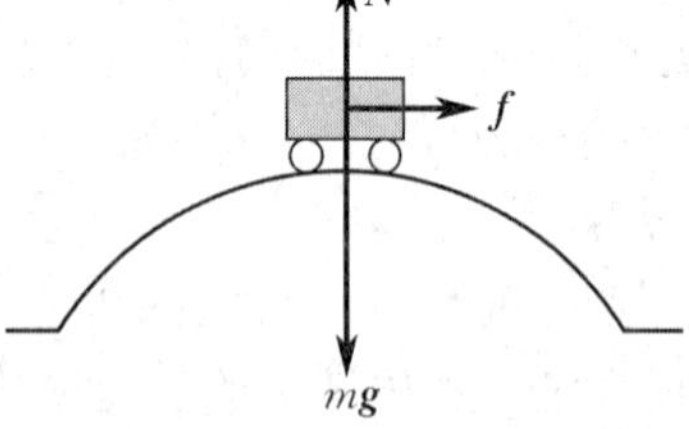

图 2-4

解 分析在桥顶上汽车的受力情形.汽车受三个力作用:重力 $m\boldsymbol{g}$,竖直向下;桥面对汽车的支持力 $\boldsymbol{N}$,竖直向上;桥面作用于汽车的摩擦力 $\boldsymbol{f}$,沿水平方向向前(假定是向前的,如果解出来的 f 是负的,则表示摩擦力实际上是向后的).由于汽车是在一个半径为 R 的圆周上运动,所以把牛顿第二定律按切线和法线方向分解,得

$$F_t=m\frac{dv}{dt},\quad F_n=m\frac{v^2}{R}.$$

当汽车在桥顶时,$m\boldsymbol{g}$,$\boldsymbol{N}$ 沿法线方向,而 $\boldsymbol{f}$ 沿切线方向.

在桥顶上汽车所受的向心力

$$F_n=mg-N=m\frac{v^2}{R}.$$

切向力

$$F_t=f=m\frac{dv}{dt}.$$

因为汽车是以速度 v 匀速驶过凸形桥,所以切向加速度 $a_t = \frac{dv}{dt} = 0$,汽车在桥顶上所受的摩擦力 $f = 0$,而受到的桥面对它的支持力 $N = mg - m\frac{v^2}{R}$. 根据牛顿第三定律得出,当汽车驶过凸形桥桥顶时,汽车对桥面的压力 $N = mg - m\frac{v^2}{R}$,比汽车的重力 mg 小.

【例 2.2】 在无摩擦的水平面上,有用轻绳连在一起的两物体,它们的质量分别为 M_1 和 M_2,外力 $\boldsymbol{F}$ 作用于 M_1 使该系统向右运动. 若不计绳的质量,且绳的长度可看作保持不变,求绳在任一处的张力.

解 因绳的长度可看作保持不变,所以 M_1 和 M_2 以相同的速度和加速度向右运动. 设它们的加速度为 $\boldsymbol{a}$,则有

$$\boldsymbol{F} = (M_1 + M_2)\boldsymbol{a},$$

$$\boldsymbol{a} = \frac{1}{M_1 + M_2}\boldsymbol{F}.$$

如图 2-5 所示,设想在任一处将绳分为左、右两部分. 设左边的绳受到右边作用的张力为 $\boldsymbol{T}_1$;右边的绳受到左边的张力为 $\boldsymbol{T}_2$. $\boldsymbol{T}_1$ 和 $\boldsymbol{T}_2$ 是一对作用和反作用力. 根据牛顿第三定律,有

$$\boldsymbol{T}_2 = -\boldsymbol{T}_1.$$

在图 2-5 中,界面左边的质量为 M_2,只受张力 $\boldsymbol{T}_1$ 作用. 已知 M_2 的加速度为 $\boldsymbol{a}$,根据牛顿第二定律,有

$$\boldsymbol{T}_1 = M_2\boldsymbol{a} = \frac{M_2}{M_1 + M_2}\boldsymbol{F}.$$

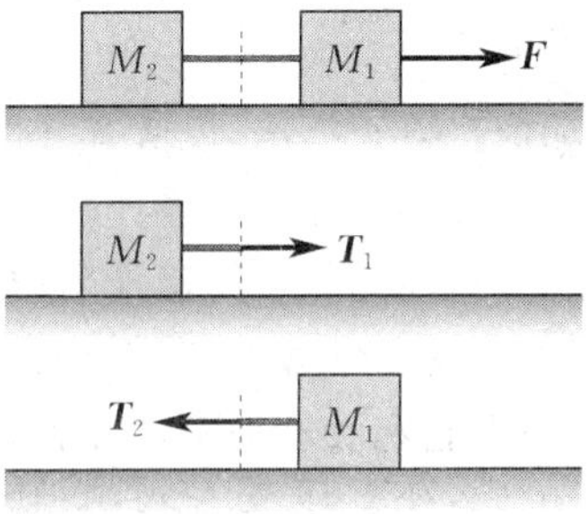

图 2-5

在不考虑绳子自重的情况下,绳中张力处处相等,故绳在任一处的张力大小都为 $\frac{M_2}{M_1 + M_2}F$.

2.2.4 力学的相对性原理

前面介绍过,在惯性系中,牛顿运动定律成立. 经验表明,惯性系不止一个,只要找到一个惯性系,我们就可以同时找到许多与之等效的惯性系. 例如,地球是一个不错的惯性系,在地球上牛顿运动定律成立,而在平稳行驶的车或船中,牛顿运动定律也照样成立,在车上或船上所发生的一切力学现象几乎跟地球上的没有区别. 如果不借助车或船外的物体做参考,就无法从车上或船上的一切力学过程中确定船或车对地球是静止还是做匀速直线运动. 因此,任一相对已知惯性系做匀速直线运动或静止的参考系也是惯性系. 一切惯性系在力学上都是等价的. 对于不同惯性系,牛顿力学定律都具有相同的形式,称为**力学的相对性原理**或**伽利略相对性原理**.

在 1.8 节中,讨论了两个相对平动的参考系,得出了质点相对运动的速度合成公式:

$$\boldsymbol{v} = \boldsymbol{v}_0 + \boldsymbol{v}'.$$

若质点相对于两参考系的加速度分别为 $\boldsymbol{a}$ 和 $\boldsymbol{a}'$, S' 系相对于 S 系的加速度为 $\boldsymbol{a}_0$,则

$$\boldsymbol{a} = \frac{d\boldsymbol{v}}{dt}, \quad \boldsymbol{a}_0 = \frac{d\boldsymbol{v}_0}{dt}, \quad \boldsymbol{a}' = \frac{d\boldsymbol{v}'}{dt}.$$

对速度合成公式求时间的一阶导数,可得

$$\boldsymbol{a} = \boldsymbol{a}_0 + \boldsymbol{a}'. \tag{2-7}$$

这就是经典的加速度合成公式. $\boldsymbol{a}_0$ 又叫作 S' 系对 S 系的**牵连加速度**.

如果其中一个参考系 S 为惯性系,两参考系之间的相对加速度为零($\boldsymbol{a}_0=\boldsymbol{0}$),则质点对于两参考系有相同的加速度,即

$$\boldsymbol{a}=\boldsymbol{a}'. \tag{2-8}$$

此式表明,当 S' 系以恒定的速度相对惯性参考系 S 做匀速直线运动时,S' 系也是惯性系,同一质点相对这两个惯性系的加速度是相同的.

根据力学相对性原理,牛顿第二定律对所有的惯性系都成立. 在惯性系 S 中,牛顿第二定律写成 $\boldsymbol{F}=m\boldsymbol{a}$,在另一个惯性系中,则有 $\boldsymbol{F}'=m'\boldsymbol{a}'$. 在牛顿力学里,也就是宏观低速的范围内,物体的质量和它的速度无关,在各参考系中测出的质量是相等的,即 $m=m'$. 所以

$$\boldsymbol{F}=m\boldsymbol{a}=m'\boldsymbol{a}'=\boldsymbol{F}'.$$

也就是说,在这两个参考系中,牛顿第二定律的数学表达式都具有相同的形式,即

$$\boldsymbol{F}=m\boldsymbol{a}.$$

上述认识已被确认为物理学的一条公理:由一惯性系变换到另一惯性系时,牛顿运动方程的形式不变.

应当着重指出,说所有的惯性系都是等价的,只是指"所有的惯性系中物体运动的力学规律都是一样的",而绝不能理解成:从不同的惯性系观察同一个物体运动会得到一样的结论. 例如,在相对地面匀速直线运动的列车上的自由落体运动,从地面上看来是做平抛运动,显然是不一样的. 这个不一样指的是运动轨迹不一样,但在这两个不同参考系中,方程 $\boldsymbol{F}=m\boldsymbol{a}$ 都成立. 因此,只要是有关动力学的实验,两参考系是等价的 —— 假定两者中的任何一个静止,而另一个做匀速直线运动,都可以用相同的力学定律对观察到的运动做出正确解释.

牛顿(Isaac Newton,1643—1727)是一位英格兰物理学家、数学家、天文学家、自然哲学家. 1687 年他发表《自然哲学的数学原理》,阐述了万有引力和三大运动定律,奠定了此后三个世纪里力学和天文学的基础,并成为现代工程学的基础. 他通过论证开普勒行星运动定律与他的引力理论间的一致性,说明了地面物体与天体的运动都遵循着相同的自然定律,为日心说提供了强有力的理论支持,并推动了科学革命.

牛顿

在力学上,牛顿阐明了动量和角动量守恒的原理. 在光学上,他发明了反射望远镜,并基于对三棱镜将白光发散成可见光谱的观察,发展出了颜色理论. 他还系统地表述了冷却定律,并研究了音速.

在数学上,牛顿与莱布尼茨各自独立地发明了微积分学这一数学工具. 他也证明了广义二项式定理,提出了"牛顿法"以趋近函数的零点,并为幂级数的研究做出了贡献.

2.3 几种常见力

2.3.1 物理学中基本的相互作用

动力学的任务是研究物体在周围物体作用下的运动. 将周围物体的作用简化为力,是牛顿等人的一大功绩. 当作用于物体的力已知,物体的运动服从运动定律. 但周围物体如何对考察物体施力,则是由力的定律来确定. 只有在解决了这个问题之后,运动定律才能成为解决实际力学

问题的有力工具.

我们在日常生活中遇到各种各样的力，如重力、绳中的张力、摩擦力、地面的支撑力、空气的阻力等. 从力的本质来分析，目前通过实验确知的有四种基本作用：引力相互作用、电磁相互作用、强相互作用和弱相互作用.

1. 引力相互作用

引力相互作用是存在于一切物体之间的作用. 但这种作用只在大质量物体（如各种天体）附近才有明显效应. 这种相互作用的表现就是引力. 重力是最常见的一种引力.

2. 电磁相互作用

电磁相互作用是存在于一切带电体之间的作用. 带电粒子间的这种作用表现为电磁力. 电磁力比引力强得多，例如，电子和质子间的静电力比引力大 10^{39} 倍. 前面所列举的各种常见力，除重力属于引力外，其他都属于电磁力. 绳中的张力、摩擦力、地面的支撑力、空气的阻力等，从微观上看，是原子、分子间电磁相互作用的宏观表现.

引力相互作用和电磁相互作用依照的是平方反比律，即作用势能与距离的倒数 $1/r$ 成正比. 这是一种随距离 r 缓慢减小的力，对远处的物体仍然有较明显的作用，故称其为**长程力**. 随着研究对象进入比原子还小的领域，即亚原子领域，科学家又发现了两种短距离的相互作用（强相互作用和弱相互作用），其作用势能与 e^{-ar}/r 成正比，随距离 r 做指数式衰减. 相互作用的粒子之间一旦超过某一特征距离，力的作用实质上就会变为零. 这种力称为**短程力**.

3. 强相互作用

强相互作用也称为强力，是将原子核内质子和中子“胶合”在一起，形成原子核的力. 当两个粒子的距离大于 10^{-15} m 时，强力迅速减小到可以忽略，当距离小于 10^{-15} m 时，强力占据主要支配地位.

4. 弱相互作用

弱相互作用也称为弱力，弱力的作用距离比强力更短，作用强度也比强力小得多，也是只存在于原子核内的力. 弱力只存在于一些弱作用衰变过程中，因为此时释放的粒子，如电子，不参与强相互作用. 弱力强度只有强力的 10^{-5} 倍.

四种相互作用如表 2-1 所示.

表 2-1　四种相互作用

名称	相对强度（以强相互作用为标准）	作用范围 /m	作用场合
强相互作用	1	10^{-15}	维系原子核结构
电磁相互作用	10^{-2}	无限大	摩擦力、弹性力等
弱相互作用	10^{-5}	10^{-18}	核衰变
引力相互作用	10^{-41}	无限大	任何有质量的物体间

引力和磁力是长程力，人的感官能够直接感受它们；弱力和强力的力程太短，人的感官不可能直接感受到它们. 这里我们只介绍开头列举的那几种常见的力.

2.3.2　三种常见力

1. 万有引力和重力

(1) 万有引力定律. 两个有一定质量的质点沿它们之间的连线相互吸引，该引力的大小与它们的质量乘积成正比，与它们距离的平方成反比. 这就是万有引力定律. 如图 2-6 所示，两个相距为 r、质量分别为 m_1，m_2 的质点，它们之间的引力大小的数学表达式为

$$F = G\frac{m_1 m_2}{r^2}. \tag{2-9}$$

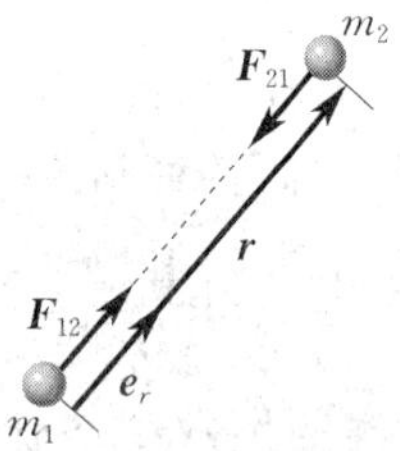

图 2-6　万有引力

用矢量形式可以表示为

$$\boldsymbol{F}_{21} = -G\frac{m_1 m_2}{r^2}\boldsymbol{e}_r. \tag{2-10}$$

式中，$\boldsymbol{F}_{21}$ 为质点 1 作用于质点 2 的万有引力，r 为两质点的距离，$\boldsymbol{e}_r$ 为质点 1 指向质点 2 的单位矢量，$G = 6.67 \times 10^{-11}\ \mathrm{N \cdot m^2/kg^2}$，称为引力常量.

万有引力定律本来是对质点而言的，但可以证明，对于两个质量均匀分布的球体，它们之间的万有引力也可以用此定律计算，只要将式(2-9)中的 r 理解为两球心之间的距离.

(2) 重力. 重力是由地球对它表面附近的物体的引力引起的，忽略地球自转的影响，物体所受的重力就等于它所受的万有引力. 即

$$G\frac{mM_{\mathrm{E}}}{(R+h)^2} \approx G\frac{mM_{\mathrm{E}}}{R^2} = mg. \tag{2-11}$$

其中，M_{E} 为地球质量，R 为地球半径，h 为物体离地面的高度，$g = G\frac{M_{\mathrm{E}}}{R^2}$ 为重力加速度. 重力的方向竖直向下. 从式(2-11)中可以看出，重力加速度与物体本身质量无关；物体在地球表面附近，由于地球半径 R 很大，所以可以用地球半径 R 近似表示物体与地球中心距离. 地球不是一个严格的球体，质量分布也不完全是球对称的，因此，地球表面不同位置的 g 值略有差别.

【例 2.3】　如果人造卫星距地面高度远小于地球的半径 R，试求人造地球卫星在地面附近绕地球做匀速圆周运动必须具有的速度.

解　人造地球卫星所受的外力只有地球对它的万有引力

$$F = G\frac{mM}{r^2} = mg.$$

卫星绕地球做半径为 R 的匀速圆周运动，其向心加速度为

$$a_{\mathrm{n}} = \frac{v^2}{R}.$$

由牛顿第二定律得

$$mg = ma_{\mathrm{n}} = m\frac{v^2}{R}.$$

即 $v = \sqrt{gR}$. 将 $R = 6\,370\ \mathrm{km}$，$g = 9.80\ \mathrm{m/s^2}$ 代入，得

$$v = \sqrt{6.37 \times 10^6 \times 9.80}\ \mathrm{m/s} \approx 7.90 \times 10^3\ \mathrm{m/s}.$$

这个速度叫作**第一宇宙速度**，是物体可以绕地球运动而成为人造卫星所必须具有的最小抛射速度.

【例 2.4】　应用万有引力定律估算太阳的质量.

解　地球绕太阳的公转可近似看作匀速率圆周运动,轨迹半径 $r\approx1.5\times10^{11}$ m,运行周期为 365 天.所以地球公转时的向心加速度为

$$a_n=\frac{v^2}{r}=\frac{(2\pi r/T)^2}{r}=\frac{4\pi^2 r}{T^2}.$$

这个加速度显然是由太阳对地球的万有引力所提供的,根据牛顿第二定律有

$$ma_n=m\frac{4\pi^2 r}{T^2}=G\frac{mM}{r^2},$$

可得

$$M=\frac{4\pi^2 r^3}{GT^2}=\frac{4\times(3.14)^2\times(1.5\times10^{11})^3}{6.67\times10^{-11}\times(365\times24\times60\times60)^2}\ \text{kg}\approx2.01\times10^{30}\ \text{kg}.$$

由此例可知,对于那些有卫星的天体,其质量可以通过测定卫星的运行周期和轨迹半径,然后应用万有引力定律来估算.

2.弹性力

物体受到力的作用时会发生形变,而在物体内部有恢复原状的趋势,这种趋势产生的力,称为弹性力.它是构成物体的原子或分子之间的电磁力的宏观表现.常见的弹性力有绳子的张力、压力和支持力、弹簧的弹性力等.

(1) 绳子的张力.绳子被拉紧时,在绳子内部每相邻两部分之间,会有相互作用力,这种力称为张力,张力是弹性力的一种.轻绳(不计绳的质量)中张力处处相等,都等于它对物体的拉力.拉物体时张力沿着绳指向离开物体的方向.

绳子一般被视为是无质量且长度不可改变的.这样在分析类似例 2.2 的由绳子连接的物体运动时,用绳子相连的两物体在任何时刻速度和加速度的数值都相同.这样,绳子在力学系统中起着传递力的作用,并对物体运动起约束作用.张力是一种约束力.

【例 2.5】　用质量为 m 的绳子把一质量为 M 的物体垂直往上拉起.已知拉力为 $\boldsymbol{F}$.

(1) 求绳子拉物体的拉力;

(2) 设绳子长为 l,且质量均匀分布,求绳中任一点处的张力;

(3) 如果绳子的质量 m 比起物体的质量 M 小很多,即 $m\ll M$,求绳中张力.

解　在绳中任取一点 B,把绳子分成 AB 和 BC,设 BC 段长为 x,则 AB 段为 $l-x$,它们的质量分别为 m_1 和 m_2.分别分析物体 M、绳子 AB 段和 BC 段的受力情况,如图 2-7 所示.

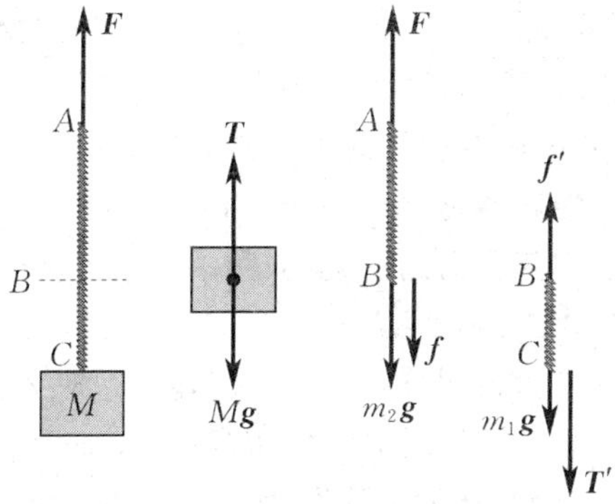

图 2-7

物体 M 受力：重力 $M\boldsymbol{g}$，方向竖直向下；绳子对它的拉力 $\boldsymbol{T}$，方向竖直向上.

绳 AB 段受力：重力 $m_2\boldsymbol{g}$，方向竖直向下；上面对它的拉力 $\boldsymbol{F}$，方向竖直向上；BC 段对它的拉力 $\boldsymbol{f}$，方向竖直向下.

绳 BC 段受力：重力 $m_1\boldsymbol{g}$，方向竖直向下；AB 段对它的拉力 $\boldsymbol{f}'$，方向竖直向上；物体 M 对它的拉力 $\boldsymbol{T}'$，方向竖直向下.

以地面为参考系，忽略绳的形变产生的极小位移，对物体 M、绳子 AB 段和 BC 段分别应用牛顿第二定律，得

$$T - Mg = Ma,$$

$$F - f - m_2 g = F - f - \frac{l-x}{l}mg = \frac{l-x}{l}ma,$$

$$f' - T' - m_1 g = f - T - \frac{x}{l}mg = \frac{x}{l}ma,$$

其中 $f=-f'$，$T=-T'$. 物体 M、绳子 AB 段和 BC 段都有相同的加速度 a. 联立三个方程，解得

(1) 绳子对物体的拉力：$T = \dfrac{M}{M+m}F$.

(2) 绳中任一点处的张力：$f = \dfrac{lM+xm}{l(M+m)}F$，其中 x 为绳子距物体一端的距离.

(3) 当绳子的质量远远小于物体质量时，将上面的公式变形，可得

$$T = \frac{M}{M+m}F = \frac{1}{1+\dfrac{m}{M}}F \approx F,$$

$$f = \frac{lM+xm}{l(M+m)}F = \frac{1+\dfrac{xm}{lM}}{1+\dfrac{m}{M}}F \approx F.$$

讨论：

(i) 当绳子质量不能忽略不计时，绳中张力处处不相等，而且不等于绳子对物体的拉力；

(ii) 当绳子质量 m 很小，即绳子的质量 m 和物体质量 M 比较起来可忽略不计时，绳子中各点的张力都相等. 此时，绳子中的张力等于物体拉绳子的拉力.

(2) 压力和支持力. 将一个物体放在另一个物体的表面上，上面物体对支撑物体有力的作用，使其发生形变；下面的物体要恢复原形，对上面的物体也有力的作用. 通常，将上面物体施给下面物体的弹性力称为**压力**，下面物体施给上面物体的力称为**支持力**.

若物体沿着另一物体的表面(平面或曲面)运动，或位于另一物体表面并随该物体运动时，都存在着这一对相互作用力，并因此对物体的运动构成约束. 例如，如图 2-8 所示，斜面上的物体沿斜面运动时，只能沿着斜面下滑(图中沿斜面实线方向)，不可能垂直斜面向下运动(图中虚线方向). 这是因为斜面给物体施加了反作用力，从而把物体的运动限制在了斜面上，实现了约束. 所以，支持力也叫作约束反力. 对于光滑表面，约束反力总是沿表面(曲面)的法线方向，常用符号 $\boldsymbol{N}$ 表示. 这个名字来源于数学名词 normal，意思是垂直. 约束反力的大小只能在具体力学问题的求解中得到. 如果物体是在粗糙平面上运动，物体受到的力除前面讨论

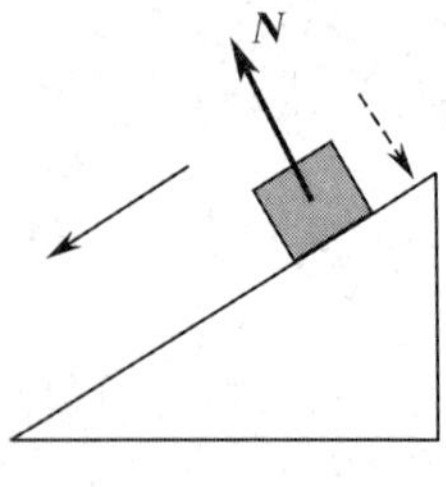

图 2-8　斜面对物体的约束

的约束反力(方向仍然垂直于约束表面)外,还要考虑沿表面切线方向的摩擦力.

绳子对物体的拉力、支撑面对物体的支持力虽然都是弹性力,但是由于绳子、支撑面形变都很小,所以它们的弹力很难根据形变程度按弹性理论计算,一般由其所在的具体力学系统的运动规律确定.

(3) 弹簧的弹性力.弹簧是以显著的拉伸或压缩形变为其特征的.弹簧被拉伸或压缩时,会对和它相连的物体施加弹性力.弹簧在形变不超过一定限度时,其弹性力遵从**胡克定律**

$$F=-kx, \tag{2-12}$$

其中,x 为偏离平衡位置的位移;负号表示力与位移的方向相反,总是指向平衡位置,如图 2-9 所示;k 称为弹簧的劲度系数,决定于制造弹簧的材料和加工方法,与弹簧的几何形状及尺寸等诸多因素有关,可由实验测定.由此可见,弹簧的弹性力的特征是:弹性力的大小与位移的大小成正比,方向指向平衡位置.

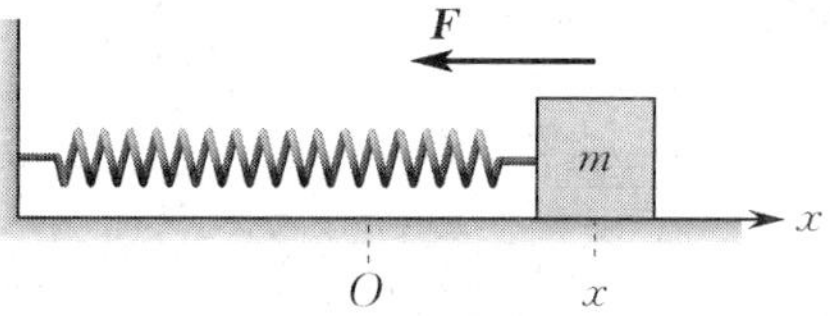

图 2-9　弹簧的弹性力

3. 摩擦力

如果两物体相接触,在两物体做相对运动或有相对运动趋势时,在两接触面上有平行于接触面并阻止两物体相对运动的相互作用力,称之为**摩擦力**.

摩擦力是十分复杂的相互作用力,它在本质上是作用在一个物体表面原子与另一物体的表面原子之间的大量力的矢量和.实验表明,两物体之间的摩擦力与它们之间的正压力有关.正压力是接触的两物体之间垂直于接触面、阻止挤压的相互作用力.摩擦力的方向沿着物体接触面的切线方向,与物体接触面上相对滑动趋势相反.

(1) 静摩擦力.表面接触且相对静止的两个物体因外力作用而有相对滑动趋势时,在它们的接触面间也存在摩擦力,称之为**静摩擦力**.两物体之间的静摩擦力可在零与一个最大值(最大静摩擦力)之间变化,视相对滑动趋势的大小而定.物体运动趋势与所取的环境有关,必须具体分析确定.

如图 2-10 所示,一质量为 m 的物体静止在一固定的粗糙斜面上,现给物体施加一沿斜面向上,由零逐渐变大的拉力 $\boldsymbol{F}$.研究物体受到的静摩擦力.

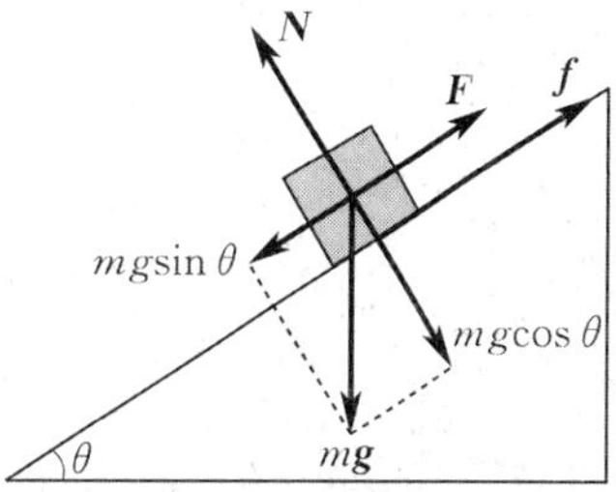

图 2-10　斜面物体受力分析

物体受到的力有重力 $m\boldsymbol{g}$、支持力 $\boldsymbol{N}$、斜面施加给它的静摩擦力 $\boldsymbol{f}$,以及沿斜面向上的拉力 $\boldsymbol{F}$.

当拉力 $\boldsymbol{F}$ 为零时,物体静止.由于受到重力的分力 $mg\sin\theta$ 作用,物体产生下滑趋势,若要使物体保持静止,则需静摩擦力 $\boldsymbol{f}$ 的大小与 $mg\sin\theta$ 相等,方向沿斜面向上.当拉力 F 由零开始逐渐增大,在 $F<mg\sin\theta$ 时,物体依然有下滑趋势,$\boldsymbol{f}$ 的大小等于 $mg\sin\theta-F$,方向沿斜面向上.随着 F 的增大,下滑趋势变小,f 随之变小.当 $F=mg\sin\theta$ 时,物体无滑动趋势,$f=0$.当拉力继续增大到 $F>mg\sin\theta$ 时,物体将出现沿斜面向上的趋势,此时,f 的方向变为沿斜面向下,

大小等于 $F-mg\sin\theta$,并随 F 增加而增加.

如果继续增大 F,在 F 超过某一数值时物体不再保持静止而开始运动. 由此可见,静摩擦力达到某一数值后就不再增大,这一数值称为最大静摩擦力,用 $f_{\max}$ 表示. 最大静摩擦力与正压力成正比,即

$$f_{\max}=\mu_0 N. \tag{2-13}$$

μ_0 称为静摩擦系数,其数值与两物体的表面材料和表面情况有关,与接触面的大小无关.

【例 2.6】 一质量为 m 的物体置于倾角为 θ 的固定斜面上,如图 2-11 所示,物体与斜面间的静摩擦系数为 μ_0,且 $\mu_0<\tan\theta$. 现用一水平外力 $\boldsymbol{F}$ 推物体,欲使物体不滑动,$\boldsymbol{F}$ 的大小应满足什么条件?

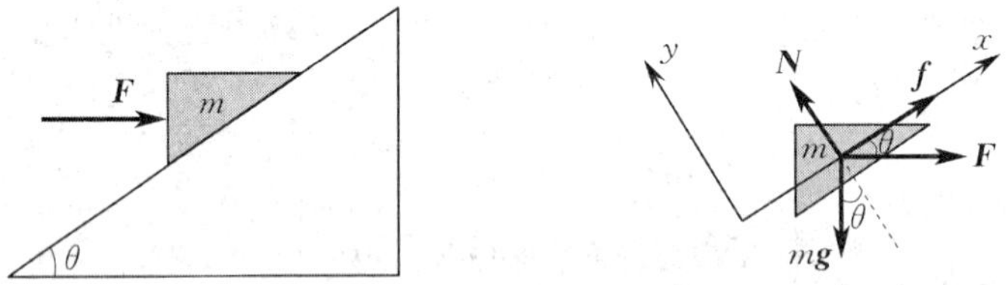

图 2-11

解 这是一个平衡问题,平衡问题可以看成动力学的特例,即合力为零的情形.

隔离物体作受力分析,物体受重力,水平外力,斜面的法向支持力,以及静摩擦力四个力作用. 根据平衡条件

$$m\boldsymbol{g}+\boldsymbol{N}+\boldsymbol{f}+\boldsymbol{F}=\boldsymbol{0},$$

取如图 2-11 所示的坐标,先考察物体即将下滑的情形,即静摩擦力沿斜面向上,平衡方程的分量式为

$$F\cos\theta+f-mg\sin\theta=0, \tag{1}$$

$$N-F\sin\theta-mg\cos\theta=0, \tag{2}$$

$$f\leqslant\mu_0 N. \tag{3}$$

由式(1)、式(2)、式(3) 可解得

$$F\geqslant F_1=\frac{\sin\theta-\mu_0\cos\theta}{\cos\theta+\mu_0\sin\theta}mg. \tag{4}$$

当作用力小于 F_1 时,物体将下滑. 但是 F 也不能太大,因为物体还可以向上运动. 当物体即将向上运动时,平衡方程为

$$F\cos\theta-mg\sin\theta-\mu_0 N\leqslant 0, \tag{5}$$

$$N-F\sin\theta-mg\cos\theta=0. \tag{6}$$

由式(5)、式(6) 得

$$F\leqslant F_2=\frac{\sin\theta+\mu_0\cos\theta}{\cos\theta-\mu_0\sin\theta}mg. \tag{7}$$

即当 $F>F_2$ 时,物体向上运动. 综合以上结果,物体不滑动的条件为

$$\frac{\sin\theta-\mu_0\cos\theta}{\cos\theta+\mu_0\sin\theta}mg\leqslant F\leqslant\frac{\sin\theta+\mu_0\cos\theta}{\cos\theta-\mu_0\sin\theta}mg.$$

(2) 滑动摩擦力. 物体所受外力超过最大静摩擦力时,物体就开始相互滑动. 物体滑动之后,摩擦力继续存在. 两物体沿接触面发生相对运动时,在接触面间产生的一对阻止相对运动的力,称为**滑动摩擦力**. 滑动摩擦力的方向与物体相对运动方向相反,大小与物体的正压力成正

比，即

$$f = \mu N. \tag{2-14}$$

式中 μ 称为滑动摩擦系数，其数值与两物体的表面材料和表面情况有关，还与两接触物体的相对速度有关.

摩擦是很复杂的物理现象，摩擦力的规律也不是一个简单的力学定律. 在地面上发生的各种宏观物体运动都要受到摩擦力作用，所以了解摩擦力是必要的.

【例 2.7】 如图 2-12(a) 所示，一人在平地上拉一个质量为 M 的木箱匀速前进. 木箱与地面间的滑动摩擦系数 $\mu = 0.6$，设此人前进时，肩上绳的支撑点距地面高度 $h = 1.5$ m(木箱的高度忽略不计). 试问：总绳长 l 为多长时最省力?

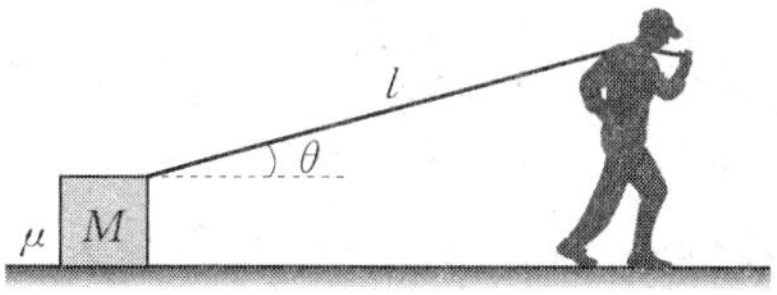

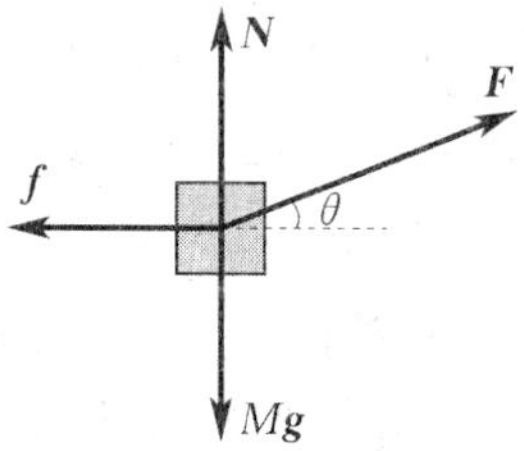

图 2-12

解 木箱受力如图 2-12(b) 所示，设绳子与水平方向的夹角为 θ，则当此人匀速前进时，有

$$F\cos\theta - f = 0,$$
$$F\sin\theta + N - Mg = 0,$$
$$f = \mu N.$$

联立三式，解得

$$F = \frac{\mu Mg}{\cos\theta + \mu\sin\theta}.$$

求 F 对 θ 的一阶导数，并令之为零，有

$$\frac{dF}{d\theta} = -\frac{\mu Mg(-\sin\theta + \mu\cos\theta)}{(\cos\theta + \mu\sin\theta)^2} = 0,$$

所以
$$-\sin\theta + \mu\cos\theta = 0,$$
即
$$\tan\theta = \mu = 0.6,$$
$$\theta = 30°\,57'\,36'',$$

且 $\frac{d^2F}{d\theta^2} > 0$，则 F 有极小值，所以当 $l = \frac{h}{\sin\theta} = 2.92$ m 时，F 最小，最省力.

摩擦在实际生活中具有很重要的意义. 摩擦会造成物体的磨损，消耗大量有用的物资和能源. 减少摩擦的主要方法有：减小物体接触面的粗糙程度，例如，可以用石墨或黑铅粉作润滑剂；用滚动摩擦代替滑动摩擦，例如，在机器中尽量使用滚珠轴承；使干摩擦变为湿摩擦，例如，加润滑油；使接触面分离，例如，近年来采用得越来越多的气垫悬浮和磁悬浮等先进技术.

另一方面，摩擦力在许多场合下是必要的. 例如，人的行走，任何车辆的开动与制动，机器的传动(皮带轮)，弦乐器(二胡、提琴等) 的演奏 …… 没有摩擦或摩擦过小都不行，这时往往要想办法增大摩擦：增大接触面的粗糙程度，如鞋底和轮胎的花纹；增大压力等.

2.4 牛顿运动定律应用举例

牛顿运动定律与质点运动学知识相结合,就提供了解决各种各样质点动力学问题的原则依据.

质点动力学问题分为微分和积分两大类.

1. 微分问题

已知质点的质量及质点的运动,即已知质点在任一时刻的位置或者在任一时刻的速度或加速度,求引起质点做这种运动的作用力.这类问题比较简单,只需将运动方程微分求出加速度,就可以求出力.

【例 2.8】 已知一质点的质量为 m,运动方程为 $\boldsymbol{r}=A\cos\omega t\boldsymbol{i}+B\sin\omega t\boldsymbol{j}$.求质点受到的合外力.

解 已知质点的运动方程,可以求出质点的加速度,再求质点所受合外力.

$$\boldsymbol{a}=\frac{\mathrm{d}\boldsymbol{v}}{\mathrm{d}t}=\frac{\mathrm{d}^2\boldsymbol{r}}{\mathrm{d}t^2}=-A\omega^2\cos\omega t\boldsymbol{i}-B\omega^2\sin\omega t\boldsymbol{j}=-\omega^2\boldsymbol{r},$$

$$\boldsymbol{F}=m\boldsymbol{a}=-\omega^2m\boldsymbol{r}.$$

2. 积分问题

已知质点的质量和质点上的作用力,求质点的运动状态,即位置、速度或加速度.这类问题比较复杂,其复杂程度由力的性质而定,有时在同一问题中会遇到两种或两种以上的力.

【例 2.9】 摩托艇以速率 v_0 沿直线行驶,它受到的摩擦阻力 $F=-kv^2$,比例系数 k 为常数.设摩托艇的质量为 m,当摩托艇发动机关闭后,求:

(1) 速度 v 与时间的关系式;

(2) 路程 x 与时间的关系式;

(3) 速度与路程之间的关系式.

解 (1) $F=m\dfrac{\mathrm{d}v}{\mathrm{d}t}=-kv^2$.

分离变量
$$\frac{\mathrm{d}v}{v^2}=-\frac{k}{m}\mathrm{d}t,$$

积分
$$\int_{v_0}^{v}\frac{\mathrm{d}v}{v^2}=-\frac{k}{m}\int_0^t\mathrm{d}t,$$

$$\frac{1}{v_0}-\frac{1}{v}=-\frac{k}{m}t,$$

$$v=\frac{mv_0}{m+kv_0t}.$$

(2) $v=\dfrac{\mathrm{d}x}{\mathrm{d}t}=\dfrac{mv_0}{m+kv_0t}$.

分离变量
$$\mathrm{d}x=\frac{mv_0}{m+kv_0t}\mathrm{d}t,$$

积分
$$\int_0^x\mathrm{d}x=\int_0^t\frac{mv_0}{m+kv_0t}\mathrm{d}t,$$

$$x=\frac{m}{k}\ln\frac{m+kv_0t}{m}.$$

(3) 由(1)知，$-\frac{k}{m}v^2=\frac{\mathrm{d}v}{\mathrm{d}t}$.

因为要求解速度和位置的函数关系，所以对该方程做适当变换，有

$$-\frac{k}{m}v^2=\frac{\mathrm{d}v}{\mathrm{d}x}\frac{\mathrm{d}x}{\mathrm{d}t},$$

又因为$\frac{\mathrm{d}x}{\mathrm{d}t}=v$，所以

$$-\frac{k}{m}v=\frac{\mathrm{d}v}{\mathrm{d}x}.$$

分离变量

$$-\frac{k}{m}\mathrm{d}x=\frac{\mathrm{d}v}{v},$$

积分

$$-\frac{k}{m}\int_0^x\mathrm{d}x=\int_{v_0}^{v}\frac{\mathrm{d}v}{v},$$

$$-\frac{k}{m}x=\ln\frac{v}{v_0},$$

所以

$$v=v_0\mathrm{e}^{-\frac{k}{m}x}.$$

无论是第一类问题还是第二类问题，解决动力学问题都有类似的方法. 这种方法称为隔离物体法，具体步骤如下：

(1) 隔离物体. 牛顿定律只适用于质点，当几个物体之间有相互作用，它们的相对运动牵连在一起，而各部分运动又不相同时，必须把运动的不同部分隔离出来分别进行研究，要求被隔离出来的部分可看作适用牛顿定律的质点. 解题时要清楚处理的是哪个物体的运动，若弄不清楚已经选定或者应该选取的这个“物体”是什么，则会导致解题时出错.

(2) 受力分析. 确定了要研究的“物体”后，就要分析“环境”中的物体(斜面、弹簧、绳、地球等)对这个物体施加的作用力.

为分析问题方便，通常把力分为接触力和非接触力两种. 所谓接触力，就是两物体因接触而产生的相互作用力，弹性力和摩擦力都是接触力. 非接触力是指物体间不需直接接触就存在的力，主要包括万有引力和电磁力.

受力分析中最容易犯的错误是遗忘一个力或多添加一个不存在的力. 为了不多添一个不存在的力，可以考虑在指出某个作用力的时候，同时指出是哪个物体给予的作用力. 这样不存在的力就暴露出来了.

要注意，对物体的运动起作用的只是它所受到的外力，它施予其他物体的反作用力，与它自身的运动无关，不可计入.

(3) 选定惯性参考系和建立坐标系. 牛顿第二定律及其导出规律只适用于惯性系. 选择适当的惯性参考系，建立坐标系，才能正确地描述运动，把物理问题转化为数学问题. 坐标轴的取向以便于解题为准，其取向不影响运动的性质.

(4) 列出方程. 动力学的中心问题在于正确地列出运动方程式. 先列出矢量形式的动力学方程，然后再按照设定好的坐标系列出坐标轴上的投影式，这样便于计算.

对两个以上的物体，要考虑各物体之间的运动联系，建立各物体之间的速度和加速度的关系式. 这些关系式不是动力学的，而是反映各物体彼此约束的情况，称为各物体运动的关联方程

或约束方程.

(5) 确定运动的起始条件.如果问题涉及对运动方程进行积分,则需要根据对运动实际情况的分析判断在某一特定时刻(初始时刻)物体的运动状态,用以确定积分中的待定常数.

(6) 求解结果,分析讨论.先用文字和表示符号求解,后代入数据计算具体结果,这样便于检查演算过程中是否有错误以及错误的位置,有时还可以减轻数字计算的工作量.

根据给出的条件和实际情况,对结果进行取舍分析,对于正确的结果,有时还应该讨论它在一些特殊情况下得出的特殊结果,加深对问题的理解.

【例 2.10】 如图 2-13 所示,一轻绳跨过定滑轮,在细绳两侧各挂有质量分别为 m_1 和 m_2 的物体,在物体 m_1 上又放有质量为 m_3 的小物体,且$m_1 > m_2 > m_3$.细绳和滑轮质量忽略不计,滑轮与细绳间无滑动,且轮轴的摩擦力忽略不计.求重物释放后,物体的加速度和细绳的张力.

解 将三个物体隔离,对每一个物体受力分析,按运动方向建立坐标轴,列方程求解.

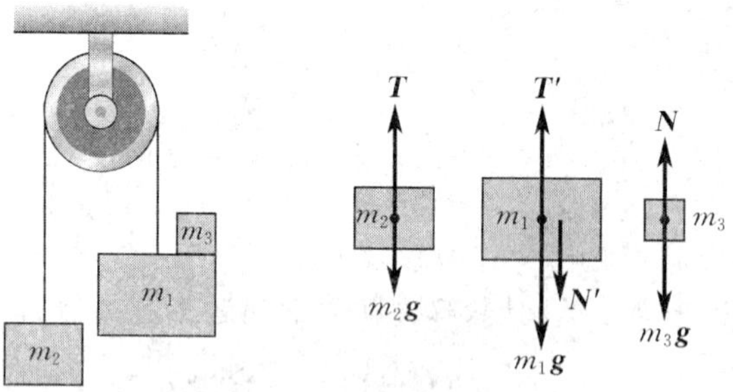

图 2-13

对 m_2 取向上为正,对 m_1 和 m_3 取向下为正的竖直坐标,分别列运动方程.

对 m_2 $$T - m_2 g = m_2 a;$$

对 m_1 $$m_1 g + N' - T' = m_1 a;$$

对 m_3 $$m_3 g - N = m_3 a.$$

其中 $$T = T', \quad N = N'.$$

联立解得

$$a = \frac{m_1 + m_3 - m_2}{m_1 + m_2 + m_3} g,$$

$$T = m_2(g + a) = \frac{2m_2(m_1 + m_3)}{m_1 + m_2 + m_3} g.$$

【例 2.11】 如图 2-14 所示,一根质量为 m 的均质轻绳,两端分别固定在同一水平面上,绳两端与水平成 θ 角.求:(1) 绳两端的张力;(2) 绳最低点的张力.(绳子这种由于自重而形成的曲线叫作悬链线.)

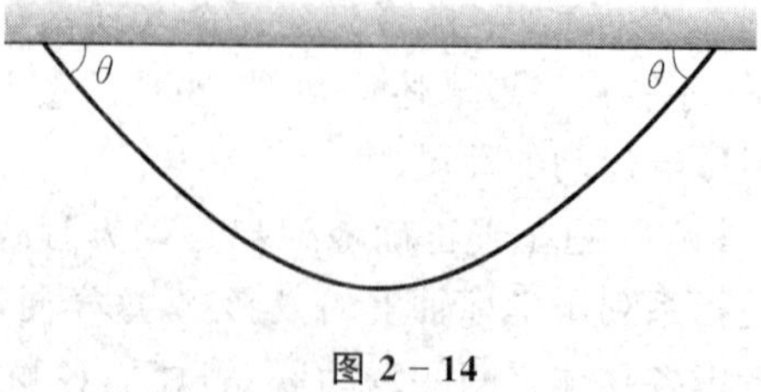

图 2-14

解 注意最低点张力方向.

(1) 设绳两端的张力为 T，则对于绳系统在竖直方向力平衡，有

$$T\sin\theta + T\sin\theta - mg = 0,$$

所以

$$T = \frac{mg}{2\sin\theta}.$$

(2) 两端张力的水平分量为 $T' = T\cos\theta$，而最低点张力沿水平方向，即

$$T' = \frac{mg}{2\sin\theta}\cos\theta.$$

【例 2.12】　如图 2-15 所示，质量为 M、长为 L 的均匀绳索在光滑的水平面上以恒定角速度 ω 绕其一端旋转，忽略重力作用，求绳子中各点的张力.

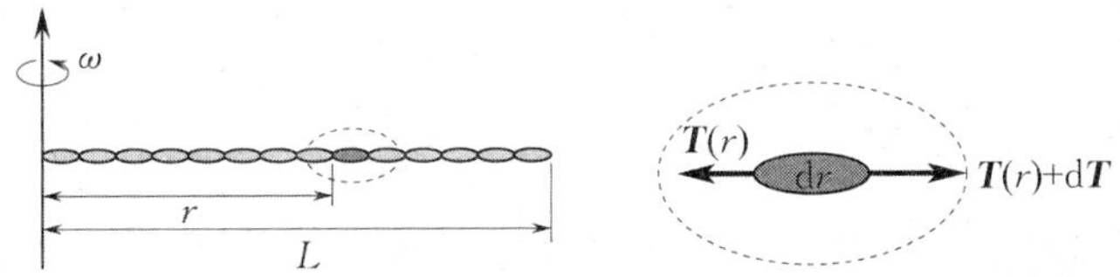

图 2-15

解　本题不能直接用运动定律求解，因为绳索各部分运动情况不同，不能看成一个质点. 可以利用微分的概念，把绳索分割成许多小段，每段的长度都很小，可以近似看作质点.

在距离转轴为 r 处取一小段，绳长为 dr，质量为 dm，由于绳子长度不变，且质量分布均匀，所以它单位长度的质量即质量线密度为 $\frac{M}{L}$，则有 $dm = \frac{M}{L}dr$. 它在左、右两边绳索的张力作用下做圆周运动，来自左边的张力为 $T(r)$，来自右边的张力设为 $T(r) + dT$，对该小段列运动方程，有

$$T(r) - [T(r) + dT] = (dm)a = \left(\frac{M}{L}dr\right)\cdot\omega^2 r,$$

$$dT = -\frac{M\omega^2}{L}r\,dr.$$

对上式从 r 到 L 积分，得

$$\int_{T(r)}^{0} dT = -\frac{M\omega^2}{L}\int_r^L r\,dr,$$

$$T(r) = \frac{M\omega^2}{2L}(L^2 - r^2).$$

可见，绳中的张力 T 是 r 的函数，越靠近固定端点张力越大.

从本题的求解可以看出，对有质量的绳子，当绳子做变速运动（大小或方向）时，张力在各处并不相等.

【例 2.13】　一个竖立的圆筒形转笼，半径为 R. 一物体与转笼内壁的静摩擦系数为 μ_0. 若物体能附在内壁上随转笼一起转动，求转笼的最小角速度.

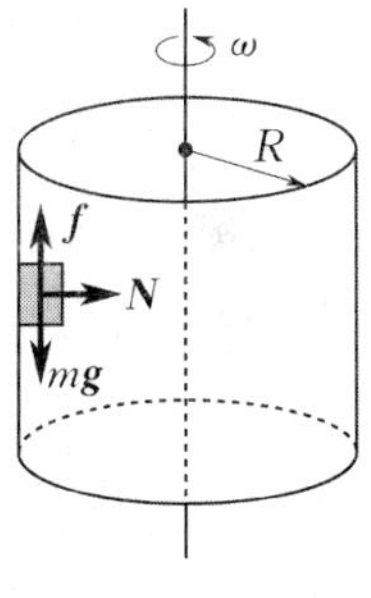

图 2-16

解　如图 2-16 所示，设物体质量为 m，物体能随转笼一起转动，必然受到向心力作用，这里完全由内壁对物体的弹性力 $\boldsymbol{N}$ 提供. 在竖直方向，物体除受重力作用外，还受到静摩擦力 $\boldsymbol{f}$ 的作用，$\boldsymbol{f}$ 方向竖直向上. 对物体列出法向和竖直方向的运动方程：

$$N = mR\omega^2,$$
$$f - mg = 0.$$

静摩擦力满足的关系为

$$f \leqslant \mu_0 N.$$

联立方程求解,可得

$$\omega_{\min} = \sqrt{\frac{g}{\mu_0 R}}.$$

2.5 非惯性系和惯性力

2.5.1 非惯性系

牛顿运动定律在其中不成立的参考系称为**非惯性系**. 在实际问题中,我们常常要从非惯性系中去观察和处理力学问题. 例如,在相对地面没有加速度的车厢或轮船中,我们观察到的运动和动力学规律与在静止的房间内没有区别,这样的参考系是惯性系;在有加速度的车厢或轮船中,我们可能会突然由静止冲出去,或者发现竖直上抛的小球落向别处. 这样的参考系就是非惯性系.

2.5.2 惯性力

为了在非惯性系中在形式上仍可以用牛顿定律处理问题,需要把非惯性系带来的影响表示成一种虚拟力 —— 惯性力.

惯性力不是两个物体之间的相互作用,没有施力物体,也没有反作用力.

在加速直线运动的非惯性系中,质点所受惯性力与非惯性系相对惯性系的加速度方向相反,大小等于质点的质量与非惯性系加速度的乘积.

【例 2.14】 如图 2-17 所示,一质量为 m 的质点用细绳悬挂在车的顶部. 车以水平加速度 a_0 向右行驶. 求质点 m 静止在车上时,细绳与竖直方向的夹角 θ 及绳子的张力.

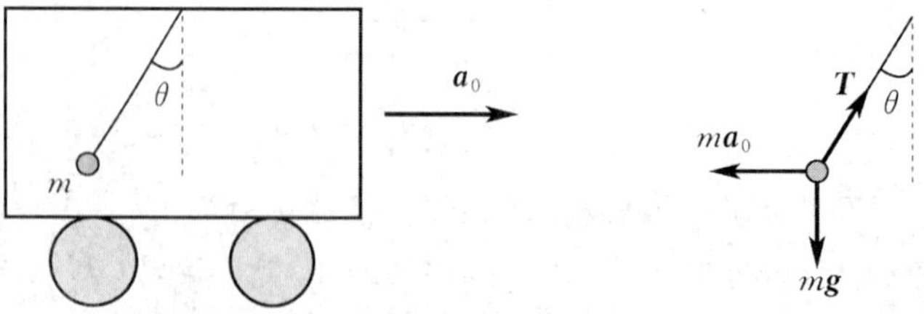

图 2-17

解 以车为参考系,由于车子有加速度,质点除了受重力和张力作用以外,还受惯性力作用,各力方向如图 2-17 所示. 当质点 m 静止时所受合力为零.

列出平衡方程

$$T\cos\theta - mg = 0,$$
$$T\sin\theta - ma_0 = 0.$$

解得

$$T = m\sqrt{g^2 + a_0^2},$$

$$\theta = \arctan\frac{a_0}{g}.$$

【例 2.15】 从前的人认为宇宙航行是不可能的，当时人们想到的方法是，用特制的巨炮，借炸药的力量将宇宙飞船当作炮弹发射出去；而从物理角度看，无论炮身如何巨大，炸药量如何多，都不可能实现.

假设炮筒长为 500 m，飞船通过炮筒后达到第二宇宙速度（$v = 11$ km/s），即

$$a_0 = \frac{v^2}{2l} = \frac{(11\times 10^3)^2}{2\times 500}\ \mathrm{m/s^2} = 1.21\times 10^5\ \mathrm{m/s^2}.$$

炮筒越短，加速度越大. 一个体重为 80 kg 的人全身所受惯性力为

$$ma = 80\times 1.21\times 10^5\ \mathrm{N} = 9.68\times 10^6\ \mathrm{N},$$

相当于超过 960 t 的物体压在人身上，会把人压碎.

超重和失重现象是做加速直线运动的非惯性系中惯性力的具体例子；在转动的参考系中，例如当汽车转弯时，我们会感到被向外甩，是由于惯性离心力的作用；潮汐现象是海水既受太阳和月亮引力作用，又处在做公转的地球这一非惯性系中从而受惯性力作用的结果. 当质点相对于转动的坐标系（非惯性系）匀速运动时，质点还可能受到侧向的科里奥利力的作用. 受地球的自转产生的科里奥利力的影响，流动的河水对河岸一边的冲刷甚于另一边，通常会出现北半球河流流向的右岸比较陡峭，南半球河流流向的左岸比较陡峭的现象. 事实上，地球上一切运动的物体，如气流、海洋、河流、交通工具等，只要运动方向不是平行于地轴，都会受到科里奥利力的作用.

2.6　应 用 拓 展

牛顿运动定律是经典力学的基础，由牛顿运动定律发展而成的经典力学可适用的运动物体尺度大至行星天体，小到分子、离子. 所以牛顿运动定律的应用不胜枚举，这里通过几个生活中的简单例子来介绍一下.

骑自行车时，很多人以为最好是把踏板垂直地面往下踏，其实这样白费了许多力气.

如图 2-18(a) 所示，AD 代表向下蹬的力，这个力分成两个分力 AC 和 AB. 分力 AC 沿切向，使踏板沿正确方向运动，沿法向的分力 AB 则浪费了. 如果踏踏板的方向就是切向，如图 2-18(b) 所示，那么可以最大限度地避免浪费.

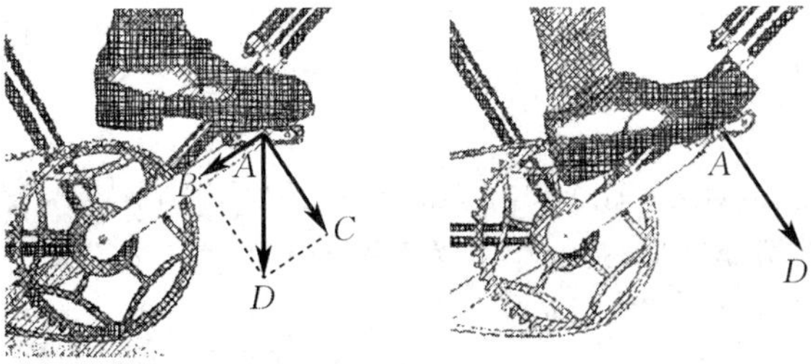

(a)　　(b)

图 2-18　蹬车图

春天是放风筝的季节，风筝的质量密度比空气大得多，但是为什么仍然能在空中翱翔呢？

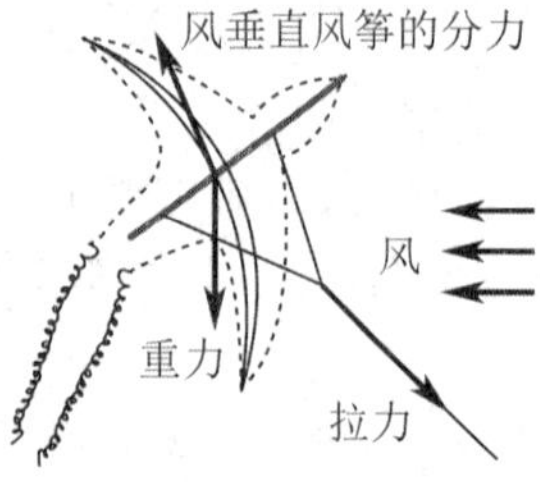

图 2-19　风筝受力图

如图 2-19 所示，风沿水平方向运动，遇到风筝的下表面时，作用在风筝下表面的力可以分解为两个分力. 一个分力沿着风筝表面继续向前，对风筝没有影响，另一个分力则垂直作用于风筝表面，作为风筝在空中的支持力. 对风筝做受力分析，有绳子对风筝的拉力，风筝的重力，风作用在风筝上的支持力. 如果受力平衡，则风筝在空中保持静止或速度不变，如果要使风筝上升，就需要把绳子放松，使得风的作用力比其他两个力的合力大一些.

在风很小的天气，要使风筝起飞，放风筝的人一般要跑很远一段路，目的是使风在风筝下面产生充分的支持力. 如果风很大的话，则只需要把绳子放松，不用跑很远就可以把风筝放起来了. 风筝的长尾巴可以降低风筝的重心，使风筝保持平衡，并且可以使风筝下表面面向运动方向，从而达成想要的受力情况.

飞机的飞行原理和风筝类似，用螺旋桨作为向前的动力源代替跑着放风筝的人与风筝线. 飞机两翼前仰，螺旋桨转动使飞机前进时，上仰着的两翼迎着在它下方冲来的空气. 飞机的重力使机身压着气流，空气的反作用力使飞机上升. 当然飞机的飞行原理要复杂很多，这里就不细说了.

有经验的长途汽车司机经常带着一根长而结实的绳索，当汽车陷入泥泞，开不出来，而人的力量不够把汽车推出来的时候，司机可以将绳索拉紧，一端系牢在车上，另一端系牢在一个固定的物体上，如大树的树干，如图 2-20 所示，这时他只要向侧方向用力拉绳索，绳中的张力为

$$F_1 = F_2 = \frac{P}{2\sin\theta},$$

拉力 P 一定时，θ 越小，张力 F 越大，这个巨大的张力就可以把汽车拉出泥坑.

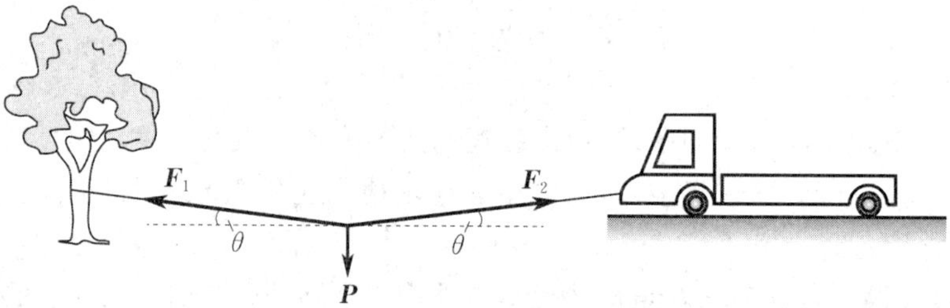

图 2-20　绳的张力

思 考 题 2

2.1 为什么在解决动力学问题时要求建立同一坐标系？

2.2 物体在恒力作用下是否一定做匀变速直线运动？

2.3 有人说："人推动了车是因为人推车的力大于车反推人的力." 这句话对吗？为什么？

2.4 两名滑冰运动员，质量分别为 60 kg 和 40 kg，每人各执绳索的一头，站在冰面上. 身体较重者手执绳端不动，体轻者用力收绳. 这两人最终将在何处相遇？

2.5 汽车拔河，一辆汽车重 1 t，发动机功率为 120 kW，另一辆汽车重 3 t，发动机功率为 90 kW，两辆汽车车尾相接，在摩擦系数相同的情况下，哪辆车可能获胜？

2.6 一个物体以初速 $\boldsymbol{v}_0$ 沿倾角为 θ 的斜面上滑，物体与斜面间的滑动摩擦系数为 μ，若物体上滑到某位置后又下滑，问 $|\boldsymbol{a}_{上}|$ 与 $|\boldsymbol{a}_{下}|$ 哪个大？

2.7 绳的一端系着一个金属小球，以手握其另一端使其做圆周运动.

(1) 当小球运动的角速度相同时，长绳子容易断还是短绳子容易断？为什么？

(2) 当小球运动的线速度相同时，长绳子容易断还是短绳子容易断？为什么？

2.8 “牛顿第一定律是包括在第二定律中的一个特殊情况（$\boldsymbol{F}=\mathbf{0}$ 的情况），所以不是一个独立的定律.”这个论断对吗？为什么？

2.9 当你站在秤台上，仔细观察在站起和蹲下的过程中秤读数的变化情况. 试用牛顿定律解释之.

2.10 两个弹簧等长，劲度系数分别为 k_1 和 k_2，将它们串联起来，等效的劲度系数为多少？若并联，则等效劲度系数又为多少？

2.11 摩擦力是否一定阻碍物体的运动？

2.12 有人说：“惯性是当无外力作用时，物体要保持它的运动状态不变的性质.”这种说法对吗？

2.13 用一条细绳将一重物吊在电梯的天花板上，问下述哪种情况可使绳中的张力为最大或为最小？(1) 电梯静止；(2) 电梯匀速上升；(3) 电梯减速下降；(4) 电梯加速下降.

2.14 将一轻绳绕过一个固定在高处的定滑轮，站在地上的体重相同的两人分别抓住绳的两端，甲用力爬绳，乙则只握紧绳而不爬. 如果不计定滑轮的摩擦，问谁先到达定滑轮处？

2.15 在门窗都关好的行驶中的汽车里，飘着一个氢气球，当汽车向左转弯时，氢气球在车内将向左运动还是向右运动？

习 题 2

2.1 质量为 0.25 kg 的质点，受力 $\boldsymbol{F}=t\boldsymbol{i}$ N(SI) 的作用，当 $t=0$ 时，该质点以 $\boldsymbol{v}=2\boldsymbol{j}$ m/s 的速度通过坐标原点，该质点任意时刻的位置矢量是(　　).

A. $(2t^2\boldsymbol{i}+2\boldsymbol{j})$ m　　B. $\left(\frac{2}{3}t^3\boldsymbol{i}+2t\boldsymbol{j}\right)$ m

C. $\left(\frac{3}{4}t^4\boldsymbol{i}+\frac{2}{3}t^3\boldsymbol{j}\right)$ m　　D. 条件不足，无法确定

2.2 将一硬币放在唱片上，硬币跟随唱片转动，则硬币所受摩擦力的方向为(　　).

A. 与硬币的运动方向相同　　B. 与硬币的运动方向相反

C. 与硬币相对运动的方向相反　　D. 指向圆心

2.3 质量为 m 的物体自空中落下，它除受重力外，还受到一个与速度平方成正比的阻力作用，比例系数为 k(k 为正常数). 该物体做匀速运动时的速度为(　　).

A. $\sqrt{\frac{g}{k}}$　　B. $\frac{g}{2k}$　　C. gk　　D. $\sqrt{gk}$

2.4 如图 2-21 所示，一轻绳跨过一个定滑轮，轻绳两端分别系有质量为 m_1 和 m_2 的重物，且 $m_1>m_2$，滑轮质量及一切摩擦都忽略不计，此时重物获得加速度的大小为 a. 若用一竖直向下的恒力 $F=m_1g$ 代替质量为 m_1 的物体，此时质量为 m_2 的重物的加速度为 a'，则(　　).

A. $a'=a$　　B. $a'>a$

C. $a'<a$　　D. 不能确定

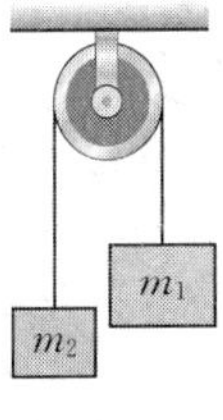

图 2-21

2.5 一质量为 10 kg 的物体沿 x 轴无摩擦地运动. 当 $t=0$ 时，物体位于坐标原点，速度为零. 设该物体在力 $F=3+4t$(SI) 的作用下，运动了 3 s，则此时物体的速度 $v=$ ________，加速度 $a=$ ________.

2.6 两个质量相等的物体用轻弹簧连接，用细绳系于天花板上，静止后将绳剪断，问剪断瞬间两者的加速度各为多大？若将绳和弹簧的位置互换，问绳剪断瞬间两者加速度又如何？

2.7 质量 $m = 0.5$ kg 的质点做直线运动,其运动方程为 $x = t^3 - 2t^2 + 5$(SI). 求 $t = 2$ s 时,质点所受的作用力.

2.8 质量 $m = 10$ kg 的物体沿 x 轴无摩擦地运动. 设 $t = 0$ 时物体位于原点,速度为零. 求物体在力 $F = 4 + 6x$ N 的作用下运动到 3 m 处的加速度及速度的大小.

2.9 一水平缆绳沿水平轨道拖一质量为 200 kg 的车,在缆绳上的张力是 500 N,从静止出发,问:(1) 要使车的速度达到 8 m/s 需要多长时间?(2) 此时它已走了多远?

2.10 一辆 900 kg 的轿车以 20 m/s 的速度沿一水平公路行驶,多大阻力能使这辆车在 30 m 内停下来?

2.11 一个 5 kg 的物体挂在一绳末端,求下列加速度情况下绳上的张力. (1) 1.5 m/s^2,方向向上;(2) 1.5 m/s^2,方向向下;(3) 9.8 m/s^2,方向向下.

2.12 一个 12 kg 的箱子从长为 5.0 m 的斜面顶端释放,斜面的倾角是 $30°$. 箱子受到的摩擦力是 60 N. 求:(1) 箱子的加速度;(2) 箱子到达斜面底端所需的时间;(3) 箱子和斜面之间的摩擦系数.

2.13 在桌上有一质量为 m_1 的木板,木板上放一质量为 m_2 的物体. 设木板与桌面间的摩擦系数为 μ_1,物体与板面间的摩擦系数为 μ_2,欲将木板从物体下抽出,至少要用多大的力?

2.14 光滑水平面上放一光滑斜块,质量为 M,物体 m 放在斜块上并用绳子拴在立柱上,如图 2-22 所示,问:斜块 M 在水平面上以多大加速度运动时,(1) 斜块对 m 支持力等于零?(2) 绳子拉力等于零?

2.15 如图 2-23 所示,质量分别为 M 和 m 的两个木块,M 与一光滑水平面接触,M 与 m 之间的静摩擦系数为 μ_0. 用一水平力 F 推,问:F 为多大时,m 才不会滑下来?

2.16 如图 2-24 所示,一质量为 m 的硬币置于书上,该书相对水平面翘起一角度 θ. 当角度增大到某一角度 θ_0 后,硬币就会滑动. 求硬币与书之间的摩擦系数 μ 和 θ_0 的关系.

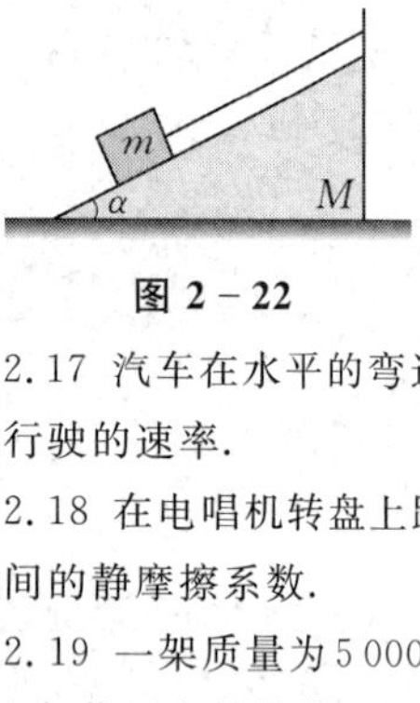

图 2-22

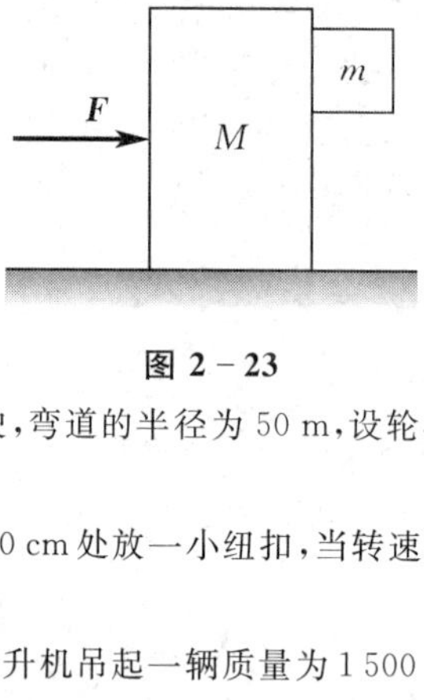

图 2-23

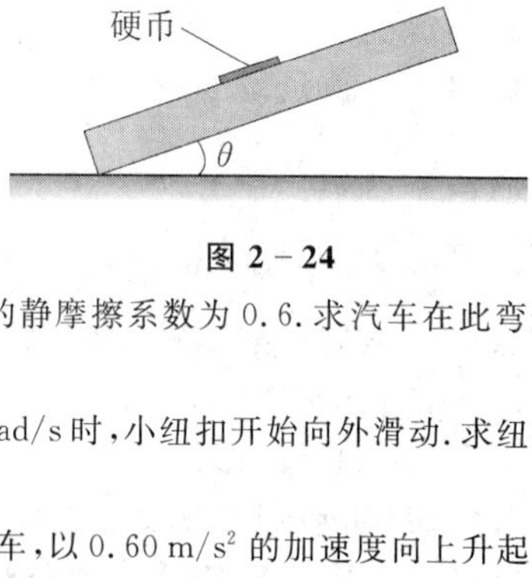

图 2-24

2.17 汽车在水平的弯道上行驶,弯道的半径为 50 m,设轮与地面的静摩擦系数为 0.6. 求汽车在此弯道上安全行驶的速率.

2.18 在电唱机转盘上距转轴 10 cm 处放一小纽扣,当转速超过 7 rad/s 时,小纽扣开始向外滑动. 求纽扣与转盘间的静摩擦系数.

2.19 一架质量为 5 000 kg 的直升机吊起一辆质量为 1 500 kg 的汽车,以 0.60 m/s^2 的加速度向上升起,问:(1) 空气作用在螺旋桨上的上举力有多大?(2) 在吊汽车的缆绳中,张力有多大?

2.20 一汽车在水平的直路上行驶,车速 $v = 90$ km/h 时的刹车距离 $s = 35$ m. 如果路面摩擦系数相同,只是有 1∶10 的下降斜度,问这辆汽车的刹车距离将变为多少?

2.21 一个质点具有加速度 a,其大小为 $-0.2v$. 问多长时间才能使质点的速率减小到原来的一半?

2.22 质量 $M = 10$ kg 的物体,放在水平地面上,静摩擦系数为 $\mu_0 = 0.40$. 若要拉动或推动这物体,(1) 求出所需要的最小力;(2) 这力是拉力还是推力?它的方向如何?如果这个物体在斜面上,静摩擦系数也为 μ_0,斜面与水平的夹角为 α,设 $\tan\alpha = 0.10 < \mu_0$,若仍要拉动或推动这个物体,求所需最小力的大小和方向.

2.23 一辆以 60 km/h 行驶的汽车撞到桥墩上. 车内的乘客被膨胀的气袋护住上半身向前移动了 65 cm(相对于地面) 后停住. 乘客的上半身质量为 40 kg. 问作用于乘客上半身的力有多大(假定力是恒定的)?

2.24 升降机内秤上有一质量为 m 的物体,升降机以加速度 a 下落,问此时秤的读数是多少?

第3章　动量守恒定律和能量守恒定律

牛顿运动方程反映了某一时刻质点所受的外力与所产生的加速度之间的关系.质点运动的问题,只要将质点所受的合外力分析清楚,利用牛顿运动定律求出加速度,再利用初始条件积分,基本上都可以解决.但是,对于受力情况复杂或大量质点系成的体系,再用同样的方法进行计算将十分复杂(甚至不可能).这时,利用动量、能量和角动量的有关规律,许多问题的求解将变得更加方便.事实上,运动定理和守恒定律几乎是我们解决质点系动力学问题唯一可以利用的工具.

运动定理和守恒定律虽然都是由牛顿定律推导出来的,但是守恒定律却成为比牛顿定律更为基本和本质的规律.

3.1　动量与冲量　质点的动量定理

一个质点的机械运动状态可以由两个量表征.一个是动量,它是矢量,它的改变量等于力的冲量,即力对物体的作用关于时间的累积效应;另一个是动能,它是标量,它的改变量则是力对物体的作用关于物体移动距离的累积效应.本节将在牛顿定律的基础上,讨论力对时间的累积作用.

3.1.1　质点的动量

动量概念最早可追溯到14世纪.为了解释箭之类的飞行物在脱离施力物体后仍能继续运动这一现象,当时有人提出某种被称为"动力"的东西,并断言这种"动力"与物体的重量和速度的乘积成正比.正式的动量概念则是由法国科学家笛卡儿提出来的.17世纪,笛卡儿在其著作《哲学原理》中曾提出所谓"运动量"守恒原理,并把"运动量"定义为质量和速度的乘积,但他尚未认识到这一物理量的矢量特征.

惠更斯于1668—1669年对碰撞现象进行了研究,使动量这个概念进一步完善,他认识到动量具有矢量性.同时,他发现了完全弹性碰撞现象中动量守恒的规律.至此,动量概念和动量守恒原理才正式确立起来.

牛顿在《自然哲学的数学原理》一书中,明确定义了动量这个概念,并用它来表述牛顿第二定律,其表达式为

$$\boldsymbol{F}\mathrm{d}t = \mathrm{d}(m\boldsymbol{v}). \tag{3-1}$$

这之后,通过对物理学各领域的长期研究,科学家们明确了 $m\boldsymbol{v}$ 是一个描述物体运动状态的基本物理量,称之为**动量**,用 $\boldsymbol{p}$ 表示,即

$$\boldsymbol{p} = m\boldsymbol{v}. \tag{3-2}$$

动量是一个矢量,它的方向与速度方向相同.在国际单位制中,它的单位是千克米每秒(kg·m/s).一个质点在运动过程中动量守恒表示该质点做匀速直线运动.一个质点做匀速圆周运动时,虽然速度的数值不变,但速度方向不断变化,动量也不断变化.

所以牛顿第二定律又可以表示为

$$\boldsymbol{F}=\frac{\mathrm{d}(m\boldsymbol{v})}{\mathrm{d}t}=\frac{\mathrm{d}\boldsymbol{p}}{\mathrm{d}t}. \tag{3-3}$$

如果质量 m 是不变的,就得到常用的牛顿第二定律公式

$$\boldsymbol{F}=\frac{\mathrm{d}(m\boldsymbol{v})}{\mathrm{d}t}=m\frac{\mathrm{d}\boldsymbol{v}}{\mathrm{d}t}=m\boldsymbol{a}.$$

但是有时我们会遇到质量随时间变化的系统(物质不断地进入或者离开我们所观察的系统),这时牛顿第二定律不能采用 $\boldsymbol{F}=m\boldsymbol{a}$ 的形式,而应该写成

$$\boldsymbol{F}=\frac{\mathrm{d}(m\boldsymbol{v})}{\mathrm{d}t}=m\frac{\mathrm{d}\boldsymbol{v}}{\mathrm{d}t}+\frac{\mathrm{d}m}{\mathrm{d}t}\boldsymbol{v}. \tag{3-4}$$

3.1.2 力的冲量

牛顿第二定律表明,一质点在外力作用下动量会发生变化,动量的瞬时变化率就是该时刻物体所受的外力.下面研究力作用于一个质点一段时间后所产生的效果(力关于时间的累积效果).

在水杯和桌面之间垫衬一张坚韧的长条形薄纸,当缓慢地拉动薄纸条时,水杯将随纸条一起运动;而当抽出薄纸条的速度足够快时,可以在水杯原地不动的条件下将纸条抽出.在这两种情况下,水杯在水平方向所受的力都是摩擦力,只不过在前一种情况下,水杯与纸条无相对运动,摩擦力可能小于最大静摩擦力,而在后一种情况下,由于有相对滑动,这一摩擦力成为滑动摩擦力,约等于最大静摩擦力.那么,为什么后一种情况下水杯反而不随纸条一起运动?这是由于后一种情况下力作用的时间很短,力虽然大,动量改变量反而较小.这就说明,在动力学中,无法直接判断力的作用效果,必须引入力对时间的累积效果——**力的冲量**.力的冲量引起物体动量的变化.

1. 恒力的冲量

设恒力 $\boldsymbol{F}$ 作用在质点上的持续时间为 $t-t_0$,把恒力与力的作用时间的乘积称为恒力的冲量.用 $\boldsymbol{I}$ 表示,即

$$\boldsymbol{I}=\boldsymbol{F}(t-t_0). \tag{3-5}$$

冲量 $\boldsymbol{I}$ 是矢量,其方向与恒力 $\boldsymbol{F}$ 的方向相同.冲量是一个过程量,它不仅与恒力 $\boldsymbol{F}$ 有关,还与过程持续的时间 $t-t_0$ 有关.在国际单位制中,冲量的单位是牛[顿]秒(N·s).

2. 变力的冲量

如果作用在质点上的力随时间变化,不论是数值变化还是方向变化或者两者都变化,都不能直接用式(3-5)来计算这段时间内的冲量.但是,可以把从 t_0 到 t 这段时间分成许多小段,如果每一小段 $\Delta t_1,\Delta t_2,\cdots,\Delta t_n$ 都足够小,就可以认为在每一小段作用时间内作用力为恒力,这样,对每一小段作用时间都可以用式(3-5)来计算冲量,从 t_0 到 t 这段时间内的总冲量就等于各小段时间的冲量的矢量和.以 $\boldsymbol{F}_1,\boldsymbol{F}_2,\cdots,\boldsymbol{F}_n$ 分别代表在各小段时间内的作用力,则从 t_0 到 t 时间的冲量矢量和为

$$\boldsymbol{I}=\boldsymbol{F}_1\Delta t_1+\boldsymbol{F}_2\Delta t_2+\cdots+\boldsymbol{F}_n\Delta t_n,$$

或写成

$$\boldsymbol{I}=\sum_{i=1}^{n}\boldsymbol{F}_i\Delta t_i. \tag{3-6}$$

式(3－6)中 $\boldsymbol{F}_1,\boldsymbol{F}_2,\cdots,\boldsymbol{F}_n$ 不是合力的各个分力，而是同一作用力在不同时刻的函数值．在极限情形下，式(3－6)的矢量和可以用矢量积分表示为

$$\boldsymbol{I}=\int_{t_0}^{t}\boldsymbol{F}\mathrm{d}t. \tag{3-7}$$

计算变力的冲量，实际上是对许多冲量矢量求和，表示为式(3－7)的积分，即无限多个(每一个都是无限小)冲量矢量的叠加．直接用矢量叠加的方法进行计算往往是很困难的，通常先将冲量投影在一定的坐标轴上，再对各分量进行简单的矢量叠加和代数运算．在直角坐标系中，式(3－7)的三个分量方程为

$$I_x=\int_{t_0}^{t}F_x\mathrm{d}t,\quad I_y=\int_{t_0}^{t}F_y\mathrm{d}t,\quad I_z=\int_{t_0}^{t}F_z\mathrm{d}t. \tag{3-8}$$

由 I_x,I_y,I_z 就可以确定 $\boldsymbol{I}$，

$$\boldsymbol{I}=I_x\boldsymbol{i}+I_y\boldsymbol{j}+I_z\boldsymbol{k}.$$

3. 合力的冲量

如果同时有 N 个力作用在一个质点上，合力 $\boldsymbol{F}$ 为各分力 $\boldsymbol{f}_1,\boldsymbol{f}_2,\cdots,\boldsymbol{f}_N$ 的矢量和，即

$$\boldsymbol{F}=\boldsymbol{f}_1+\boldsymbol{f}_2+\cdots+\boldsymbol{f}_N,$$

则合力的冲量为

$$\boldsymbol{I}=\int_{t_0}^{t}\boldsymbol{F}\mathrm{d}t=\int_{t_0}^{t}\boldsymbol{f}_1\mathrm{d}t+\int_{t_0}^{t}\boldsymbol{f}_2\mathrm{d}t+\cdots+\int_{t_0}^{t}\boldsymbol{f}_N\mathrm{d}t=\boldsymbol{I}_1+\boldsymbol{I}_2+\cdots+\boldsymbol{I}_N. \tag{3-9}$$

式中 $\boldsymbol{I}_1,\boldsymbol{I}_2,\cdots,\boldsymbol{I}_N$ 分别代表各分力在 t_0 到 t 时间内的冲量．式(3－9)表明：合力在一段作用时间内的冲量等于各分力在同一段作用时间内冲量的矢量和．合力的冲量可以先求合力再求冲量，也可先求分力的冲量然后再求分力冲量的矢量和，根据具体情况选择更方便的方式．

【例 3.1】　质量为 m 的物体，在倾角为 θ 的光滑斜面上由静止开始下滑，如图 3－1 所示．求在时间 t 内，物体所受合外力对物体的冲量．

解　如图 3－1 所示，进行受力分析，物体所受的合外力为

$$F=mg\sin\theta,$$

方向沿斜面向下．

所以，合外力的冲量大小为

$$I=mgt\sin\theta,$$

方向沿斜面向下．

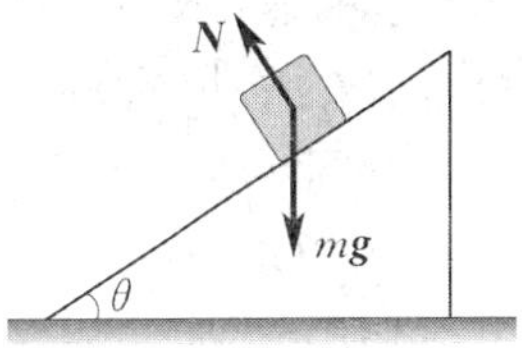

图 3－1

本题还可以先求出各分力的冲量，然后按照矢量叠加原理求出合外力的冲量，但是较为复杂，有兴趣的读者可以试着做一下．

3.1.3　质点的动量定理

质点的动量定理可以从牛顿定律导出．牛顿第二定律给出了一个物体的动量的时间变化率与物体所受力的瞬时关系，从研究运动中的动量的角度看，可称之为微分形式的动量定理，

$$\boldsymbol{F}=\frac{\mathrm{d}(m\boldsymbol{v})}{\mathrm{d}t}=\frac{\mathrm{d}\boldsymbol{p}}{\mathrm{d}t},$$

上式给出的是瞬时关系，在使用时要考虑到运动过程中每一时刻力 $\boldsymbol{F}$ 的瞬时值和动量 $\boldsymbol{p}$ 的瞬时值，可改写为

$$\boldsymbol{F}\mathrm{d}t=\mathrm{d}\boldsymbol{p}. \tag{3-10}$$

然而,在有些运动过程如冲击或碰撞中,力和运动量的具体变化情况都不易确定,直接使用式(3-10)去研究,就不可能了.但是,可以通过对式(3-10)积分,进一步确定在任意一段时间内动量增量与外界作用的关系,即

$$\int_{t_0}^{t} \boldsymbol{F}\mathrm{d}t = \int_{p_0}^{p} \mathrm{d}\boldsymbol{p} = \boldsymbol{p} - \boldsymbol{p}_0, \tag{3-11}$$

式(3-11)左边表示在 t_0 到 t 时间内的冲量,即

$$\boldsymbol{I} = \int_{t_0}^{t} \boldsymbol{F}\mathrm{d}t = \boldsymbol{p} - \boldsymbol{p}_0. \tag{3-12}$$

式(3-12)是动量定理的积分形式,它表明在运动过程中质点所受的合外力的冲量等于质点动量的增量.

动量定理的积分式是矢量表达式,这表明合外力的冲量的方向始终和受力质点动量增量的方向一致.由于它是矢量式,所以在应用动量定理时可直接用作图法,按几何关系求解,也可以用沿坐标轴的分量式求解.例如,在直角坐标系中,沿各坐标轴的分量式是

$$\begin{cases} I_x = \int_{t_0}^{t} F_x \mathrm{d}t = mv_x - mv_{0x}, \\ I_y = \int_{t_0}^{t} F_y \mathrm{d}t = mv_y - mv_{0y}, \\ I_z = \int_{t_0}^{t} F_z \mathrm{d}t = mv_z - mv_{0z}. \end{cases} \tag{3-13}$$

动量定理是牛顿第二定律的另一种形式,但在近代物理中,其含意已超过了牛顿运动定律.牛顿运动定律是牛顿以经典时空观为依据提出的,在牛顿运动定律提出后的200多年中,人们一直认为物体的质量与物体的速度无关,也与参考系无关,而速度是表征物体运动状态的基本物理量,因此动量定理公式与牛顿第二定律公式完全等价.但按照相对论时空观,任一物体的质量都与它的速度有关,因而当速度变化时质量也将变化,牛顿第二定律公式中的 m 不可以提到微分号前面去.因此,用动量定理来表述牛顿第二定律,能更精确地揭示运动定律的本质内涵.换言之,在近代观念中,动量是表征物体在某一惯性系中运动状态的物理量.与之对应,冲量是度量外部对物体的作用量.

(1)质点的动量定理是矢量规律,因此,运用这一规律去分析问题时要注意矢量的特点.如图3-2所示,做匀速圆周运动的质点在 A 点时的动量为 $m\boldsymbol{v}_1$,在 B 点时的动量为 $m\boldsymbol{v}_2$,虽然质点在 A 点和 B 点的速率相等,但是由于速度方向改变,因此质点的动量改变量 $\boldsymbol{I} = m\boldsymbol{v}_2 - m\boldsymbol{v}_1$.

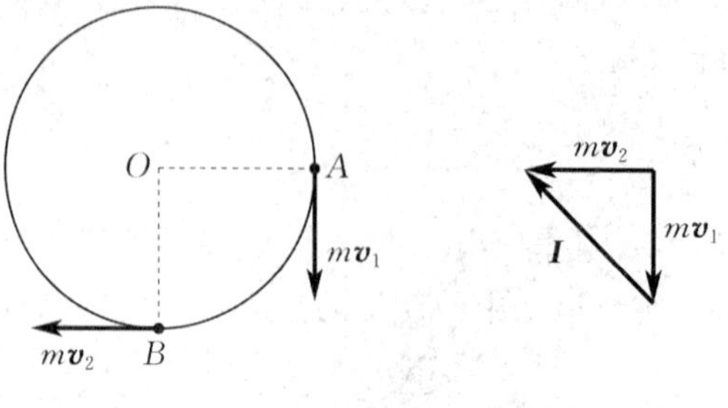

图3-2 匀速圆周运动动量

(2)力的冲量与从 t_0 到 t 时刻的过程相联系,是一个过程量.只要 t_0 和 t 时刻质点的速度确定,即质点动力学状态是确定的,动量就是确定的,所以动量是状态量.因此,动量定理与牛顿第

二定律相比有其特殊的意义，它不是瞬时性的动力学规律，而是一个过程规律，动量定理只看重质点在两个时刻的状态和状态变化过程中力的冲量，而不涉及从初态变化到末态的具体细节.

(3) 质点的动量定理只在惯性系中成立. 因为质点的动量定理是从牛顿定律导出的，所以只能在惯性系中运用. 在不同惯性系中，由于作用力和作用时间都不随参考系变换而变，所以冲量在所有参考系中都有相同形式，而且冲量的数值和方向不随参考系变换而变. 对于动量，当从一个惯性系变换到另一个惯性系时，动量的数值和方向可能随参考系变换而变. 但是，动量的改变量不随惯性系变换而变.

动量定理在冲击和碰撞过程中特别有用.

两物体在碰撞的瞬间，相互作用的力称为**冲力**. 冲力的作用时间极短，且在量值上变化极大，所以较难量度每一瞬间的冲力，直接用牛顿第二定律来计算碰撞的作用效果是很难的. 但是两物体在碰撞前、后的动量较易测定，根据动量定理，就可计算物体受到的冲量. 如果测出碰撞时间，就可以计算冲力在这段时间内的平均大小.

$$\overline{\boldsymbol{F}} = \frac{1}{t - t_0}\int_{t_0}^{t} \boldsymbol{F}\mathrm{d}t = \frac{\boldsymbol{p} - \boldsymbol{p}_0}{t - t_0}. \tag{3-14}$$

动量定理在实际生活中有广泛的应用. 有时要减少冲力，避免冲力造成的损害；有时又要增大冲力，利用冲力. 从式(3-14)可以看到，在物体的动量增量一定的条件下，如果力的作用时间长些，力就可以小些；力作用的时间短些，力就需要大些. 例如，火车车厢两端的缓冲器和车厢底下的减震器，高层楼房施工时脚手架下张置的安全网等，都是通过延长碰撞时间来减小冲力. 相反，在打击、锻压等过程中，利用在短暂的作用时间内的动量变化来获得巨大的冲力. 例如，用榔头锤东西，就是通过改变榔头的动量来获得冲力的. 榔头与物体碰撞以后，它的速率几乎变为零，动量转化为对物体的冲量，所以在与物体接触前榔头的动量越大，当与物体碰撞时，它对物体的冲力越大. 乒乓球运动员大板扣杀时大幅度地挥动手臂也是这个道理.

【例 3.2】　气锤的锤头重为 560 kg，打击锻件前的速度是 8 m/s，打到锻件上经 0.01 s 后停止，求锤头打击锻件的平均冲力.

解　以地面为参考系，取向上为正.

根据牛顿第三定律，锤头打击锻件的平均冲力 $\overline{\boldsymbol{F}}$ 等于锻件对锤头的平均冲力，方向相反，即 $\overline{\boldsymbol{F}} = -\overline{\boldsymbol{F}}'$. 而锻件作用于锤头的冲击力可以由锤头动量的改变来求解.

在打击过程中，锤头受两个外力作用：重力 $m\boldsymbol{g}$，方向向下；锻件作用于锤头的平均冲力 $\overline{\boldsymbol{F}}'$，方向向上. 在打击前锤头的动量为 $-mv\boldsymbol{j}$，打击后锤头停止在锻件上，所以末动量为零. 根据动量定理有

$$(\overline{\boldsymbol{F}}' - mg\boldsymbol{j})\Delta t = 0 - (-mv\boldsymbol{j}),$$

解得

$$\overline{\boldsymbol{F}}' = m\left(g + \frac{v}{\Delta t}\right)\boldsymbol{j},$$

代入已知数据，得 $\overline{\boldsymbol{F}}' \approx 4.53 \times 10^5 \boldsymbol{j}$ N，方向向上. 所以锤头打击锻件的平均冲力为 $\overline{\boldsymbol{F}} = -\overline{\boldsymbol{F}}' = 4.53 \times 10^5 \boldsymbol{j}$ N，方向向下.

【例 3.3】　水力采煤时用高压水枪喷出的强力水柱冲击煤层. 已知水柱直径 $D = 30$ mm，水速 $v = 60$ m/s，水柱垂直地射到煤层表面上，设冲击煤层后水的速度变为零，求水柱对煤层的平均冲力.

解　设 Δt 时间内冲击煤层的水的质量为 m，密度 $\rho = 1.0 \times 10^3$ kg/m^3，按照题意有

$$m = \frac{1}{4}\pi D^2 v\rho\Delta t.$$

水柱受到的外力来自煤层,所以煤层对水柱的平均冲力为

$$\overline{F} = \frac{0 - mv}{\Delta t} = -\frac{1}{4}\pi D^2 \rho v^2 \approx -2.54\times 10^3\ \mathrm{N}.$$

水柱对煤层的冲击力是这个力的反作用力,即 $\overline{F}' \approx 2.54\times 10^3$ N.

【例 3.4】 一质量 $m = 0.3$ kg、初速率 $v_1 = 20$ m/s 的垒球,沿水平方向飞来,被棒打击后,以速率 $v_2 = 30$ m/s,与水平方向成 $\theta = 30^\circ$ 角向上飞回,如图 3-3 所示. 求垒球所受到的平均冲力. 设球和棒接触时间为 0.01 s.

解 **方法一**:用分量式求解.

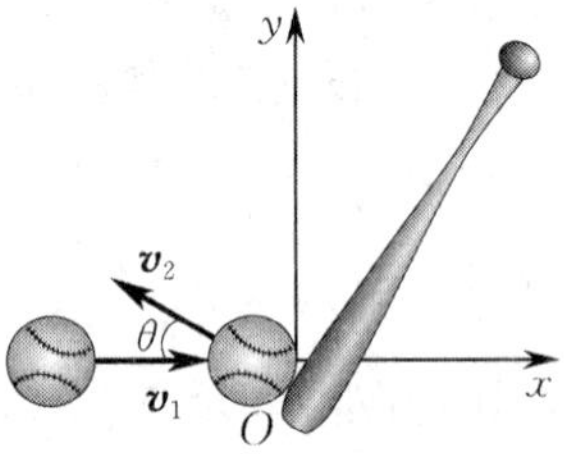

图 3-3

$$\boldsymbol{v}_1 = 20\boldsymbol{i},$$

$$\boldsymbol{v}_2 = -30\cos 30^\circ\boldsymbol{i} + 30\sin 30^\circ\boldsymbol{j} \approx -26\boldsymbol{i} + 15\boldsymbol{j}.$$

$$\overline{F}_x = \frac{mv_{2x} - mv_{1x}}{\Delta t} = \frac{0.3\times(-26-20)}{0.01}\ \mathrm{N} = -1\,380\ \mathrm{N},$$

$$\overline{F}_y = \frac{mv_{2y} - mv_{1y}}{\Delta t} = \frac{0.3\times(15-0)}{0.01}\ \mathrm{N} = 450\ \mathrm{N},$$

$$F = \sqrt{\overline{F}_x^2 + \overline{F}_y^2} \approx 1\,451\ \mathrm{N}.$$

$$\tan\alpha = \frac{\overline{F}_y}{\overline{F}_x} = \frac{450}{-1\,380} \approx -0.328.$$

可得 $\alpha \approx 162^\circ$(与 x 轴夹角).

方法二:用矢量图解法. 矢量图如图 3-4 所示.

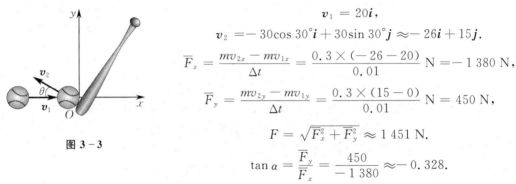

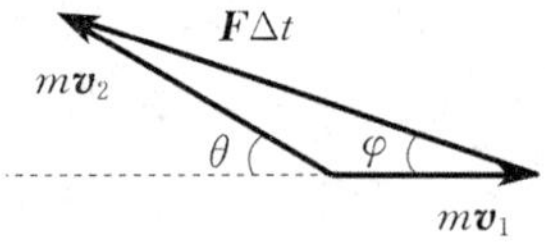

图 3-4

$$\boldsymbol{I} = \boldsymbol{p}_2 - \boldsymbol{p}_1,\quad \boldsymbol{I} = \overline{\boldsymbol{F}}\Delta t,$$

$$\boldsymbol{p}_1 = m\boldsymbol{v}_1,\quad \boldsymbol{p}_2 = m\boldsymbol{v}_2,$$

根据余弦定理得

$$(\overline{F}\Delta t)^2 = (mv_1)^2 + (mv_2)^2 - 2m^2 v_1 v_2\cos(\pi - \theta),$$

$$\overline{F} = \frac{0.3\times\sqrt{20^2 + 30^2 - 2\times 20\times 30\cos\left(\pi - \frac{\pi}{6}\right)}}{0.01}\ \mathrm{N} \approx 1\,451\ \mathrm{N}.$$

根据正弦定理有

$$\frac{mv_2}{\sin\varphi} = \frac{\overline{F}\Delta t}{\sin(\pi - \theta)},$$

解得

$$\varphi \approx 18^\circ,$$

即力的方向与 $\boldsymbol{v}_1$ 夹角为 162°.

3.2 质点系的动量定理 动量守恒定律

3.2.1 质点系的动量定理

在力学问题中,常把两个或两个以上有相互作用的质点或物体作为一个整体来看,这个整

体称为**质点系**.研究质点系运动的方法是把质点系隔离成各个质点,对各个质点建立动力学方程.也就是说,质点系运动的基础是各个质点所遵从的规律.

在研究一个质点系的力学问题时,应该把力分为内力和外力.内力和外力是按照力的来源划分的.对于系统内的每一个成员来说,如果它所受到的某个力是系统内其他成员施加的,则它所受到的是**内力**;如果是系统以外的物体作用于系统内任一成员的力,则称为**外力**.

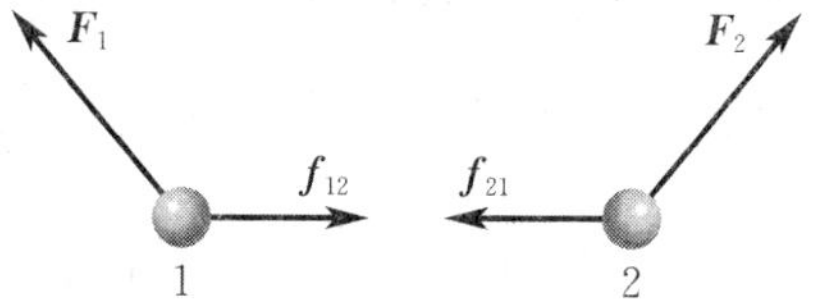

图 3-5　两质点系统的受力分析

考察由两个质点组成的系统,如图 3-5 所示.质点 1 的质量为 m_1,质点 2 的质量为 m_2,它们各受到来自系统外的力(外力)$\boldsymbol{F}_1$ 和 $\boldsymbol{F}_2$ 的作用,两质点之间又存在相互作用力(内力),用 $\boldsymbol{f}_{12}$ 表示质点 2 对质点 1 的作用力,$\boldsymbol{f}_{21}$ 表示质点 1 对质点 2 的作用力.若在 t_0 时刻,两质点的速度分别为 $\boldsymbol{v}_{10}$ 和 $\boldsymbol{v}_{20}$,在 t 时刻,两质点的速度分别为 $\boldsymbol{v}_1$ 和 $\boldsymbol{v}_2$,则根据质点的动量定理,对质点 1 有

$$\int_{t_0}^{t}(\boldsymbol{F}_1+\boldsymbol{f}_{12})\mathrm{d}t=m_1\boldsymbol{v}_1-m_1\boldsymbol{v}_{10},$$

对质点 2 有

$$\int_{t_0}^{t}(\boldsymbol{F}_2+\boldsymbol{f}_{21})\mathrm{d}t=m_2\boldsymbol{v}_2-m_2\boldsymbol{v}_{20},$$

两式相加,得

$$\int_{t_0}^{t}[(\boldsymbol{F}_1+\boldsymbol{F}_2)+(\boldsymbol{f}_{12}+\boldsymbol{f}_{21})]\mathrm{d}t=(m_1\boldsymbol{v}_1+m_2\boldsymbol{v}_2)-(m_1\boldsymbol{v}_{10}+m_2\boldsymbol{v}_{20}).$$

由牛顿第三定律知,$\boldsymbol{f}_{12}=-\boldsymbol{f}_{21}$,所以

$$\int_{t_0}^{t}(\boldsymbol{F}_1+\boldsymbol{F}_2)\mathrm{d}t=(m_1\boldsymbol{v}_1+m_2\boldsymbol{v}_2)-(m_1\boldsymbol{v}_{10}+m_2\boldsymbol{v}_{20}),$$

简写为

$$\int_{t_0}^{t}\boldsymbol{F}_{\mathrm{ext}}\mathrm{d}t=\boldsymbol{p}-\boldsymbol{p}_0.$$

这里,$\boldsymbol{F}_{\mathrm{ext}}=\boldsymbol{F}_1+\boldsymbol{F}_2$,为质点系所受外力的矢量和;$\boldsymbol{p}=m_1\boldsymbol{v}_1+m_2\boldsymbol{v}_2$,为质点系末状态的总动量;$\boldsymbol{p}_0=m_1\boldsymbol{v}_{10}+m_2\boldsymbol{v}_{20}$,为质点系初状态的总动量.上式表明,外力对质点系的冲量等于质点系动量的增量.

上面的结果很容易推广到由多个质点系成的系统.设质点系由 N 个质点系成,对第 i 个质点应用动量定理,有

$$\int_{t_0}^{t}(\boldsymbol{F}_i+\boldsymbol{f}_i)\mathrm{d}t=m_i\boldsymbol{v}_i-m_i\boldsymbol{v}_{i0},$$

其中 $\boldsymbol{f}_i=\sum_{j\neq i}\boldsymbol{f}_{ij}$ 为质点系的其他质点对第 i 个质点的作用力的合力,即质点 i 所受的合内力.对所有质点的动量定理表达式求和,有

$$\int_{t_0}^{t}\left(\sum_i\boldsymbol{F}_i+\sum_i\boldsymbol{f}_i\right)\mathrm{d}t=\sum_i m_i\boldsymbol{v}_i-\sum_i m_i\boldsymbol{v}_{i0}.$$

由牛顿第三定律可知,作用力与反作用力大小相等、方向相反.将互为施力者和受力者的质点看

作一个整体分析时，所有内力的矢量和为零，即 $\sum_i \boldsymbol{f}_i = \boldsymbol{0}$，则上式简化为

$$\int_{t_0}^{t} \boldsymbol{F}_{\text{ext}} \mathrm{d}t = \boldsymbol{p} - \boldsymbol{p}_0, \tag{3-15}$$

其中，$\boldsymbol{F}_{\text{ext}} = \sum_i \boldsymbol{F}_i$，为系统受的合外力；$\boldsymbol{p} = \sum_i m_i \boldsymbol{v}_i$，$\boldsymbol{p}_0 = \sum_i m_i \boldsymbol{v}_{i0}$，分别为系统末状态和初状态的总动量. 式(3-15)表明，系统的总动量的增量等于系统所受的合外力的冲量.

也就是说，一个系统的总动量的变化仅决定于系统所受外力，而与系统内力无关. 牛顿运动定律只适用于解决质点的动力学问题，而动量定理既适用于质点也适用于质点系. 动量定理只涉及质点系(物体)的总动量，并不要求质点系中各质点有相同的速度；动量定理中的合外力是作用在质点系中所有的外力的合力，并不限定外部作用必须局限在哪一质点上. 动量定理只适用于惯性系.

用动量定理分析具体问题时，常用的方法是追踪某一质点或质点系，讨论外部作用对质点或质点系动量的影响.

【例 3.5】 火箭沿直线匀速飞行，喷射出的燃料生成物的密度为 ρ，喷射口截面积为 S，喷出的气体相对于火箭的速度大小为 v，求火箭所受推力.

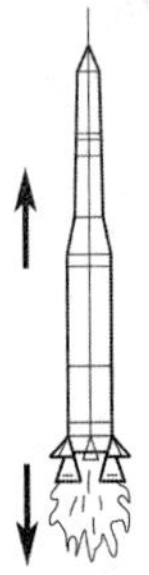

图 3-6

解 选择匀速直线运动的火箭为参考系，因为是匀速运动，所以是惯性系，动量定理适用. 设在 $\mathrm{d}t$ 时间内喷出的物质质量为 $\mathrm{d}m$，如图 3-6 所示. 以 $\mathrm{d}t$ 时间内喷出的物质作为研究对象，这团物质在被喷出前的速度可近似看作 0.

根据动量定理有

$$\boldsymbol{F} = \frac{\mathrm{d}\boldsymbol{p}}{\mathrm{d}t} = \frac{\mathrm{d}(m\boldsymbol{v})}{\mathrm{d}t}.$$

$\mathrm{d}m$ 喷射出的速度大小为 v，$\mathrm{d}m = \rho v S \mathrm{d}t$，则 $\mathrm{d}\boldsymbol{p} = (\rho v S \mathrm{d}t)\boldsymbol{v}$，代入上式，得

$$\boldsymbol{F} = \rho v S \boldsymbol{v}.$$

火箭喷出物的方向应和火箭运动方向平行，所以

$$F = \rho S v^2.$$

根据牛顿第三定律，火箭所受推力与喷出物所受的力大小相等，方向相反，也等于 $\rho S v^2$.

【例 3.6】 长为 l、总质量为 m 的柔软绳索盘放在水平台面上. 用手将绳索的一端以恒定速率 v_0 向上提起，如图 3-7 所示. 求当提起高度为 x 时手对绳索的作用力.

解 这是一个质点系的动量问题，可用质点系动量定理求解. 以整根绳索为质点系，它共受三个力：重力 $m\boldsymbol{g}$、台面支持力 $\boldsymbol{N}$ 和手的提力 $\boldsymbol{F}$. 在这三个力的共同作用下，系统的动量在不断变化. 由质点系的动量定理可知，外力的矢量和等于体系总动量的变化率. 该系统动量只有竖直方向的分量，取 x 轴的方向竖直向上，如图 3-7 所示，在 t 时刻，当绳索提起 x 时系统的动量

$$p = m\frac{x}{l}v_0.$$

在 $t + \mathrm{d}t$ 时刻，绳索提起 $x + \mathrm{d}x$，系统的动量为

$$p' = \frac{m}{l}(x + \mathrm{d}x)v_0.$$

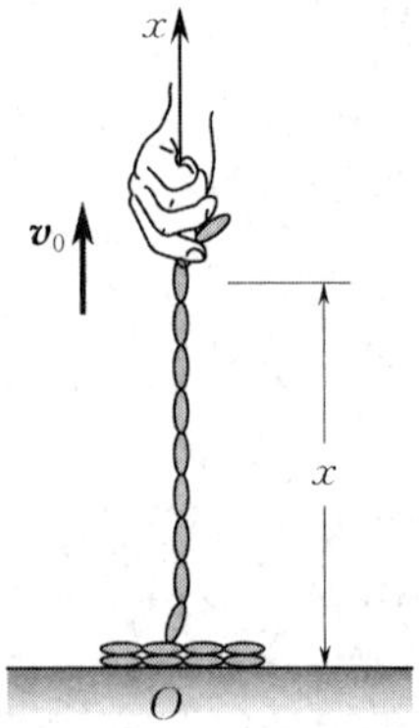

图 3-7

根据质点系的动量定理有

$$(F+N-mg)\mathrm{d}t=p'-p=\frac{mv_0}{l}\mathrm{d}x.$$

因为$\frac{\mathrm{d}x}{\mathrm{d}t}=v_0$，支持力 N 只与剩在台面上的绳索质量有关，即

$$N=\frac{l-x}{l}mg,$$

所以

$$F=\frac{x}{l}mg+\frac{m}{l}v_0^2.$$

该式右边第一项是长为 x 的绳索的重量，即使绳索没有速度，为了提着它，手也必须用此力作用于绳索；第二项就是使系统动量增加所需要的力. 尽管绳索运动部分的速度不变，但是有速度的部分却在增加，所以系统的动量在增加.

3.2.2　动量守恒定律

由质点系的动量定理可以看出，当系统所受的合外力为零时，即当$\sum_i \boldsymbol{F}_i=\mathbf{0}$时，

$$\sum_i \boldsymbol{p}_i=\sum_i \boldsymbol{p}_{i0}=\text{恒矢量}\quad\text{或}\quad\sum_i m\boldsymbol{v}_i=\text{恒矢量}. \tag{3-16}$$

即系统的总动量(包括方向和大小)保持不变. 这一结论称为**动量守恒定律**. 它指出：系统内各部分间相互作用的内力，虽能引起各部分动量的改变，但并不引起系统总动量的改变；系统总动量的变化仅与外力有关，在系统不受外力或外力矢量和为零时，系统的总动量守恒.

把所有相互作用的物体划为一个系统，使该系统没有外部的作用，这种系统叫作孤立系. 动量守恒定律可表述为：孤立系的动量是恒矢量，它不随时间改变.

动量守恒定律是物理学的一条基本定律，它实际上已蕴含了牛顿三定律. 为了便于理解动量守恒定律，可将孤立系划分为两个有相互作用的子系统，两者的质量分别为 m_1 和 m_2，质心的速度分别为 $\boldsymbol{v}_1$ 和 $\boldsymbol{v}_2$，则动量守恒定律可表示为

$$m_1\boldsymbol{v}_1+m_2\boldsymbol{v}_2=\text{恒矢量}. \tag{3-17}$$

由式(3-17)可得

$$\mathrm{d}(m_1\boldsymbol{v}_1)=-\mathrm{d}(m_2\boldsymbol{v}_2). \tag{3-18}$$

式(3-18)表明，两子系统之间的相互作用表现为动量的传递，一个子系统动量的增加量必等于另一个子系统的动量减少量.

动量守恒定律的数学式是一个矢量式. 在实际计算时，可用相应的分量式，即

$$\begin{cases} m_1v_{1x}+m_2v_{2x}+\cdots+m_nv_{nx}=\text{恒量}, & \sum F_{ix}=0,\\ m_1v_{1y}+m_2v_{2y}+\cdots+m_nv_{ny}=\text{恒量}, & \sum F_{iy}=0,\\ m_1v_{1z}+m_2v_{2z}+\cdots+m_nv_{nz}=\text{恒量}, & \sum F_{iz}=0. \end{cases} \tag{3-19}$$

根据式(3-19)，很容易看出：如果系统所受各个外力在某方向上的分量的代数和为零，那么系统的总动量在该方向上的分量保持不变. 如果系统所受外力的矢量和并不为零，但合外力在某个坐标轴上的分矢量为零，此时，系统的总动量虽不守恒，但在该坐标轴的分量却是守恒的，称为质点系的分动量守恒. 这一点对处理实际问题非常有用.

应用动量守恒定律时应注意以下几点：

(1) 动量定理和动量守恒定律只在惯性系中才成立. 因此运用它们来求解问题时,要选定一惯性系作为参考系.

(2) 由于动量是矢量,故系统的总动量不变是指系统内各物体动量的矢量和不变,而不是指其中某一物体的动量不变. 另外,各物体的动量还必须对应于同一惯性参考系.

(3) 系统动量守恒是有条件的,就是系统所受的合外力必须为零. 然而,有时系统所受的合外力不为零,但与系统的内力相比较,外力远小于内力,这时可以略去外力对系统的作用,认为系统动量守恒. 像碰撞、打击、爆炸等这类问题,都可以这样处理.

(4) 应用动量定理和动量守恒定律来解题,一般分以下三个步骤. 第一,选取适当的质点系. 第二,明确所选用的参考系,分析所选质点系在这个参考系中运动的特点,选取适当的初状态和末状态,写出初、末两状态质点系的动量表达式. 第三,分析质点系所受外力. 如果质点系所受外力的矢量和恒等于零,或者外力的矢量和沿某一方向的分量恒等于零,则质点系的总动量或总动量沿某一方向的分量是守恒的,此时可应用动量守恒定律来求解. 如果质点系所受外力的矢量和不恒等于零,而且也找不到一个方向能使外力的矢量和在该方向的分量恒等于零,则这个质点系的总动量以及它的任一分量是不守恒的,此时可应用动量定理来求解.

由于动量守恒定律只给出过程始、末状态动量的关系,所以只要满足守恒条件,可以不必过问其过程的细节而由动量守恒定律直接求解某些动力学问题. 这正是应用守恒定律求解问题比用牛顿定律优越的地方.

动量守恒定律虽然是从表述宏观物体运动规律的牛顿运动定律导出的,但近代的科学实验和理论分析都表明:在自然界中,大到天体间的相互作用,小到质子、中子、电子等微观粒子间的相互作用都遵守动量守恒定律;而在原子、原子核等微观领域中,牛顿运动定律却不适用. 因此,动量守恒定律比牛顿运动定律更加基本,它与能量守恒定律一样,是自然界中最普遍、最基本的定律之一.

【例 3.7】 水平光滑铁轨上有一小车,长度为 l,质量为 M. 车的一端站有一人,质量为 m. 人和小车原来都静止不动. 现设该人从车的一端走到另一端,问人和小车各移动了多少距离?

解 因人和小车这一系统沿水平方向受到的合外力等于零,所以应用动量守恒定律得

$$m\boldsymbol{v} + M\boldsymbol{V} = \boldsymbol{0},$$

式中 $\boldsymbol{v}$ 和 $\boldsymbol{V}$ 分别表示人和小车相对地面的速度. 由上式得

$$\boldsymbol{V} = -\frac{m}{M}\boldsymbol{v}.$$

其中负号表示小车与人反向运动. 人相对小车的速度为

$$\boldsymbol{v}' = \boldsymbol{v} - \boldsymbol{V} = \frac{M+m}{M}\boldsymbol{v}.$$

设时间 t 内人在小车上走完车长为 l,则有

$$l = \int_0^t v'\mathrm{d}t = \int_0^t \frac{M+m}{M}v\mathrm{d}t = \frac{M+m}{M}\int_0^t v\mathrm{d}t.$$

这段时间内,人相对地面走了

$$x = \int_0^t v\mathrm{d}t.$$

所以

$$x = \frac{Ml}{M+m}.$$

小车移动的距离为

$$X=\int_0^t V\mathrm{d}t=-\int_0^t \frac{m}{M}v\,\mathrm{d}t=-\frac{m}{M}\int_0^t v\mathrm{d}t=-\frac{ml}{M+m}.$$

【例 3.8】 质量为 M 的大炮放置在光滑水平铁轨上，如图 3－8 所示. 炮身与地面夹角为 α. 质量为 m 的炮弹以相对炮身速度 $\boldsymbol{v}$ 发射. 求炮弹脱离炮身时相对地面的速度 $\boldsymbol{u}$ 的水平分量，以及炮身的反冲速度 $\boldsymbol{V}$.

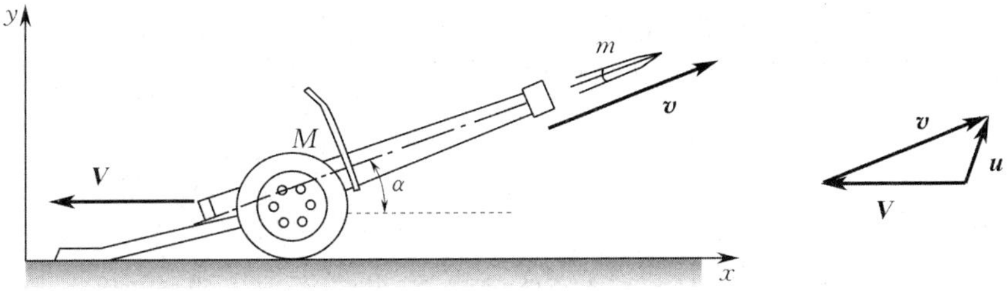

图 3－8

解　由炮身和炮弹组成的系统在竖直方向受到重力和地面支持力的作用，在开炮的瞬间，两者的大小并不相等(支持力可以很大)，但在水平方向(x 方向) 不受外力作用，因此水平方向系统的动量守恒. 在发射炮弹前系统的动量为零，发射炮弹后，其动量的水平分量仍应为零. 由于炮弹的速度是相对炮身而言的，必须将它化为相对地面的速度. 利用速度合成公式，炮弹相对于地面的速度可由下列关系求得

$$\boldsymbol{u}=\boldsymbol{v}-\boldsymbol{V}, \tag{1}$$

由水平方向的动量守恒有

$$mu_x-MV=0. \tag{2}$$

由式(1) 可得

$$u_x=v\cos\alpha-V,$$

代入式(2)，得

$$mv\cos\alpha-mV-MV=0,$$

$$V=\frac{m}{M+m}v\cos\alpha.$$

本题需要注意动量守恒是相对同一惯性系而言的，所有物理量必须化为相对同一惯性系的量，因而在以地面为参考系时，炮弹的速度必须化为相对地面的值，这是解本题的关键.

3.3　功　动能　动能定理

功的概念表示质点在运动过程中受到的力在空间的累积作用. 它的重要意义在于功可以决定能量的变化. 功与能量具有相同的量度，功作为能量变化的量度为研究能量的转化过程奠定了一个定量分析的基础.

笛卡儿提出动量守恒原理 42 年后，德国数学家、哲学家莱布尼茨提出了“活力”概念及“活力”守恒原理. 他认为：mv(死力) 不宜作为运动原动力的量度，应把 mv^2 作为运动原动力的量度. 和笛卡儿一样，莱布尼茨也相信宇宙中运动的总量必须保持不变；而和笛卡儿不同的是，他认为应该用 mv^2 表示这个量.

动量和活力(能量)两个概念平行发展,最终导致历史上对力学持不同观点的两大学派的形成.一派以力、质量、动量为基本概念,功为导出概念,由笛卡儿创导,牛顿遵循并发展;另一派以功、质量、活力(能量)为基本概念,力为导出概念,由莱布尼茨创导,惠更斯等遵循并发展,此派后又由分析力学学派发展.

17 世纪末,由于力的概念是不确定的,对于力的各种效应以及与之相应的各个物理量的意义和使用范围也是不清楚的,因而产生了笛卡儿派和莱布尼茨派关于"死力"和"活力"两种量度之争.这场争论持续了半个世纪之久,很多著名的科学家都参加到了争论中.直到 1743 年,达朗贝尔在他的《动力学》的序言里,指出了两种量度的等价性,争论才告结束.

3.3.1 功

1. 恒力的功

先讨论质点在恒力作用下沿直线运动的情况.在物理学中,**恒力的功**定义为:力对物体所做的功等于力在作用点位移方向的分量与作用点位移大小的乘积.

如图 3-9 所示,设质点在恒力的作用下做直线运动,从 a 点运动到 b 点,质点的位移为 $\Delta\boldsymbol{r}$,$\boldsymbol{F}$ 和 $\Delta\boldsymbol{r}$ 之间的夹角为 θ,按功的定义我们把力分解为与木块移动方向一致的分力 $F_t = F\cos\theta$ 和与木块移动方向垂直的分力 $F_n = F\sin\theta$.这两个分力所起的作用是不同的.F_t 起着推动或阻碍木块运动的作用,而 F_n 只起着减轻或加大木块对地面压力的作用,它并不推动或阻碍木块的运动.因此,F_t 对木块做了功,而 F_n 由于与木块运动无关而没有做功.

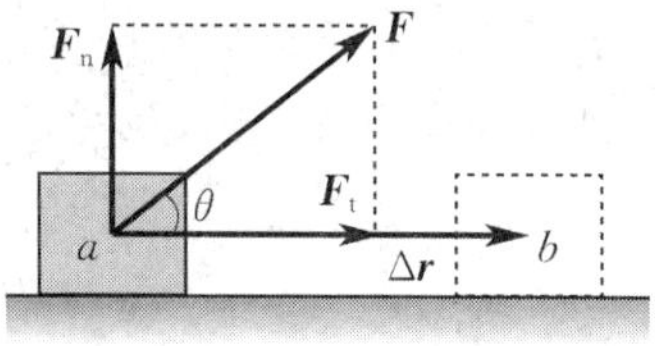

图 3-9 恒力的功

$$W = F_t|\Delta\boldsymbol{r}| = F|\Delta\boldsymbol{r}|\cos\theta. \tag{3-20}$$

用矢量的标积表示,式(3-20)又可以写成

$$W = \boldsymbol{F}\cdot\Delta\boldsymbol{r}. \tag{3-21}$$

因此,力对质点所做的功是一个标量,它的正负由 $\boldsymbol{F}$ 和 $\Delta\boldsymbol{r}$ 之间的夹角 θ 决定.当 $\theta < \frac{\pi}{2}$ 时,$W > 0$,力对质点做正功;当 $\theta > \frac{\pi}{2}$ 时,$W < 0$,力对质点做负功;而当 $\theta = \frac{\pi}{2}$ 时,$W = 0$,力对质点不做功.

2. 变力的功

计算变力对质点做曲线运动的功,不能直接运用上述功的定义,但是,可以把质点的曲线运动分成许多小段,如果每一段足够小,质点在这足够小的一段位移中的运动可以看成直线运动,作用在质点上的力可以看成是恒力.对每一段元位移,都可以用式(3-21)功的定义.作用力在一段元位移所做的功称为**元功**.

如图 3-10 所示,如果质点在变力 $\boldsymbol{F}$ 作用下沿一曲线运动,从 a 点到达 b 点,可以把整个路程分成许多小段,作用在任一元位移 $\mathrm{d}\boldsymbol{r}$ 上的力可视为恒力,在这段元位移上力对质点所做的元功

$$\mathrm{d}W = \boldsymbol{F}\cdot\mathrm{d}\boldsymbol{r}. \tag{3-22}$$

然后把沿整个路径的所有元功相加就得到整个运动过程中力对质点的功.因此,质点沿路径 L 从 a 运动到 b 时,力 $\boldsymbol{F}$ 对它做的功就是

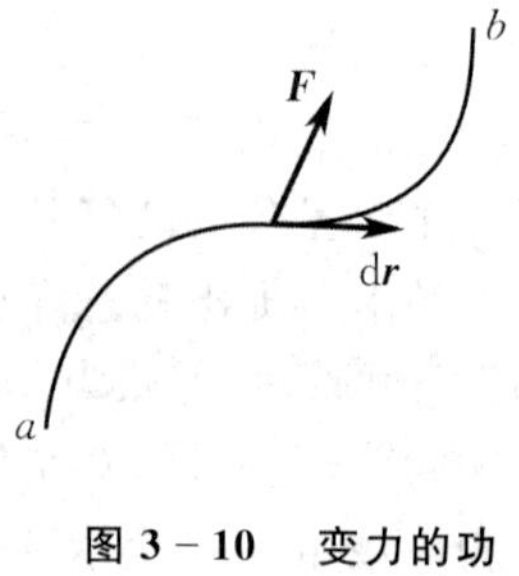

图 3-10 变力的功

$$W=\int_a^b \mathrm{d}W=\int_a^b \boldsymbol{F}\cdot \mathrm{d}\boldsymbol{r}. \tag{3-23}$$

当质点同时受到几个力作用而沿一曲线从 a 运动到 b 时，合力对质点做的功应为

$$\begin{aligned} W_{ab} &= \int_a^b \boldsymbol{F}\cdot \mathrm{d}\boldsymbol{r} \\ &= \int_a^b (\boldsymbol{F}_1+\boldsymbol{F}_2+\cdots+\boldsymbol{F}_n)\cdot \mathrm{d}\boldsymbol{r} \\ &= \int_a^b \boldsymbol{F}_1\cdot \mathrm{d}\boldsymbol{r}+\int_a^b \boldsymbol{F}_2\cdot \mathrm{d}\boldsymbol{r}+\cdots+\int_a^b \boldsymbol{F}_n\cdot \mathrm{d}\boldsymbol{r} \\ &= W_{1ab}+W_{2ab}+\cdots+W_{nab}. \end{aligned} \tag{3-24}$$

这说明合力的功等于各分力沿同一路径所做的功的代数和.

在国际单位制中，功的单位是焦[耳](J). 1 J 等于在位移方向上 1 N 的力使物体位移为 1 m 时所做的功，即 1 J = 1 N · m.

功本身是标量，没有方向. 当力为零或力的作用点没有位移时不做功，当力和位移方向相互垂直时，也不做功.

做功也可以用作图方法确定. 图 3-11 所示的曲线表示 F_t 随路程 s 变化的函数关系，纵坐标 F_t 代表作用力的切向分量，横坐标 s 代表质点沿曲线运动的路程. 将曲线 AB 分成 n 个小段，对应于横坐标 A'，B' 之间也分成 n 个小间隔，其中第 i 个小间隔（阴影部分）为力的功 $F_{ti}\Delta s_i$，即小矩形面积. n 段功之和即为 n 个小矩形面积之和. 在极限情况下，质点由 A 移动到 B，变力 $\boldsymbol{F}$ 所做的功为 A，B 区间内曲线与 x 坐标轴围成的面积.

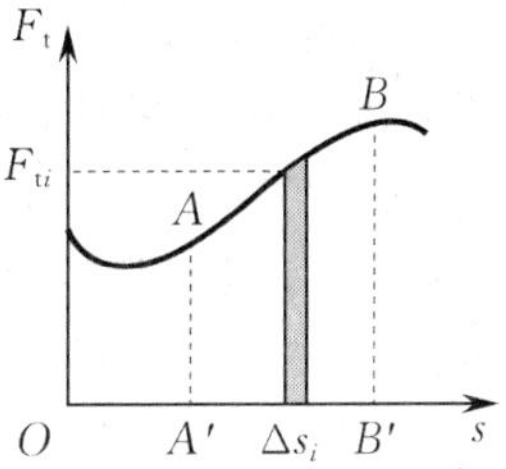

图 3-11　变力做功图示

【例 3.9】　作用在质点上的力 $\boldsymbol{F}=(3x^2\boldsymbol{i}+5\boldsymbol{j})$ N，当质点从原点移动到位矢为 $\boldsymbol{r}=(3\boldsymbol{i}-2\boldsymbol{j})$ m 处时，此力所做的功是多少？

解　由于力的 x 分量随 x 的位置而变化，所以是一个变力，不能用恒力做功的公式，必须用式(3-24)求所做的功.

$$\begin{aligned} W &= \int_0^r \boldsymbol{F}\cdot \mathrm{d}\boldsymbol{r}=\int_0^r (3x^2\boldsymbol{i}+5\boldsymbol{j})\cdot(\mathrm{d}x\boldsymbol{i}+\mathrm{d}y\boldsymbol{j})\ \mathrm{J} \\ &= \left(\int_0^3 3x^2\mathrm{d}x+\int_0^{-2} 5\mathrm{d}y\right)\mathrm{J}=17\ \mathrm{J}. \end{aligned}$$

3. 功率

在功的概念中不包括时间因素. 用机器将一重物举到某一高度需要一定的功. 这个动作可在一秒内完成或在一分钟内完成，甚至在一小时内完成. 两台机器相比较，如果它们做了同量的功，则在较短时间内完成的机器效率高. 所以在实际问题中，重要的是要知道做功的快慢，即功随时间的变化率（称为**功率**）. 设在时间 Δt 内做功 ΔW，则在这段时间内的平均功率是

$$\overline{P}=\frac{\Delta W}{\Delta t}. \tag{3-25}$$

当 Δt 趋近于零，则某时刻的瞬时功率是

$$P=\lim_{\Delta t\to 0}\frac{\Delta W}{\Delta t}=\frac{\mathrm{d}W}{\mathrm{d}t}, \tag{3-26}$$

或

$$P=\lim_{\Delta t\to 0}F\cos\theta\frac{\Delta s}{\Delta t}=Fv\cos\theta=\boldsymbol{F}\cdot\boldsymbol{v}.\tag{3-27}$$

式(3-27)说明,瞬时功率等于力在速度方向的分量与速度大小的乘积.

在曲线运动或转动的情况下,常把力分解为切向力和法向力来分析问题.因为运动质点的速度方向是沿切向的,法向力不做功(因为它垂直于质点的位移),只有切向力做功.所以在这种情形下,式(3-27)可简化为

$$P=F_t v,\tag{3-28}$$

其中,F_t 是切向力,v 是瞬时速率.

如果已知功率,则可以由式(3-26)求出元功

$$\mathrm{d}W=P\mathrm{d}t.$$

于是在 t_1 至 t_2 时间内所做的功为

$$W=\int_{t_1}^{t_2}P\mathrm{d}t.\tag{3-29}$$

在国际单位制中,功率的单位是焦[耳]每秒(J/s),称为瓦[特](W).另外,工程技术上也用马力(hp)作单位,它是英制单位,它和瓦[特]之间的换算关系为:1 hp ≈ 745.7 W.功的单位还可以表示为功率与时间的乘积,例如千瓦时(kW · h),我们生活中用度表示.1度 = 1 kW · h = $(10^3\ \mathrm{W})\times(3\,600\ \mathrm{s})=3.6\times10^6\ \mathrm{J}$.

【例 3.10】 如图 3-12 所示,一质点以恒定速率 v 沿半圆路径从点(0,0)运动到点($2R$,0),分别求以下三个力在运动过程中对质点所做的功:$\boldsymbol{F}_1=at\boldsymbol{i}$;$\boldsymbol{F}_2=-b(x\boldsymbol{i}+y\boldsymbol{j})$;$\boldsymbol{F}_3=-c\boldsymbol{v}$,其中 a,b,c 为常量.

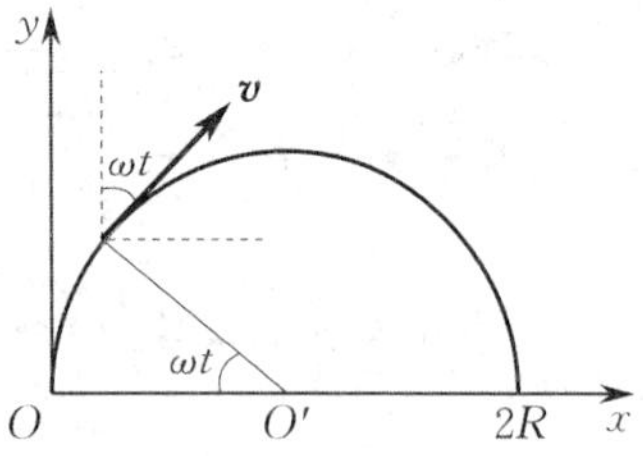

图 3-12

解 质点在任意时刻的速度为

$$\boldsymbol{v}=v(\sin\omega t\,\boldsymbol{i}+\cos\omega t\,\boldsymbol{j})\quad\left(\omega=\frac{v}{R}\right).$$

由做功公式得

$$W=\int\boldsymbol{F}\cdot\mathrm{d}\boldsymbol{r}=\int\boldsymbol{F}\cdot\boldsymbol{v}\mathrm{d}t.$$

从点(0,0)运动到点($2R$,0),所需时间 $t=\dfrac{s}{v}=\dfrac{\pi R}{v}$.

(1) 对 $\boldsymbol{F}_1$ 有

$$W_1=\int\boldsymbol{F}_1\cdot\mathrm{d}\boldsymbol{r}=\int_0^t\boldsymbol{F}_1\cdot\boldsymbol{v}\mathrm{d}t=\int_0^{\frac{\pi R}{v}}at\boldsymbol{i}\cdot v(\sin\omega t\,\boldsymbol{i}+\cos\omega t\,\boldsymbol{j})\mathrm{d}t$$

$$=av\int_0^{\frac{\pi R}{v}}t\sin\frac{v}{R}t\,\mathrm{d}t=\frac{2\pi aR^2}{v}.$$

(2) 对 $\boldsymbol{F}_2$ 有

$$\mathrm{d}\boldsymbol{r}=\mathrm{d}x\boldsymbol{i}+\mathrm{d}y\boldsymbol{j},$$

$$W_2=\int\boldsymbol{F}_2\cdot\mathrm{d}\boldsymbol{r}=\int-b(x\boldsymbol{i}+y\boldsymbol{j})\cdot(\mathrm{d}x\boldsymbol{i}+\mathrm{d}y\boldsymbol{j})$$

$$=-b\left(\int_0^{2R}x\mathrm{d}x+\int_0^0 y\mathrm{d}y\right)=-2bR^2.$$

(3) 对 $\boldsymbol{F}_3$ 有

$$W_3=\int_0^t\boldsymbol{F}_3\cdot\boldsymbol{v}\mathrm{d}t=\int_0^t(-c\boldsymbol{v})\cdot\boldsymbol{v}\mathrm{d}t=-cv^2\int_0^{\frac{\pi R}{v}}\mathrm{d}t=-c\pi Rv.$$

3.3.2　动能　质点的动能定理

前面是从力对空间的累积作用出发，讨论了力对物体做功及其数学表述. 接下来讨论外力做功对物体运动状态的改变.

对一个受力 $\boldsymbol{F}$ 作用的质点，动量定理给出

$$\boldsymbol{F}\cdot \mathrm{d}t=\mathrm{d}(m\boldsymbol{v}).$$

在力 $\boldsymbol{F}$ 的作用下，质点发生元位移 $\mathrm{d}\boldsymbol{r}$，力的元功为

$$\mathrm{d}W=\boldsymbol{F}\cdot \mathrm{d}\boldsymbol{r}=\boldsymbol{F}\cdot \boldsymbol{v}\mathrm{d}t.$$

由上两式可得

$$\mathrm{d}W=\boldsymbol{v}\cdot \boldsymbol{F}\mathrm{d}t=\boldsymbol{v}\cdot \mathrm{d}(m\boldsymbol{v}),$$

当质量与运动无关时，上式可写成

$$\mathrm{d}W=\mathrm{d}\left(\frac{1}{2}mv^2\right). \tag{3-30}$$

$\frac{1}{2}mv^2$ 叫作质点的动能. 式(3-30)叫作**质点的动能定理**，它的意义是：合外力对质点做的功等于质点的动能增量.

若质点自 a 点移至 b 点，对路径积分可得

$$W=\int_a^b \boldsymbol{F}\cdot \mathrm{d}\boldsymbol{r}=\int_{v_a}^{v_b}\mathrm{d}\left(\frac{1}{2}mv^2\right)=\frac{1}{2}mv_b^2+\frac{1}{2}mv_a^2. \tag{3-31}$$

这就是积分形式的动能定理.

由动能定理的导出过程可看出，功是力的作用关于空间位移的累积，所以，功是一个过程量. 而动能是表征物体运动状态的状态量，所以动能是运动状态的函数. 动能是标量，单位与功相同，也是焦[耳]. 动能定理和动量定理相似，都是运动定律的一种表现形式.

关于动能、动能定理需要注意的是：

(1) 质点速度与参考系的选择有关. 在不同参考系中，观察到的同一质点的速度一般是不同的. 因此，动能也与参考系的选择有关. 即同一质点从不同参考系看来具有的动能一般是不等的. 所以谈及质点的动能必须首先要明确所采用的参考系.

(2) 动能定理是由牛顿第二定律导出的，所以动能定理和牛顿第二定律一样只有在惯性系中才成立. 对于不同的惯性系，质点动能的增量、合外力对质点所做的功一般来说是不同的，但是动能定理对所有惯性系都是成立的. 也就是说，尽管在不同惯性系中功与动能的数值不同，但在同一惯性系中功与动能的关系总是满足动能定理的.

(3) 动能定理反映的是功与能的关系. 运动过程中若质点动能增加，则表明合外力对它做了正功，外部有能量输送给了质点；若质点动能减少，则表明合力对它做了负功，质点向外部输送了能量，即质点可以以减少自身动能为代价，对外做功.

动能定理与动量定理既有相同点又有不同点.

相同点在于：

(1) 动量定理和动能定理都适用于物体的一段运动过程，而且动量和动能只与过程的始末状态有关.

(2) 从方法上说,使用动量定理和动能定理解决某些力学问题比直接应用牛顿第二运动定律更方便.

不同点在于:

(1) 冲量和动量是矢量;功和动能是标量.

(2) 对于惯性系,动量定理与参考系无关.但是,速度与参考系有关,由速度与动量定理点乘导出的动能定理也与参考系有关.从不同惯性系观测同一个质点的运动过程,测得的功和动能的增量可以是不同的.

(3) 动量的变化(增量)只决定于力和力持续的时间,与受力质点的速度和位移无关,功不仅取决于力,还决定于质点在力的方向的位移.若质点的位移为零,或位移(速度)方向与力垂直,则力所做的功为零,质点的动能保持不变.

【例 3.11】 如图 3-13 所示,一个质量为 m 的小球系在线的一端,线的另一端固定在天花板上的 O 点,线长为 l.先拉动小球使小球保持水平静止(位置 a),然后松手使小球下落,求线摆下 θ 角(位置 b)时,这个小球的速率和线的张力.

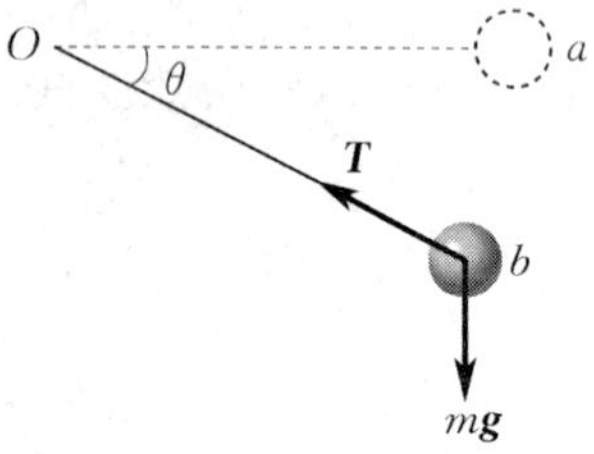

图 3-13

解 在小球从位置 a 落到位置 b 的过程中,由于拉力 $\boldsymbol{T}$ 处处垂直于 $\mathrm{d}\boldsymbol{r}$,合外力 $\boldsymbol{T}+m\boldsymbol{g}$ 对小球做的功即为重力 $m\boldsymbol{g}$ 所做的功,于是有

$$W_{ab}=\int_a^b(\boldsymbol{T}+m\boldsymbol{g})\cdot\mathrm{d}\boldsymbol{r}=\int_a^b m\boldsymbol{g}\cdot\mathrm{d}\boldsymbol{r}=\int_a^b mg\,|\mathrm{d}\boldsymbol{r}|\cos\theta.$$

由于 $|\mathrm{d}\boldsymbol{r}|=l\mathrm{d}\theta$,所以

$$W_{ab}=\int_a^b mgl\cos\theta\mathrm{d}\theta=mgl\sin\theta.$$

由于 $v_a=0$,$v_b=v$,按照动能定理可得

$$mgl\sin\theta=\frac{1}{2}mv^2.$$

由此可得

$$v=\sqrt{2gl\sin\theta}.$$

再对处于位置 b 的小球列出牛顿第二定律沿法向分量式,即

$$T-mg\sin\theta=m\frac{v^2}{l}.$$

故绳中的张力为

$$T=mg\sin\theta+m\frac{v^2}{l}=3mg\sin\theta.$$

【例 3.12】 有一质量 $m=10\ \mathrm{g}$ 的子弹,以 $v_1=500\ \mathrm{m/s}$ 的速度打穿一个放在光滑水平面上厚度为 0.10 m、质量 $M=50\ \mathrm{g}$ 的木板.射穿木板后子弹的速度 $v_2=100\ \mathrm{m/s}$.以地面为参考系,求:

(1) 子弹克服木板阻力所做的功,木板阻力对子弹所做的功;

(2) 如果木板对子弹的阻力为恒力,求阻力的大小.

解 (1) 把子弹和木板看成一个系统,因为系统是在光滑水平面运动,所以碰撞过程中水平动量守恒,有

$$mv_1=mv_2+MV.$$

求出木板速度为

$$V=\frac{m(v_1-v_2)}{M}=\frac{0.010\times(500-100)}{0.050}\ \mathrm{m/s}=80\ \mathrm{m/s}.$$

射穿前，子弹的速度为 v_1，木板的速度为零. 射穿后，子弹速度为 v_2，木板速度为 V. 假设在子弹与木板分开前，木板向前移动了距离 s，而子弹向前移动了距离 $l+s$. 在这一过程中，子弹受到三个外力：重力，木板的支持力，木板的阻力 $\boldsymbol{f}$. 重力和支持力都是沿竖直方向的，所以对子弹不做功. 阻力 $\boldsymbol{f}$ 水平向后，对子弹做负功. 根据动能定理，木板阻力对子弹所做的功为

$$W_f=-f(l+s)=\frac{1}{2}mv_2^2-\frac{1}{2}mv_1^2=-1.2\times10^3\ \mathrm{J}.$$

木板受四个外力：重力、水平面对它的支持力、子弹对木板的压力和子弹对木板的反作用力 $\boldsymbol{f}'$. 重力、支持力和子弹的压力都沿竖直方向，所以对木板不做功. 子弹对木板的反作用力 $\boldsymbol{f}'$ 方向是水平向前的，对木板做正功. 根据动能定理，子弹对木板做的功等于木板动能的增量

$$W_{f'}=f's=\frac{1}{2}MV^2-0=1.6\times10^2\ \mathrm{J}.$$

(2) 联立上面两式，并考虑到 $\boldsymbol{f}$ 与 $\boldsymbol{f}'$ 大小相等，可得

$$-fl=\frac{1}{2}MV^2+\frac{1}{2}mv_2^2-\frac{1}{2}mv_1^2,$$

所以木板对子弹的阻力为

$$f=\frac{\frac{1}{2}mv_1^2-\frac{1}{2}MV^2-\frac{1}{2}mv_2^2}{l}=1.04\times10^4\ \mathrm{N}.$$

3.4　保守力和非保守力　势能

3.4.1　几种常见力的功

1. 弹性力的功

如图 3-14 所示，劲度系数为 k 的弹簧一端固定，另一端连接一质量为 m 的质点，选取弹簧自然长度时质点的位置为 x 坐标轴的原点，规定原点右方为正. 当质点相对于原点的位移为 x 时，弹簧对质点的作用力 $F=-kx$，弹性力的元功为

$$\mathrm{d}W=-kx\,\mathrm{d}x.$$

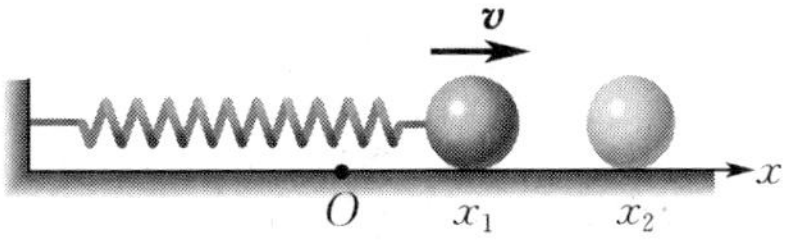

图 3-14　弹性力的功

当质点从 x_1 运动到 x_2 时，弹性力的功为

$$W=\int_{x_1}^{x_2}-kx\,\mathrm{d}x=-\frac{1}{2}k(x_2^2-x_1^2).\qquad(3-32)$$

由式(3-32)可以看出，弹性力的功只与始末位置有关，而与具体路径无关.

2. 重力的功

如图 3-15 所示，设一质量为 m 的质点，从 A 点沿任一曲线运动到达 B 点，A，B 点对所选取的参考平面来说，高分别为 y_a 和 y_b，在质点发生元位移 $\mathrm{d}\boldsymbol{r}$ 的过程中，重力所做的功为

$$\mathrm{d}W=m\boldsymbol{g}\cdot\mathrm{d}\boldsymbol{r}=mg\cos\theta|\mathrm{d}\boldsymbol{r}|=-mg\,\mathrm{d}y,$$

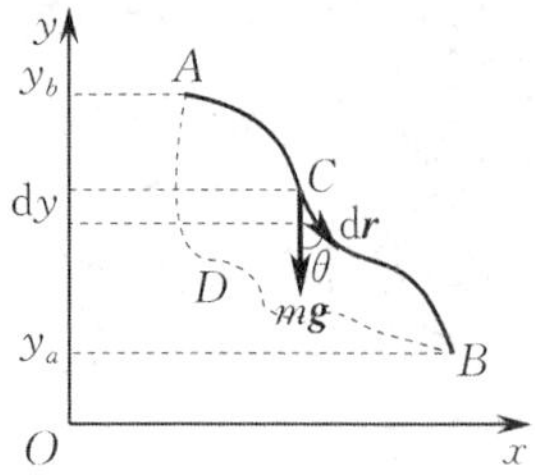

图 3-15 重力的功

式中 $\mathrm{d}y$ 是元位移 $\mathrm{d}\boldsymbol{r}$ 在竖直方向上的分量. 所以当物体从 A 点运动到 B 点时,重力做功为

$$W=\int_A^B \mathrm{d}W=\int_{y_a}^{y_b}-mg\,\mathrm{d}y=mgy_a-mgy_b=-mg(y_b-y_a). \tag{3-33}$$

物体下降时($y_b<y_a$)重力做正功($W>0$),物体上升时($y_b>y_a$)重力做负功($W<0$). 从计算中可以看出,即使物体从 A 点沿另一曲线 ADB 运动到 B 点,重力所做的功仍如式(3-33)所示. 由此可知,重力所做的功只与运动物体始末位置的高度差有关,而与运动物体所经过的具体路径无关.

3. 万有引力的功

如图 3-16 所示,当质点 m 沿曲线由 a 点运动到 b 点的过程中,质点 m 受到质点 M 的万有引力为

$$\boldsymbol{f}=-G\frac{mM}{r^2}\boldsymbol{e}_r,$$

其中 $\boldsymbol{e}_r$ 为由质点 M 指向质点 m 的单位矢量.

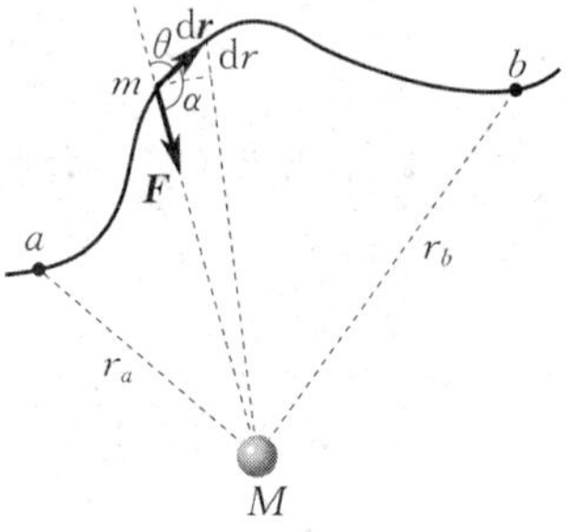

图 3-16 万有引力的功

质点 m 在曲线任意位置沿曲线发生一元位移 $\mathrm{d}\boldsymbol{r}$,引力对质点所做的元功为

$$\mathrm{d}W=\boldsymbol{f}\cdot\mathrm{d}\boldsymbol{r}=-G\frac{mM}{r^2}\boldsymbol{e}_r\cdot\mathrm{d}\boldsymbol{r}.$$

由于

$$\boldsymbol{e}_r\cdot\mathrm{d}\boldsymbol{r}=\cos\alpha\,|\mathrm{d}\boldsymbol{r}|=\mathrm{d}r,$$

于是,质点 m 由 a 点沿曲线移动到 b 点的整个过程中,引力对质点所做的功为

$$W=\int_a^b \mathrm{d}W=\int_{r_a}^{r_b}-G\frac{mM}{r^2}\mathrm{d}r=-GmM\left(\frac{1}{r_a}-\frac{1}{r_b}\right). \tag{3-34}$$

由结果可以看出,作用在 m 上的万有引力做功也只与两质点初态和末态的相对位置有关,与质点的具体路径无关.

4. 摩擦力的功

在多数情况下,滑动摩擦力的方向和物体运动方向相反,所以滑动摩擦力做负功,阻碍物体的运动.

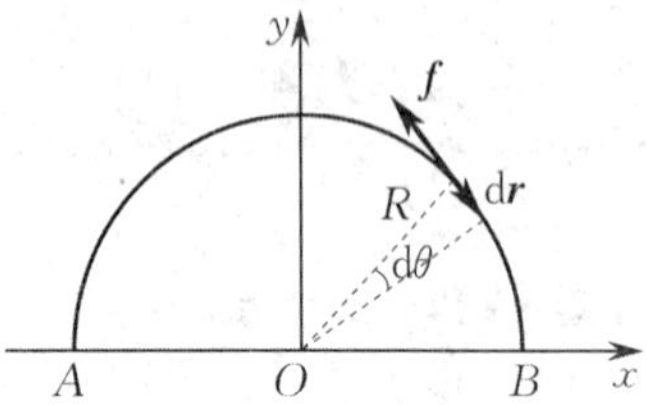

图 3-17 摩擦力的功

如图 3-17 所示,质量为 m 的质点沿滑动摩擦系数为 μ 的粗糙水平桌面从 A 点出发沿直线运动到 B 点,AB 长为 $2R$. 摩擦力大小 $f=\mu mg$,方向与质点运动方向相反. 因为 $\boldsymbol{f}$ 为恒力,直接用恒力做功公式(3-20),得

$$W_1=-2\mu mgR.$$

如果质点仍从 A 点出发,沿以 R 为半径的半圆运动到 B 点,则在该过程中,摩擦力 $\boldsymbol{f}$ 为变力,质点做曲线运动,摩擦力做的功为

$$W_2=\int_{AB}\boldsymbol{f}\cdot\mathrm{d}\boldsymbol{r}=-\int_{AB}\mu mg\,\mathrm{d}r=-\int_0^{\pi}\mu mgR\,\mathrm{d}\theta=-\pi\mu mgR.$$

从上面的结果很容易看出,虽然同是由 A 运动到 B,但是 $W_1\neq W_2$. 因此,滑动摩擦力所做的功不仅与质点的起点和终点位置有关,也与路径的长短有关. 物体沿一闭合曲线运动一周,即总位

移为零时，滑动摩擦力做功并不为零. 摩擦力所做的功一般都转化为热量而耗散了.

在一定条件下摩擦力所做的功可以是正的. 例如，当一木板以速度 $\boldsymbol{v}_0$ 沿 x 轴方向运动时，平板上有一物体被带动，以较小的速度 $\boldsymbol{v}$ 沿同一方向运动. 因为 $v < v_0$，物体相对于木板的速度 $\boldsymbol{v}'$ 与 $\boldsymbol{v}_0$ 的方向相反，即对于木板来说物体向后滑动. 此时滑动摩擦力的方向与 $\boldsymbol{v}'$ 的方向相反，也就是说，物体所受滑动摩擦力的方向与物体运动方向一致，滑动摩擦力做了正功.

静摩擦力一般不做功，但有时也可以做正功. 例如，利用水平传送带运输物体，在加快运输速度时，物体相对于传送带无滑动的情况下，物体在水平方向上只受静摩擦力作用，静摩擦力将使物体加速，静摩擦力的方向与运动方向一致，对物体做正功.

3.4.2　保守力和非保守力

弹性力、重力和万有引力做功有一个共同的特点，它们对物体所做的功都与物体所经历的路径无关，仅与运动物体的始末位置有关. 具有这种性质的力称为**保守力**. 保守力也可以用另一种方式来说明：质点在保守力作用下沿闭合路径移动一周时，保守力做功必然是零. 因此保守力也可以定义为

$$\oint \boldsymbol{F} \cdot \mathrm{d}\boldsymbol{r} = 0. \tag{3-35}$$

符号 $\oint$ 表示沿闭合路径一周进行积分.

如果质点所受力做的功不仅与两质点始末位置有关，而且与中间所经过的具体路径有关，则称这类相互作用力为**非保守力**，又称为**耗散力**. 非保守力沿一闭合回路做功不等于零. 摩擦力属于非保守力.

3.4.3　势能

由于保守力所做的功与路径无关，只决定于质点的始末相对位置，所以存在着一个由质点位置决定的状态量. 某两个状态量的差就对应于质点由位置 a 到位置 b 保守力所做的功. 这个由相对位置决定的状态量的函数称为**势能函数**，简称**势能**，用 E_{p} 表示. 若以 $E_{\mathrm{p}a}$ 和 $E_{\mathrm{p}b}$ 分别表示质点在位置 a 和位置 b 处系统的势能，则它们和保守力做功 W_{ab} 的关系为

$$W_{ab} = \int_a^b \boldsymbol{F}_{\text{保}} \cdot \mathrm{d}\boldsymbol{r} = E_{\mathrm{p}a} - E_{\mathrm{p}b} = -\Delta E_{\mathrm{p}}, \tag{3-36}$$

即质点由位置 a 到位置 b 的过程中保守力所做的功等于系统势能的减少量（或势能增量为负值）.

如果要确定质点在任一位置的势能值，可以先选定某一参考位置，规定质点在此位置时的势能为零，则其他任意位置的势能就确定了. 例如，选择位置 b 为势能零点，即规定 $E_{\mathrm{p}b} = 0$，由上式可得质点在 a 点的势能为

$$E_{\mathrm{p}a} = W_{a0} = \int_a^0 \boldsymbol{F} \cdot \mathrm{d}\boldsymbol{r}. \tag{3-37}$$

式(3-37) 表明，质点在任一位置的势能等于在把质点由该位置移到势能零点的过程中保守力所做的功. 势能零点可以任意选择，在不同的选择下质点在同一位置的势能值可能不同，但任意两个给定位置的势能之差却总是相同的，与势能零点的选择无关.

势能概念适用于以保守力相互作用着的整个质点系统，不能说势能属于某一质点. 只有对

保守力才能引进势能的概念.保守力的种类不同,势能的种类就不同.

1.重力势能

如果选择地面作为重力势能的零值平面,则物体在距离地面任一高度 h 的重力势能为

$$E_{p} = mgh. \tag{3-38}$$

也可任意选择重力场中某一水平面的势能为零,这时只需将式(3-38)中的 h 理解为相对于零值平面的高度.

2.弹性势能

对于弹性系统,通常规定弹簧无形变(不伸长也不缩短)时的势能为零,则弹簧伸长或缩短 x 时系统的弹性势能为

$$E_{p} = \frac{1}{2}kx^{2}. \tag{3-39}$$

即弹性势能与弹簧伸长量的平方成正比.当弹簧压缩时,可以把压缩的长度理解为负的伸长.

3.万有引力势能

选取两物体相距无穷远时的势能为零,则 m 和 M 相距 r 时系统的引力势能为

$$E_{p} = -\frac{GMm}{r}. \tag{3-40}$$

这个势能值总是负值,表示质点在引力场中有限距离处的势能总比它在无限远处小,或者说,把一个质点从引力场中某处移至无限远处的过程中,势能一定增加.

势能具有以下特点:

(1) 势能是状态函数.只要物体的位置的起始和终了位置确定了,保守力做的功就确定了,与所经过的路径无关.

(2) 势能的相对性.势能的数值与势能零点选取有关.对于重力势能,一般选地面为重力势能的零点;对于引力势能,一般选无限远为引力势能的零点;对于弹性势能,一般规定没有形变时的势能为零.

(3) 势能属于整个系统.势能是系统内部各物体间具有保守力作用而产生的,单独谈单个物体的势能是没有意义的.

3.5 功能原理 机械能守恒定律

3.5.1 质点系的动能定理

质点系的动能定理可以由各质点的动能定理相加而成.设一系统有 n 个质点,作用于各个质点的力所做的功分别为 $W_1, W_2, W_3, \cdots$,各质点的初动能为 $E_{k10}, E_{k20}, E_{k30}, \cdots$,末动能为 $E_{k1}, E_{k2}, E_{k3}, \cdots$,则有

$$W_1 = E_{k1} - E_{k10}, \quad W_2 = E_{k2} - E_{k20}, \quad W_3 = E_{k3} - E_{k30}, \quad \cdots,$$

即

$$\sum_{i=1}^{n} W_i = \sum_{i=1}^{n} E_{ki} - \sum_{i=1}^{n} E_{ki0}.$$

用 E_{k0} 和 E_k 分别表示系统内所有质点在初态和终态的总动能,W 表示作用在质点上所有的力所

做的功的总和，则有

$$W = E_k - E_{k0}.$$

值得注意的是，所有的力所做的功的代数和，不等于合力所做的功. 因为由 n 个质点系成的系统，不同于一个质点，各力作用点的位移不一定相同.

作用力又可区分为外力和内力，对于系统来说，上式中的 W 应等于外力所做的功与内力所做的功的和，所以，上式可改写为

$$W_{外} + W_{内} = E_k - E_{k0}. \tag{3-41}$$

这就是**质点系的动能定理**，它在惯性参考系中成立.

质点系动能的变化是由于外力的作用和内力的作用的总和，对于孤立系则只有内力做功. 内力作用不会使质点系的动量发生变化，却会使质点系的动能变化. 在质点系中，内力是成对出现的，每一对内力是作用力与反作用力的关系，但一对内力作用在不同的质点上，两个质点的位移可能不同，因而这一对内力做功的总和可能不为零. 如图 3-18 所示，两个滑冰运动员在光滑冰面上相向而站，双手相抵，开始时两人都静止，然后两人双手互推，一人向左运动，一人向右运动. 以两人为系统研究，两人相互作用力为内力，从动量角度来看，因为冰面光滑，系统所受合外力为零，所以动量守恒. 从动能角度来看，初动能为零，末状态时因为一人向左运动，一人向右运动，所以末状态时动能不为零，即一对内力做功总和不为零.

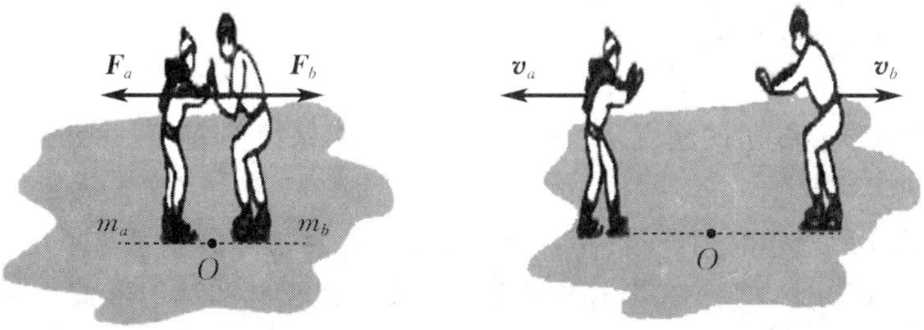

图 3-18　内力做功

3.5.2　质点系的功能原理

系统的内力可分为保守内力和非保守内力. 因此，内力所做的功 $W_{内}$ 应等于保守内力的功与非保守内力的功之和. 所以质点系的动能定理可以写为

$$W_{外} + W_{保守内力} + W_{非保守内力} = E_k - E_{k0}.$$

由于保守内力做的功可用系统势能的减少来表示，即 $W_{保守内力} = E_{p0} - E_p$，所以，上式可改写为

$$W_{外} + W_{非保守内力} = (E_k + E_p) - (E_{k0} + E_{p0}). \tag{3-42}$$

系统的动能和势能之和叫作**系统机械能** E，即 $E = E_k + E_p$，则式(3-42)可写成

$$W_{外} + W_{非保守内力} = E - E_0. \tag{3-43}$$

式(3-43)说明：系统从初态变到终态，它的机械能的增量等于外力的功和非保守内力的功的总和，称为**质点系的功能原理**. 因为质点系的功能原理是在质点系的动能定理中引入势能而得出的，所以它和质点系的动能定理一样只在惯性系中才成立.

质点系的动能定理和功能原理都给出了系统能量的改变与功的关系. 前者给出的是动能的改变和功的关系，应当把所有的力都计算在内；后者给出的是机械能的改变与功的关系，由于机械能中的势能的改变已反映了保守内力的功，因而只需计算保守内力以外的其他力所做的功.

【例 3.13】　一质量 $m = 0.4$ kg 的木块在水平桌面上运动，以 $v_0 = 3.0$ m/s 的速率碰上一

轻弹簧,弹簧的另一端是固定的.已知弹簧的劲度系数 $k = 80\ \mathrm{N/m}$,木块碰上弹簧后使弹簧产生的最大压缩量 $x_m = 0.2\ \mathrm{m}$.设弹簧质量不计,求木块与水平桌面间的滑动摩擦系数 μ.

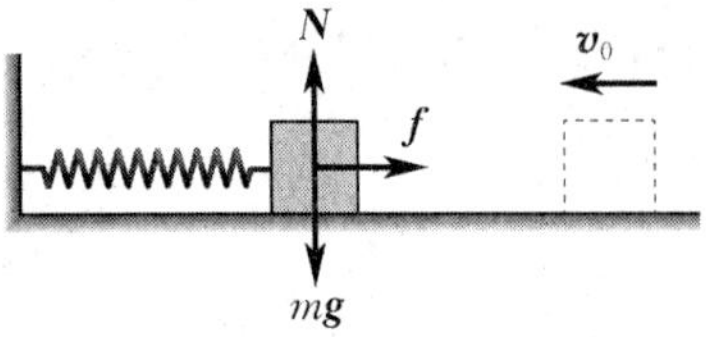

图 3-19

解 如图 3-19 所示,在木块和弹簧组成的系统中,内力仅有弹力,是保守力;外力有重力、支持力和摩擦力,其中只有摩擦力做功.又因弹簧质量不计,故系统的动能可不计弹簧的动能.对系统应用功能原理,得

$$W_{摩擦力} = (E_k + E_p) - (E_{k0} + E_{p0}).$$

以木块刚与弹簧接触时系统的状态为初态,此时弹簧具有自然长度,弹性势能为零,系统的总机械能为木块的初动能;当弹簧达到最大压缩量时为末态,木块速率应为零,故系统末态的总机械能等于此时弹簧的弹性势能.将滑动摩擦力 $f = \mu N = \mu mg$ 代入上式,得

$$-\mu mgx_m = \left(0 + \frac{1}{2}kx_m^2\right) - \left(\frac{1}{2}mv_0^2 + 0\right),$$

解得

$$\mu = \frac{mv_0^2 - kx_m^2}{2mgx_m} = \frac{0.4 \times 3.0^2 - 80 \times 0.2^2}{2 \times 0.4 \times 9.8 \times 0.2} = 0.26.$$

3.5.3 机械能守恒定律

如果外力对系统做功为零,系统内部又没有非保守力做功,则在运动过程中系统的机械能保持不变,即当 $W_{外力} = 0, W_{非保守内力} = 0$ 时,

$$E_k + E_p = E_{k0} + E_{p0} = 常量. \tag{3-44}$$

也就是说,在只有保守力做功的情况下,质点系的机械能保持不变.这一结论称为**机械能守恒定律**.

机械能守恒条件所包含的意义是:$W_{外力} = 0$,表示外界物体的能量与系统的机械能之间无能量的传递或转化;$W_{非保守内力} = 0$,表示系统内没有发生机械能和其他形式能量之间的转化.

在满足机械能守恒条件下,系统的动能和势能可以相互转化,将式(3-44)移项后可得

$$E_{p0} - E_p = E_k - E_{k0},$$

即系统总势能的减少量等于系统总动能的增加量.由于有保守力做功,系统内各物体的动能还可以互相传递,系统的一种势能和另一种势能也可以互相转化.但是,在运动的任一时刻,或者说系统处于任一状态时,动能和势能的总和都应有同一个值.

机械能守恒定律虽然是由牛顿定律导出的,但是在许多问题中,应用机械能守恒定律往往比直接应用牛顿定律更为方便.应用机械能守恒定律一般分以下四个步骤:

(1) 根据对题意的分析理解,适当选择质点系,并明确所用的参考系,且必须是惯性系.因为机械能守恒定律是从牛顿定律导出的,只适用于惯性系.

(2) 分析这个质点系内各质点的受力情况,哪些力是保守内力,哪些是非保守内力,哪些是外力.

(3) 分析系统内各质点运动的特点,确定这些非保守内力和外力是否做功.当作用于系统各质点的所有外力和非保守内力都不做功时,系统总机械能是守恒的.

(4) 列出系统在两个状态下的机械能,并应用机械能守恒定律.

【例 3.14】 如图 3-20 所示,已知固定斜面的倾角为 θ,AB 间距离为 L,弹簧一端固定在斜面上,处于自然长度时,另一端位于 B 点.一个质量为 m 的物体以初速度 v_0 从斜面上 A 点处滑下,其与斜面之间的摩擦力为 f.物体到 B 点时开始压缩弹簧,压缩了 Δl 后停止,然后又被弹回

去．设弹簧的质量忽略不计．求弹簧的劲度系数以及物体被弹回后相对弹簧被压缩到的最低点所能到达的最大高度(弹簧被压缩了 Δl 后为最低点)．

解　做物体受力分析．物体受到四个力，支持力不做功，重力和弹簧的弹性力是保守力，因此使用功能原理十分方便．

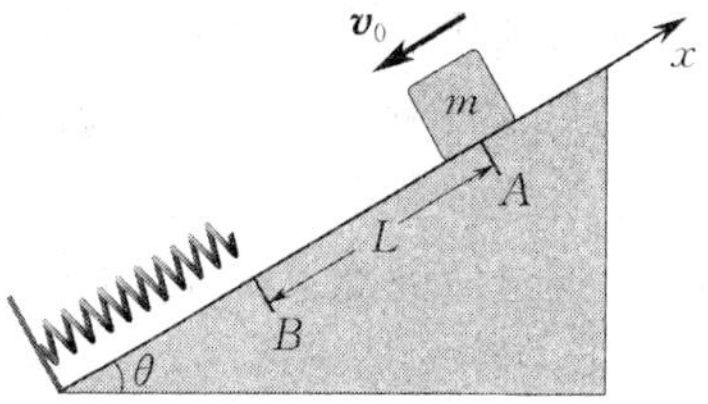

图 3－20

按图 3－20 所示选取坐标系，选择物体压缩弹簧停止位置为原点 O，并且选择该点为重力势能零点．由功能原理知，唯一非保守力，即摩擦力所做的功，等于系统机械能的改变量，有

$$-f(L+\Delta l)=\frac{1}{2}k\Delta l^2-\frac{1}{2}mv_0^2-mg(L+\Delta l)\sin\theta,$$

因此，

$$k=\frac{mv_0^2+2mg(L+\Delta l)\sin\theta-2f(L+\Delta l)}{\Delta l^2}.$$

设物体被弹回后相对最低点所能到达的最大高度为 h，物体由 O 点运动至最高点，由功能原理有

$$-f\frac{h}{\sin\theta}=mgh-\frac{1}{2}k\Delta l^2,$$

$$\frac{h}{\sin\theta}=\frac{k\Delta l^2}{2(mg\sin\theta+f)},$$

$$h=\frac{mv_0^2+2(L+\Delta l)(mg\sin\theta-f)}{2(mg\sin\theta+f)}.$$

3.5.4　能量转化和守恒定律

能量不能消失，也不能被创造，只能从一种形式转换为另一种形式．这一结论称为**能量转化和守恒定律**．

能量守恒定律是从无数事实中总结得出的结论，是物理学中最普适的定律之一，它揭示了自然界中各种运动状态的普遍联系性和统一性，找到了各种运动现象的一种公共量度 —— 能量．

能量守恒定律能帮助我们更深刻地理解功的意义．按能量守恒定律，一个物体或系统的能量变化时，必然有另一个物体或系统的能量同时也发生变化．所以当用做功的方法使一个系统的能量发生变化时，在本质上是这个系统与另一个系统之间发生了能量的交换．因此，功是能量交换和变化的一种量度．

功是与能量变化和交换过程相联系的，而能量则代表着系统在一定状态时所具有的性质，能量的量值只决定于系统的状态．因此，能量是系统状态的单值函数．

能量的转化与守恒定律是检验一个理论是否正确的基本准绳之一，也是辩证自然观的自然科学基础．

3.6　碰　　撞

两个或两个以上的物体发生接触时，物体之间的相互作用仅持续极为短暂的时间，这种接触就是**碰撞**．实物之间的碰撞是常见的现象．做热运动的分子之间的碰撞是分子运动论的基本前提之一，它构成热现象的基础. 粒子与核的碰撞、基本粒子之间的碰撞等碰撞问题在物理学中较为重要. 不同物体或粒子之间的碰撞，虽然相互作用性质各不相同，但是都遵守共同的规律.

为了便于研究物体间的碰撞，通常假定在碰撞过程中外部作用可以忽略不计，即在碰撞过程中把两物体看作一个孤立系，系统遵从动量守恒定律.

求解碰撞问题，通常是求两质点在碰撞前和碰撞后的速度之间的关系. 如果两球碰撞前的相对速度在两球的中心连线上，那么碰撞时相互作用的冲力和碰撞后的速度也都在这一连线上. 这种碰撞称为**对心碰撞**(或称**正碰撞**).

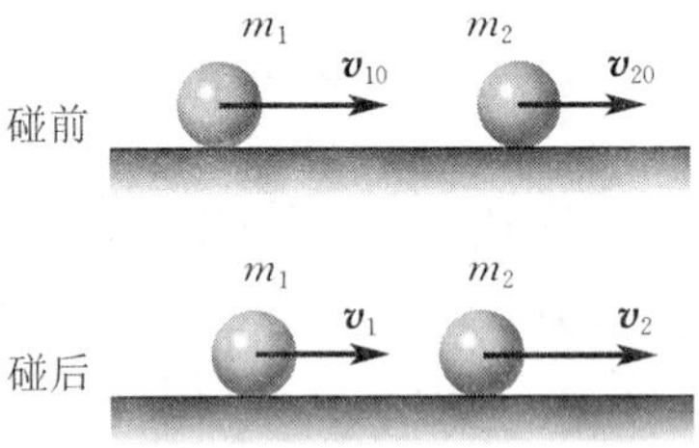

图 3-21 小球正碰撞

如图 3-21 所示，质量分别为 m_1 和 m_2 的两小球，碰撞前的速度分别为 v_{10} 和 v_{20}，要使碰撞能够发生，就要求 $v_{10} > v_{20}$；碰撞后的速度分别为 v_1 和 v_2，要使碰撞后能够分离，就要求 $v_2 > v_1$. 对于正碰撞，两小球碰撞前、后的速度在同一直线上，假定向右速度为正值.

水平方向不受外力作用(或忽略外力)，即动量守恒，则有

$$m_1 v_{10} + m_2 v_{20} = m_1 v_1 + m_2 v_2. \tag{3-45}$$

至于能量关系，由于碰撞过程可能发生内部非保守力做功，即使忽略外力做功，碰撞前、后机械能也不一定守恒. 根据质点系动能定理，有

$$W_{\text{非保守内力}} = \left(\frac{1}{2}m_1 v_1^2 + \frac{1}{2}m_2 v_2^2\right) - \left(\frac{1}{2}m_1 v_{10}^2 + \frac{1}{2}m_2 v_{20}^2\right). \tag{3-46}$$

根据碰撞前、后两球的总动能是否守恒把碰撞分为两类：总动能保持守恒的称为**完全弹性碰撞**，总动能不守恒的称为**非弹性碰撞**.

1. 完全弹性碰撞

动能守恒是完全弹性碰撞的特点，也就是 $W_{\text{非保守内力}} = 0$. 根据式(3-45)和式(3-46)有

$$m_1 v_{10} + m_2 v_{20} = m_1 v_1 + m_2 v_2,$$

$$\frac{1}{2}m_1 v_1^2 + \frac{1}{2}m_2 v_2^2 = \frac{1}{2}m_1 v_{10}^2 + \frac{1}{2}m_2 v_{20}^2.$$

可解得

$$\begin{cases} v_1 = \dfrac{(m_1 - m_2)v_{10} + 2m_2 v_{20}}{m_1 + m_2}, \\ v_2 = \dfrac{(m_2 - m_1)v_{20} + 2m_1 v_{10}}{m_1 + m_2}. \end{cases} \tag{3-47}$$

下面讨论几种特殊情况：

(1) 若 $m_1 = m_2$，从式(3-47)可得 $v_1 = v_{20}$，$v_2 = v_{10}$，即两质量相同的小球完全弹性碰撞后互相交换速度.

(2) $v_{20} = 0$. 这是常见的一种情况，即受碰球原来静止. 碰后两球的速度分别为

$$\begin{cases} v_1 = \dfrac{m_1 - m_2}{m_1 + m_2} v_{10}, \\ v_2 = \dfrac{2m_1}{m_1 + m_2} v_{20}. \end{cases} \tag{3-48}$$

若 $m_2 \gg m_1$，从式(3-48)可得 $v_1 \approx -v_{10}$，$v_2 \approx 0$，即碰撞后，小球将以同样大小的速率返回，而

大球几乎保持静止.皮球对墙的碰撞以及气体分子和容器壁的碰撞都属于这种情况.若 $m_1 \gg m_2$,则 $v_1 \approx v_{10}$,$v_2 \approx 2v_{20}$,即一个质量很大的球体,当它与质量很小的静止球体相碰撞时,质量很大的球体的速度不发生显著改变,但质量很小的球却以近两倍于大球体的速度向前运动.

在核反应堆中,为了使铀的核裂变能继续下去,必须使铀核裂变产生的快中子减速.目前的方法是,把铀棒放在一种叫作减速剂的物质中,中子从铀棒中飞出后将与这种物质的原子核发生弹性碰撞而被减速.根据上面的讨论,如果减速剂原子核的质量很大,那么碰撞后中子将以原有的速率返回,达不到减速的目的;如果原子核的质量和中子的质量近于相等,碰撞后中子就几乎停下来.可见,氢是最有效的减速剂,因为氢核(质子)和中子具有近乎相同的质量.

2. 完全非弹性碰撞

两球碰撞后不再分离,这种碰撞叫作**完全非弹性碰撞**.这种碰撞的运动特征是碰撞后两小球有共同速度 v,即 $v_1 = v_2 = v$.在完全非弹性碰撞中,动量仍然守恒,即

$$m_1 v_{10} + m_2 v_{20} = (m_1 + m_2) v. \tag{3-49}$$

在非弹性碰撞中,物体发生非弹性形变,内部非保守力做负功,有一部分动能转变为其他形式的能量,动能不守恒,碰撞后系统的总动能比碰撞前系统的总动能少.采用子弹打入沙摆的方法来测量子弹的速度是其常见的应用.

3. 非完全弹性碰撞

经过碰撞,质点系的动能有所损耗,但并没有结合成一体,这种碰撞叫作**非完全弹性碰撞**.在这种碰撞过程中,两小球的相互作用既有保守力又有非保守力,碰撞后两小球分开,但有残留形变,机械能不守恒.

【例 3.15】　如图 3-22 所示,用一个轻弹簧把一个金属盘悬挂起来,这时弹簧伸长了 $l_1 = 10$ cm.一个质量和盘相同的泥球,从高于盘 $h = 30$ cm 处由静止下落到盘上.求此盘向下运动的最大距离.

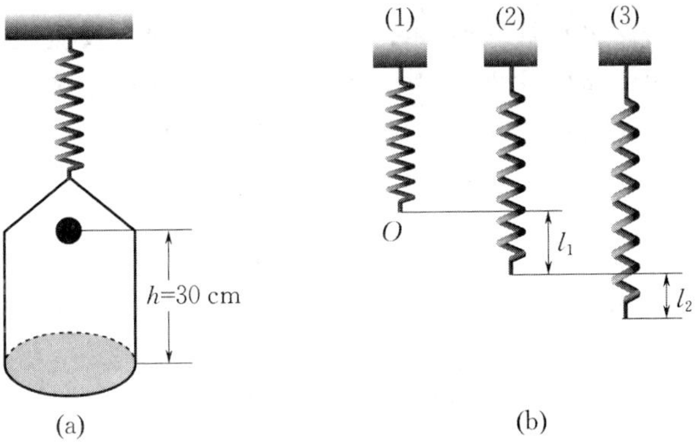

图 3-22

解　本题分三个过程进行分析.

首先是泥球自由下落过程.它落到盘上的速度为

$$v_1 = \sqrt{2gh}.$$

其次是泥球和盘的碰撞过程,此时把盘和泥球看作一个系统.因两者之间的冲力远大于它们所受的外力(包括弹簧的拉力和重力),所以可认为系统动量守恒.设泥球与盘的质量均为 m,它们碰撞后刚黏合在一起的共同速度为 v_2,列出沿竖直方向的动量守恒的分量式,可得

$$mv_1 = (m + m)v_2,$$

由此得

$$v_2 = \frac{v_1}{2} = \sqrt{\frac{gh}{2}}.$$

最后是泥球和盘共同下降过程.选弹簧、泥球和盘以及地球为系统.以泥球和盘开始共同运动时为系统的初态,两者到达最低点时为末态.在此过程中只有保守内力做功,所以系统机械能守恒.以弹簧的自然伸长位置为它的弹性势能零点,则系统的机械能守恒可表示为

$$\frac{1}{2} \times 2mv_2^2 + 2mgl_2 + \frac{1}{2}kl_1^2 = \frac{1}{2}k\,(l_1 + l_2)^2,$$

式中弹簧的劲度系数可以通过最初盘的平衡状态求得

$$k = \frac{mg}{l_1}.$$

将此值及 $v_2^2 = gh/2$ 和 $l_1 = 10\ \text{cm}$ 代入上式,得

$$l_2^2 - 20l_2 - 300 = 0.$$

解此方程得

$$l_{21} = 30, \quad l_{22} = -10.$$

取正数解,即得盘向下运动的最大距离 $l_2 = 30\ \text{cm}$.

3.7 质心系

3.7.1 质心

研究由多个质点组成的系统时,质心是一个重要的概念.

实际中的物体运动的情况往往比较复杂,比如,篮球运动员投篮,篮球出手后往往会有旋转,篮球究竟在做什么样的运动,很难说,因为篮球中的每一个质点的运动状态都不一样,但是其中有一个特殊点,这个点是做抛体运动(篮球上的其他点都在绕这个点做圆周运动),这个特殊点就是质心.

由质点系的动量定理可得

$$\sum \boldsymbol{F}_i = \frac{\mathrm{d}}{\mathrm{d}t}\left(\sum m_i \boldsymbol{v}_i\right).$$

用 $\boldsymbol{r}_i$ 表示各质点的位置矢量,则 $\boldsymbol{v}_i = \frac{\mathrm{d}\boldsymbol{r}_i}{\mathrm{d}t}$,代入上式,有

$$\sum \boldsymbol{F}_i = \frac{\mathrm{d}^2}{\mathrm{d}t^2}\left(\sum m_i \boldsymbol{r}_i\right).$$

用 M 表示质点系的总质量,上式可以变为

$$\sum \boldsymbol{F}_i = M\frac{\mathrm{d}^2}{\mathrm{d}t^2}\left(\frac{\sum m_i \boldsymbol{r}_i}{M}\right), \tag{3-50}$$

观察括号中的量可以发现,它具有长度的量纲,所以表示的是一个空间位置量.更具体地说,它描述的是与质点系相关的某一空间点的位置,称为**质点系的质量中心**,简称**质心**,用 $\boldsymbol{r}_C$ 表示质心这个位置矢量,有

$$\boldsymbol{r}_C = \frac{\sum m_i \boldsymbol{r}_i}{M}. \tag{3-51}$$

$\boldsymbol{r}_C$ 在直角坐标系中的分量为

$$x_C = \frac{\sum m_i x_i}{M}, \quad y_C = \frac{\sum m_i y_i}{M}, \quad z_C = \frac{\sum m_i z_i}{M}. \tag{3-52}$$

x_C, y_C, z_C 为质心的坐标.

由此可以看出，将某一物体内所有质点位置对质量加权取平均值，就可得到该物体的质心位置. 这个“权”就是质点的质量，质心的位置靠近质量大的质点.

计算由两个质点系成的质点系的质心位置，如图 3-23 所示，质量分别为 m_1 和 m_2 的两个质点的坐标分别为 (x_1, y_1) 和 (x_2, y_2)，设质心坐标为 (x_C, y_C)，质心必位于 m_1 与 m_2 的连线上，且质心与各质点的距离与该质点的质量成反比.

质量分别为 m_1 和 m_2 的质点，定义质心位置：

$$x_C = \frac{m_1 x_1 + m_2 x_2}{m_1 + m_2}, \quad y_C = \frac{m_1 y_1 + m_2 y_2}{m_1 + m_2},$$

$$\frac{x_2 - x_C}{x_C - x_1} = \frac{m_1}{m_2}, \quad \frac{y_2 - y_C}{y_C - y_1} = \frac{m_1}{m_2}.$$

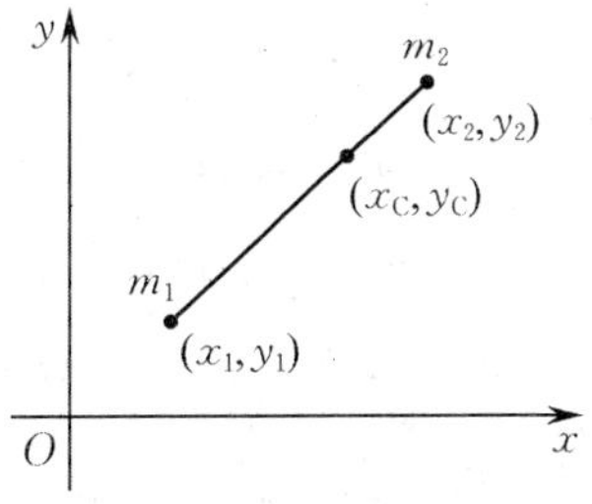

图 3-23　质心位置

【例 3.16】　如图 3-24 所示，一个质点系包括三个质点，质量分别为 m，$2m$ 和 $3m$，位置坐标分别为 $(-2, -1)$，$(-1, 2)$ 和 $(1, 2)$. 求质心的坐标.

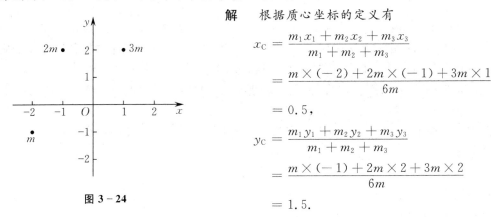

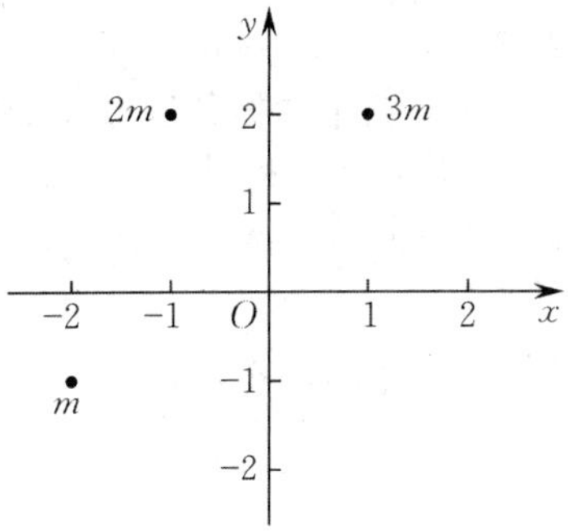

图 3-24

解　根据质心坐标的定义有

$$x_C = \frac{m_1 x_1 + m_2 x_2 + m_3 x_3}{m_1 + m_2 + m_3} = \frac{m \times (-2) + 2m \times (-1) + 3m \times 1}{6m} = 0.5,$$

$$y_C = \frac{m_1 y_1 + m_2 y_2 + m_3 y_3}{m_1 + m_2 + m_3} = \frac{m \times (-1) + 2m \times 2 + 3m \times 2}{6m} = 1.5.$$

质量连续分布的物体的质心位置（质心相对于系统中各质点的距离与坐标原点的选择无关）：

$$x = \frac{1}{M}\int x \mathrm{d}m, \quad y = \frac{1}{M}\int y \mathrm{d}m, \quad z = \frac{1}{M}\int z \mathrm{d}m. \tag{3-53}$$

对于质量均匀分布的物体，$\mathrm{d}m = \rho \mathrm{d}V$，从而

$$x = \frac{1}{V}\int x \mathrm{d}V, \quad y = \frac{1}{V}\int y \mathrm{d}V, \quad z = \frac{1}{V}\int z \mathrm{d}V. \tag{3-54}$$

对于质量分布均匀、形状对称的物体，这个物体的质心就位于其几何中心. 物体的质心不一定在物体内部，如面包圈和马蹄铁.

【例 3.17】　求质量分布均匀、边长为 a 的等边三角形的质心位置.

解　如图 3-25 所示设立 Oxy 坐标系，在离原点为 x 处，取宽为 $\mathrm{d}x$ 的面积元，则此面积元

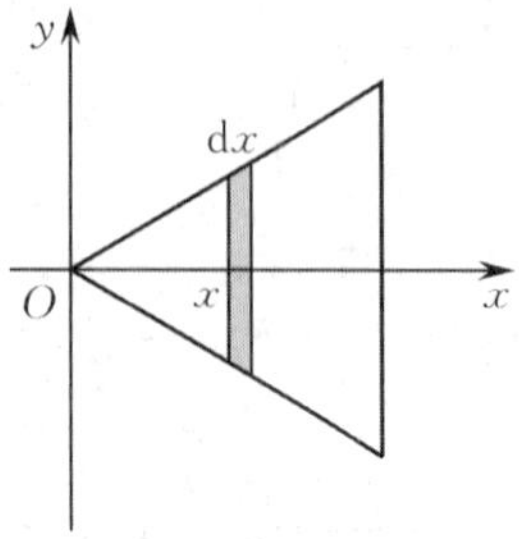

图 3-25

的质量 $dm = 2\sigma y\,dx$. 由等边三角形知, $y = x\tan\theta = \frac{\sqrt{3}}{3}x$. 所以

$$x_C = \frac{\int x\,dm}{\int dm} = \frac{\int_0^{\frac{\sqrt{3}}{2}a} \frac{2\sqrt{3}}{3}\sigma x^2\,dx}{\int_0^{\frac{\sqrt{3}}{2}a} \frac{2\sqrt{3}}{3}\sigma x\,dx} = \frac{\sqrt{3}}{3}a.$$

重心和质心的区别如下:

重心是一个物体各部分所受重力的合力(物体整体重力)的作用点;而一个物体的质心是物体运动中,由其质量分布所决定的一个特殊的点.对任何物体,其重心和质心是重合的,但着眼点分别是体系的力和质量.

3.7.2 质心运动定理

当质点系中的质点都在运动的时候,质点系质心的位置也随之发生变化.无论质点系怎样运动,质点系总质量与质心加速度的乘积总是等于质点系所受一切外力的矢量和,即

$$\sum \boldsymbol{F}_i = M\frac{d^2\boldsymbol{r}_C}{dt^2} = M\boldsymbol{a}_C. \tag{3-55}$$

式(3-55)与牛顿第二运动定律具有相同的形式,叫作质点系的**质心运动定理**.也就是说,在动力学上,质心也是整个质点系的代表点.整个质点系可以是个不能发生形变的刚体(如一把斧头),也可以是可形变的柔体(如跳水运动员).整个质点系无论是旋转还是爆炸,质心运动定理都成立.

比较质心运动定理和牛顿第二定律可以看出,在质点动力学中,我们把实际物体抽象为质点并对质点运用牛顿第二定律来进行研究,只考虑了物体质心运动而忽略了物体各质点围绕质心的运动和各质点间的相对运动,这正是质点模型方法的实质.

质心运动定理有其局限性,它仅给出质心加速度,并未对质点系内的所有质点运动做全面描述.

了解质点系的运动,还应该进一步研究各质点相对质心的运动.用质心概念描述质点系整体运动时的重要特征有:

(1) $\boldsymbol{F}$ 是作用在质点系的所有外力的和,不包括内力;

(2) M 是质点系的总质量;

(3) $\boldsymbol{a}$ 是质心的加速度.

确定一个物体或物体系的质心为某点之后,在研究该物体或物体系的运动情况时可认为所有的质量都集中在该点,且所有的外力也都作用于该点.

思考题3

3.1 小力作用在一个静止物体上,只能使它产生小的速度吗?大力作用在一个静止的物体上,一定能使它产生大的速度吗?

3.2 一重物上、下都系同样的两根细线,其中一根线将物体吊起,而用手向下拉另一根线.如果缓慢地拉,则上面的线先断;如果用力猛拉,则下面的线先断.为什么?

3.3 在杂技表演中，一个人平躺在地上，身上压着一块大而重的石板，另一人以大锤猛力击石，石裂而人不伤. 试解释之. 有人说用很厚的棉被代替石板会更安全，你同意吗？

3.4 给出物体在某一时刻的运动状态(位置、速度)，能确定此时刻它的动能和势能吗？反之，如果物体的动能和势能已知，能否确定其运动状态？

3.5 子弹水平地射入树干内，阻力对子弹做正功还是负功？子弹施于树干的力对树干做正功还是负功？

3.6 两质量相等的物体，若动能相等，则动量一定相等，对吗？

3.7 为什么动量守恒条件是 $\sum \boldsymbol{F}_{外} = \boldsymbol{0}$，而不是 $\int_{t_0}^{t} \boldsymbol{F}_{外}\,\mathrm{d}t = \boldsymbol{0}$？

3.8 为什么机械能守恒条件是 $\sum W_{外} = 0$ 与 $\sum W_{非保守内力} = 0$ 或 $\sum W_{外} + \sum W_{非保守内力} \equiv 0$，而不是 $\boldsymbol{F}_{外} = \boldsymbol{0}$？

3.9 在匀速运动的卡车上把木箱拉动一段距离时，你的拉力做的功，其大小与参考系的选择有关吗？一个物体的机械能和参考系的选择有关吗？

3.10 判断下述说法是否正确，并说明理由：

(1) 不受外力作用的系统，其动量和机械能必然同时守恒.

(2) 内力都是保守力的系统，当它所受的合外力为零时，其机械能必然守恒.

(3) 只有保守内力作用而不受外力作用的系统，其动量不守恒，但其机械能必然守恒.

3.11 两个质点间的相互作用力如果方向沿着两质点的连线，而大小决定于它们之间的距离，即 $f_1 = f_2 = f(r)$，则这样的力叫作有心力. 万有引力就是一种有心力. 任何有心力都是保守力，这个结论正确吗？

3.12 在核反应堆中利用中子和“减速剂”的原子核发生完全弹性碰撞而使中子减速，减速剂总使用原子质量比较小的元素(如石墨中的碳原子和重水中的氘原子). 试说明其中的道理.

3.13 指出下列哪些讲法是对的：

(1) 一个物体动量改变时，它的动能也一定改变；

(2) 一个物体在运动过程中若其动能守恒，则其动量也守恒；

(3) 两个质量不等的物体，动能相等时，质量大的动量较大；

(4) 假设一个由多个物体组成的系统，其动量守恒，如果该系统中一些物体的速度变大，则另一些物体的速度一定变小；一些物体的速度变小，则另一些物体的速度一定变大.

3.14 从小船跳上岸，为什么比从大船跳上岸费劲？

3.15 已知子弹穿过厚度为 l 的木板，至少应具有速度 v. 如果要穿过同样的两块木板，子弹是否至少应具有 $2v$ 的速度？

3.16 把装着土豆的箩筐摇动几下，大土豆往往会抛到上面来，小土豆则沉到筐底，为什么？

习 题 3

3.1 质量为 M 的木块静止在光滑的水平桌面上. 质量为 m、速率为 v_0 的子弹水平地入射到木块内并与它一起运动. 求：(1) 子弹相对于木块静止后，木块的速率和动量，以及子弹的动量；(2) 在此过程中子弹施于木块的冲量.

3.2 质量为 2 kg 的质点受到力 $F = (3\boldsymbol{i} + 5\boldsymbol{j})$ N 的作用. 当质点从原点移动到位矢为 $\boldsymbol{r} = (2\boldsymbol{i} - 3\boldsymbol{j})$ m 处时，此力所做的功为多少？它与路径有无关系？如果此力是作用在质点上的唯一的力，则质点的动能将变化多少？

3.3 一根特殊弹簧，在伸长 x 时，其弹力为 $(4x + 6x^2)$(SI).

(1) 将弹簧从 $x = 0.50$ m 拉长到 $x = 1.00$ m，求外力克服弹簧力所做的总功.

(2) 将已拉长的弹簧的一端固定，在其另一端拴一质量为 2 kg 的静止物体后释放，试求弹簧从 $x = 1.00$ m 回到 $x = 0.50$ m 时物体的速率. (不计弹簧重力)

3.4 一个炮弹,竖直向上发射,初速度为 v_0,经时间 t 后在空中自动爆炸,假定爆炸使它分成质量相同的A,B,C三块.A块的速度为0;B,C两块的速度大小相同,且B块速度方向与水平成 α 角,求B,C两块的速度(大小和方向).

3.5 如图3-26所示,一轻质弹簧劲度系数为 k,两端各固定一质量均为 M 的物块A和B,放在水平光滑桌面上静止.今有一质量为 m 的子弹沿弹簧的轴线方向以速度 v_0 射入一物块而嵌在其中,求此后弹簧的最大压缩长度.

3.6 一质量为 m 的小球,由顶端沿质量为 M 的圆弧形木槽自静止下滑,设圆弧形槽的半径为 R(如图3-27所示).忽略所有摩擦,问:(1) 小球刚离开圆弧形槽时,小球和圆弧形槽的速度各是多少?(2) 小球滑到 B 点时对木槽的压力是多大?

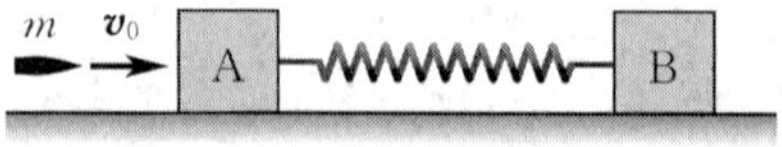

图 3-26

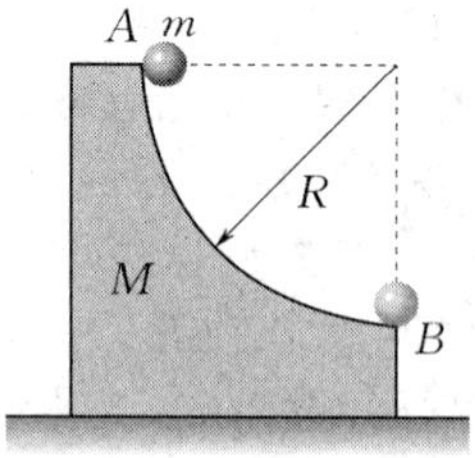

图 3-27

3.7 一质量为 m 的小滑块,以速度 $\boldsymbol{v}_0$ 沿光滑桌面上静止的光滑弧形槽运动,如图3-28所示.槽的质量为 M,假如槽有足够高,求小滑块沿着弧形槽能上升的最大高度.

3.8 如图3-29所示,在光滑的水平面上有一质量为 M 的小车,在车上,有一长为 l 的细绳悬挂一质量为 m 的小球.现将小球拉平再自由释放,求小球到达最低点时的速度.

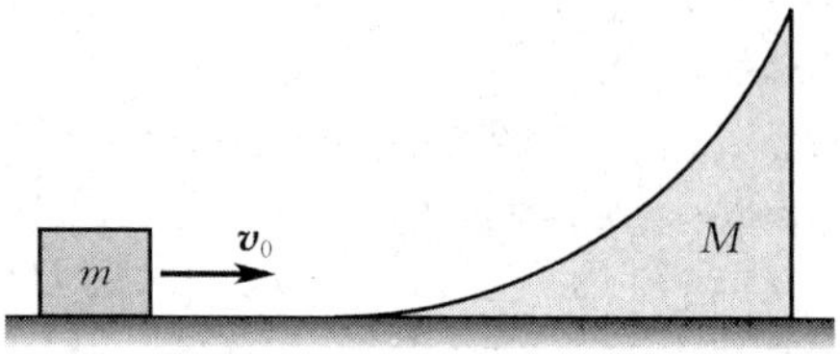

图 3-28

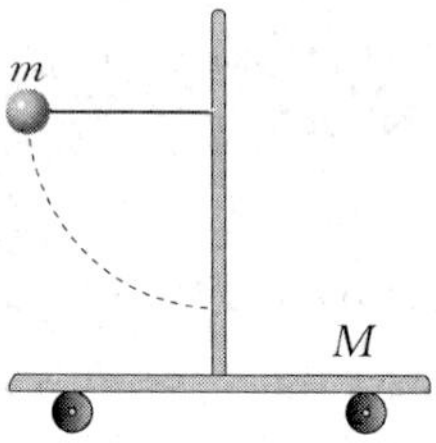

图 3-29

3.9 光滑水平面上有两个小球,B球静止,A球以速度 v 向左运动,与B球做对心弹性碰撞,B球因而得到速度 v_2,之后B球又与墙做弹性碰撞,问两者质量满足什么条件时,B球反弹后能追上A球做二次碰撞?

3.10 一个小球在弹簧的作用下振动,弹力 $F=-kx$,而位移 $x=A\cos\omega t$,其中,k,A,ω 都是常量.求在 Δt 的时间间隔内弹力施于小球的冲量.

3.11 自动步枪连发时每分钟射出120发子弹,每发子弹的质量 $m=7.90$ g,射出枪口时的速率为735 m/s.求射击时(以分钟计)枪托对肩部的平均压力.

3.12 水管有一段弯曲成90°角.已知管中水的流量为 3×10^3 kg/s,流速为10 m/s.求水流对此弯管的压力大小和方向.

3.13 在一辆停在水平光滑直轨道上质量为 M 的平板车上站着两个人,当他们从车上沿同方向跳下后,车获得了一定的速度.设两个人的质量均为 m,跳下时相对于车的水平分速度均为 u.试比较两人同时跳下和两人依次跳下两种情况,车所获得的速度的大小.

3.14 2001年9月11日美国纽约世贸中心双子楼遭恐怖分子劫持的飞机撞毁.据美国官方发表的数据,撞击南楼的飞机是波音767客机,质量为132 t,速度为942 km/h.求该客机的动能,这一能量相当于多少TNT炸药的爆炸能量?(1 kg TNT爆炸产生的能量为 4.6×10^6 J)

3.15 一质量为72 kg的人跳蹦极,弹性蹦极带原长20 m,劲度系数为60 N/m.忽略空气阻力.

(1) 此人自跳台跳出后，下落距离为多少时速度最大？此最大速度是多少？

(2) 已知跳台高于水面 60 m. 此人跳下后会不会触到水面？

3.16 轻弹簧的一端拴有一小球，另一端固定，这个弹簧自然伸长状态下长度 $l_0 = 0.8$ m，劲度系数 $k = 20$ N/m. 起初弹簧在水平方向，并保持原长. 然后释放小球，让它落下. 当弹簧到达竖直位置时，被拉长到 $l = 1$ m，求该时刻小球的速度.

3.17 石墨原子核的质量为 19.9×10^{-27} kg，在核反应中用它作为快中子的减速剂，中子的质量 1.67×10^{-27} kg，若中子的初速度为 3×10^{7} m/s，与静止的石墨原子核做完全弹性碰撞后减速，问经过几次对心碰撞，中子速度减为 10^{2} m/s？

3.18 质量都是 M 的两辆冰车，一同静止在光滑的水平冰面上，一质量为 m 的人从第一辆冰车跳到第二辆冰车上，再由第二辆冰车跳回到第一辆冰车，求两辆冰车的末速度之比.

第4章　刚体的转动

转动是一种常见的运动形式,转动的物体上每个质点的运动都遵循牛顿定律,但是直接用牛顿定律求解转动问题往往很不方便.本章引入角量,不仅为解决质点的运动(特别是转动)问题提供了一种有力手段,而且使牛顿定律转化为便于处理质点系转动问题的形式.

本章将讨论一种特殊的质点系:刚体.作为质点系,它们当然遵循质点系的基本规律,把这些规律与刚体本身具有的特殊性质相结合,将得到特殊的形式.掌握质点系基本规律的一般性和讨论刚体的特殊性是本章学习的关键.

在研究刚体力学时,把刚体分成无限个微元,各微元之间的相对位置是固定的,且都可以当作质点看待.每一个质点的运动都服从质点的运动定律,把全部质点的运动综合起来,就可以得出刚体的运动规律.这种办法就是把刚体看成质点系,其中各质点彼此之间的距离在运动过程中始终保持不变.这是我们处理刚体的基本观点.

4.1　刚体运动学

4.1.1　刚体和刚体的定轴转动

1. 刚体

一般说来,在外力作用下,物体的形状和大小是要发生变化的,但如果在外力作用下,物体的形状和大小不发生变化,也就是说,物体内部任意两点间的距离始终保持不变,这种理想化了的物体叫作**刚体**.实际物体在外力作用下,其形状和大小或多或少会有一些变化,只要这种变化与物体的几何线度相比很小,对所讨论问题的影响可以忽略,这样的物体就可以看作刚体.刚体是一种典型的力学模型.

一个物体是否能看成刚体,要根据所研究问题的性质而定.同一个对象在某些问题中可以看成刚体,在另一些问题中则不能.例如,当我们研究地球自转时,可把地球看成刚体,但当我们研究地球的潮汐现象时,则应该把地球看成是由水(流体)所覆盖的非刚体.

2. 刚体的平动和转动

与质点的运动相比较,刚体的运动是较复杂的运动.刚体既可以平动,也可以转动,刚体的任何复杂运动都可以看成平动和转动这两种基本运动的合成.

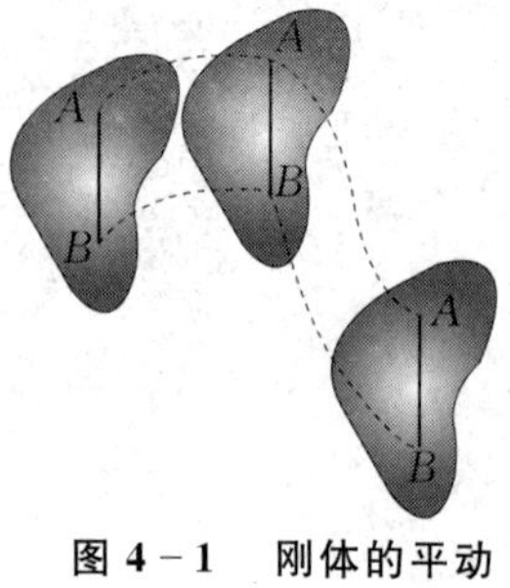

图4-1　刚体的平动

(1) 平动.当刚体运动时,如果刚体内任意两个质点的连线的空间指向始终保持平行(见图4-1),这种运动称为刚体的平动.刚体在平动时,在任意一段时间内,刚体内所有质点的位移都是相等的,并且在任何时刻,各个质点的速度和加速度也都是相同的,即刚体上所有点的运动情况完全相同.所以刚体内任选一点(一般选择质心)的运动就可代表整个刚体的平动.

不论质点系的具体性质怎样特殊，也不论质点系内部的相互作用和内在运动如何复杂，其质心运动可看作该质点系所有质量都集中于质心并且所有外力都作用于质心时的运动. 因此，可以用质心的运动来代表质点系的整体移动.

所有描述质点运动的物理量以及质点运动学和质点动力学的全部规律都适用于刚体的平动. 也就是说平动的刚体可以看作质点.

刚体平动的轨迹可以是直线，也可以是曲线.

(2) 转动. 刚体绕轴转动是一种常见的运动形式，刚体运动时，如果刚体中的各质点在运动中都绕同一直线做圆周运动，这种运动称为刚体的**绕轴转动**. 所绕的这条直线称为转轴. 如果转轴的位置和方向是随时间改变的(如陀螺)，这个转轴为瞬时转轴. 如果转轴的位置和方向是固定不动并且不随时间改变的，这种转轴称为固定转轴，此时刚体的运动叫作刚体的定轴转动. 转动轴既可以在刚体上，也可以在刚体外，只要转轴与刚体保持刚性连接即可. 刚体转动时，一般情形下转轴的方向也随时间变化，这样就需要三个参数(一个参数描述转动角度，两个参数描述转轴方向)来描述刚体转动，情况比较复杂；而如果刚体转轴方向固定，则刚体的转动只需一个参数来描述. 根据刚体转轴是否固定，分成刚体平面运动和刚体的定轴转动. 对刚体的平面运动，下面只做简单的描述，而最简单的刚体的定轴转动则是本章主要讨论的内容.

3. 刚体的平面平行运动

刚体的运动一般比较复杂，例如，当一辆自行车在直路上前进时，每个车轮的中心向前做纯平动，而车轮边缘上一点的路径则是一条复杂的曲线. 这种运动可以看成刚体的又一种运动形式 —— 刚体的平面平行运动，如图 4-2 所示.

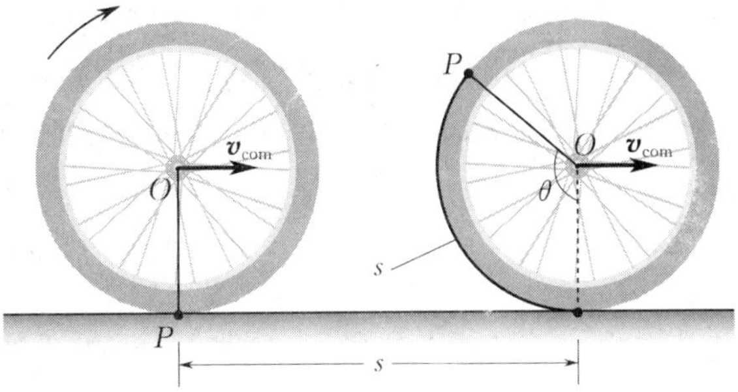

图 4-2　刚体的平面平行运动

刚体的平面平行运动，是指刚体内所有的质点都平行于某一平面而运动.

刚体平面平行运动可以看成质心的平动与绕质心转动的合成. 利用质心运动定理与质心角动量定理可以解决刚体平面平行运动的问题.

4.1.2　角位移、角速度和角加速度

描述刚体转动有两套物理量. 一套是用来描述刚体上各点的速度和加速度的，通常称它们为线量. 因为刚体内各质点都绕固定轴做圆周运动，所以质点圆周运动的公式对于绕固定轴转动的刚体内的各点都适用. 但是，不在同一圆周上的各点到轴线的垂直距离不同，所以同一时间内，它们所经过的弧长并不相同，因而这些点的线速度和线加速度也不相同. 另一套是为描述刚体转动而特别引入的，如角位移、角速度等，通常称为角量. 刚体做定轴转动时，刚体上所有点都

做圆周运动,每一点到转轴的垂直距离在相同时间内都转过相同的角度,因而各点具有相同的角量.

研究刚体定轴转动时通常取任一垂直于定轴的平面作为转动平面.在前面运动学中所学过的角位移、角速度、角加速度等概念及公式,都适用于刚体的定轴转动.

1.角位移 $\Delta\theta$

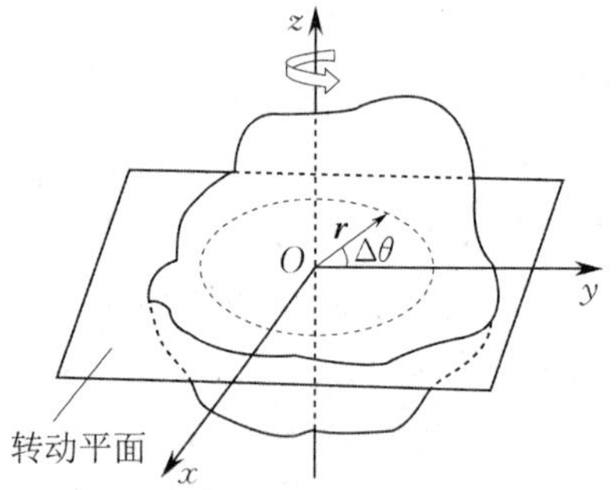

图 4-3 角位移

当刚体绕固定轴转动时,刚体上各点将沿不同半径做圆周运动,这些圆的圆心都在固定轴上,圆周所在的平面都与轴线垂直.此时,刚体内各点的位移、速度和加速度都不相同,但是刚体上各点到转轴的垂直线在同样的时间内转过的角度 $\Delta\theta$ 都相同.在 Δt 时间内刚体转过的角度 $\Delta\theta$ 叫作角位移(见图 4-3).刚体绕定轴 Oz 转动有两种情况,即从上往下看,刚体要么顺时针转动,要么逆时针转动.为了区别这两种转动,一般规定:当 $\boldsymbol{r}$ 从 Oy 轴沿逆时针方向转动时,角位移 $\Delta\theta$ 为正;反之,$\boldsymbol{r}$ 从 Oy 轴沿顺时针方向转动时,$\Delta\theta$ 为负.

2.角速度矢量 $\boldsymbol{\omega}$

刚体在绕定轴转动的情况下,其转动方向可以用角速度的正、负表示.在一般情况下,刚体的转轴是随时间改变的,这时刚体转动的方向就不能用角速度的正负来表示,而需要用角速度矢量 $\boldsymbol{\omega}$ 来表示.

角速度是描述刚体瞬时转动的物理量,它的方向可由右手定则确定:把右手的拇指伸直,其余四指弯曲,使弯曲的方向与刚体转动方向一致,这时拇指所指的方向就是角速度 $\boldsymbol{\omega}$ 的方向(见图 4-4).角速度矢量综合了转动轴的方向和方向角的变化率,因而能有效地描述转动.角速度的单位为弧度每秒(rad/s).

在确定了角速度矢量之后,刚体上任一点的线速度和角速度的关系为

$$\boldsymbol{v}=\boldsymbol{\omega}\times\boldsymbol{r}, \tag{4-1}$$

式中 $\boldsymbol{r}$ 是由瞬时转轴与质元所在转动平面的交点 O 引向质元的位置矢量(见图 4-5).$\boldsymbol{v}$ 的方向用右手定则判断:右手四指并拢由第一个矢量 $\boldsymbol{\omega}$ 以小于 180° 角转向第二个矢量 $\boldsymbol{r}$,大拇指的指向就是矢量 $\boldsymbol{v}$ 的方向.

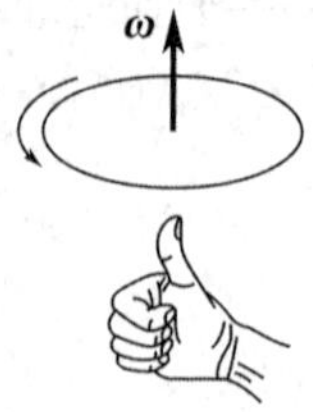

图 4-4 角速度

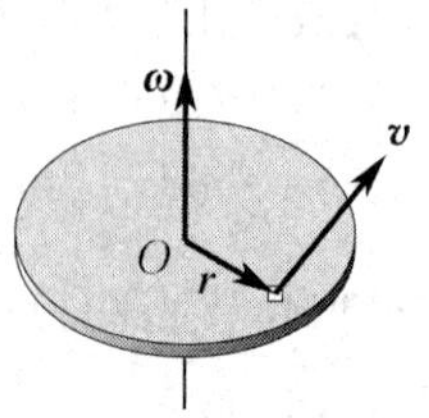

图 4-5 线速度与角速度的关系

3.角加速度矢量 $\boldsymbol{\alpha}$

在定轴转动中,角加速度矢量 $\boldsymbol{\alpha}$ 定义为

$$\boldsymbol{\alpha}=\frac{\mathrm{d}\boldsymbol{\omega}}{\mathrm{d}t}. \tag{4-2}$$

如图 4-6 所示，当刚体转动加快时，$\boldsymbol{\alpha}$ 和 $\boldsymbol{\omega}$ 方向相同；当刚体转动减慢时，$\boldsymbol{\alpha}$ 与 $\boldsymbol{\omega}$ 方向相反.

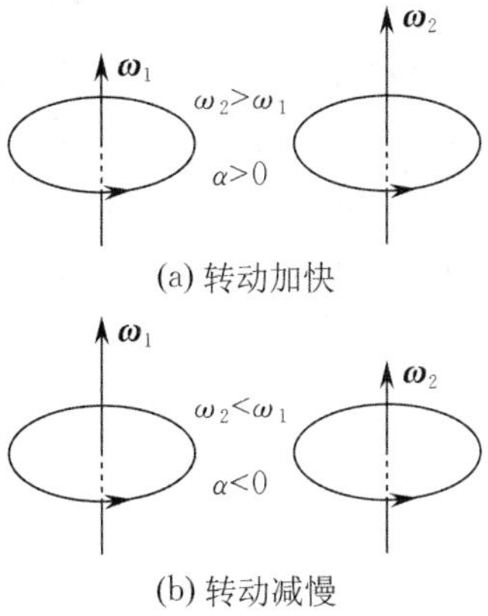

图 4-6　角加速度

4.2　力矩　转动惯量

4.2.1　力矩 $\boldsymbol{M}$

外力对刚体转动的作用效果，不仅与所加外力的大小有关，而且与外力到轴的垂直距离以及力的方向有关. 例如，用同样大小的力推门，当作用点靠近门轴时，不容易把门推开；当作用点远离门轴时，就容易把门推开；若力的作用线通过或平行于门轴，则无论用多大的力都不能把门推开.

为了概括使静止物体转动起来的上述三个因素，我们引入一个新的物理量 —— 力矩. 日常生活中大量的例子都是物体绕一定轴线的转动，所遇到的力矩大多是对轴的力矩. 力矩的普遍定义是对一参考点的，对轴的力矩只是对点的力矩沿轴线的一个分量.

1. 作用于质点上的力矩

有一力 $\boldsymbol{F}$ 作用在 A 点处的质点上，使质点绕 Oz 轴转动，如图 4-7 所示. 为简单起见，假定作用于质点上的力在垂直于转动轴线的 Oxy 平面内. $\boldsymbol{r}$ 是从 O 点引向受力点 A 的矢径. 作用于 A 点的力矩定义为

$$\boldsymbol{M}=\boldsymbol{r}\times\boldsymbol{F},\tag{4-3}$$

$\boldsymbol{M}$ 叫作作用于质点 A 的绕 Oz 轴的**力矩**.

力矩不仅有大小，而且有方向. $\boldsymbol{M}$ 的方向垂直于 Oxy 平面，也可用右手定则确定：右手拇指伸直，其余四指弯曲，弯曲的方向是由矢径 $\boldsymbol{r}$ 通过小于180° 角转向力 $\boldsymbol{F}$ 的方向，这时拇指所指的方向就是力矩的方向（见图 4-7）. $\boldsymbol{M}$ 的大小为

$$M=Fr\sin\theta,\tag{4-4}$$

式中 θ 是 $\boldsymbol{r}$ 与 $\boldsymbol{F}$ 之间的夹角.

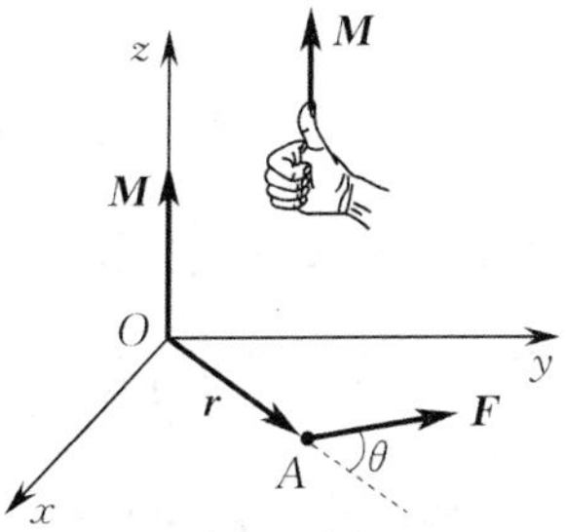

图 4-7　力矩

在国际单位制中，力矩的单位为牛[顿] 米（N・m）. 力矩的量纲和功的量纲相同，但是力矩和功是完全不同的物理量，力矩是

矢量,功是标量.

力矩的大小也可以写作

$$M = F(r\sin\theta) = Fr_{\perp},$$

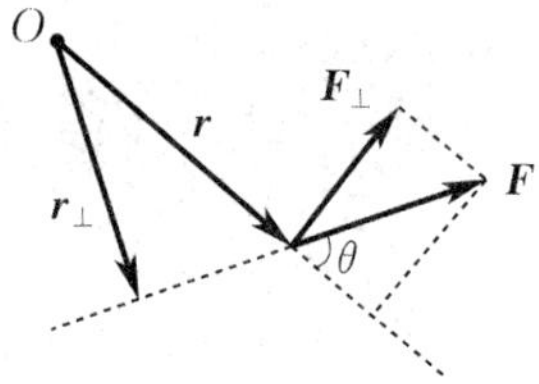

图 4-8　力臂

其中,$r_{\perp} = r\sin\theta$,是 $\boldsymbol{r}$ 在垂直于 $\boldsymbol{F}$ 的作用线上的分量大小,叫作力矩的臂,简称**力臂**,如图 4-8 所示.

同样,力矩的大小还可以表示为

$$M = r(F\sin\theta) = rF_{\perp},$$

其中,$F_{\perp}$ 是 $\boldsymbol{F}$ 垂直于 $\boldsymbol{r}$ 的分力大小.这表明只有 $\boldsymbol{F}$ 垂直于 $\boldsymbol{r}$ 的分力才对力矩有贡献.显然,当 $\theta = 0°$ 或 $\theta = 180°$ 时,$M = 0$,这时力的作用线通过 O 点,$F_{\perp} = 0$,$r_{\perp} = 0$.

如果作用力不在垂直于转动轴线的平面内,可以将力分解为两个正交的分力,一个平行于转动轴线,另一个在垂直于转动轴线的平面内.平行于转动轴线的那个分力对绕固定轴的转动不起作用.

力矩是矢量,力矩的合成遵从平行四边形定则.但是在绕固定轴转动的情况下,力矩只有两种可能的方向,所以可以用代数加减法求和.

力矩 $\boldsymbol{M}$ 与参考点选择有关(因为 $\boldsymbol{r}$ 与参考点的选择有关),对于确定的参考点,$\boldsymbol{r}$ 与 $\boldsymbol{F}$ 都可以随时间变化,所以 $\boldsymbol{M}$ 是随时间变化的物理量(瞬时量).

2. 刚体绕固定轴转动的力矩

刚体中各质点之间的相对位置是固定的,即刚体各部分之间的相对位置是不会改变的.外界对刚体中的一个质点或一个质元所施的外力矩可以看作是施于整个刚体的.

现在假定有一固定的转动轴,刚体可以绕它自由转动.一般地说,外力矩的方向不一定和转动轴方向一致.但我们可以把外力矩分成两个分量,一个沿转轴方向,一个垂直于转轴方向.只有沿转轴方向的分量才能使刚体绕此固定轴转动.而垂直于转轴方向的分量只能使转轴改变方向和位置,但转轴是固定的,固定轴将施一大小相等的反作用力矩以抵消外力矩的垂直分量,所以外力矩的垂直分量对刚体绕固定轴转动不起作用.

刚体中每一质元所受的力为它所受的外力及内力之和.设质元 i 所受的外力为 $\boldsymbol{F}_i$,所受的内力为除它自己之外的其他质元对它的作用力之和,即 $\sum\limits_{j\neq i}\boldsymbol{f}_{ij}$.所以质元 i 所受的合力为 $\boldsymbol{F}_i + \sum\limits_{j\neq i}\boldsymbol{f}_{ij}$.

于是质元 i 所受的力矩为

$$\boldsymbol{M}_i = \boldsymbol{r}_i \times \left(\boldsymbol{F}_i + \sum_{j\neq i}\boldsymbol{f}_{ij}\right),$$

式中 $\boldsymbol{r}_i$ 为转动轴到质元 i 的矢径.刚体所受的合力矩为刚体中所有质元所受的力矩之和,即

$$\boldsymbol{M} = \sum_i \boldsymbol{M}_i = \sum_i \boldsymbol{r}_i \times \left(\boldsymbol{F}_i + \sum_{j\neq i}\boldsymbol{f}_{ij}\right) = \sum_i \boldsymbol{r}_i \times \boldsymbol{F}_i + \sum_i \sum_{j\neq i}\boldsymbol{r}_i \times \boldsymbol{f}_{ij},$$

式中右边第一项为所有质元所受外力矩之和,第二项为所有质元所受来自其他质元的内力的力矩之和.

因为质元之间的相互作用的内力是成对的,大小相等且方向相反,可以证明刚体中所有质元的内力矩之和为零,即上述第二项为零.

若质元 j 对质元 i 的作用力为 $\boldsymbol{f}_{ij}$，则质元 i 对质元 j 的作用力为 $\boldsymbol{f}_{ji}$，$\boldsymbol{f}_{ij}=-\boldsymbol{f}_{ji}$. 如图 4－9 所示，这两个力对于同一转动轴线的力矩之和为

$$\boldsymbol{r}_i\times\boldsymbol{f}_{ij}+\boldsymbol{r}_j\times\boldsymbol{f}_{ji}=(\boldsymbol{r}_i-\boldsymbol{r}_j)\times\boldsymbol{f}_{ij}.$$

因为 $\boldsymbol{r}_i-\boldsymbol{r}_j=\boldsymbol{r}_{ij}$ 是质元 j 到质元 i 的矢量，它和 $\boldsymbol{f}_{ij}$ 在一条直线上，所以

$$(\boldsymbol{r}_i-\boldsymbol{r}_j)\times\boldsymbol{f}_{ij}=\boldsymbol{0}.$$

同理，刚体中任意两质元间的内力矩之和都等于零，即

$$\sum_i\sum_{j\neq i}\boldsymbol{r}_i\times\boldsymbol{f}_{ij}=\boldsymbol{0}.$$

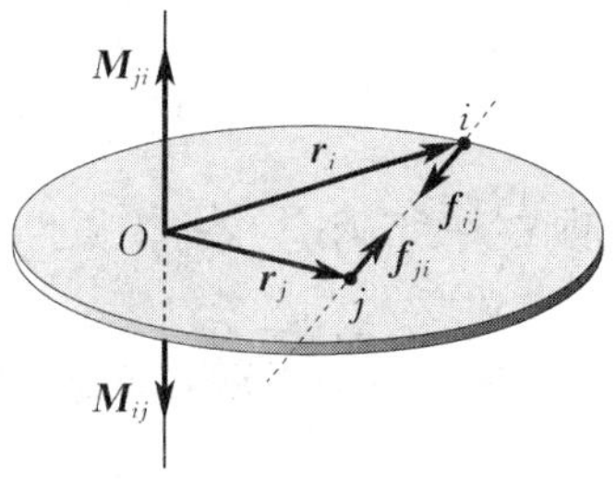

图 4－9　刚体的内力矩

因此我们得出结论：刚体所受的合力矩为刚体所受合外力的力矩之和，即

$$\boldsymbol{M}=\sum_i\boldsymbol{M}_i=\sum_i\boldsymbol{r}_i\times\boldsymbol{F}_i. \tag{4-5}$$

刚体绕固定轴转动时，有效力矩的方向总平行于转轴，没必要写成矢量式，可以由投影的正、负表示方向.

4.2.2　转动动能

刚体可以看成由许多质点组成. 设各质点的质量分别为 $\Delta m_1,\Delta m_2,\Delta m_3,\cdots$，各质点与转轴的距离分别为 $r_1,r_2,r_3,\cdots$. 当刚体绕定轴转动时，各质点的角速度 ω 相等，但线速度各不相同. 设其中第 i 个质点的线速度大小 $v_i=r_i\omega$，则相应的动能为

$$\frac{1}{2}\Delta m_iv_i^2=\frac{1}{2}\Delta m_ir_i^2\omega^2.$$

整个刚体的动能是所有质点动能之和，即

$$\begin{aligned}E_{\mathrm{k}}&=\frac{\Delta m_1v_1^2}{2}+\frac{\Delta m_2v_2^2}{2}+\frac{\Delta m_3v_3^2}{2}+\cdots\\&=\frac{\Delta m_1r_1^2\omega^2}{2}+\frac{\Delta m_2r_2^2\omega^2}{2}+\frac{\Delta m_3r_3^2\omega^2}{2}+\cdots\\&=\sum_i\frac{\Delta m_ir_i^2\omega^2}{2}.\end{aligned}$$

因为各质点 $\frac{\omega^2}{2}$ 都相同，所以刚体转动动能为

$$E_{\mathrm{k}}=\frac{1}{2}\Big(\sum_i\Delta m_ir_i^2\Big)\omega^2. \tag{4-6}$$

式(4－6) 中括号内的量表明转动物体的质量关于它的转轴是如何分布的，这个量称为物体对于它的转轴的**转动惯量**，用 J 表示. 式(4－6) 可写为

$$E_{\mathrm{k}}=\frac{1}{2}J\omega^2. \tag{4-7}$$

式(4－7) 是刚体在纯转动中的动能公式，这个公式是平动动能 $E_{\mathrm{k}}=\frac{1}{2}mv^2$ 的角量对应式. 平动动能和转动动能都是动能，用来表示各自对应的运动方式所具有的能量.

4.2.3　转动惯量

从刚体的转动动能，我们引入了转动惯量. 下面我们来说明转动惯量的概念. 刚体转动时的

转动惯量,反映了刚体本身(几何形状与质量分布固定)在一定条件下(转轴的位置固定)的属性,它相当于平动时的质量,是刚体在转动中惯性大小的量度.

由式(4-6)可知,转动惯量的定义式为

$$J = r_1^2\,\Delta m_1 + r_2^2\,\Delta m_2 + r_3^2\,\Delta m_3 + \cdots = \sum_i r_i^2\,\Delta m_i, \tag{4-8}$$

转动惯量等于刚体中每个质点的质量与这一质点到转轴的距离的平方的乘积的总和,而与质点的运动速度无关.

一般物体的质量可认为是连续分布的,这时,式(4-8)写成积分形式

$$J = \int r^2\,\mathrm{d}m. \tag{4-9}$$

在国际单位制中,转动惯量的单位是千克二次方米($\mathrm{kg \cdot m^2}$).

刚体的转动惯量与下列因素有关:第一,与刚体质量有关;第二,在质量一定的情况下,与质量的分布有关,也就是与刚体的形状、大小和各部分密度有关,质量分布离轴越远,物体的转动惯量越大,例如,制造飞轮时,通常采用大而厚的轮缘,就是为了增大转动惯量;第三,转动惯量与转轴的位置有关,在确定了转轴以后,转动惯量不因刚体运动而变化,在这一意义上,可以说转动惯量是常量.在提到转动惯量时应该指明转轴.

转动惯量是标量,所以几个物体的合转动惯量是它们各自的转动惯量的代数和.需要注意的是,用于计算的各个物体的转动惯量要相对于同一转轴.

【例 4.1】 如图 4-10 所示,有一长为 L、质量为 m 的均匀细杆,求对于下面三种转轴的转动惯量:

(1) 转轴通过杆的中心 O 并与杆垂直;

(2) 转轴通过杆的一端 B 并与杆垂直;

(3) 转轴通过杆上距离质心为 d 的一点 A 并且与杆垂直.

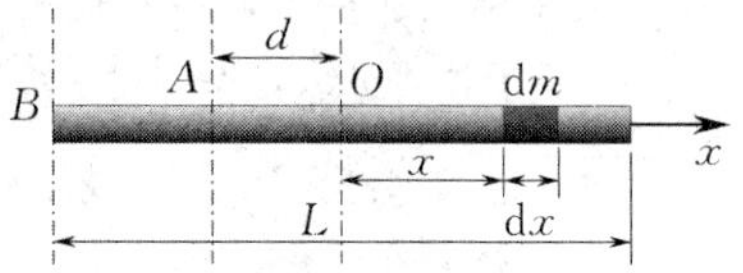

图 4-10

解 以杆的中心为原点设置平行于杆的 x 轴.

(1) 设想将杆无限细分,在坐标为 x 处、长为 $\mathrm{d}x$ 的一段杆,到转动轴的距离为 x,质量 $\mathrm{d}m = \dfrac{m}{L}\mathrm{d}x$,转动惯量为

$$\mathrm{d}J = \frac{m}{L}x^2\,\mathrm{d}x.$$

杆的转动惯量是各质元的转动惯量之和,即

$$J = \int_{-\frac{1}{2}L}^{\frac{1}{2}L} \frac{m}{L}x^2\,\mathrm{d}x = \frac{1}{12}mL^2.$$

(2) 转轴通过杆的一端 B 并且与杆垂直,质元到转轴的距离变为 $\dfrac{L}{2}+x$,

$$J_B = \int r^2\,\mathrm{d}m = \int\left(\frac{L}{2}+x\right)^2\mathrm{d}m = \int_{-\frac{L}{2}}^{\frac{L}{2}}\left(\frac{L}{2}+x\right)^2\frac{m}{L}\mathrm{d}x = \frac{1}{3}mL^2.$$

(3) 转轴通过杆上距离质心为 d 的一点 A 并且与杆垂直，质元到转轴的距离变为 $d+x$，

$$J_A=\int r^2\,\mathrm{d}m=\int_{-\frac{L}{2}}^{\frac{L}{2}}(d+x)^2\,\frac{m}{L}\mathrm{d}x=\frac{1}{12}mL^2+md^2.$$

【例 4.2】 设有一个质量为 m、半径为 R 的均匀圆盘，求盘相对于通过盘中心 O 并与盘面垂直的轴的转动惯量.

解　设圆盘的质量面密度为 σ. 在圆盘上取一半径为 r、宽度为 $\mathrm{d}r$ 的圆环，圆环的面积为 $2\pi r\mathrm{d}r$(见图 4-11)，此圆环的质量 $\mathrm{d}m=2\pi\sigma r\,\mathrm{d}r$，则圆环的转动惯量为

$$\mathrm{d}J=r^2\,\mathrm{d}m=2\pi\sigma r^3\,\mathrm{d}r.$$

整个圆盘的转动惯量为

$$J=\int \mathrm{d}J=\int_0^m r^2\,\mathrm{d}m=2\pi\sigma\int_0^R r^3\,\mathrm{d}r=\frac{\pi\sigma R^4}{2}=\frac{1}{2}mR^2.$$

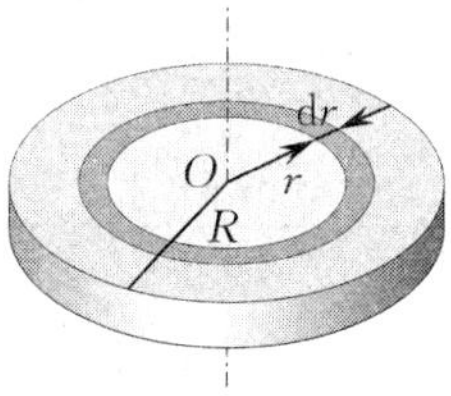

图 4-11

只有几何形状简单、质量连续且均匀分布的刚体，才能用积分的方法算出它们的转动惯量(见表 4-1). 对于情况复杂的刚体的转动惯量，通常用实验的方法来测定.

表 4-1　常见刚体的转动惯量

刚　体	转　轴	转动惯量
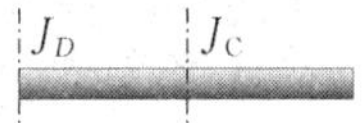 细棒(棒长 l)	通过中心与棒垂直	$J_C=\frac{1}{12}ml^2$
	通过端点与棒垂直	$J_D=\frac{1}{3}ml^2$
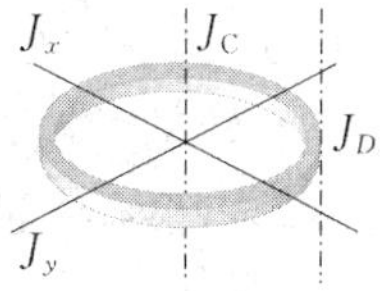 细圆环(半径 R)	通过中心与环面垂直	$J_C=mR^2$
	通过边缘与环面垂直	$J_D=2mR^2$
	直　径	$J_x=J_y=\frac{1}{2}mR^2$
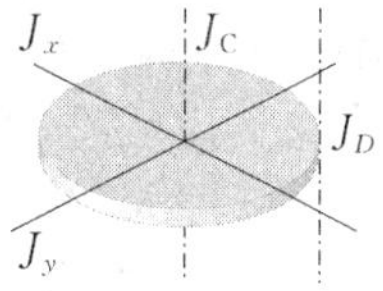 薄圆盘(半径 R)	通过中心与盘面垂直	$J_C=\frac{1}{2}mR^2$
	通过边缘与盘面垂直	$J_D=\frac{3}{2}mR^2$
	直　径	$J_x=J_y=\frac{1}{4}mR^2$
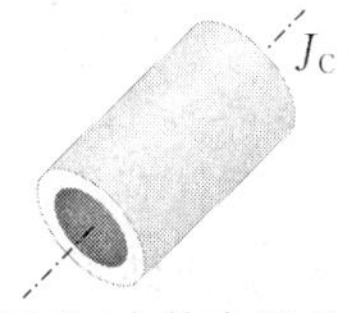 空心圆柱(内外半径 R_1, R_2)	对称轴	$J_C=\frac{1}{2}m(R_1^2+R_2^2)$
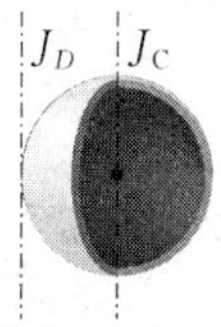 球壳(半径 R)	中心轴	$J_C=\frac{2}{3}mR^2$
	切线	$J_D=\frac{5}{3}mR^2$

续表

刚　体	转　轴	转动惯量
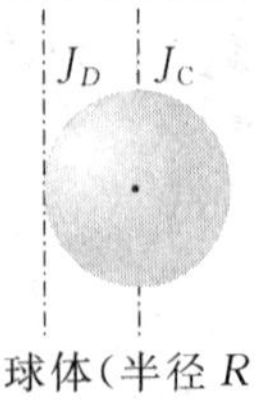球体(半径 R)	中心轴	$J_C=\frac{2}{5}mR^2$
	切线	$J_D=\frac{7}{5}mR^2$
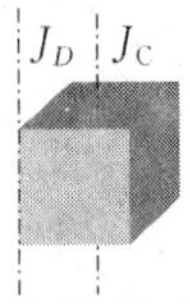立方体(边长 l)	中心轴	$J_C=\frac{1}{6}ml^2$
	棱边	$J_D=\frac{2}{3}ml^2$

4.2.4　平行轴定理

平行轴定理给出了刚体对任一转轴的转动惯量和与此轴平行且通过质心的转轴的转动惯量之间的关系.如图 4-12 所示,设通过刚体质心的轴线为 Z_C 轴,刚体相对这个轴线的转动惯量为 J_C.如果有另一轴线 Z 与通过质心轴线 Z_C 平行,刚体对通过该轴的转动惯量为

$$J=J_C+md^2, \tag{4-10}$$

式中 m 为刚体的质量,d 为两平行轴之间的距离.式(4-10)称为转动惯量的**平行轴定理**.可见,刚体对通过质心轴线的转动惯量最小.平行轴定理有助于计算转动惯量,对研究刚体的滚动也很有帮助.

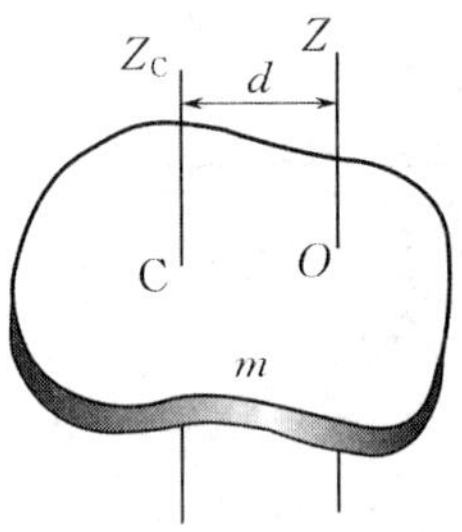

图 4-12　平行轴定理

此定理可应用于任何形状的刚体,但限于平行轴.

4.3　刚体绕定轴转动的转动定律

4.3.1　转动定律

一个可绕定轴转动的刚体,当它所受的合外力矩(对该轴而言)等于零时,它将保持原有的角速度不变(原来静止的继续静止,原来在转动的则做匀角速度转动).它反映了任何转动的物体都具有转动惯性.在外力矩作用下,刚体绕定轴转动的角速度会发生变化而具有角加速度.

在刚体上任取质点 i,其质量为Δm_i,r_i 是它到转轴的距离,$\boldsymbol{F}_i$ 是它受到的合外力,$\boldsymbol{f}_i$ 是刚体上其他质点作用于它的合内力.以 $\boldsymbol{F}_{it}$ 和 $\boldsymbol{f}_{it}$ 表示合外力 $\boldsymbol{F}_i$ 和合内力 $\boldsymbol{f}_i$ 在切向方向的分力,则沿圆周切线方向对该质元应用牛顿第二定律有

$$F_{it}+f_{it}=\Delta m_i a_{it}=\Delta m_i r_i \alpha,$$

两边乘以 r_i,有

$$r_i F_{it}+r_i f_{it}=\Delta m_i r_i^2 \alpha.$$

$M_{i外}=r_i F_{it}$ 为合外力对转轴的力矩,$M_{i内}=r_i f_{it}$ 为合内力对转轴的力矩,上式写成

$$M_{i外}+M_{i内}=\Delta m_i r_i^2\alpha.$$

对组成刚体的每一个质元都列出这样的方程，把它们相加，得

$$\sum_i M_{i外}+\sum_i M_{i内}=\sum_i(\Delta m_i r_i^2\alpha)=\sum_i(\Delta m_i r_i^2)\alpha.$$

因为刚体内所有质点所受的内力对转轴的合内力矩为零，即 $\sum_i M_{i内}=0$，所以上式变为

$$\sum_i M_{i外}=\sum_i(\Delta m_i r_i^2)\alpha.$$

由转动惯量的定义 $J=\sum_i(\Delta m_i r_i^2)$，令 $M=\sum_i M_{i外}$，于是有

$$M=J\alpha, \tag{4-11}$$

即刚体绕定轴转动时，刚体的角加速度与它所受的合外力矩成正比，与刚体的转动惯量成反比. 这一结论称为刚体的**转动定律**. 这个定律在转动中的地位和牛顿第二定律在平动中的地位相当，是表述刚体转动规律的基本方程.

用矢量式表示时，转动定律可写作

$$\boldsymbol{M}=J\boldsymbol{\alpha}=J\frac{\mathrm{d}\boldsymbol{\omega}}{\mathrm{d}t}. \tag{4-12}$$

只要知道了刚体的转动惯量，就可用运动方程解绕固定轴的转动问题.

刚体的转动定律和牛顿第二定律的比较如表 4-2 所示.

表 4-2　转动定律和牛顿第二定律的比较

	$\boldsymbol{M}=J\boldsymbol{\alpha}$	$\boldsymbol{F}=m\boldsymbol{a}$
$\boldsymbol{M}\leftrightarrow\boldsymbol{F}$ 相对应	$\boldsymbol{M}$ 为产生 $\boldsymbol{\alpha}$ 的原因	$\boldsymbol{F}$ 为产生 $\boldsymbol{a}$ 的原因
$J\leftrightarrow m$ 相对应	J 为刚体转动惯性大小的量度	m 为物体(平动)惯性大小的量度
$\boldsymbol{\alpha}\leftrightarrow\boldsymbol{a}$ 相对应	$\boldsymbol{\alpha}$ 反映转动运动状态的变化	$\boldsymbol{a}$ 反映物体平动运动状态的变化

4.3.2　转动定律的应用

运用转动定律的解题步骤与运用牛顿定律的解题步骤大致相同：先隔离刚体，找出其所受合外力矩，根据转动定律 $\boldsymbol{M}=J\boldsymbol{\alpha}$ 列方程求解.

在研究刚体-质点构成的系统时，一般采用如下具体步骤来求解：

(1) 对质点做受力分析，对刚体做力矩分析. 质点运动方向与刚体转动方向要协调(刚体转轴正方向与质点运动正方向互相对应)；

(2) 对质点用牛顿定律列方程，对刚体用转动定律列方程；

(3) 关联方程：$\boldsymbol{a}=R\boldsymbol{\alpha}$；

(4) 解出联合方程.

【例 4.3】　如图 4-13 所示，一个质量为 m 的物体与绕在定滑轮上的绳子相连，绳子质量可以忽略，它与定滑轮之间无滑动，定滑轮质量为 m'，半径为 R，转动惯量 $J=\frac{1}{2}m'R^2$.

(1) 若滑轮与轴承之间的摩擦力忽略不计，求该物体在由静止开始下落的过程中，下落速度与时间的关系；

(2) 如果滑轮与轴承之间的摩擦力不能忽略不计,设它们之间的摩擦力矩为 M_f(M_f 为一常数),求物体的线加速度以及绳子中的张力.

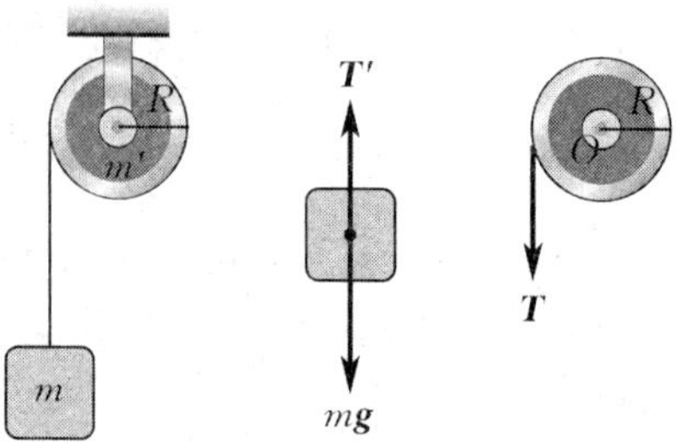

图 4-13

解 (1) 对物体做受力分析,对滑轮做受力矩分析,设对滑轮以沿转轴垂直纸面向外为正,对物体以向下为正. 对物体应用牛顿定律,对刚体应用转动定律:

物体 $$mg - T' = ma;$$

滑轮 $$TR = J\alpha;$$

关联方程 $$a = R\alpha,\quad T = T'.$$

联立解得 $$a = \frac{mg}{m+\frac{1}{2}m'} = \frac{2mg}{2m+m'}.$$

由解可以看出,a 是确定的,所以物体匀加速下落. 初速度 $v_0 = 0$,所以

$$v = at = \frac{2mgt}{2m+m'}.$$

(2) 考虑滑轮与轴承间的摩擦力矩 M_f,由转动定律有:

滑轮 $$TR - M_f = J\alpha;$$

物体 $$mg - T' = ma;$$

关联方程 $$a = R\alpha,\quad T = T'.$$

联立解得 $$a = \frac{2(mg - M_f)}{R(2m+m')},$$

$$T = \frac{m(2mgR + m'gR - 2mg + 2M_f)}{R(2m+m')}.$$

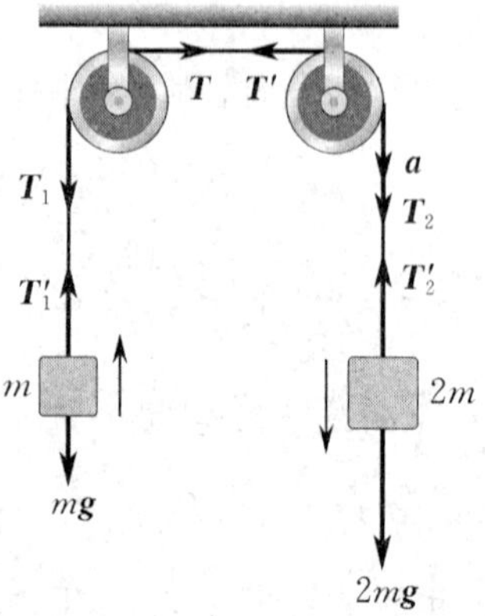

图 4-14

【例 4.4】 如图 4-14 所示,已知两定滑轮质量均为 m,半径均为 r,各绕中心轴转动;两质点质量分别为 m 和 $2m$,用轻绳连接,由静止释放. 求两滑轮之间张力 T.

解 当滑轮转动不可忽略时,绳中各处张力不同.

由题意知整体顺时针运动,所以设两滑轮转动的正方向是垂直纸面向内,右质点向下为正,左质点向上为正,受力和受力矩分析如图 4-14 所示.

右质点 $$2mg - T'_2 = 2ma,$$

左质点 $$T'_1 - mg = ma,$$

右滑轮 $$T_2 r - T'r = \frac{m}{2}r^2\alpha,$$

左滑轮　$$Tr - T_1 r = \frac{m}{2} r^2 \alpha,$$

关联方程　$$a = r\alpha,\quad T_1 = T_1',\quad T_2 = T_2',\quad T = T'.$$

解得

$$T = \frac{11}{8} mg.$$

【例4.5】　一静止刚体受到一不变力矩 M_0 的作用，同时又引起一阻力矩 M_1，M_1 与刚体转动的角速度成正比，即 $|M_1| = a\omega$（a 为常数）. 又已知刚体对转轴的转动惯量为 J，试求刚体角速度变化的规律.

解　由转动定律有

$$M_0 + M_1 = J\alpha,$$

$$\alpha = \frac{M_0 + M_1}{J} = \frac{M_0 - a\omega}{J}.$$

由角加速度定义有

$$\alpha = \frac{\mathrm{d}\omega}{\mathrm{d}t} = \frac{M_0 - a\omega}{J}.$$

分离变量

$$\frac{\mathrm{d}\omega}{M_0 - a\omega} = \frac{\mathrm{d}t}{J},$$

$$\int_0^{\omega} \frac{\mathrm{d}\omega}{M_0 - a\omega} = \int_0^t \frac{\mathrm{d}t}{J},$$

$$-\frac{1}{a}\left(\ln \frac{M_0 - a\omega}{M_0}\right) = \frac{t}{J},$$

$$\frac{M_0 - a\omega}{M_0} = \mathrm{e}^{-\frac{at}{J}},$$

$$\omega = \frac{1}{a} M_0 \left(1 - \mathrm{e}^{-\frac{at}{J}}\right).$$

【例4.6】　如图4-15所示，有一质量分布均匀、半径为 R 的圆形平板平放在水平桌面上，平板与水平桌面的摩擦系数为 μ，若平板绕通过其中心且垂直板面的固定轴以角速度 ω_0 开始旋转，它将在旋转几圈后停止?（转动惯量 $J = \frac{1}{2} mR^2$）

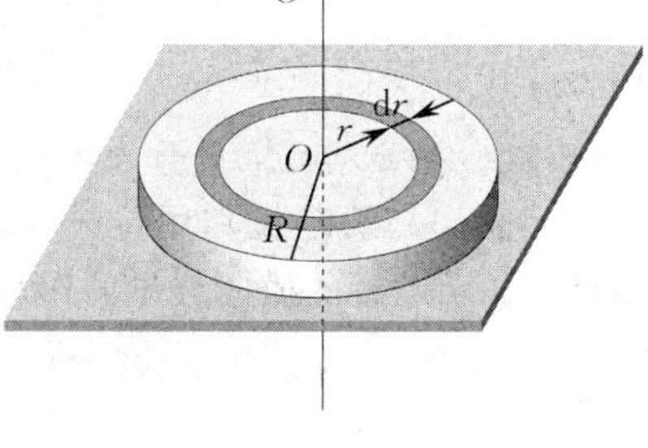

图4-15

解　本题中摩擦力是一个随位置变化的量，所以摩擦力矩也是随位置变化的. 设圆盘质量为 m，则在 r 处的宽度为 $\mathrm{d}r$ 的圆环面积上的摩擦力矩为

$$dM = \mu \frac{mg}{\pi R^2} \cdot 2\pi r \cdot r dr.$$

总摩擦力矩

$$M = \frac{2\mu mg}{R^2}\int_0^R r^2 dr = \frac{2}{3}\mu mgR.$$

总摩擦力矩是固定的,所以刚体做匀减速转动,由转动定律可得平板的角加速度

$$\alpha = \frac{M}{J} = \frac{\frac{2}{3}\mu mgR}{\frac{1}{2}mR^2} = \frac{4\mu g}{3R}.$$

由匀变速转动公式可得停止前转过的角度

$$\theta = \frac{\omega_0^2}{2\alpha} = \frac{3R\omega_0^2}{8\mu g}.$$

可得转过的圈数为

$$N = \frac{\theta}{2\pi} = \frac{3R\omega_0^2}{16\pi\mu g}.$$

4.4 角动量 冲量矩 角动量守恒定律

4.4.1 质点的角动量定理和角动量守恒定律

1. 质点的角动量

动量适用于描述质点的平动,不适合描述质点的转动. 例如,在一根细而轻的棒的两端,分别固定质量相等的小球,两小球以角速度 ω 绕过中心点垂直于棒的轴转动. 两小球均做半径相同的圆周运动,它们动量之和为零,就和它们不动是一样的. 所以要描述质点的转动我们需要引入新的物理量 —— 角动量. 仿照力矩的定义,我们引入质点 m 的动量 $m\boldsymbol{v}$ 对固定轴的**角动量**的定义

$$\boldsymbol{L} = \boldsymbol{r} \times \boldsymbol{p} = \boldsymbol{r} \times m\boldsymbol{v}. \tag{4-13}$$

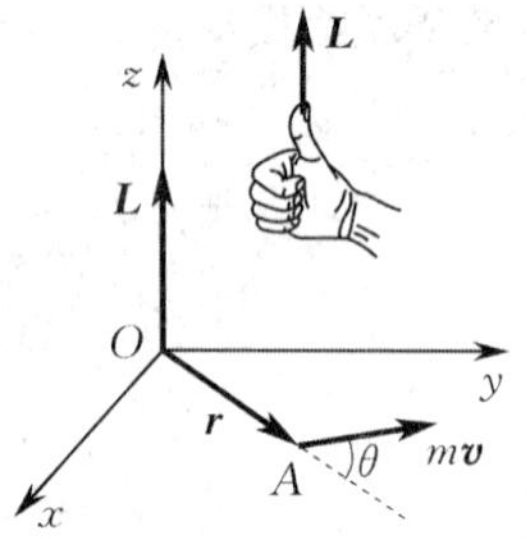

图 4-16 质点的角动量

质点的角动量也称为**动量矩**,是一个矢量,它的方向垂直于 $\boldsymbol{r}$ 和 $\boldsymbol{p}$ 的平面,并遵从右手定则:右手拇指伸直,四指由 $\boldsymbol{r}$ 经小于 180° 角转向 $\boldsymbol{v}$ 时,拇指的指向就是 $\boldsymbol{L}$ 的方向(见图 4-16),$\boldsymbol{L}$ 的大小为

$$L = mvr\sin\theta, \tag{4-14}$$

式中 θ 为 $\boldsymbol{r}$ 与 $\boldsymbol{v}$ 之间的夹角.

角动量与参考点的选择有关(因为 $\boldsymbol{r}$ 与参考点选择有关),是瞬时量(因为 $\boldsymbol{r}$,$\boldsymbol{p}$ 均是瞬时量). 用位矢与动量叉乘不仅标记了动量的位置,而且只显示动量的横向分量的作用,使角动量成为能直接描述转动的物理量. 因为本章要讨论的是定轴转动,所以我们只研究质点对固定轴的角动量.

2. 质点的角动量定理

为了便于说明力矩对物体(质点系)的作用,设有一质量为 m 的质点,绕固定轴 z 转动,它的位矢为 $\boldsymbol{r}$,所受的外力为 $\boldsymbol{F}$,它的运动方程是

$$\boldsymbol{F}dt = d(m\boldsymbol{v}).$$

以 $\boldsymbol{r}$ 与上式叉乘，得

$$(\boldsymbol{r}\times\boldsymbol{F})\mathrm{d}t=\boldsymbol{r}\times\mathrm{d}(m\boldsymbol{v}).$$

由微分运算规则知

$$\mathrm{d}(\boldsymbol{r}\times m\boldsymbol{v})=\boldsymbol{r}\times\mathrm{d}(m\boldsymbol{v})+\mathrm{d}\boldsymbol{r}\times(m\boldsymbol{v}),$$

因 $\mathrm{d}\boldsymbol{r}$ 与速度方向相同，$\mathrm{d}\boldsymbol{r}\times(m\boldsymbol{v})=\boldsymbol{0}$，所以 $\mathrm{d}(\boldsymbol{r}\times m\boldsymbol{v})=\boldsymbol{r}\times\mathrm{d}(m\boldsymbol{v})$，得

$$(\boldsymbol{r}\times\boldsymbol{F})\mathrm{d}t=\mathrm{d}(\boldsymbol{r}\times m\boldsymbol{v}),$$

其中，$(\boldsymbol{r}\times\boldsymbol{F})\mathrm{d}t$ 叫作冲量矩（相应于 $\mathrm{d}t$ 时间）.用 $\boldsymbol{M}$ 表示力矩，$\boldsymbol{L}$ 表示角动量，则上式可表示为

$$\boldsymbol{M}\mathrm{d}t=\mathrm{d}\boldsymbol{L}\quad 或\quad \boldsymbol{M}=\mathrm{d}\boldsymbol{L}/\mathrm{d}t. \tag{4-15}$$

式(4-15)的含意是：某一时刻一个质点所受的力矩等于此时它对同一转轴的角动量对时间的变化率.对式(4-15)取积分，得

$$\int_{t_1}^{t_2}\boldsymbol{M}\mathrm{d}t=\boldsymbol{L}_2-\boldsymbol{L}_1, \tag{4-16}$$

式中 $\boldsymbol{L}_1$ 和 $\boldsymbol{L}_2$ 分别为质点在时刻 t_1 和 t_2 对固定轴 z 的角动量.其物理意义是：质点的角动量增量等于作用于质点的冲量矩.这就是**质点的角动量定理**.

关于质点的角动量定理应该注意以下几点：

(1) 质点角动量定理由牛顿第二定律导出，因此，只适用于惯性系.

(2) 质点角动量定理表明，作用在质点上的合力矩与角动量的时间变化率相联系，而与角动量没有必然的联系.

(3) 质点角动量定理要求力矩和角动量是相对于同一转轴而言的.

3. 质点的角动量守恒定律

由质点的角动量定理可以看出，若对某一转轴质点所受合力矩为零，则有

$$\boldsymbol{L}=\boldsymbol{r}\times m\boldsymbol{v}=恒矢量. \tag{4-17}$$

式(4-17)表明，当质点对某一转轴所受到的合力矩为零时，质点对该转轴的角动量为一恒矢量.这就是**质点的角动量守恒定律**.

注意：质点的角动量守恒的条件是合力矩为零.可能有两种情况：一是合力大小为零；另一种是合力大小虽不为零，但合力通过转轴，致使合力矩为零.

【例 4.7】 如图 4-17 所示，将一个质量为 m 的小球系于轻绳的一端，在一光滑水平桌面内运动，绳的另一端穿过桌面一小孔.先使小球在水平桌面内做速度为 v_1、半径为 r_1 的圆周运动，然后向下拉绳使小球的运动半径减小到 r_2.求：

(1) 此时小球的速率 v_2；

(2) 在此过程中拉力对小球所做的功 W.

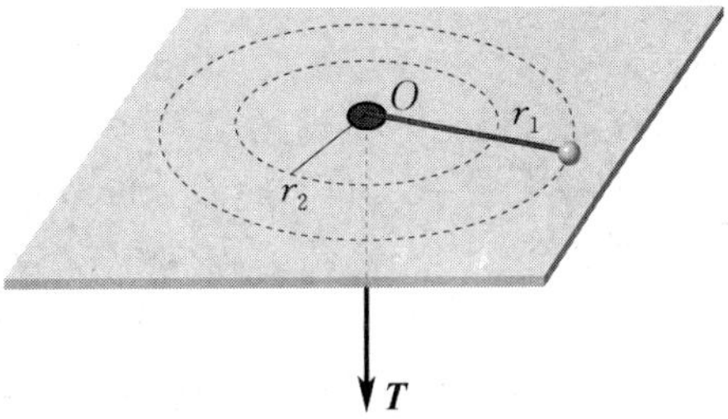

图 4-17

解 (1) 以地面为参考系，分析小球的受力情况.小球受三个力作用：重力 $m\boldsymbol{g}$，方向竖直向下；水平面作用于小球的支持力 $\boldsymbol{N}$，方向竖直向上；绳子的拉力 $\boldsymbol{T}$，方向沿绳子指向孔心.根据题意，小球在水平面内绕通过孔心的竖直轴转动.这样，小球所受的重力 $m\boldsymbol{g}$ 和支持力 $\boldsymbol{N}$ 都是与轴平行的，而拉力 $\boldsymbol{T}$ 的作用线是通过转轴的，因此这三个力对转轴的力矩都等于零，所以小球对转轴的角动量守恒，即

$$mv_1r_1=mv_2r_2.$$

所以当小球的运动半径减小到 r_2 时,小球的速率为

$$v_2 = v_1 \frac{r_1}{r_2}.$$

由此可见,将绳子往下拉,使小球的运动半径减小,则小球的速率变大.

(2) 由于小球在水平面内运动,所以竖直方向的重力 mg 和支持力 $\boldsymbol{N}$ 对它不做功.对小球做功的外力只有绳子的拉力 $\boldsymbol{T}$.这样就由动能定理得出:在小球的运动半径由 r_1 减小到 r_2 的过程中,拉力 $\boldsymbol{T}$ 对小球所做的功等于小球动能的增量.

$$W = \frac{1}{2}mv_2^2 - \frac{1}{2}mv_1^2 = \frac{1}{2}mv_1^2\left[\left(\frac{r_1}{r_2}\right)^2 - 1\right].$$

讨论:在小球的运动半径由 r_1 减小到 r_2 的过程中,小球的运动轨迹是一个螺旋线,绳的拉力 $\boldsymbol{T}$ 是变力,直接应用牛顿第二定律来求解例 4.7 是相当困难的,但由于拉力 $\boldsymbol{T}$ 是向心的,所以应用角动量守恒定律来求解就非常简单.由此可见在有心力问题中应用角动量定理和角动量守恒定律的优越性.

4.4.2　刚体定轴转动的角动量定理和角动量守恒定律

1. 刚体定轴转动的角动量及角动量定理

刚体绕定轴转动时,根据转动定律 $\boldsymbol{M} = J\boldsymbol{\alpha} = J\frac{\mathrm{d}\boldsymbol{\omega}}{\mathrm{d}t}$,可得

$$\boldsymbol{M}\mathrm{d}t = \mathrm{d}(J\boldsymbol{\omega}). \tag{4-18}$$

当刚体的角速度从 t_1 时刻的 $\boldsymbol{\omega}_1$ 变为 t_2 时刻的 $\boldsymbol{\omega}_2$ 时,将式(4-18)两边积分得

$$\int_{t_1}^{t_2}\boldsymbol{M}\mathrm{d}t = \int_{\omega_1}^{\omega_2}\mathrm{d}(J\boldsymbol{\omega}) = J\boldsymbol{\omega}_2 - J\boldsymbol{\omega}_1. \tag{4-19}$$

式(4-19)表明,当转轴给定时,作用在物体上的冲量矩等于在这段时间内转动物体的角动量增量,这就是刚体定轴转动的**角动量定理**,它与质点的角动量定理在形式上很相似.

之所以引入刚体定轴转动的角动量矢量,是因为刚体的动量只能描述刚体的平动,远不足以描述转动.例如,绕定轴转动的飞轮虽然在高速转动,但是因为质心的速度等于零,飞轮的动量也是零.

【例 4.8】　如图 4-18 所示,在通过定滑轮的一条轻绳的两端,分别连有质量为 m_1 和 m_2 的物体,设滑轮是质量为 M、半径为 R 的质量均匀分布的圆盘,绳的质量可忽略不计,求两物体的加速度.

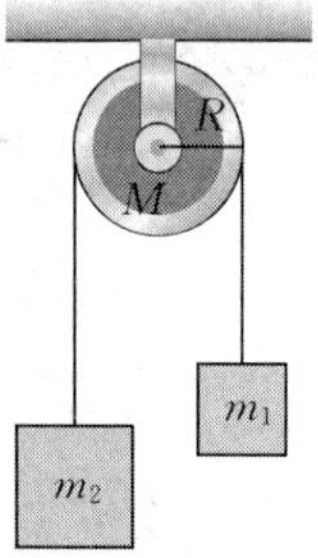

图 4-18

解　因绳的质量不计,所以这个系统只含滑轮、m_1 和 m_2 三个物体.滑轮绕固定轴转动,m_1 和 m_2 上、下平动,m_1 和 m_2 的质心和滑轮的中心都在垂直于滑轮轴的平面上,以滑轮中心为原点设置 z 轴,其方向垂直纸面向外.

这个系统除三个物体受重力作用外,还受滑轮支架对轮轴的支持力.支持力与滑轮所受的重力都通过原点.只有质量分别为 m_1,m_2 的两物体所受的重力才有对原点的力矩.由图 4-18 可知,作用于该系统的力矩为

$$M = m_1gR - m_2gR = (m_1 - m_2)gR.$$

m_1 和 m_2 以相同的速率 v 上、下平动.它们对原点的角动量分别为 m_1vR 和 m_2vR.因滑轮与绳之间无相对滑动,轮边缘的线速率也为 v.若滑轮的角速

度为 ω，则有 $R\omega = v$. 定滑轮也只有轴方向的角动量

$$L_M = \frac{1}{2}MR^2\omega = \frac{1}{2}MRv.$$

整个系统的角动量为

$$L = \left(m_1 + m_2 + \frac{1}{2}M\right)Rv.$$

按照角动量定理，系统的运动方程为

$$(m_1 - m_2)Rg\,\mathrm{d}t = \left(m_1 + m_2 + \frac{1}{2}M\right)R\,\mathrm{d}v.$$

由上式可解得的加速度的大小为

$$a = \frac{\mathrm{d}v}{\mathrm{d}t} = \frac{m_1 - m_2}{m_1 + m_2 + \frac{1}{2}M}g.$$

2. 刚体定轴转动的角动量守恒定律

当作用在物体上的合外力矩为零时，由角动量定理得

$$\frac{\mathrm{d}\boldsymbol{L}}{\mathrm{d}t} = \frac{\mathrm{d}(J\boldsymbol{\omega})}{\mathrm{d}t} = \boldsymbol{0},$$

$$\boldsymbol{L} = J\boldsymbol{\omega} = \text{恒矢量}. \tag{4-20}$$

即当物体所受的合外力矩为零，或者不受外力矩作用时，物体的角动量保持不变. 这个结论叫作**角动量守恒定律**. 式(4-20)对非刚体同样适用.

对于单一刚体来说，不受外力矩作用时，如果转动惯量不变，角速度 $\boldsymbol{\omega}$ 也保持不变.

两个刚体组成的刚体组，如果初始静止，总角动量为零，当通过内力作用使一刚体转动，则另一刚体必沿反方向转动，并且两部分的角动量大小相等，方向相反，以便保持系统总角动量矢量和为零. 例如，一人站在可以自由旋转的凳子上，手举一车轮，当人用手推车轮转动时，则人和凳子必然向相反方向转动.

生活中的很多现象都可以用角动量守恒定律来说明. 例如，跳水运动员在高空做翻腾动作，就是利用四肢张开或收缩可以大幅改变自身的转动惯量 J 的值这一原理来完成的. 运动员从跳板向前跃起时获得一定的角动量，这时转动的角速度可能不是很大. 而当他在空中把手和腿都收缩到靠近身体质心的位置时，转动惯量 J 将大大减小，从而获得较大的转动角速度. 快到水面时再将四肢伸展开，以便加大 J，减小 ω，这样就能平稳地进入水中.

对于角动量守恒定律、动量守恒定律及能量守恒定律，都是在不同的理想化条件下，用经典的牛顿力学原理推证出来的，但它们的适用范围，却远远超出了原有条件的限制，它们不仅适用于宏观、低速的领域，而且通过相应的扩展和修正后，也适用于牛顿力学失效的微观、高速的领域，即在量子力学和相对论中也适用，比牛顿力学理论更基本、更普遍，是近代物理理论的基础，是更为普适的物理定律.

【例 4.9】　质量为 M、长为 l 的均匀细杆，可绕过杆中点 O 的固定轴自由转动，开始竖直静止. 质量为 m 的子弹，以水平初速度 v 射入细杆的下端，求子弹嵌入杆后杆的角速度.

解　碰撞前角动量为

$$L_1 = mv\,\frac{l}{2}.$$

碰撞后角动量为

$$L_2 = J\omega.$$

转动惯量为

$$J = J_m + J_M = m\left(\frac{l}{2}\right)^2 + \frac{M}{12}l^2.$$

碰撞过程中,杆和子弹组成的系统合外力矩为零,由角动量守恒得

$$\omega = \frac{6mv}{(3m+M)l}.$$

问题:碰撞过程中,水平动量是否守恒?为什么?

碰撞前水平动量

$$p_{m1} = mv,\quad p_{M1} = 0.$$

碰撞后水平动量

$$p_{m2} = m\left(\frac{l}{2}\right)\omega = \frac{3m^2v}{3m+M} = \frac{m}{m+M/3}mv,\quad p_{M2} = 0.$$

$$p_{m2} < p_{m1}.$$

可见,动量是减少的,因为轴对杆有作用力,不能忽略不计.

【例4.10】 如图4-19所示,一杂技演员M由距水平跷板高为h处自由下落到跷板一端A,并把跷板另一端的演员N弹起来.设跷板是匀质的,长度为l,质量为M,支撑点在板的中部,跷板可绕中点在竖直平面内转动,两演员的质量均为m.从高处落下的演员落在跷板上时,与跷板的碰撞是完全非弹性的.问另一端演员能弹多高?

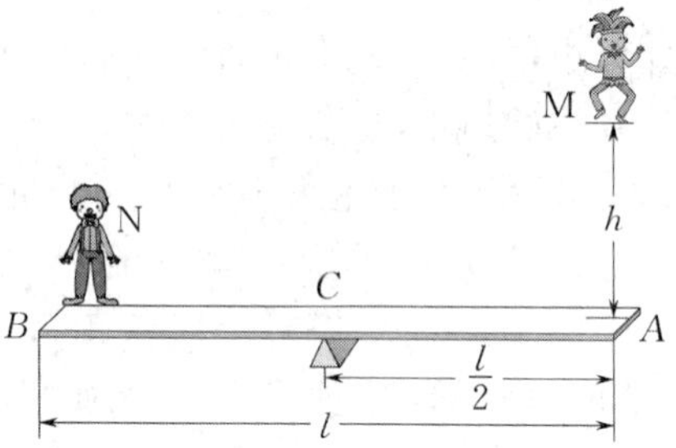

图4-19

解 首先演员M从高处下落,落到板上与板A处碰撞的速率$v_M = \sqrt{2gh}$,此时演员N静止.在碰撞后瞬间,两演员具有相同的线速率$u = \frac{1}{2}l\omega$.把两演员和跷板作为一个系统,以支撑点为转轴.由于两演员质量相等,所以当演员M与板A处碰撞时,作用在系统上的合外力矩为零,故系统的角动量守恒,于是有

$$mv_M\frac{l}{2} = J\omega + 2mu\frac{l}{2} = J\omega + \frac{1}{2}ml^2\omega,$$

式中J为跷板的转动惯量,若把板看成窄长条形,则$J = \frac{1}{12}Ml^2$.于是

$$\omega = \frac{mv_M\frac{l}{2}}{\frac{1}{12}Ml^2 + \frac{1}{2}ml^2} = \frac{6m\sqrt{2gh}}{(M+6m)l}.$$

演员将以速率 $u=\frac{1}{2}l\omega$ 跳起，达到的高度为

$$H=\frac{u^2}{2g}=\frac{l^2\omega^2}{8g}=\left(\frac{3m}{M+6m}\right)^2 h.$$

4.5　力矩的功　刚体定轴转动中的动能定理

当刚体受外力矩的作用而绕固定转轴加速转动时，刚体的转动动能增加，这是由于外力矩对刚体做功的结果，是力矩的空间累积作用.

4.5.1　力矩的功

如图 4-20 所示，设刚体在几个外力作用下，在 $\mathrm{d}t$ 时间内绕固定转轴 O 转过一极小的角位移 $\mathrm{d}\theta$，某质点的元位移为 $\mathrm{d}\boldsymbol{s}$，$\mathrm{d}s=r\mathrm{d}\theta$，力 $\boldsymbol{F}$ 与元位移的夹角为 α. 设质点 P 处所受的外力为 $\boldsymbol{F}$，力 $\boldsymbol{F}$ 在这段元位移做的功为

$$\mathrm{d}W=F\cos\alpha\mathrm{d}s=Fr\cos\alpha\mathrm{d}\theta.$$

因为位移与 OP 垂直，故 $\alpha+\varphi=90°$，所以 $\cos\alpha=\sin\varphi$，又因为 $M=Fr\sin\varphi$，所以上式可写为

$$\mathrm{d}W=M\mathrm{d}\theta. \tag{4-21}$$

力矩所做的元功等于力矩 M 和角位移 $\mathrm{d}\theta$ 的乘积.

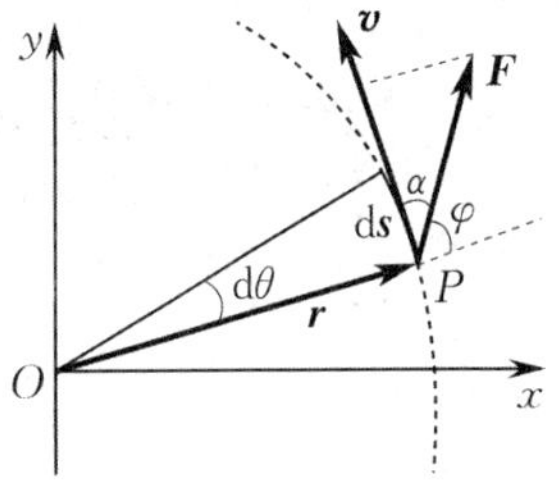

图 4-20　力矩的功

如果力矩的大小和方向都不变，则当刚体在此力矩下转过 θ 角时，力矩所做的功为

$$W=\int\mathrm{d}W=\int_0^\theta M\mathrm{d}\theta=M\int_0^\theta\mathrm{d}\theta=M\theta. \tag{4-22}$$

即恒力矩对绕定轴转动的刚体所做的功等于力矩的大小与转过的角度 θ 的乘积.

如果作用在绕定轴转动的刚体上的力矩是变化的，变力矩所做的功为

$$W=\int M\mathrm{d}\theta, \tag{4-23}$$

式中，M 可以代表一个力的力矩，也可代表某几个力的合力矩.

单位时间内力矩对刚体所做的功叫作**力矩的功率**. 设刚体在恒力矩作用下绕定轴转动，在时间 $\mathrm{d}t$ 内转过角 $\mathrm{d}\theta$，则力矩的功率为

$$P=\frac{\mathrm{d}W}{\mathrm{d}t}=M\frac{\mathrm{d}\theta}{\mathrm{d}t}=M\omega, \tag{4-24}$$

即力矩的功率等于力矩与角速度的乘积.

4.5.2　刚体定轴转动中的动能定理

对一个绕固定轴转动的刚体来说，要考虑刚体上所有外力和所有内力的总功. 所有外力的功的总和可表示为合外力矩的功，所有内力的功的总和也可表示为合内力矩的功. 在刚体中，任意两质点之间的距离保持不变，两质点没有相对位移，这一对力做的功必为零. 因此，刚体的内力不做功，只有外力做功才可以改变刚体的动能，或者说只在物体的形状或体积改变时，内力才做功.

所以,对于绕定轴转动的刚体,只考虑合外力矩对它所做的功. 从转动定律 $M = J\alpha$ 出发,因 $\alpha = \frac{d\omega}{dt} = \frac{d\omega}{d\theta}\frac{d\theta}{dt} = \omega\frac{d\omega}{d\theta}$,所以

$$M = J\omega\frac{d\omega}{d\theta},$$

于是有

$$Md\theta = J\omega d\omega = d\left(\frac{1}{2}J\omega^2\right). \tag{4-25}$$

在刚体的角速度从 ω_1 变为 ω_2 的过程中,将式(4-25)两边积分,可得

$$W = \int dW = \int_{\omega_1}^{\omega_2} d\left(\frac{1}{2}J\omega^2\right) = \frac{1}{2}J\omega_2^2 - \frac{1}{2}J\omega_1^2. \tag{4-26}$$

式(4-26)表明,合外力矩对定轴刚体所做的功等于刚体转动动能的增量. 这一关系称为**刚体定轴转动中的动能定理**.

【例 4.11】 如图 4-21 所示,一根质量为 m、长为 l 的均匀细棒 AB,C 点为细棒的中点. 细棒可绕一水平的光滑转轴 O 在竖直平面内转动,O 轴离 A 端的距离为 $\frac{l}{3}$. 现棒由静止开始从水平位置绕 O 轴在竖直平面内转动,求:

(1) 棒在水平位置上刚开始转动时的角加速度;

(2) 棒转到竖直位置时的角速度和角加速度;

(3) 棒在竖直位置时,棒的两端和中点的速度和加速度.

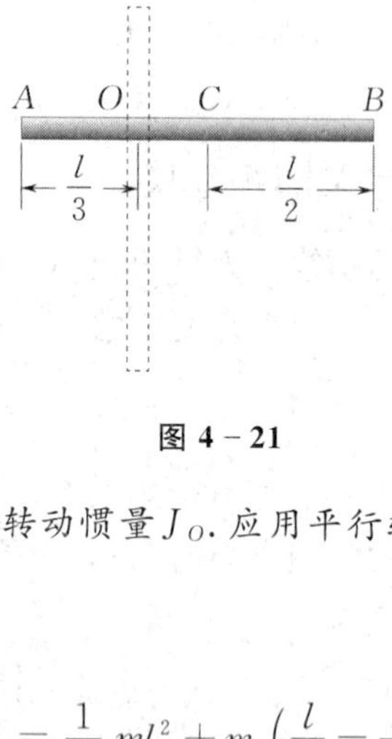

图 4-21

解 先确定细棒 AB 对 O 轴的转动惯量 J_O. 应用平行轴定理,转轴与质心的距离 $d = \frac{l}{2} - \frac{l}{3}$,得

$$J_O = J + md^2 = \frac{1}{12}ml^2 + m\left(\frac{l}{2} - \frac{l}{3}\right)^2 = \frac{1}{9}ml^2.$$

细棒 AB 所受的力为重力及支持力,轴与棒之间无摩擦力,在棒的转动过程中,支持力的大小和方向随时改变.

在棒的转动过程中,支持力通过 O 点,对轴的力矩为零. 重力的力矩则是变力矩,大小为 $mg\frac{l}{6}\cos\theta$,其中 θ 角是棒的 B 端从水平位置下转的角度.

(1) 当棒在水平位置上刚开始转动时,所受重力力矩 $M = mg\frac{l}{6}$,由转动定律得

$$\alpha = \frac{M}{J_O} = \frac{mg\ \dfrac{l}{6}}{\dfrac{1}{9}ml^2} = \frac{3g}{2l}.$$

(2) 当棒转过一角位移时，重力矩所做的元功是

$$\mathrm{d}W = mg\ \frac{l}{6}\cos\theta\mathrm{d}\theta.$$

在棒从水平位置转到竖直位置的过程中，重力矩所做的总功为

$$W = \int \mathrm{d}W = \int_0^{\frac{\pi}{2}} mg\ \frac{l}{6}\cos\theta\mathrm{d}\theta = \frac{mgl}{6}.$$

棒在水平位置的角速度为零，转到竖直位置时为 ω，由刚体定轴转动动能定理得

$$\frac{mgl}{6} = \frac{1}{2}J_O\omega^2.$$

由此得

$$\omega = \sqrt{\frac{mgl}{3J_O}} = \sqrt{\frac{mgl}{3\times\dfrac{1}{9}ml^2}} = \sqrt{\frac{3g}{l}}.$$

由上式可知，棒转到竖直位置时的角速度为$\sqrt{\dfrac{3g}{l}}$. 此时重力作用线过 O 点，重力矩为零，故角加速度为零.

(3) 棒在竖直位置时，棒的两端和中点的速度、加速度分别为

$$v_A = \omega r_A = \frac{l}{3}\sqrt{\frac{3g}{l}} = \sqrt{\frac{3lg}{3}},\quad \text{方向向右；}$$

$$v_B = \omega r_B = \frac{2l}{3}\sqrt{\frac{3g}{l}} = \frac{2\sqrt{3lg}}{3},\quad \text{方向向左；}$$

$$v_C = \omega r_C = \frac{l}{6}\sqrt{\frac{3g}{l}} = \frac{\sqrt{3lg}}{6},\quad \text{方向向左；}$$

$$a_C = \omega^2 r_C = \frac{l}{6}\ \frac{3g}{l} = \frac{g}{2};$$

$$a_A = \omega^2 r_A = g;$$

$$a_B = \omega^2 r_B = 2g.$$

【例 4.12】　在自由旋转的水平圆盘上，站一质量为 m 的人. 圆盘的半径为 R，转动惯量为 J，角速度为 ω. 如果人由盘边走到盘心，求角速度的变化及此系统动能的变化.

解　应用角动量守恒定律，有

$$J\omega + mR^2\omega = J\omega'.$$

解得

$$\omega' = \omega\left(1 + \frac{mR^2}{J}\right).$$

则角速度变化为

$$\Delta\omega = \omega' - \omega = \omega\frac{mR^2}{J}.$$

系统动能的变化为

$$\Delta E_k = \frac{1}{2} \times J\omega'^2 - \frac{1}{2}(J + mR^2)\omega^2 = \frac{1}{2}mR^2\omega^2\left(\frac{mR^2}{J} + 1\right).$$

4.5.3 刚体的重力势能

由于刚体各质元间距离保持不变,不必考虑刚体各质元之间的相互作用势能.因而刚体只有与其他物体间的相互作用势能.刚体与地球之间的相互作用势能即为重力势能.作为质点系,刚体的重力势能应为各质元重力势能之和:

$$E_p = \sum_i \Delta m_i g y_i = \left(\sum_i \Delta m_i y_i\right) g. \tag{4-27}$$

根据质心概念可以定义

$$\sum_i \Delta m_i y_i = m y_C,$$

式中 m 是刚体的总质量,y_C 是质心的位置,则

$$E_p = m g y_C. \tag{4-28}$$

可见,刚体的重力势能与质量集中在质心上的一个质点的重力势能相同,只由质心的位置决定,而与刚体的具体方位无关.

刚体定轴转动和质点直线运动各物理量的对照如表 4-3 所示.

表 4-3 刚体定轴转动和质点直线运动各物理量的对照

质点的直线运动	刚体的定轴转动
速度 $v = \frac{dx}{dt}$	角速度 $\omega = \frac{d\theta}{dt}$
加速度 $a = \frac{dv}{dt} = \frac{d^2x}{dt^2}$	角加速度 $\alpha = \frac{d\omega}{dt} = \frac{d^2\theta}{dt^2}$
质量 m	转动惯量 $J = \int r^2 dm$
运动定律 $F = ma$	转动定律 $M = J\alpha$
动量 mv	角动量 $J\omega$
动量定理 $F = \frac{d(mv)}{dt}$	角动量定理 $M = \frac{d(J\omega)}{dt}$
动能 $E_k = \frac{1}{2} mv^2$	转动动能 $E_k = \frac{1}{2} J\omega^2$
力的功 $W = \int F dx$	力矩的功 $W = \int M d\theta$
动能定理 $W = \frac{1}{2} mv^2 - \frac{1}{2} mv_0^2$	动能定理 $W = \frac{1}{2} J\omega^2 - \frac{1}{2} J\omega_0^2$

4.6 刚体的平面运动

4.6.1 刚体一般运动的动力学

刚体的一般运动可以看成刚体质心的平动和绕质心转动的合运动,因此对于刚体的一般运动,应用质心运动定理

$$\boldsymbol{F} = m\boldsymbol{a}_{\mathrm{C}} = m\frac{\mathrm{d}\boldsymbol{v}_{\mathrm{C}}}{\mathrm{d}t} \tag{4-29}$$

和质心角动量定理

$$\boldsymbol{M}_{\mathrm{C}} = \frac{\mathrm{d}\boldsymbol{L}_{\mathrm{C}}}{\mathrm{d}t}, \tag{4-30}$$

就可以解决全部刚体的动力学问题.式(4-29)中,$\boldsymbol{F}$ 是刚体所受的合外力,$\boldsymbol{a}_{\mathrm{C}}$ 是刚体的质心加速度,m 为整个刚体的质量;式(4-30)中,$\boldsymbol{M}_{\mathrm{C}}$ 是刚体相对过质心的转轴所受的合力矩,$\boldsymbol{L}_{\mathrm{C}}$ 是刚体对质心轴的角动量.

4.6.2　刚体的平面运动

刚体的平面运动可以看成刚体质心在固定平面的二维平动以及绕通过质心并垂直于固定平面的轴转动的合运动.如图 4-22 所示,建立坐标平面与固定平面平行的直角坐标系 $Oxyz$ 和质心坐标系 $O'x'y'z'$,O' 为刚体的质心并且随质心运动.刚体质心在 Oxy 平面内运动,在 $O'x'y'z'$ 坐标系沿转轴 z' 轴转动.应用式(4-29),将 F 在 Oxy 平面内分解,得

$$\begin{cases} \sum\limits_i F_{ix} = ma_{\mathrm{C}x}, \\ \sum\limits_i F_{iy} = ma_{\mathrm{C}y}. \end{cases} \tag{4-31}$$

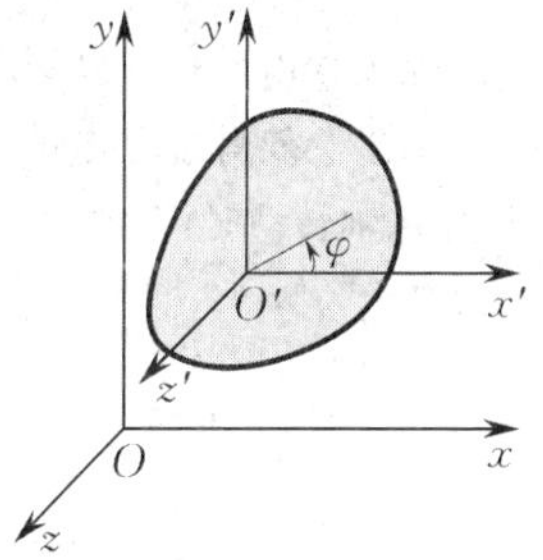

图 4-22　刚体的平面运动

应用式(4-30)写出刚体对质心的角动量定理

$$\sum_i M_{iz'} = \frac{\mathrm{d}L_{z'}}{\mathrm{d}t}. \tag{4-32}$$

可以进一步写出刚体对质心轴的转动定理

$$\sum_i M_{iz'} = J_{\mathrm{C}}\alpha_{z'}. \tag{4-33}$$

式(4-31)和式(4-33)合在一起称为**刚体平面运动的基本方程**.

也可以认为刚体平面运动的动能包含两部分,一部分是质心平动的动能,另一部分是绕质心轴转动的动能,即

$$E_{\mathrm{k}} = \frac{1}{2}mv_{\mathrm{C}}^2 + \frac{1}{2}J_{\mathrm{C}}\,\omega^2. \tag{4-34}$$

思 考 题 4

4.1 蹬车时自行车脚蹬相对于地面保持平行.问:自行车脚蹬相对于车身的运动是平动还是转动?

4.2 汽车在泥泞中打滑和刹车时,汽车速率 v,车轮角速度 ω 及车轮半径 r 间的关系有什么不同?

4.3 为什么描述刚体的转动不用线量而用角量?

4.4 一个有固定轴的刚体,受两个力的作用.当这两个力的合力为零时,它们对轴的合力矩也一定是零吗?当这两个力对轴的合力矩为零时,它们的合力也一定是零吗?举例说明.

4.5 经验告诉我们,推手推车上坡时,推不动了,扳车轮的上缘可省力.为什么?

4.6 就自身来说,你做什么姿势和对什么样的轴,转动惯量最小或最大?

4.7 为什么走钢丝的杂技演员手中要拿一根长竹竿来保持身体的平衡?

4.8 使两个鸡蛋在桌上旋转,就能判断哪个是生的,哪个是熟的.如何判断?并说明理由.

4.9 “均匀圆盘的转动惯量等于$\frac{1}{2}mR^2$”这句话对吗？

4.10 下列系统角动量守恒吗？

(1) 圆锥摆；

(2) 一端悬挂在光滑水平轴上自由摆动的米尺；

(3) 冲击摆；

(4) 阿特伍德机(跨定滑轮的轻绳两端分别悬挂质量不等的物块)；

(5) 荡秋千；

(6) 在空中翻筋斗的京剧演员；

(7) 在水平面上匀速滚动的车轮；

(8) 从旋转着的砂轮边缘飞出的碎屑；

(9) 绕自转轴旋转的炮弹在空中爆炸的瞬间.

4.11 自行车在拐弯时，人总是向拐弯的一侧倾斜. 试从角动量的观点解释.

4.12 圆桶内装厚薄均匀的冰，绕其中轴线旋转，不受任何力矩作用. 冰融化后，桶的角速度如何变化？

4.13 直升机尾部有小螺旋桨，起什么作用？双螺旋桨飞机两螺旋桨旋转方向相反，为什么？

4.14 两个半径相同的轮子，质量相同. 一个轮子质量均匀分布，另一个轮子的质量集中在边缘附近，问：

(1) 如果它们角动量相同，哪个轮子转得快？

(2) 如果它们角速度相同，哪个轮子的角动量大？

4.15 刚体定轴转动时，它的动能的增量只决定于外力对它做的功而与内力的作用无关. 对于非刚体也是这样吗？为什么？

习 题 4

4.1 将细绳绕在一个具有水平光滑轴的飞轮边缘上，现在在绳端挂一质量为 m 的重物，飞轮的角速度为 α_1，如果以拉力 mg 代替重物拉绳，则飞轮的角加速度 α_2 将（　　）.

A. 小于 α_1　　B. 等于 α_1　　C. 大于 α_1　　D. 不能确定

4.2 两个质量均匀的圆盘 A 和 B，密度分别为 ρ_A 和 ρ_B，且 $\rho_A > \rho_B$，但两圆盘的质量和厚度均相同. 若两圆盘对通过盘心垂直盘面的转动惯量各为 J_A 和 J_B，则（　　）.

A. $J_A > J_B$　　B. $J_A < J_B$　　C. $J_A = J_B$　　D. 不能确定

4.3 A，B 为两个质量相同的小球，A 球用一根不能伸长的绳子拴着，B 球用橡皮筋拴着，把它们拉到水平位置然后放手，当两小球到达竖直位置时绳长相等，则此时两小球的线速度（　　）.

A. $v_A > v_B$　　B. $v_A < v_B$　　C. $v_A = v_B$　　D. 不能确定

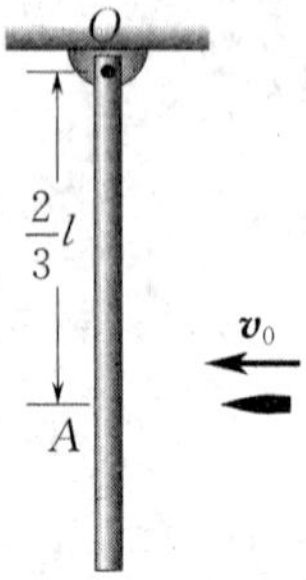

图 4－23

4.4 一刚体以 60 rev/min 绕固定轴(z 轴)做匀速转动. 设某一时刻刚体上一点 P 的位置矢量 $\boldsymbol{r} = 3\boldsymbol{i} + 4\boldsymbol{j} + 5\boldsymbol{k}$(SI)，则该时刻 P 点的速度为________.

4.5 一转动惯量为 J 的圆盘绕一固定轴转动，初始角速度为 ω_0，设它所受到的阻力矩与转动角速度成正比，即 $M = -k\omega$(k 为正数)，如果它的角速度从 ω_0 变为$\frac{\omega_0}{2}$，所需的时间 t = ________.

4.6 长为 l、质量为 M 的均匀杆可绕通过杆一端 O 的水平轴转动，转动惯量为$\frac{1}{3}Ml^2$，开始时杆竖直下垂，如图 4－23 所示. 有一质量为 m 的子弹以水平速度 v_0 射入杆上 A 点(A 点距 O 点为$\frac{2}{3}l$)，并嵌在其中，则子弹射入后的瞬时，杆的角速度 = ________.

4.7 掷铁饼运动员手持铁饼转动 1.25 圈后松手，此刻铁饼的速度大小 $v = 25\ \text{m/s}$. 设转动时铁饼沿半径 $R = 10\ \text{m}$ 的圆周运动并且均匀加速. 求：

(1) 铁饼离手时的角速度；

(2) 铁饼的角加速度.

4.8 一汽车发动机的转速在 7.0 s 内由 200 rev/min 均匀地增加到 3 000 rev/min.

(1) 求这段时间内的初角速度和末角速度以及角加速度；

(2) 求这段时间内转过的角度和圈数；

(3) 发动机轴上装有一半径 $r = 0.2\ \text{m}$ 的飞轮，求它的边缘上一点在第 7.0 s 末的切向加速度、法向加速度和总加速度.

4.9 一个哑铃由两个质量均为 m，半径均为 R 的铁球和中间一根长为 l 的杆连接组成. 和铁球相比，杆的质量可以忽略. 求此哑铃对通过杆中心且和它垂直的轴的转动惯量. 以通过两球中心的连线为轴，它的转动惯量又是多大？

4.10 从一个半径为 R 的均匀薄板上挖去一个直径为 R 的圆板，所形成的圆洞的中心在距原薄板中心 $R/2$ 处，所剩薄板的质量为 m. 求此薄板对于通过大圆盘中心而与板面垂直的轴的转动惯量.

4.11 将一根均匀米尺钉到墙上，钉子在 60 cm 刻度处，米尺可以绕钉子在竖直平面内自由转动. 先用手使米尺保持水平，然后释放. 求刚释放时米尺的角加速度和米尺转到竖直位置时的角速度.

4.12 一质量 $m = 2\ 200\ \text{kg}$ 的汽车以 $v = 60\ \text{km/h}$ 的速度沿一平直公路行驶. 求汽车对公路的一侧距公路 $d = 50\ \text{m}$ 的一点的角动量，以及对公路上任一点的角动量.

4.13 如图 4-24 所示，一半径为 R、质量为 M 的匀质圆盘，在圆盘边缘绕上一轻绳，绳的下端挂一个质量为 m 的物体，求释放时圆盘的角加速度和绳中张力. 略去轴承的摩擦，绳不可伸长.

4.14 如图 4-25 所示，两物体 1 和 2 的质量分别为 m_1 与 m_2，滑轮的转动惯量为 J，半径为 R. (1) 如果物体 2 与桌面间为光滑接触，求系统的加速度 a 以及绳中的张力 T_1 与 T_2；(2) 如果物体 2 与桌面间的摩擦系数为 μ，求系统的加速度 a 以及绳中的张力 T_1 与 T_2.

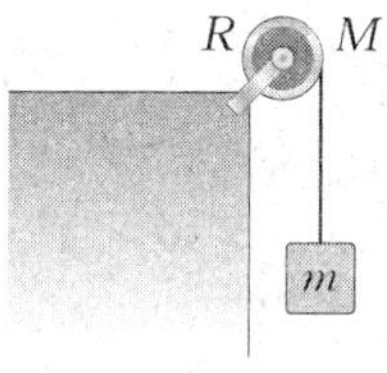

图 4-24

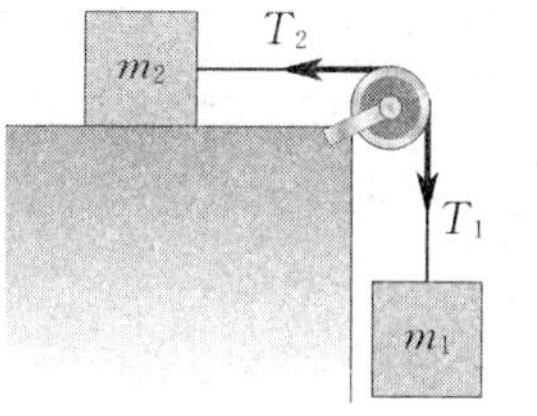

图 4-25

4.15 转台绕中心竖直轴以角速度 ω 做匀速转动. 转台对该轴的转动惯量 $J = 5\times10^{-5}\ \text{kg}\cdot\text{m}^2$. 现有砂粒以 $1\times10^{-3}\ \text{kg/s}$ 的速度落到转台，并粘在台面形成一半径 $r = 0.1\ \text{m}$ 的圆. 求砂粒落到转台后，使转台角速度变为 $\frac{\omega}{2}$ 所花的时间.

4.16 如图 4-26 所示，一半径为 R 的匀质圆盘绕过其中心，且与盘面垂直的竖直轴转动，已知圆盘的初角速度为 ω，圆盘与水平面之间的摩擦系数为 μ，忽略圆盘轴承处的摩擦，问经过多少时间圆盘将静止？

4.17 一个半径为 r、质量为 m 的匀质圆盘，求对以圆盘的直径为轴的转动惯量.

4.18 一转台绕竖直固定轴转动，每转一周所需时间 $t = 10\ \text{s}$，转台对轴的转动惯量 $J = 1\ 200\ \text{kg}\cdot\text{m}^2$. 一质量 $M = 80\ \text{kg}$ 的人，开始时站在转台的中心，随后沿半径向外跑去，当人离转台中心 $r = 2\ \text{m}$ 时，转台的角速度是多大？

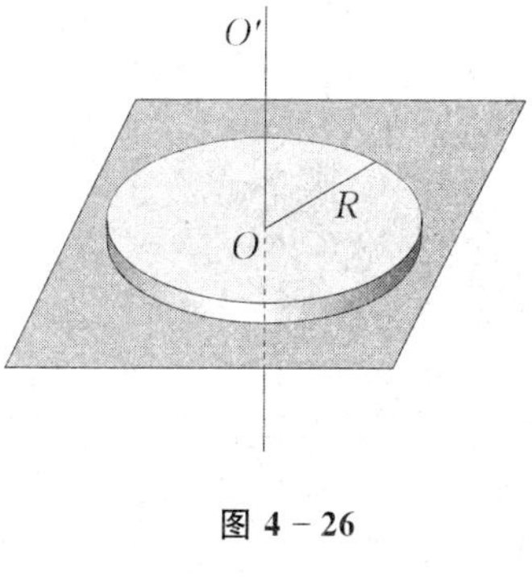

图 4-26

4.19 唱机的转盘绕通过盘心的固定竖直轴转动，唱片放上后将受转盘的摩擦力作用随转盘转动. 设唱片可以看成半径为 R 的圆盘，唱片质量为 m，唱片与转盘之间摩擦系数为 μ，求唱片刚放上去时受到的摩擦力矩 M_f 和从唱片放上去到唱片具有角速度 ω 所需的时间 t.

4.20 一质量为 M、半径为 R 的水平自由转盘以角速度 ω_0 转动着，转轴处摩擦不计. 现有一质量为 m 的虫子竖直地落在转盘边缘上. 求：

(1) 当虫子落在转盘边缘静止不动时，转盘的角速度 ω_1；

(2) 当虫子慢慢爬向转盘中心，与转盘中心距离为 r 时，转盘的角速度 ω_2.

第5章　机械振动

自然界和人类社会普遍存在着往复变化的运动形式,如行星的运动、生态的循环、心脏的跳动、股指的振荡等,对这些运动的描述具有相似性. 物理学中把物理量在某一固定值附近的往复变化广义地定义为振动. 例如,在交流电路中,电压、电流在某一固定值附近随时间做周期性变化;在光波、无线电波传播过程中,空间某点处的电场强度和磁场强度随时间做周期性变化等. 如果我们描述的对象是物体,则该物体在某一确定的空间位置附近的往复运动被称为**机械振动**. 本章以机械振动为讨论对象,其理论具有普遍意义.

5.1　简谐振动

运动的形式多种多样,如果一个运动(所描述的对象随时间的变化规律)能很好地被简谐函数描述,这种运动就是**简谐运动**,也称为**简谐振动**. 简谐振动是周期性运动中最简单、最基本的运动,任何复杂的往复性运动都可以看作不同频率和振幅的简谐振动的合成. 做简谐振动的系统称为**谐振子**.

5.1.1　简谐振动的动力学特征

对于做简谐振动的物体,不同的力学系统,其动力学特征是一样的. 下面我们分别对弹簧振子、小角度摆动的单摆和复摆进行分析,归纳它们的动力学特征.

1. 弹簧振子

如图 5-1 所示,弹簧振子是由劲度系数为 k 且质量不计的轻弹簧与质量为 m 的物体组成的,弹簧一端固定,另一端连接振动物体. 物体放在无摩擦的水平面上.

设弹簧为原长时物体在 O 点,在此位置,物体所受的合力为零,所以 O 点就是系统的平衡位置. 如图 5-1 所示,以 O 点为坐标原点建立坐标系,物体离开 O 点的位移用 x 表示.

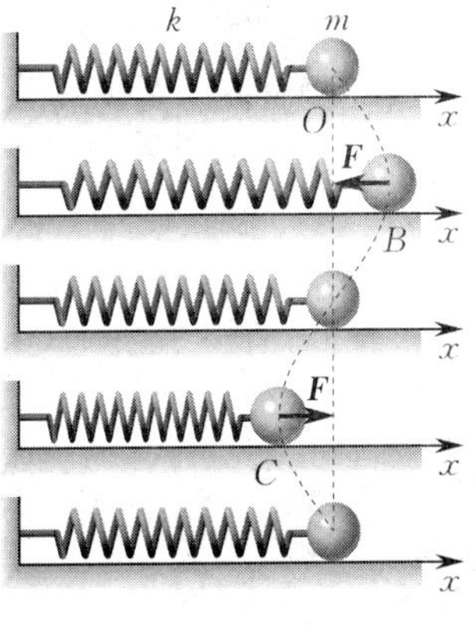

图 5-1　弹簧振子的振动

将物体往右拉或往左压,释放后物体将做往复振动. 当物体从 B 点被释放后,在弹性力的作用下,向 O 点做变加速运动. 弹力随着 x 的减小而减小,加速度也逐渐减小,但加速度方向与运动方向相同,所以物体的速度仍逐渐增大,到达 O 点时,速度达到最大值,方向向左,此时物体受力为零. 由于惯性的缘故,物体将继续向左运动,弹簧被压缩,物体受到逐渐增大的弹性力的作用,力的方向与运动方向相反,物体速度逐渐减小,到 C 点时,速度减为零,此时弹性力达到最大. 在此弹性力的作用下,物体又开始从 C 点到 O 点、再从 O 点到 B 点运动,返回开始的状态.

根据胡克定律可知,物体受到的弹性力

$$F=-kx, \tag{5-1}$$

式中,x 表示相对于平衡位置 O 的位移,F 是物体所受的合外力,k 为弹簧的劲度系数,负号表示物体在振动过程中受力方向始终与位移方向相反.我们把这种大小与位移成正比而方向始终指向平衡位置的力称为**线性回复力**.应用牛顿第二定律,有

$$F=ma=m\frac{\mathrm{d}^2x}{\mathrm{d}t^2}=-kx,$$

m 为物体质量.令

$$\omega^2=\frac{k}{m}, \tag{5-2}$$

有

$$\frac{\mathrm{d}^2x}{\mathrm{d}t^2}+\omega^2x=0. \tag{5-3}$$

式(5-3)是振动物体所满足的动力学方程,是一个二阶常系数齐次线性微分方程,它的解为

$$x=A\cos(\omega t+\varphi), \tag{5-4}$$

式中 A 与 φ 是积分常数.此式说明,弹簧振子中质点随时间的运动规律能被简谐函数描述,即物体做简谐振动.

2. 小角度摆动的单摆

如图5-2所示,细绳一端固定,另一端悬挂一个小物体,细绳的质量和伸长量忽略不计.当细绳静止地处于竖直位置时,作用在物体上的合外力为零,此时物体所处的位置即为平衡位置.若使物体稍偏离平衡位置后释放,物体将在竖直平面内其平衡位置附近做往复运动,这一系统被称为**单摆**.

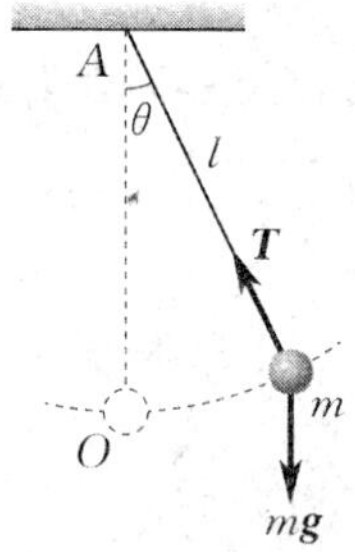

图5-2 单摆

物体质量为 m,摆线长为 l,当物体做小角度摆动时,设摆线与竖直方向的夹角为 θ,规定悬线在平衡位置右侧时 θ 为正,物体绕固定点所受力矩为

$$M=-mgl\sin\theta, \tag{5-5}$$

式中负号表示力矩的方向和角位移的方向相反.小角度摆动时,取线性近似

$$\sin\theta\approx\theta,$$

则式(5-5)改写为

$$M=-mgl\theta.$$

此式从数学的角度与式(5-1)一致($k\sim mgl$),因此可把它称为准弹性力.由转动定律

$$M=J\alpha,$$

得到单摆的动力学方程(物体对固定点的转动惯量 $J=ml^2$)

$$\frac{\mathrm{d}^2\theta}{\mathrm{d}t^2}=\alpha=\frac{-mgl\theta}{ml^2}=-\frac{g}{l}\theta, \tag{5-6}$$

令

$$\omega^2=\frac{g}{l}, \tag{5-7}$$

有

$$\frac{\mathrm{d}^2\theta}{\mathrm{d}t^2}+\omega^2\theta=0. \tag{5-8}$$

式(5-8)称为单摆的动力学方程,与式(5-3)一样,其解为

$$\theta=\theta_0\cos(\omega t+\varphi),\tag{5-9}$$

式中 θ_0 与 φ 是积分常数.由此式可知,单摆的小角度摆动可看作简谐振动.

3.复摆

如图 5-3 所示,任意形状的物体,悬挂后绕一水平固定轴做小角度摆动,这样的装置叫作**复摆**.

设复摆的转动惯量为 J,质心到转轴距离为 l,有

$$\frac{\mathrm{d}^2\theta}{\mathrm{d}t^2}=\alpha=\frac{M}{J}=-\frac{mgl\sin\theta}{J}.$$

如果复摆做小角度摆动,则 $\sin\theta\approx\theta$,上式可写为

$$\frac{\mathrm{d}^2\theta}{\mathrm{d}t^2}=-\frac{mgl}{J}\theta.\tag{5-10}$$

令

$$\omega=\sqrt{\frac{mgl}{J}},\tag{5-11}$$

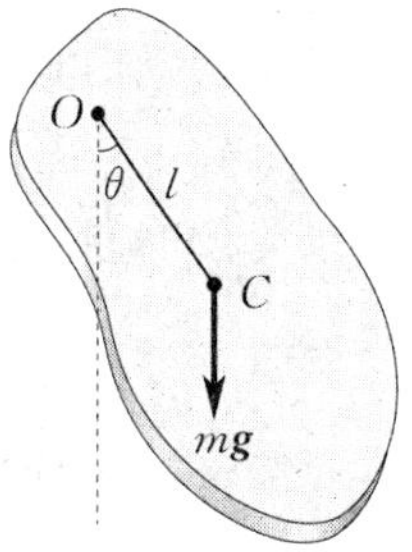

图 5-3　复摆

有

$$\frac{\mathrm{d}^2\theta}{\mathrm{d}t^2}+\omega^2\theta=0.$$

上式为复摆的动力学方程,其解为

$$\theta=\theta_0\cos(\omega t+\varphi).$$

由此式可知,复摆的小角度摆动可看作简谐振动.

通过上述 3 个力学系统的讨论可知简谐振动的动力学特征是:

(1) 当物体只受线性回复力(弹性力或准弹性力)的作用时,物体做简谐振动,这样的系统也称为**线性振动系统**.

(2) 做简谐振动的物体,其动力学方程可表述成如下形式:

$$\frac{\mathrm{d}^2x}{\mathrm{d}t^2}+\omega^2x=0.$$

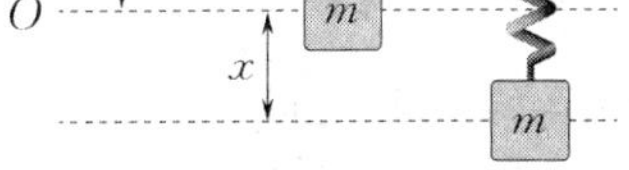

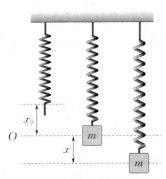

图 5-4　竖直悬挂的弹簧系统

【思考判断】　如图 5-4 所示,一个竖直悬挂的轻质弹簧,弹簧的劲度系数为 k,一端固定,另一端连接一个质量为 m 的物体,系统静止时弹簧伸长量为 x_0,判断其运动是否为简谐振动.

解　取弹性力与重力平衡位置为 $x=0$,

$$mg=kx_0,$$

则物体位置为 x 时所受的合力为

$$mg-k(x+x_0)=-kx.$$

物体所受的合力为线性回复力,由此可知物体在做简谐振动.

5.1.2　描述简谐振动的物理量

所有简谐振动的运动变化规律都是一样的,可用简谐函数描述;不同的简谐振动的差异是 A,ω 与 φ 不同.

1. 振幅

由于余弦函数的绝对值不可能大于1,因此简谐振动所描述的物理量其绝对值不能大于A.对于简谐振动,A是物体离开平衡位置最大位移的绝对值,反映了物体在平衡位置附近振动的幅度,我们将它称为**振幅**.

2. 周期

简谐振动的基本特性就是它的周期性.简谐振动在一个时间段内完成一次全振动后(一次往复运动),下一个时间段物体的运动就完全重复前一个时间段的运动,我们把物体做一次完全振动所需的时间称为**周期**,用T表示.简谐函数的周期为2π,因此简谐振动的周期为

$$T=\frac{2\pi}{\omega}. \tag{5-12}$$

对于弹簧振子,周期为

$$T=2\pi\sqrt{\frac{m}{k}}; \tag{5-13}$$

单摆周期为

$$T=2\pi\sqrt{\frac{l}{g}}; \tag{5-14}$$

复摆周期为

$$T=2\pi\sqrt{\frac{J}{mgl}}. \tag{5-15}$$

做简谐振动的物体在单位时间内所做的完全振动的次数称为**频率**,显然

$$\nu=\frac{1}{T}. \tag{5-16}$$

前面在对3个做简谐振动的力学系统讨论时都引入了常数ω,而

$$\omega=2\pi\nu, \tag{5-17}$$

因此ω称为**角频率**.在国际单位制中,角频率的单位是弧度每秒(rad/s).

通过对3个做简谐振动的力学系统的讨论,可知谐振子的周期和频率完全取决于系统本身,因此,谐振子的周期和频率也称为**固有周期**和**固有频率**.

3. 相位

$\omega t+\varphi$是简谐函数的相位,也是简谐振动的相位.对于一个给定的振动系统,在一次全振动中,每一时刻谐振子的运动状态都是不同的,而这种不同就反映在相位上.当$t=0$时,$\omega t+\varphi=\varphi$,因此φ称为**初相位**(简称**初相**),它决定了振动系统在初始时刻的运动状态.初相与时间起始点的选取有关.如果只描述一个简谐振动,初相不重要,可令其为零;如果同时描述两个以上同频率的简谐振动,初相反映的是它们步调的先后.

两个同频率简谐振动的运动方程分别为$x_1=A_1\cos(\omega t+\varphi_1)$和$x_2=A_2\cos(\omega t+\varphi_2)$,在任意时刻,它们相位的差值称为相位差,用$\Delta\varphi$表示,即

$$\Delta\varphi=(\omega t+\varphi_2)-(\omega t+\varphi_1)=\varphi_2-\varphi_1.$$

可见,两个同频率简谐振动在任意时刻的相位差等于它们的初相差.如果$\Delta\varphi=\varphi_2-\varphi_1>0$,则称$x_2$振动相位超前$x_1$振动相位$\Delta\varphi$,或者说$x_1$振动相位落后$x_2$振动相位$\Delta\varphi$.

5.1.3　简谐振动的运动学特征

求解谐振子的动力学方程，便可得到谐振子的运动方程（也称为振动方程）. 运动方程是谐振子运动学的全描述，由它可得到谐振子的速度为

$$v=\frac{\mathrm{d}x}{\mathrm{d}t}=-\omega A\sin(\omega t+\varphi)=v_{\mathrm{m}}\cos\left(\omega t+\varphi+\frac{\pi}{2}\right);\qquad(5-18)$$

谐振子的加速度为

$$a=\frac{\mathrm{d}^2x}{\mathrm{d}t^2}=-\omega^2A\cos(\omega t+\varphi)=a_{\mathrm{m}}\cos(\omega t+\varphi+\pi).\qquad(5-19)$$

对于做简谐振动的物体，其速度和加速度也是简谐变化的，也是时间 t 的余弦或正弦函数. 将速度与加速度都表述成余弦函数形式并与位移函数相比，可知它们的频率相同但初相不同，速度比位移超前了 $\pi/2$，加速度比位移超前了 π.

位移、速度、加速度随时间变化的关系曲线（见图 5-5）可以更直观地表示出简谐振动的位移、速度、加速度随时间的变化关系. 从图中可以看到，位移最大时速度为零；位移为零时速度最大.

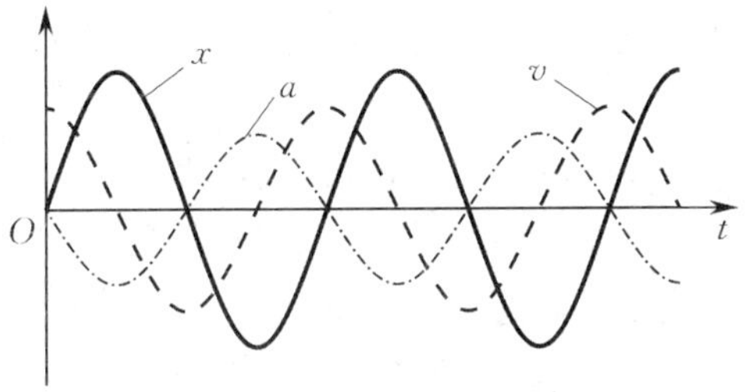

图 5-5　位移、速度、加速度与时间的关系曲线

图 5-5 所示的关系曲线称为**振动曲线**，是描述振动（尤其是较为复杂的振动）的一种方法，它能直观地表示出谐振子各物理量随时间的变化关系.

5.1.4　振幅 A 和初相 φ 的确定

谐振子以其固有频率做简谐振动，其振幅和初相则要由初始条件决定. 设 $t=0$ 时谐振子的位移是 x_0，速度是 v_0，由式（5-4）和式（5-18）可得

$$x_0=A\cos\varphi,$$
$$v_0=-\omega A\sin\varphi.$$

由此两式可求得 A 与 φ：

$$A=\sqrt{x_0^2+\frac{v_0^2}{\omega^2}},\qquad(5-20)$$

$$\tan\varphi=\frac{-v_0}{\omega x_0}.\qquad(5-21)$$

由式（5-20）可将 A 完全确定；而由式（5-21）不能将 φ 完全确定，通常 φ 在 $-\pi$ 与 π 之间取值，式（5-21）会给出两个解，其取舍要通过 v_0 与 x_0 的正负来判断.

5.1.5　简谐振动的旋转矢量表示法

简谐振动除了可以用解析表述[式（5-4）]和作振动曲线（见图 5-5）表述外，还可以用旋转矢量表示.

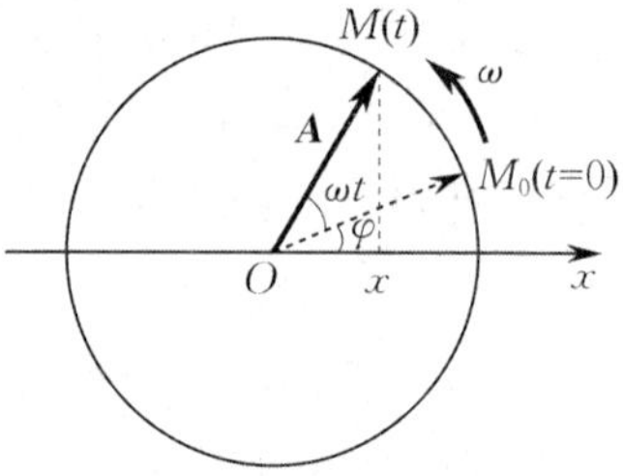

图 5-6 简谐振动的旋转矢量表示法

如图 5-6 所示，一个长度为 A、以匀角速度 ω 逆时针旋转的矢量 $\mathbf{A}$，起始时刻($t=0$) 的角位置为 φ，t 时刻矢量 $\mathbf{A}$ 与 x 轴的夹角为 $\omega t+\varphi$，其旋转矢量末端在 x 轴的投影为

$$x=A\cos(\omega t+\varphi).$$

可以看出，该点位置随时间的变化与简谐振动标准方程式(5-4) 完全一致. 也就是说，任意形如式(5-4) 的简谐振动都可以看作一个匀速旋转的矢量 $\mathbf{A}$ 的投影. 这就是简谐振动的旋转矢量表示法.

用旋转矢量表示法描述一个简谐振动最大的优势是直观，因为表征简谐振动的关键物理量 —— 位置、相位和任意时刻速度的正负，都直接显示在旋转矢量图上，这样可以通过其中的一个已知量(如位置) 直接从图中读出另一个未知量(如相位). 而倘若用简谐振动方程求解，则需要做繁杂的代数运算.

【例 5.1】 如图 5-7 所示，一轻弹簧的右端连着一物体，弹簧的劲度系数 $k=0.72\ \mathrm{N/m}$，物体的质量 $m=0.02\ \mathrm{kg}$.

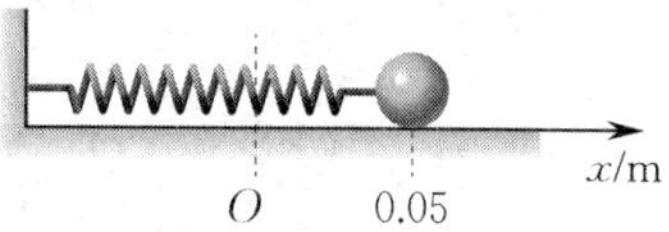

图 5-7 弹簧振子

(1) 把物体从平衡位置 O 向右拉到 $x=0.05\ \mathrm{m}$ 处停下后再释放，求简谐振动方程；

(2) 求物体从初位置运动到第一次经过 $A/2$(A 为振幅) 处时的速度；

(3) 如果物体在 $x=0.05\ \mathrm{m}$ 处的速度不等于零，而是具有向右的初速度 $v_0=0.30\ \mathrm{m/s}$，求其运动方程.

解 (1) 由式(5-2) 可得

$$\omega=\sqrt{\frac{k}{m}}=\sqrt{\frac{0.72}{0.02}}\ \mathrm{rad/s}=6.0\ \mathrm{rad/s}.$$

由式(5-20) 可得

$$A=\sqrt{x_0^2+\frac{v_0^2}{\omega^2}}=x_0=0.05\ \mathrm{m}.$$

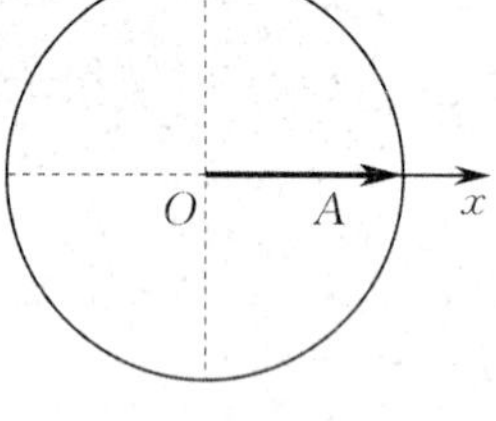

图 5-8

由式(5-21)

$$\tan\varphi=\frac{-v_0}{\omega x_0}=0$$

可得

$$\varphi=0 \text{ 或 } \pi.$$

由旋转矢量图(见图 5-8) 可知 $\varphi=0$. 这样简谐振动方程为

$$x=A\cos(\omega t+\varphi)=0.05\cos(6t)\ \mathrm{m}.$$

(2) 物体从初位置运动到第一次经过 $A/2$ 处时

$$\cos(\omega t)=\frac{x}{A}=\frac{1}{2},$$

得

$$\omega t=\frac{\pi}{3} \text{ 或 } \frac{5\pi}{3}.$$

由旋转矢量图(见图 5-9) 可知

$$\omega t=\frac{\pi}{3},$$

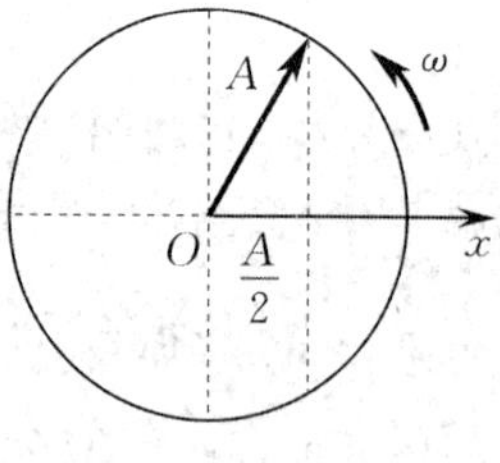

图 5-9

$$v=-A\omega\sin\omega t\approx-0.26\ \text{m/s}.$$

负号表示向 x 轴负方向运动.

(3) 由式(5-20)可得

$$A'=\sqrt{x_0^2+\frac{v_0^2}{\omega^2}}\approx 0.0707\ \text{m}.$$

由式(5-21)

$$\tan\varphi'=\frac{-v_0}{\omega x_0}=-1,$$

可得

$$\varphi'=-\frac{\pi}{4}\ 或\ \frac{\pi}{4}.$$

由旋转矢量图(见图 5-10)可知

$$\varphi'=-\pi/4.$$

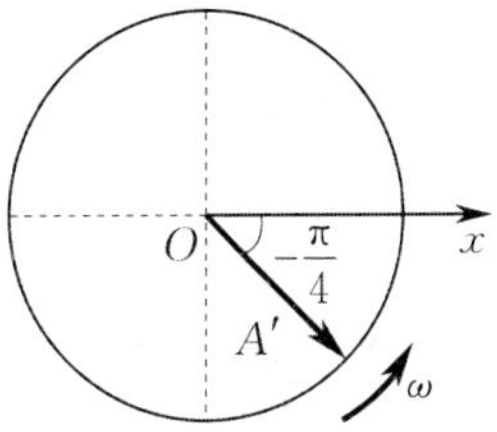

图 5-10

此情况下的运动方程为

$$x=A\cos(\omega t+\varphi)=0.0707\cos\left(6t-\frac{\pi}{4}\right)\ \text{m}.$$

【例 5.2】 如图 5-11 所示,一个质量为 0.01 kg 的物体做简谐振动,其振幅为 0.08 m,周期为 4 s,起始时刻物体在 $x=0.04$ m 处,向 Ox 轴负方向运动,试求:

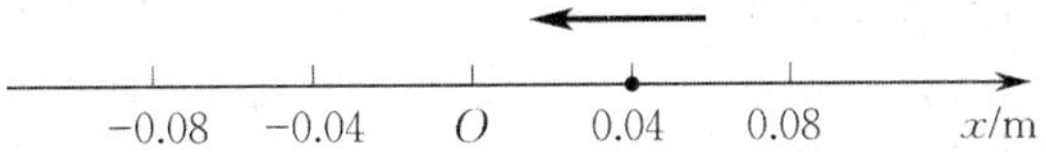

图 5-11

(1) $t=1.0$ s 时,物体所处的位置和所受的力;

(2) 从起始位置运动到 $x=-0.04$ m 处所需的最短时间.

解 (1) 将 $A=0.08$ m,$\omega=\frac{2\pi}{T}=\frac{\pi}{2}$ rad/s,$t=0$,$x=0.04$ m 代入简谐振动方程

$$x=A\cos(\omega t+\varphi),$$

即

$$0.04=0.08\cos\varphi,$$

得 $\varphi=\pm\frac{\pi}{3}$,因为 $v_0<0$,所以 $\varphi=\frac{\pi}{3}$.

物体的运动方程为

$$x=0.08\cos\left(\frac{\pi}{2}t+\frac{\pi}{3}\right)\ \text{m}.$$

将 $t=1.0$ s 代入,得到物体该时刻的位置

$$x\approx-0.069\ \text{m}.$$

代入

$$F=-kx=-m\omega^2x$$

得到物体在该位置所受的力

$$F=-0.01\times\left(\frac{\pi}{2}\right)^2\times(-0.069)\ \text{N}\approx 1.70\times10^{-3}\ \text{N}.$$

(2) 设物体由起始位置运动到 $x=-0.04$ m 处所需的最短时间为 t,则

$$-0.04=0.08\cos\left(\frac{\pi}{2}t+\frac{\pi}{3}\right).$$

求解得

$$t=\frac{\arccos\left(-\frac{1}{2}\right)-\frac{\pi}{3}}{\pi/2}\ \text{s}\approx\frac{2}{3}\ \text{s}=0.667\ \text{s}.$$

5.2 简谐振动的能量

对于做简谐振动的力学系统,其能量为机械能.我们仍以图5-1为例,弹簧振子系统的动能为

$$E_k=\frac{1}{2}mv^2=\frac{1}{2}m\omega^2A^2\sin^2(\omega t+\varphi),\tag{5-22}$$

系统的弹性势能为

$$E_p=\frac{1}{2}kx^2=\frac{1}{2}kA^2\cos^2(\omega t+\varphi),\tag{5-23}$$

则系统总机械能为

$$E=E_k+E_p=\frac{1}{2}m\omega^2A^2\sin^2(\omega t+\varphi)+\frac{1}{2}kA^2\cos^2(\omega t+\varphi).$$

因为 $\omega^2=k/m$,所以

$$E=\frac{1}{2}m\omega^2A^2=\frac{1}{2}kA^2.\tag{5-24}$$

对于弹簧振子系统,系统的总能量与振幅的二次方成正比.在弹簧振子振动过程中,系统所受外力及非保守内力均为零,只受弹性力这一保守内力的作用,即外力和非保守内力不做功,因此系统的机械能是守恒的.振动的过程是系统动能与势能转换的过程.这些特征对于其他做简谐振动的力学系统也是一样的.

图5-12所示是弹簧振子的能量与时间的关系曲线,动能按正弦的平方随时间变化,势能按余弦平方随时间变化,它们都是时间的周期函数.动能最大时,势能最小;动能最小时,势能最大,但系统的总能量保持不变.简谐振动的过程正是动能与势能相互转化的过程.

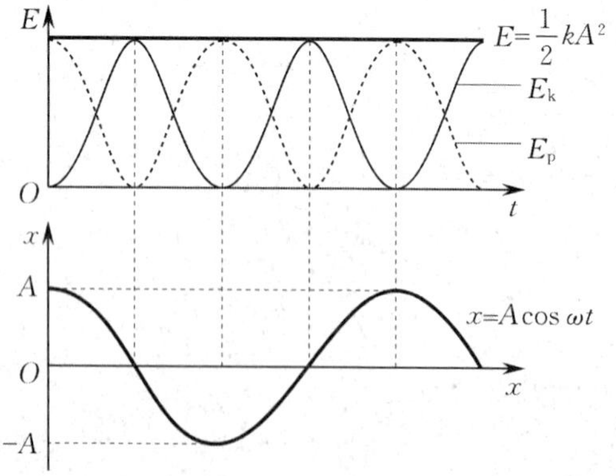

图5-12 弹簧振子的能量与时间的关系曲线

简谐振动是一种等振幅运动.前文利用初始条件得到了简谐振动的振幅,这里也可以通过机械能守恒来确定简谐振动的振幅 A.系统的初始条件实际上就是给定了起始时刻系统的能量.假设起始时刻的动能为

$$E_{k0}=\frac{1}{2}mv_0^2,$$

起始时刻的势能为

$$E_{p0}=\frac{1}{2}kx_0^2.$$

由能量守恒关系可得

$$E=\frac{1}{2}kA^2=\frac{1}{2}mv_0^2+\frac{1}{2}kx_0^2.$$

由上式可解得

$$A=\sqrt{x_0^2+\frac{v_0^2}{\omega^2}}.$$

通过绘制能量与位移的关系曲线可以直观地描述谐振子的能量随位移变化的情况. 如图 5－13 所示，横轴表示位移，纵轴表示势能，曲线 BOC 是势能 E_p 随位移 x 的变化关系，总能量(势能所能达到的最大能量值) 与某一位置势能的差就是该位置上谐振子的动能. 有许多物理对象的能量可用图 5－13 表示，如固体中原子在其平衡位置附近的微小振动.

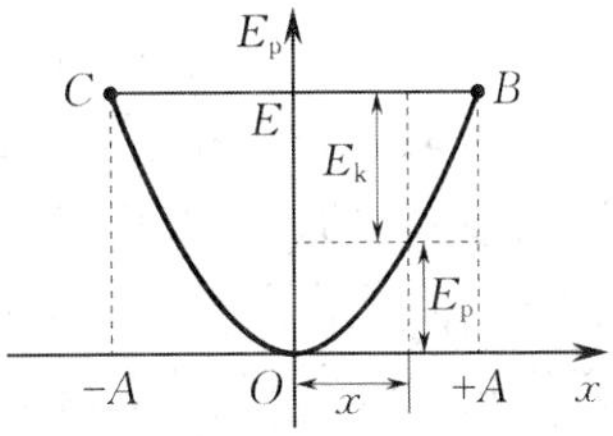

图 5－13　简谐振动能量与位移的关系曲线

我们还可以从能量的角度出发讨论简谐振动. 设一个弹簧系统具有如下形式的能量：

$$E=\frac{1}{2}mv^2+\frac{1}{2}kx^2=\text{常数}. \tag{5-25}$$

上式对时间求导

$$\frac{\mathrm{d}}{\mathrm{d}t}\left(\frac{1}{2}mv^2+\frac{1}{2}kx^2\right)=0,$$

即

$$mv\frac{\mathrm{d}v}{\mathrm{d}t}+kx\frac{\mathrm{d}x}{\mathrm{d}t}=0.$$

因为

$$v=\frac{\mathrm{d}x}{\mathrm{d}t},\quad \frac{\mathrm{d}v}{\mathrm{d}t}=\frac{\mathrm{d}^2x}{\mathrm{d}t^2},$$

故得

$$\frac{\mathrm{d}^2x}{\mathrm{d}t^2}+\frac{k}{m}x=0.$$

这便是谐振子的动力学方程. 此结果可推广到所有力学系统，也就是说，如果一个力学系统具有式(5－25) 所示的能量形式，那它便是一个谐振子. 式(5－25) 所示的能量形式也是简谐振动的特征之一. 从能量的角度出发去研究物理对象实际上是一种更普遍的方法.

【例 5.3】　一物体连在弹簧一端，在水平面上做简谐振动，振幅为 A，弹簧的劲度系数为 k. 试求 $E_k=\frac{1}{2}E_p$ 时物体的位置.

解　系统总能量为

$$E=E_k+E_p=\frac{1}{2}kA^2.$$

在 $E_k=\frac{1}{2}E_p$ 时，有

$$E_k + E_p = \frac{3}{2} \cdot \frac{1}{2}kx^2 = \frac{1}{2}kA^2,$$

则 $E_k = \frac{1}{2}E_p$ 时物体的位置

$$x = \pm\sqrt{\frac{2}{3}}A.$$

5.3 简谐振动的合成

一个物体可以同时进行两个或两个以上的振动.例如,在轮船航行的过程中,轮船上悬挂的钟摆的运动就是多种振动的合成;琴弦能发出悠扬悦耳的声波,实际上是琴弦上若干种频率振动的合成.当两列声波相遇时,相遇处介质质元的振动就是这两列波在该处引起的振动的合成.研究振动合成问题具有普遍性的意义:声学、音乐、乐器、电信号的传输、调制和解调等都涉及振动的合成.一般振动的合成是比较复杂的,下面讨论几种简单、基本的简谐振动的合成.

5.3.1 两个同方向同频率的简谐振动的合成

一质点同时进行两个同方向、同频率的简谐振动,它们的角频率都是 ω,振幅分别为 A_1 和 A_2,初相分别为 φ_1 与 φ_2.取振动所在方向为 x 轴,平衡位置为坐标原点,它们的振动方程分别为

$$x_1 = A_1\cos(\omega t + \varphi_1),$$
$$x_2 = A_2\cos(\omega t + \varphi_2).$$

由于 x_1 与 x_2 表示的是同一直线上距同一平衡位置的位移,因此,这两个简谐振动在任一时刻的合振动的位移也应在同一直线上,且等于上述两个分振动位移的代数和,即

$$x = x_1 + x_2 = A_1\cos(\omega t + \varphi_1) + A_2\cos(\omega t + \varphi_2).$$

下面用两种方法来求合振动位移.

1. 解析法(三角函数法)

$$\begin{aligned} x &= x_1 + x_2 = A_1\cos(\omega t + \varphi_1) + A_2\cos(\omega t + \varphi_2) \\ &= A_1\cos\varphi_1\cos\omega t - A_1\sin\varphi_1\sin\omega t + A_2\cos\varphi_2\cos\omega t - A_2\sin\varphi_2\sin\omega t \\ &= (A_1\cos\varphi_1 + A_2\cos\varphi_2)\cos\omega t - (A_1\sin\varphi_1 + A_2\sin\varphi_2)\sin\omega t \\ &= A\cos\varphi\cos\omega t - A\sin\varphi\sin\omega t \\ &= A\cos(\omega t + \varphi). \end{aligned}$$

合振动仍然是简谐振动,且频率不变.其中

$$A\cos\varphi = A_1\cos\varphi_1 + A_2\cos\varphi_2,$$
$$A\sin\varphi = A_1\sin\varphi_1 + A_2\sin\varphi_2.$$

解之可得

$$A = \sqrt{A_1^2 + A_2^2 + 2A_1A_2\cos(\varphi_2 - \varphi_1)}, \tag{5-26}$$

$$\tan\varphi = \frac{A_1\sin\varphi_1 + A_2\sin\varphi_2}{A_1\cos\varphi_1 + A_2\cos\varphi_2}. \tag{5-27}$$

2. 旋转矢量法

如图 5-14 所示,两个分振动所对应的旋转矢量分别为 $\mathbf{A}_1$ 和 $\mathbf{A}_2$,开始时它们与 x 轴的夹角

分别为 φ_1 和 φ_2，在 x 轴上的投影分别为 x_1 和 x_2；利用平行四边形定则，可知合矢量 $\boldsymbol{A}=\boldsymbol{A}_1+\boldsymbol{A}_2$. 由于 $\boldsymbol{A}_1$ 和 $\boldsymbol{A}_2$ 都以相同的角速度 ω 绕 O 点逆时针旋转，它们的夹角 $\varphi_2-\varphi_1$ 在旋转过程中保持不变，所以矢量 $\boldsymbol{A}$ 也以相同的角速度 ω 绕 O 点逆时针旋转，并且在旋转过程中大小保持不变. 这说明，由合矢量 $\boldsymbol{A}$ 所代表的振动仍然是角频率为 ω 的简谐振动；此外，由图 5-14 可知，任一时刻合矢量 $\boldsymbol{A}$ 在 x 轴上的投影为 x，显然 $x=x_1+x_2$. 因此，合矢量 $\boldsymbol{A}$ 就是合振动所对应的旋转矢量，相应的合振动的运动方程为

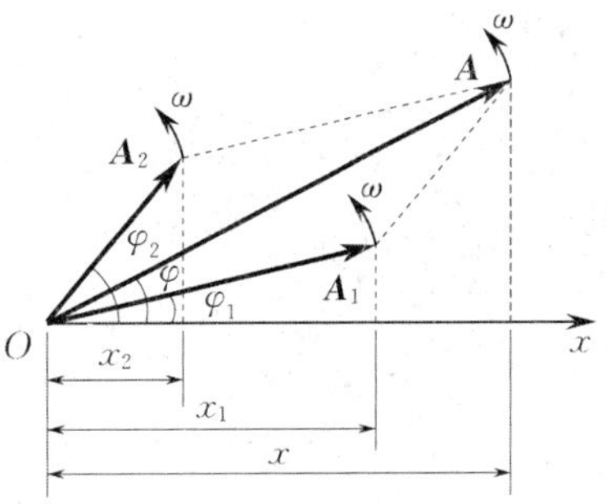

图 5-14　旋转矢量法求振动合成

$$x=A\cos(\omega t+\varphi).$$

振幅 A 与初相 φ 可直接从图 5-14 所示的旋转矢量的几何关系确定，与式(5-26)和式(5-27)结果相同. 通常我们只关心合振动的振幅.

两个特例：

(1) 两个分振动的相位相同，即

$$\varphi_2-\varphi_1=2k\pi\quad(k=0,\pm1,\pm2,\pm3,\cdots).\tag{5-28}$$

此时合振动振幅等于两个分振动振幅之和[如图 5-15(a)]，即

$$A=A_1+A_2.$$

合振动的振幅达到最大值，两振动相互加强. 初相不变.

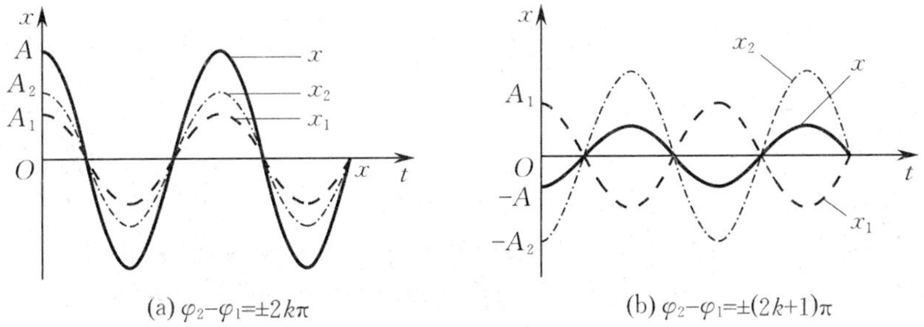

图 5-15　同相与反相简谐振动合成

(2) 两个分振动的相位相反，即

$$\varphi_2-\varphi_1=(2k+1)\pi\quad(k=0,\pm1,\pm2,\pm3,\cdots).\tag{5-29}$$

此时合振动振幅等于两分振动振幅之差[如图 5-15(b)]，即

$$A=|A_1-A_2|.$$

合振动的振幅达到最小值，两分振动互相削弱. 初相与两分振动中振幅大的那个相同.

一般情况下，相位差可以是任何值，合振动的振幅介于 A_1+A_2 和 $|A_1-A_2|$ 之间.

对于同方向、同频率多个简谐振动的合成，其合成方法与两个分振动合成的情形类似.

5.3.2　两个同方向不同频率的简谐振动的合成　拍

两个振动方向相同的简谐振动，它们的频率、振幅不同，振动方程分别为

$$x_1=A_1\cos(\omega_1 t+\varphi_1),$$

$$x_2=A_2\cos(\omega_2 t+\varphi_2).$$

因振动是同方向的，它们在任一时刻的合位移仍然在同一方向上，且等于这两个分振动位移的

代数和,即

$$x = x_1 + x_2 = A_1\cos(\omega_1 t + \varphi_1) + A_2\cos(\omega_2 t + \varphi_2).$$

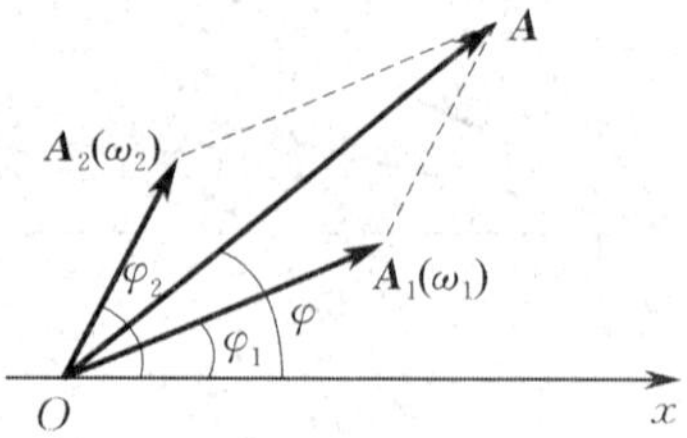

图 5-16　两个同方向不同频率的简谐振动的合成

利用旋转矢量法对同方向不同频率简谐振动的合成进行定性分析. 图 5-16 是 $t=0$ 时刻的旋转矢量图. 由于 $\omega_1 \neq \omega_2$,两振动的位相差 $(\omega_2 t+\varphi_2)-(\omega_1 t+\varphi_1)$ 就不再是定值(初相不再有意义),而是随着时间 t 连续变化的. 表现在矢量图上,$\boldsymbol{A}_1$ 和 $\boldsymbol{A}_2$ 的夹角在随时间变化,则合矢量 $\boldsymbol{A}$ 的大小和方向都在随时间变化,$\boldsymbol{A}$ 转动的角速度也在随时间变化. 由此可知,合振动并不是简谐振动,情况比较复杂.

这里我们只讨论一种有意义的情况,就是两个分振动的频率较大,而频率差较小,即 $\nu_2+\nu_1 \gg |\nu_2-\nu_1|$,并设两分振动的振幅和初相位都相等

$$x_1 = A\cos\omega_1 t, \quad x_2 = A\cos\omega_2 t.$$

合振动的位移

$$x = x_1 + x_2 = 2A\cos\left(\frac{\omega_2-\omega_1}{2}t\right)\cos\left(\frac{\omega_2+\omega_1}{2}t\right).$$

由于 $\omega_1+\omega_2 \gg |\omega_2-\omega_1|$,即因子 $2A\cos\frac{\omega_2-\omega_1}{2}t$ 的周期要比另一因子 $\cos\frac{\omega_2+\omega_1}{2}t$ 的周期长得多,可把合振动看作角频率为 $\frac{\omega_1+\omega_2}{2}$,而振幅按 $\left|2A\cos\frac{\omega_2-\omega_1}{2}t\right|$ 缓慢变化的(这里取绝对值,是因为振动幅度的大小是一个正值,不论 $2A\cos\frac{\omega_2-\omega_1}{2}t$ 是正还是负,对振幅来说都是等效的)"准简谐振动". 其振幅随时间做缓慢的周期性变化,时大时小,即振动忽强忽弱,最大值是 $2A$,最小值是 0(振幅随时间周期性变化,可近似看作简谐振动).

为了更清楚地说明这一振动特征,绘出它们的位移时间曲线. 如图 5-17 所示,三条位移-时间曲线,前两条曲线分别代表两个分振动,第三条曲线代表合振动,由图可知,在 t_1 时刻,两分振动的相位相同,合振幅最大;在 t_2 时刻,两分振动的相位相反,合振幅最小;在 t_3 时刻,两分振动的相位相同,合振幅又达到最大;图 5-17 中的虚线是合振动振幅的包络线,表示合振动的振幅随时间做周期性的缓慢变化.

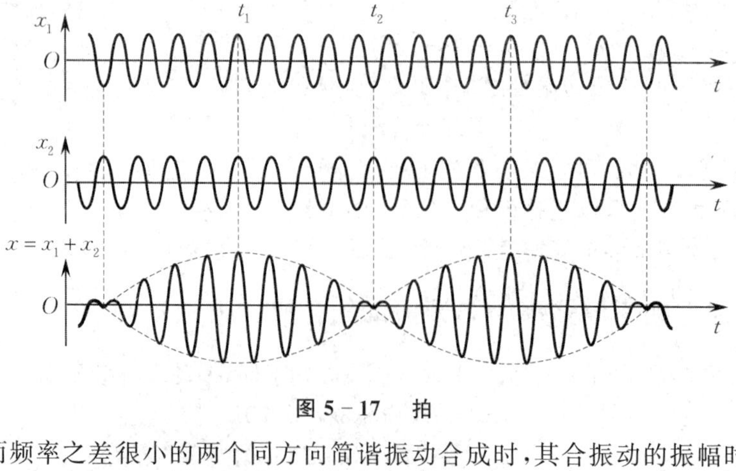

图 5-17　拍

频率较大而频率之差很小的两个同方向简谐振动合成时,其合振动的振幅时而加强时而减弱的现象叫作**拍**. 合振幅每变化一个周期称为一拍,单位时间内拍出现的次数称为**拍频**. 由于余

弦函数的绝对值以 π 为周期，则

$$\left|2A\cos\frac{\omega_2-\omega_1}{2}t\right| = \left|2A\cos\left(\frac{\omega_2-\omega_1}{2}t+\pi\right)\right|$$
$$= \left|2A\cos 2\pi\frac{\nu_2-\nu_1}{2}\left(t+\frac{1}{\nu_2-\nu_1}\right)\right|.$$

可见，合振动振幅变化的周期 $T=\frac{1}{|\nu_2-\nu_1|}$，合振幅变化的频率，即**拍频**

$$\nu = |\nu_2-\nu_1| \tag{5-30}$$

为两个分振动的频率之差.

我们很容易听到声音的拍. 取两支频率相同的音叉，给其中一支加上小物体，使它们的频率有所差别. 当频率相差较多时，能听到高低不同的两种音调；若频率相差很小，则听到的是平均频率，分辨不出两种音调，但音的强弱周期性变化，形成悠扬的颤音. 双簧管发同一音的两个簧片的振动频率有微小差别，可产生悦耳的效果. 拍原理可用于钢琴调音，先分别听音叉与钢琴的音高，当确认两者高度近似时，用左手敲击音叉，右手弹琴键，并注意听音叉的变化. 若音叉的声音出现波动感，说明钢琴音不准，波动越快音高差距越大；当音叉声音与钢琴声音融合在一起时，无波动感，说明钢琴的绝对音高符合标准.

5.3.3　两个相互垂直的同频率的简谐振动的合成

一个质点同时进行两个振动方向相互垂直的同频率简谐振动，其简谐振动方程分别为

$$x = A_1\cos(\omega t+\varphi_1),$$
$$y = A_2\cos(\omega t+\varphi_2).$$

在某一时刻 t，质点所在位置为 (x,y)，t 改变时，(x,y) 随之改变. 因此上两式就是用参数 t 表示的质点运动的轨迹方程. 消去 t，得到（合振动）质点的轨迹方程

$$\frac{x^2}{A_1^2}+\frac{y^2}{A_2^2}-\frac{2xy}{A_1A_2}\cos(\varphi_2-\varphi_1) = \sin^2(\varphi_2-\varphi_1). \tag{5-31}$$

式(5-31)是个椭圆方程（包括圆和直线段情况），具体形状由两个分振动的相位差 $\varphi_2-\varphi_1$ 决定. 现讨论以下几种特殊情况（见图 5-18）：

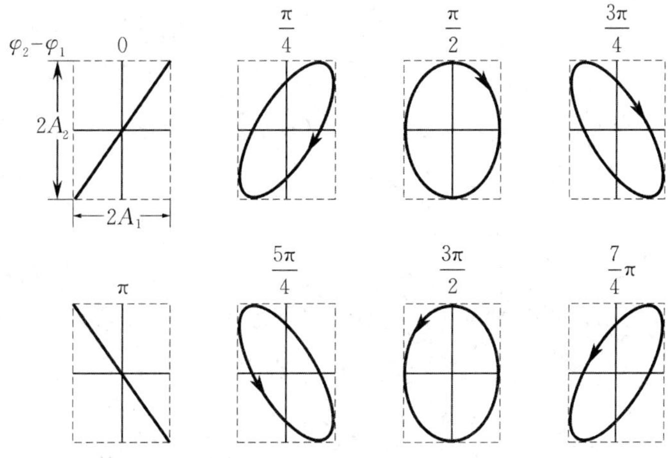

图 5-18　两个相互垂直的同频率的简谐振动的合成

(1) 若相位差 $\Delta\varphi=\varphi_2-\varphi_1=0$，则式(5-31)变成

$$\frac{y}{x}=\frac{A_2}{A_1}.$$

合振动轨迹是一条通过原点且在第一、三象限的直线，其斜率等于两个分振动的振幅之比，质点沿该直线做简谐振动.

(2) 若相位差 $\Delta\varphi=\varphi_2-\varphi_1=\pi$，则式(5-31)变成

$$\frac{y}{x}=-\frac{A_2}{A_1}.$$

合振动轨迹是一条通过原点且在第二、四象限的直线，其斜率等于两个分振动的振幅比的相反数，质点沿该直线做简谐振动.

(3) 若相位差 $\Delta\varphi=\varphi_2-\varphi_1=\frac{\pi}{2},\frac{3\pi}{2}$，则式(5-31)变成

$$\frac{x^2}{A_1^2}+\frac{y^2}{A_2^2}=1.$$

它们合振动的轨迹都是正椭圆，但质点沿椭圆的旋转方向是不同的. 也就是说质点的运动情况不同. $\Delta\varphi=\varphi_2-\varphi_1=\frac{\pi}{2}$ 时，质点按顺时针方向旋转；$\Delta\varphi=\varphi_2-\varphi_1=\frac{3\pi}{2}$ 时，质点按逆时针方向运动. 当 $A_1=A_2$ 时，上式变为圆方程，合振动的轨迹是圆. 匀速率圆周运动在 x 方向上的投影运动和在 y 方向上的投影运动都是简谐振动. 其他情况下合振动的轨迹是斜椭圆.

5.3.4 两个相互垂直的不同频率的简谐振动的合成　李萨如图形

两个振动方向相互垂直且频率不同的简谐振动的合成的振动一般是复杂的，运动轨迹不是封闭曲线，即合成运动不是周期性的运动.

如果两个互相垂直的振动频率成整数比，合成运动的轨迹是封闭曲线，运动也具有周期性. 这种运动轨迹的图形称为**李萨如图形**. 图 5-19 所示为几种周期比的李萨如图形.

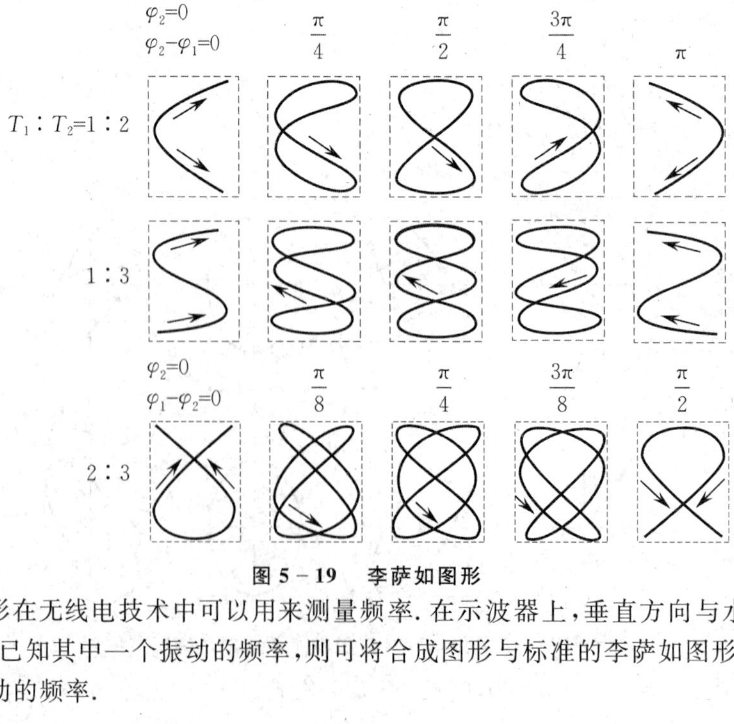

图 5-19　李萨如图形

李萨如图形在无线电技术中可以用来测量频率. 在示波器上，垂直方向与水平方向同时输入两个振动，若已知其中一个振动的频率，则可将合成图形与标准的李萨如图形进行比较，得出另一个未知振动的频率.

5.4　阻 尼 振 动

简谐振动是一种等幅振动,在振动过程中振幅不变,这实际上是忽略了阻力作用的理想情况.然而实际中阻力总是不可避免的,阻力会耗散振动系统的机械能,导致振动系统的总能量不断减少,振幅也将随之逐渐减小以至趋于零.这种振幅随时间减小的振动,称为**阻尼振动**.

阻尼振动的一种简单情况是当一个线性振动系统受到了与其运动速度成正比的线性阻尼的作用(物体在介质中运动速度较小时所受的黏滞力),即

$$F_r = -Cv,$$

式中比例系数 C 叫作阻力系数,负号表示阻力总是与速度方向相反.对于振动系统,在线性回复力和黏滞阻力的共同作用下,由牛顿第二定律有

$$-kx - Cv = ma,$$

得

$$m\frac{d^2x}{dt^2} + C\frac{dx}{dt} + kx = 0.$$

引入参数 $\omega_0^2 = k/m$, $2\delta = C/m$,上式变为

$$\frac{d^2x}{dt^2} + 2\delta\frac{dx}{dt} + \omega_0^2 x = 0. \qquad (5-32)$$

这是一个二阶常系数齐次线性微分方程.式中 $\omega_0 = \sqrt{k/m}$ 是振动系统的固有角频率,它由振动系统自身性质决定;$\delta = C/2m$ 称为阻尼系数,它由系统所受阻力情况决定.当阻尼较小,即 $\delta^2 < \omega_0^2$ 时,系统做阻尼振动,方程(5-32)的解为

$$x = Ae^{-\delta t}\cos(\omega t + \varphi), \qquad (5-33)$$

式中 $\omega = \sqrt{\omega_0^2 - \delta^2}$,而 A, φ 是积分常数.

图 5-20 所示为阻尼振动的 $x-t$ 曲线.可以看出,阻尼振动不是严格意义上的周期振动,但我们可以类比简谐振动,将两峰间的时间间隔定义为周期

$$T = \frac{2\pi}{\omega} = \frac{2\pi}{\sqrt{\omega_0^2 - \delta^2}}. \qquad (5-34)$$

ω 是阻尼振动的角频率,它比系统的固有角频率小.阻尼振动的振幅随时间指数衰减,$Ae^{-\delta t}$ 是阻尼振动振幅的包络线.这种情况称为欠阻尼.

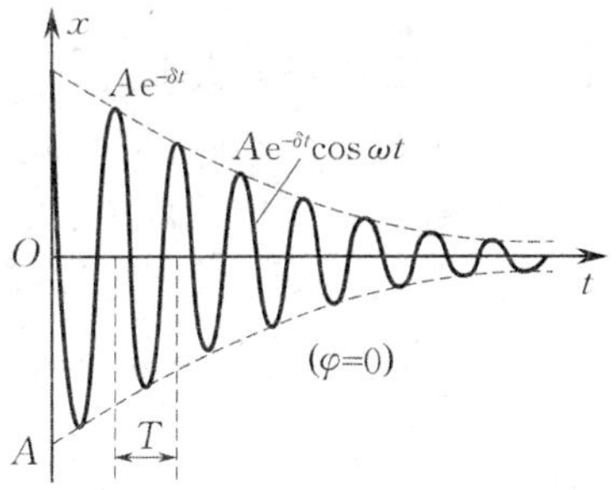

图 5-20　阻尼振动的 $x-t$ 曲线

若阻尼很大,$\delta^2 > \omega_0^2$,方程(5-32)的解不再是式(5-33)的形式,而是指数衰减函数.此情况下振动体直接从开始的最大位移处缓慢逼近平衡位置,完全不可能再做往复运动了.这种情况称为过阻尼,如图 5-21 中的曲线 b.

若 $\delta^2 = \omega_0^2$,是物体不能做往复运动的临界情况,称为临界阻尼,如图 5-21 中的曲线 c.从图 5-21 可知,临界阻尼情况下趋近平衡位置所用时间比过阻尼情况下要短.

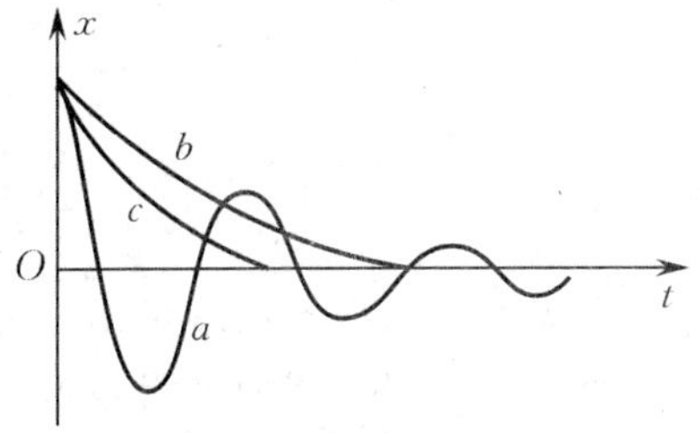

a—欠阻尼;　b—过阻尼;　c—临界阻尼

图 5-21　3 种阻尼的比较曲线

实际中,人们常常需要通过调整阻力的大小来控制振动系统的振动情况.如果希望振动体以最快的速度到达其平衡位置,则加以临界阻尼最为合适.例如,指针式电表所加的电磁阻尼、精密天平所加的阻尼气垫,都是为了避免指针长时间摆动或到达平衡点的时间过长.对于一些机械系统所加的避震装置也是如此.

5.5 受迫振动 共振

5.5.1 受迫振动

阻尼振动中系统的能量不断减少,振幅也减小,而趋于零.因此,要想使振动持续不断地进行,就必须不断地给系统提供能量,即施加外力对振动系统做功.

系统在周期性外力作用下所做的振动叫作**受迫振动**,这种周期性的外力叫作**驱动力**.一个线性振动系统受到线性阻尼力和周期性外力的作用,其动力学方程为

$$ma = -kx - Cv + F\cos\omega_{\mathrm{p}}t$$

或

$$m\frac{\mathrm{d}^2x}{\mathrm{d}t^2} + C\frac{\mathrm{d}x}{\mathrm{d}t} + kx = F\cos\omega_{\mathrm{p}}t,$$

式中 F 是驱动力的最大值,叫作力幅,ω_{p} 是驱动力的角频率.令

$$\omega_0^2 = k/m,\quad 2\delta = C/m,\quad f = F/m,$$

上式可写成

$$\frac{\mathrm{d}^2x}{\mathrm{d}t^2} + 2\delta\frac{\mathrm{d}x}{\mathrm{d}t} + \omega_0^2x = f\cos\omega_{\mathrm{p}}t. \tag{5-35}$$

这是非齐次线性方程,其解为

$$x = A_0\mathrm{e}^{-\delta t}\cos(\omega t + \varphi) + A\cos(\omega_{\mathrm{p}}t + \psi). \tag{5-36}$$

此解是由阻尼振动(通解)和简谐振动(特解)两项合成的.振动开始时,振动较为混乱,经过一段时间后,阻尼振动衰减到可以忽略不计,即式(5-36)右边第一项趋于零,受迫振动达到稳定状态,此时,振动的周期就是驱动力的周期,振动的振幅保持不变,受迫振动转化为简谐振动,即

$$x = A\cos(\omega_{\mathrm{p}}t + \psi), \tag{5-37}$$

式中振动的角频率就是驱动力的角频率.也就是说,系统随着驱动力振动.振幅 A 与初相 ψ 不再与初始状态有关,而是取决于振动系统本身和驱动力,尤其是它们之间的协调情况.振幅 A 与初相 ψ 具体由以下两式给出:

$$A = \frac{f}{\sqrt{(\omega_0^2 - \omega_{\mathrm{p}}^2)^2 + 4\delta^2\omega_{\mathrm{p}}^2}}, \tag{5-38}$$

$$\tan\psi = \frac{-2\delta\omega_{\mathrm{p}}}{\omega_0^2 - \omega_{\mathrm{p}}^2}. \tag{5-39}$$

从能量的角度来看,当受迫振动达到稳定后,周期性外力在一个周期内对振动系统做功而提供的能量,恰好可以用来补偿系统在一个周期内克服阻力做功所消耗的能量,因而使受迫振动的振幅保持稳定不变.

由式(5-38)可知,振幅 A 与力幅成正比,并与阻尼以及振动系统和驱动力的协调有关.由式(5-39)可知,初相 ψ 不为零,说明系统虽然与驱动力同频,但步调有先后之别,驱动力对系统

有时做正功，有时做负功；但当 $\omega_p \to \omega_0$ 时，ψ 趋于 $-\pi/2$，驱动力与系统运动速度方向同步，驱动力对系统始终做正功，系统可以充分地从驱动力中吸收能量，此时系统与驱动力协调，就是下面要讨论的共振.

5.5.2 共振

由式(5-38)可知，受迫振动的振幅与驱动力的角频率 ω_p 有很大的关系，图5-22给出了 A 随 ω_p 变化的关系曲线. 可以看出，在小阻尼时，振幅在 ω_0（振动系统的固有角频率）附近取最大值；当驱动力的角频率 ω_p 与固有角频率 ω_0 相差较大时，受迫振动的振幅比较小. 当 ω_p 接近 ω_0 时，振幅随之增大，ω_p 为某一定值时，振幅达到最大值.

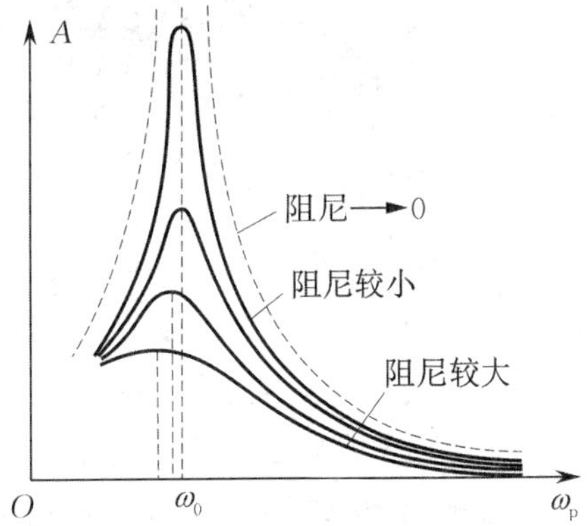

图 5-22　受迫振动振幅与驱动力角频率的关系

我们把驱动力的角频率为某一定值时，受迫振动的振幅达到极大值的现象称为**共振**. 共振时的驱动力角频率称为共振角频率. 它可由 A 对 ω_p 求一阶导数，并使之为零再求解的方法得到. 用 ω_r 表示振幅取极值时 ω_p 的取值，则

$$\frac{\mathrm{d}A}{\mathrm{d}\omega_p}=\frac{\mathrm{d}}{\mathrm{d}\omega_p}\left(\frac{f}{\sqrt{(\omega_0^2-\omega_p^2)^2+4\delta^2\omega_p^2}}\right)$$

$$=\frac{2\omega_p f}{[(\omega_0^2-\omega_p^2)^2+4\delta^2\omega_p^2]^{\frac{3}{2}}}(\omega_0^2-2\delta^2-\omega_p^2)=0.$$

当 $\omega_0^2-2\delta^2-\omega_p^2=0$ 时，振幅 A 有极大值，这时驱动力的角频率 ω_p 等于共振角频率 ω_r，即

$$\omega_r=\sqrt{\omega_0^2-2\delta^2}. \tag{5-40}$$

由此可知，系统的共振频率由系统的固有频率和系统所受的阻尼决定，加大阻尼会使共振频率偏离固有频率. 将式(5-40)代入式(5-38)，可得共振时的振幅

$$A_r=\frac{f}{2\delta\sqrt{\omega_0^2-\delta^2}}. \tag{5-41}$$

图 5-23　利用共振，小号发出的声波可使酒杯破碎

由上两式可知，阻尼系数越小，共振角频率 ω_r 越接近于系统的固有角频率 ω_0，同时共振的振幅 A_r 也越大；若阻尼系数很小，则当 ω_r 趋近于 ω_0 时，振幅将随着受迫振动的持续而趋于很大，如图5-23所示，利用共振，小号发出的声波可使酒杯破碎.

共振现象在实际中普遍存在，也被广泛应用，例如，小提琴的木质琴身就是利用共振使其成为一个共鸣盒，以提高音响效果. 收音机的调谐装置就是利用共振收到某一频率的电台广播. 共振原理也可以应用于测量. 例如，利用共振原理测量材料的弹性. 共振也可造成破坏，如图5-24所示. 实际当中也常常需要避免共振的发生，例如，汽车车身的振动频率要尽量不同于其发动机的振动频率，以免发生共振. 避免共振可以采用远离共振源、远离共振频率以及加大阻尼等方式.

图 5－24 1940 年美国 Tocama 悬索桥因共振而垮塌

*5.6 非线性振动系统

对于线性阻尼振动系统，严格的周期运动只能由周期性驱动力产生；而对于非线性阻尼系统，其中有一种自激振动系统，在非周期性变化的能源供给下，也能产生严格的周期运动.

自激系统是一个非线性有阻尼的振动系统，在运动过程中伴随能量损耗，但系统存在一种机制，使能量能够由非振动的能源通过系统本身的反馈调节，及时适量地得到补充，从而产生一个稳定的不衰减的周期运动. 例如，钟摆、弦乐器、心脏的周期性跳动以及活塞发动机的周期性运动等都是利用这种机制来建立的不衰减的周期运动. 但有些自激振动也是十分有害的，例如，自来水管突然剧烈啸叫，车刀在加工时出乎意料地振动，飞机的机翼在非振动的升力作用下也会产生自激振动，它在一定飞行速度下危害极大. 这些现象都应设法避免.

线性系统对周期性驱动力的响应振动频率与驱动力的频率相同，而非线性系统对周期性驱动力的响应振动频率，则在驱动力频率的基础上还会出现谐频、次谐频以及组合频率，如人耳这个非线性系统对外界的响应. 例如，对于两个外界驱动力代表两种频率的声音，人耳除了能听到这两种频率外，还能感受到它们的谐频以及组合频率，所以人耳感受到的声音比较丰富.

自 20 世纪 60 年代出现激光器以来，非线性光学得到迅速发展. 利用光的倍频（谐频）和混频（组合频率）技术，结合比较成熟的输出功率高的激光器可以创造我们需要的其他频率的激光.

一个非线性振动系统由于自激振动达到稳定状态后，以特定的频率振动，外界以某一驱动频率作用其上，当驱动频率与自激振动频率相接近时，则会出现拍频；当驱动频率进一步接近到某一范围时，自激振动频率消失而被同步化，拍频也将随之消失，这种现象称为锁模现象或频率俘获现象.

思考题 5

5.1 符合什么规律的运动是简谐振动？

5.2 一根线挂在又高又暗的城堡中，看不见它的上端，只能看见它的下端，如何测量此线的长度？

5.3 一质量未知的物体挂在一劲度系数未知的弹簧上，只要测得此物体所引起的弹簧的静伸长量，就可以知道此弹簧系统的振动周期，为什么？

5.4 对于弹簧振子系统，如果弹簧的质量不能忽略不计，则其周期将如何？试定性说明.

5.5 同一弹簧振子，在光滑的水平面上做一维简谐振动与在竖直悬挂情况下做简谐振动，其振动频率是否相同？如果把它放在光滑斜面上，是否还会做简谐振动，振动频率是否改变？

5.6 一个单摆的摆长为 l，摆球的质量为 m，当其做小角度摆动时，试问在下列情况下的周期各为多少：(1) 在月球上(月球上的重力加速度是地球的 1/6)；(2) 在环绕地球的同步卫星上；(3) 在以加速度 a 上升的升降机中；(4) 在以重力加速度 g 下降的升降机中.

5.7 两个相同的弹簧挂着质量不同的物体，当它们以相同的振幅做简谐振动时，问振动的能量是否相同？

5.8 有两个周期相同的简谐振动，若要使两个振动合成为零，则应满足以下条件中的哪一个？

(1) 两者在同一直线方向上振动；

(2) 两者在同一直线方向上振动，且其相位差为 2π；

(3) 两者在同一直线方向上振动，且其相位差为 π；

(4) 两者在同一直线方向上振动，且其相位差为 π，同时振幅相等.

5.9 何为拍？形成拍的条件是什么？拍的频率由什么决定？

5.10 弹簧振子的无阻尼自由振动是简谐振动，同一弹簧系统在简谐驱动力的作用下的稳态受迫振动也是简谐振动，这两种简谐振动有什么不同？

5.11 列举日常生活中的共振现象，并加以分析.

习 题 5

5.1 在竖直面内半径为 R 的一段光滑圆弧形轨道上，放一小物体，使其静止于轨道的最低处，然后轻碰一下此物体，使其沿圆弧形轨道来回做小幅度运动，试证：

(1) 此物体做简谐振动；

(2) 此简谐振动的周期 $T = 2\pi\sqrt{R/g}$.

5.2 一质点按 $x = 0.1\cos\left(8\pi t + \dfrac{2}{3}\pi\right)$(SI) 规律沿 x 轴做简谐振动，求此振动的周期、振幅、初相、速度最大值和加速度最大值，并绘出位移、速度、加速度与时间的关系曲线.

5.3 质量为 2 kg 的质点，按方程 $x = 0.2\sin[5t - (\pi/6)]$(SI) 沿着 x 轴振动. 求：

(1) $t = 0$ 时，作用于质点的力的大小；

(2) 作用于质点的力的最大值和此时质点的位置.

5.4 在一轻弹簧下端悬挂 $m_0 = 100$ g 砝码时，弹簧伸长 8 cm. 现在这根弹簧下端悬挂 $m = 250$ g 的物体，构成弹簧振子. 将物体从平衡位置向下拉动 4 cm，并给以向上的 21 cm/s 的初速度(令这时 $t = 0$). 选 x 轴向下，求振动方程的表达式.

5.5 一物体在光滑水平面上做简谐振动，振幅是 12 cm，在距平衡位置 6 cm 处速度是 24 cm/s，求：

(1) 周期 T；

(2) 当速度是 12 cm/s 时的位移.

5.6 一物体做简谐振动，其速度最大值 $v_m = 3\times10^{-2}$ m/s，其振幅 $A = 2\times10^{-2}$ m. 若 $t = 0$ 时，物体位于平衡位置且向 x 轴的负方向运动. 求：

(1) 振动周期 T；

(2) 加速度的最大值 a_m；

(3) 振动方程的表达式.

5.7 一质点做简谐振动，其振动方程为 $x = 0.24\cos\left(\dfrac{1}{2}\pi t + \dfrac{1}{3}\pi\right)$(SI)，试用旋转矢量法求出质点由初始状态($t = 0$ 的状态) 运动到 $x = -0.12$ m，$v < 0$ 的状态所需最短时间 Δt.

5.8 两个物体做同方向、同频率、同振幅的简谐振动. 在振动过程中，每当第一个物体经过位移为 $A/\sqrt{2}$ 的位置向平衡位置运动时，第二个物体也经过此位置，但向远离平衡位置的方向运动. 试利用旋转矢量法求它们的相位差.

5.9 一弹簧振子沿 x 轴做简谐振动(弹簧为原长时振动物体的位置取作 x 轴原点). 已知振动物体最大位移 $x_m = 0.4$ m,最大回复力 $F_m = 0.8$ N,最大速度 $v_m = 0.8$ m/s,又知 $t = 0$ 的初位移为 $+0.2$ m,且初速度与所选 x 轴方向相反. 求:

(1) 振动能量;

(2) 此振动的表达式.

5.10 一物体质量为 0.25 kg,在弹性力作用下做简谐振动,弹簧的劲度系数 $k = 25$ N/m,如果起始振动时具有势能 0.06 J 和动能 0.02 J,求:

(1) 振幅;

(2) 动能恰等于势能时的位移;

(3) 经过平衡位置时物体的速度.

5.11 两个同方向简谐振动的振动方程分别为

$$x_1 = 5\times10^{-2}\cos\left(10t+\frac{3}{4}\pi\right),\quad x_2 = 6\times10^{-2}\cos\left(10t+\frac{1}{4}\pi\right).$$

求合振动方程.

5.12 一物体同时参与两个同方向的简谐振动:

$$x_1 = 0.04\cos\left(2\pi t+\frac{1}{2}\pi\right),\quad x_2 = 0.03\cos(2\pi t+\pi).$$

求此物体的振动方程.

5.13 质量 $m = 10$ g 的小球与轻弹簧组成的振动系统,按 $x = 0.5\cos\left(8\pi t+\frac{1}{3}\pi\right)$ 的规律做自由振动,式中 t 以 s 为单位,x 以 cm 为单位,求:

(1) 振动的角频率、周期、振幅和初相;

(2) 振动的速度、加速度的表达式;

(3) 振动的能量 E;

(4) 平均动能和平均势能.

5.14 在一块平板下装有弹簧,平板上放一质量为 1.0 kg 的重物. 现使平板沿竖直方向做简谐振动,周期为 0.50 s,振幅为 2.0×10^{-2} m. 求:

(1) 平板到最低点时,重物对平板的作用力;

(2) 若频率不变,则平板以多大的振幅振动时,重物会跳离平板?

(3) 若振幅不变,则平板以多大的频率振动时,重物会跳离平板?

5.15 一弹簧振子系统,物体的质量 $m = 1.0$ kg,弹簧的劲度系数 $k = 900$ N/m. 系统振动时受到阻尼作用,其阻尼系数为 $\delta = 10.0$ /s. 为了使振动持续,现加一周期性外力 $F = 100\cos(30t)$ N 的作用. 求振子达到稳定时的振动角频率;若外力的角频率可以改变,则当其值为多少时系统出现共振现象?其共振的振幅为多大?

5.16 图 5-25 所示为测量液体阻尼系数的装置简图,将一质量为 m 的物体挂在轻弹簧上,在空气中测得振动频率为 ν_1,置于液体中测得的频率为 ν_2,求此系统的阻尼系数.

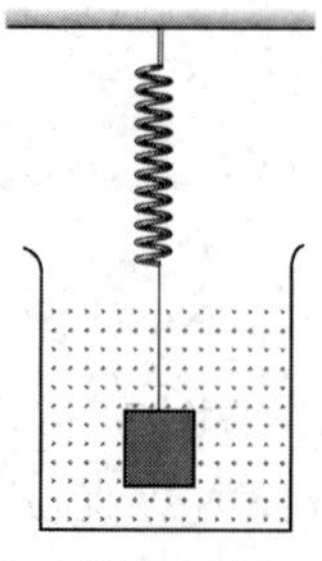

图 5-25

第6章　机　械　波

在研究机械振动的基础上我们进一步研究与机械振动密切相关的机械波. 在自然界中，波动现象广泛存在，例如，投石水中，水面激起的水波，空气中的声波，都是机械振动在弹性介质中传播形成的，我们称之为**机械波**. 波动并不限于机械波，电磁波也是波动；波动还是一切微观粒子的基本属性之一.

波的种类很多，按物理性质分，有机械波、电磁波、物质波；按波的传播方向和质点振动方向之间的关系分，有横波和纵波；按波传播过程中波面形状分，有平面波、柱面波、球面波；等等.

本章以机械波为对象，讨论机械波的形成、传播、叠加，以及声波的多普勒效应等. 各种类型的波虽各有特性但更有共性(如干涉、衍射等现象)，在理论的表述上也具有广泛的一致性. 通过本章的学习，对分析研究其他形式的波动有重要的意义.

6.1　机械波的几个概念

6.1.1　机械波的形成

机械波是机械振动在介质中的传播，常见的机械波有绳波、声波、水波等. 仔细考察这些波动现象：

(1) 绳波. 绳的一端固定，另一端用手拉紧并使之上下振动，手持绳端的振动引起邻近点振动，邻近点的振动又引起更远点的振动，这样振动就由绳的一端向另一端传播，形成了绳波.

(2) 声波. 击鼓时，鼓面的振动引起附近空气的振动，附近空气的振动又引起更远处空气的振动，这样振动就在空气中传播，形成声波.

(3) 水波. 石头投入静止的水面，石头落水处发生振动，此处振动引起附近水的振动，附近水的振动又引起更远处水的振动，这样水的振动就从石头落水处由近向远传播，形成水波. 此时，水面上某处漂浮的小物体并没有如成语所说“随波逐流”(随着波的传播游向远方)，而是在该处上下振动.

分析这些波动现象，可以总结出机械波产生的条件. 首先要有做机械振动的物体，即**波源**. 例如，绳波波源是手拉绳上下振动，水波的波源是石头落水，声波的波源是鼓面的振动. 其次要有传播这种波动的**弹性介质**，如水波的传播介质 —— 水，绳波的传播介质 —— 绳，声波的传播介质 —— 空气.

所谓弹性介质，就是能够发生弹性形变，同时质点间存在相互作用的大量质元组成的质点系. 当介质中某一质点离开平衡位置时，由于形变，一方面，邻近的质点将对它施加弹性回复力，使它回到平衡位置，并在平衡位置附近振动起来；另一方面，由牛顿第三定律知，这个离开平衡位置的质点也对邻近质点施加弹性力，使邻近质点也在自己的平衡位置附近振动起来. 这样，当弹性介质中一部分发生振动时，质点之间的相互作用使波得以在介质中传播.

6.1.2 横波和纵波

根据介质质点的振动方向与波的传播方向之间的关系,机械波可以分为横波和纵波.这是波动的两种最基本的形式.

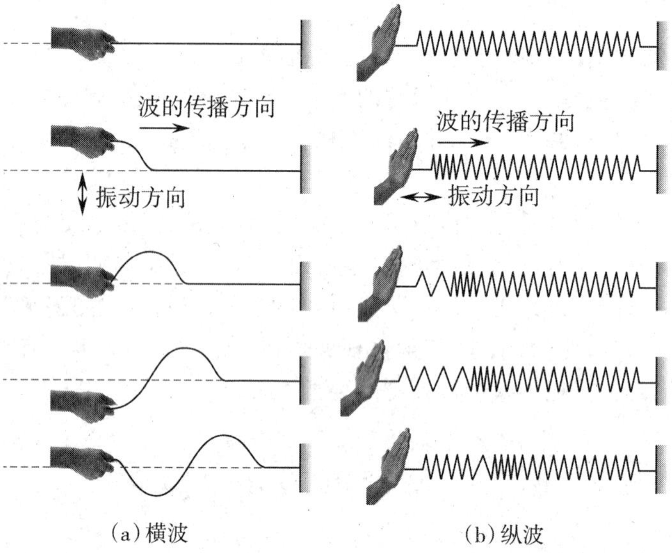

图 6-1 机械波的形成

如图6-1(a)所示,用手握住一根绷紧的长绳并上下振动,绳子上各部分质点也依次上下振动.这种质点的振动方向和波的传播方向相互垂直的波就称为**横波**.可以看到,各质点在上下振动,而波形向右传播,出现凸起的波峰和凹下的波谷交替出现的外形特征.

如图6-1(b)所示,将一根水平放置的长弹簧的一端固定,用手拍打弹簧的另一端,各部分弹簧就依次左右振动起来.这种质点的振动方向和波的传播方向相互平行的波就称为**纵波**.纵波的外形特征是弹簧出现交替的“稀疏”和“稠密”区域,并且它们以一定的速度传播.

进一步说,在弹性介质中形成横波时,必使介质发生横向弹性形变,即发生切变.由于只有固体会发生切变,因此横波只能在固体中传播.而在弹性介质中形成纵波时,介质要发生压缩和拉伸形变,即发生体变,固体、液体和气体都会产生体变,因此,纵波可以在固体、液体以及气体中传播.横波和纵波是最简单的机械波,其他的机械波如水面波、地震波等比较复杂,但一般都可以分解为横波和纵波.另外,按介质中质点振动的规律,波动分为简谐波和非简谐波.**简谐波**是指波源及介质中各点均做简谐振动的波,是本章的主要研究对象.

6.1.3 描述波动的物理量

描述一个物理对象需要引入相应的物理量,波长、波的周期(或频率)和波速是描述波动的重要物理量.波长是波动过程所特有的物理量,波在介质中传播时,介质中的质点每振动一个周期,振动状态重复一次.与此同时,振动状态传播了一个波长.沿波的传播方向,相隔一个波长的两点,它们的振动状态相同.因此,沿波传播方向上两相邻的、振动状态完全相同的质点间的距离(一个完整波形的长度)是一个**波长**,用λ表示.显然,横波上相邻两个波峰之间或相邻两个波谷之间的距离,是一个波长;纵波上相邻两个密部或相邻两个疏部对应点之间的距离,也是一个波长. 它体现了波动过程在空间上的周期性.

波向前传播一个波长所需要的时间叫作**波的周期**(或一个完整波形通过波线上某点所需要的时间),用 T 表示. 波的周期也是介质质元完成一次完全振动所需的时间. 周期的倒数叫作**波的频率**,用 ν 表示,是在单位时间内波向前传播的完整波形的个数,同样也是介质质元单位时间内完全振动的次数.

由波的形成过程可知,振源完成一次全振动,即经过一个振动周期,波传出一个完整的波形,所以,波的传播周期(或频率)等于波源的振动周期(或频率). 也就是说,波的周期和频率由振源的状况决定,与介质的性质无关,波在不同的介质中其传播周期(或频率)不变. 周期 T 体现了波动过程在时间上的周期性.

波在介质中传播的速度,或某一振动状态(相位)在单位时间内所传播的距离叫作**波速**. 波速一般取决于介质的性质. 对材料中波长较长的波,波的速度决定于介质的密度和弹性模量,而与波的频率及波源的状况无关,这时波的速度大小为一常数,独立于波的频率,则波称为**非色散波**. 像钢琴弦上的横波和深水波,其波的速度随波的频率变化而改变,称为**色散波**. 波长、波的周期(或频率)和波速三者之间的关系为

$$u = \nu\lambda = \frac{\lambda}{T}. \tag{6-1}$$

它把表征波的空间周期性的波长 λ 和表征时间周期性的周期 T 联系在一起,是波动现象中一个具有普遍意义的、重要的关系式. 它不仅适用于机械波,也适用于其他性质的波.

关于波速应注意以下几点:

(1) 波速是振动状态传播的速度,也是相位传播的速度. 因此,波速又称为相速.

(2) 波速 u 和介质中质点的振动速度 v 的区别:

(a) u 是相位传播的速度;v 是质点在平衡位置附近振动的速度,等于质点相对平衡位置的振动位移对时间的导数,$v = \dfrac{\partial y}{\partial t}$($y$ 是质点相对平衡位置的位移),它反映质点振动的快慢.

(b) 波速 u 只与介质的性质有关,在同一种各向同性的介质中是常量;振动速度 v 由振源决定,是时间 t 的周期函数.

(c) 两者的方向不一定相同. 纵波的波动方向与振动方向一致;横波的波动方向与振动方向垂直.

横波、纵波在固体中传播速度分别为

$$u = \sqrt{\frac{G}{\rho}}\,(\text{横波}),$$

$$u = \sqrt{\frac{E}{\rho}}\,(\text{纵波}),$$

式中,G 是固体切变弹性模量,E 是介质的弹性模量,ρ 是介质质量密度. 在液体和气体内,纵波的传播速度为

$$u = \sqrt{\frac{K}{\rho}}\,(\text{纵波}),$$

式中 K 为体积模量.

一些介质中的声速如表 6-1 所示.

表 6-1 一些介质中的声速

介 质	温 度/℃	声 速/(m/s)
空气(1.013×10^5 Pa)	0	331
空气(1.013×10^5 Pa)	20	343
氢(1.013×10^5 Pa)	0	1 270
玻璃	0	5 500
花岗岩	0	3 950
冰	0	5 100
水	20	1 460
铝	20	5 100
黄铜	20	3 500

【例 6.1】 在室温下,已知空气中的声速 u_1 为 340 m/s,水中的声速 u_2 为 1 450 m/s,求频率为 200 Hz 和 2 000 Hz 的声波各自在空气和水中的波长.

解 由式(6-1)可得,频率为 200 Hz 和 2 000 Hz 的声波在空气中的波长分别为

$$\lambda_1=\frac{u_1}{\nu_1}=\frac{340}{200}\text{ m}=1.7\text{ m},$$

$$\lambda_2=\frac{u_1}{\nu_2}=0.17\text{ m}.$$

它们在水中的波长分别为

$$\lambda_1'=\frac{u_2}{\nu_1}=\frac{1\,450}{200}\text{ m}=7.25\text{ m},$$

$$\lambda_2'=\frac{u_2}{\nu_2}=0.725\text{ m}.$$

6.1.4 波线 波面 波前

波源在弹性介质中振动时,振动将向各个方向传播,形成波动.为了形象地描绘波在空间的传播情况,引入波线、波面和波前的概念.

波线用来表示波的传播方向和路径.它是自波源沿波的传播方向所作的一些带有箭头的线.这种表示方法在几何光学和波动光学中被广泛采用,例如,一束光用一条有向线段来表示,平行光用一组平行有向线段来表示.

在波的传播过程中,所有振动相位相同的点所连成的曲面,叫作**波面**或同相面.在任一时刻,波面可以有任意多个.

在某一时刻,由波源最初振动状态传到的各点所连成的曲面,叫作**波前**(波阵面).或者说,最前面的波面叫作波前.显然,波前是特殊的波面,是传到最前面的、离波源最远的那个波面.所以,在任一时刻,只有一个波前.

按波面的形状分可将波分为平面波和球面波等. 波前是球面的波,叫作球面波;波前是平面的波,叫作平面波. 作图时一般使相邻两个波面之间的距离等于一个波长. 随着波的传播,波阵面不断推进,在各向同性的介质中,波线与波面垂直,如图 6-2 所示.

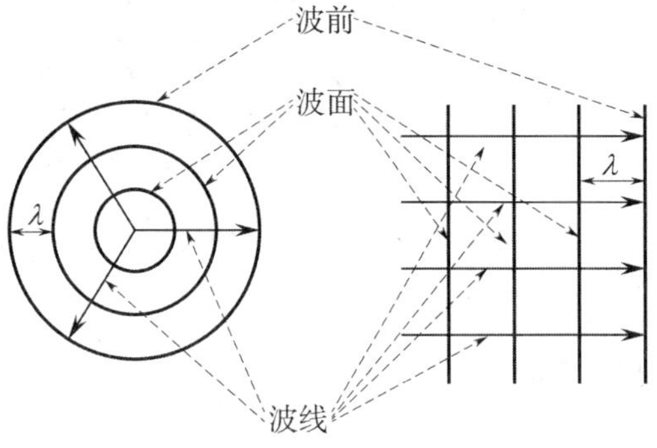

(a)球面波　　(b)平面波

图 6-2　波线、波面与波前

6.2　平面简谐波的波函数

平面简谐波是一种最简单、最基本的波(在远离波源的小局域区间内讨论波动时,可将机械波近似看作平面波). 在各向均匀且无吸收的介质中,当平面波的介质质元随波源做简谐振动时,就形成了平面简谐波.

描述波的运动的函数称为**波函数**. 物理学中通常通过描述任意质点的运动来描述波的运动,任意质点的运动被描述了,就相当于整个波被描述了.

通常波函数应该满足

$$y(x+\Delta x, t+\Delta t) = y(x, t),$$

其中,$\Delta x = u\Delta t$,u 是波速. 该关系的物理意义是:$x+\Delta x$ 处的质点在 $t+\Delta t$ 时刻的振动状态是 x 处的质点在 t 时刻振动状态的重复. 它反映了波动是振动状态的传播这一特性,即行波特性,如图 6-3 所示.

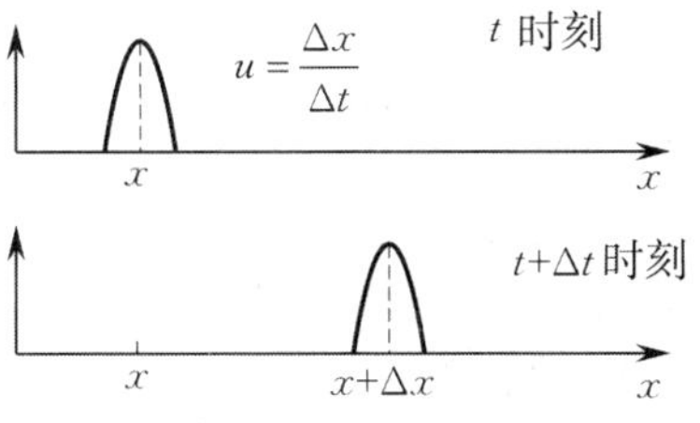

图 6-3　行波的时空关系

6.2.1　平面简谐波函数的导出

波函数可通过求解波所满足的动力学方程得到,也可通过逻辑推理求得. 平面波的波函数只需描述一条波线上各质元的运动情况(波面上各点的振动情况一样).

如图 6-4 所示，设有一平面简谐波沿 x 轴正方向传播. 取 x 轴为波线，用 y 表示质元的振动位移(横波 y 与 x 垂直，纵波 y 与 x 平行).

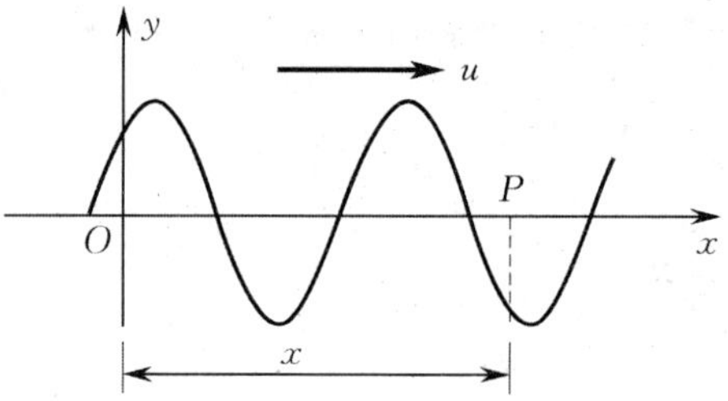

图 6-4　平面简谐波

已知坐标原点 O 处质点的振动方程为

$$y_0 = A\cos(\omega t + \varphi),$$

式中，A 为振幅，ω 为角频率，φ 为初相. 为了找出波动过程中任一质点任意时刻的位移，我们在 Ox 轴上任取一点 P，坐标为 x，考察 P 点的运动. 显然，当振动从 O 处传播到 P 处时，P 处质点将以相同的振幅和频率重复 O 处质点的振动. 因为振动从 O 处传播到 P 处所用的时间为 x/u，即 P 点的振动状态比 O 点的振动落后 $\Delta t = x/u$，所以 P 点在 t 时刻的位移与 O 点在 $t - \dfrac{x}{u}$ 时刻的位移相等. 由 O 处质点的振动方程可得，t 时刻 P 处质点位移为

$$y_P = A\cos\left[\omega\left(t - \frac{x}{u}\right) + \varphi\right]. \tag{6-2}$$

由于 P 点为波传播方向上任一点，因此上述方程能描述波传播方向上任一点的振动，具有普适性，即为沿 x 轴正方向传播的平面简谐波的波函数，又称波动方程.

类似地，如果已知坐标为 x_0 的 B 点的振动规律为

$$y_B = A\cos(\omega t + \varphi),$$

则相应的波函数为

$$y = A\cos\left[\omega\left(t - \frac{x - x_0}{u}\right) + \varphi\right].$$

如果波沿 Ox 轴负方向传播，则 P 点的振动状态比 O 点的振动超前 $\Delta t = x/u$，波函数为

$$y_P = A\cos\left[\omega\left(t + \frac{x}{u}\right) + \varphi\right]. \tag{6-3}$$

根据 $\omega = 2\pi\nu, u/\nu = \lambda\left(\text{或}\dfrac{\nu}{u} = \dfrac{1}{\lambda}\right)$，可得到波函数的几种常用形式：

$$\begin{cases} y = A\cos\left[\omega\left(t \pm \dfrac{x}{u}\right) + \varphi\right], \\ y = A\cos\left[2\pi\left(\nu t \pm \dfrac{x}{\lambda}\right) + \varphi\right], \\ y = A\cos\left[2\pi\left(\dfrac{t}{T} \pm \dfrac{x}{\lambda}\right) + \varphi\right]. \end{cases} \tag{6-4}$$

“—” 表示波沿 x 正方向传播，“+” 表示波沿 x 负方向传播.

6.2.2　波函数的物理意义

我们从波函数出发，以式(6-2)为例，讨论波函数的意义.

(1) 当 x 为恒量，即 $x = x_0$ 时，令 $\varphi' = -\dfrac{2\pi x_0}{\lambda} + \varphi$，则波函数变为

$$y = A\cos(\omega t + \varphi').$$

所以 y 仅是时间 t 的函数，$y = y(x_0, t)$ 表示 x_0 处质点在任意 t 时刻的位移. 波函数 $y = y(x, t)$ 变成了 x_0 处质点振动方程 $y = y(t)$. $\varphi' = -\dfrac{2\pi x_0}{\lambda} + \varphi$ 是它的初相位. 选取不同的 x_0（一个波长范围），相应的振动初相位不同，这实际上反映了波的运动学本质：参与振动的各质点在做**步调有先有后的简谐振动**.

如图 6－5 所示，以 t 为横坐标、y 为纵坐标，可以得到波线上不同质点的位移-时间曲线. 取 $t = 0$ 时刻波线上 $x = 0, x = \dfrac{\lambda}{4}, x = \dfrac{\lambda}{2}, x = \dfrac{3\lambda}{4}, x = \lambda$ 这 5 点. 在 $x = 0$ 处，质点此时处于最大位移处，初相位为 0；在 $x = \dfrac{\lambda}{4}$ 处，质点的初相位为 $-\dfrac{\pi}{2}$…… 随着波的传播，它将以各自的初相位开始沿 y 轴做步调有先有后的简谐振动.

(2) 当 t 为恒量，即 $t = t_0$ 时，则波函数变为

$$y = A\cos\left(\omega t_0 + \varphi - \frac{2\pi x}{\lambda}\right) = A\cos\left(\varphi'' - \frac{2\pi x}{\lambda}\right).$$

波动方程 $y = y(x, t)$ 变成了 t_0 时刻的波形方程 $y = y(x)$，y 仅为 x 的函数，$y = y(x, t_0)$ 表示 t_0 时刻波线上各个质点相对于平衡位置的位移. 就好像在时刻 t_0 给整个波形拍张快照，得到的是所有质点在 t_0 时刻位移的集体定格，这种图形称为**波形图**. 如图 6－6 所示，以 x 为横坐标、y 为纵坐标，不同质点在某一时刻相对平衡位置的位移各不同，从而得到该时刻的波形图.

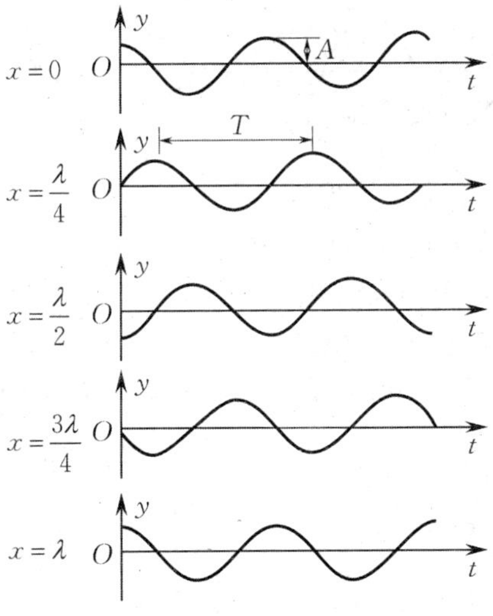

图 6－5　波线上各点做简谐振动的位移-时间曲线

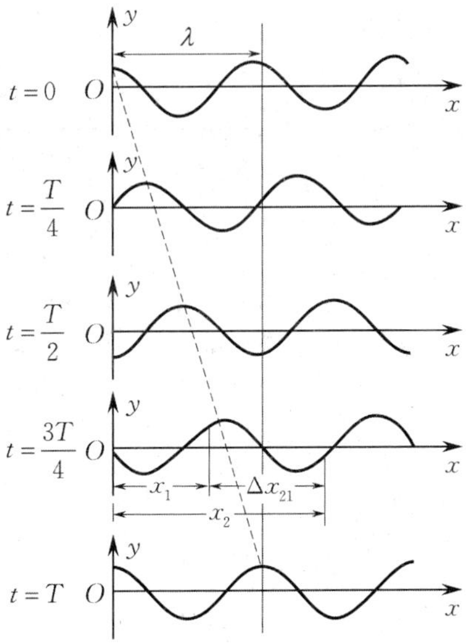

图 6－6　不同时刻波线上各点的位移分布——波形图

由波形图可以看出，在同一时刻，距离坐标原点 O 分别为 x_1 和 x_2 的两质点的相位是不同的. 由式(6－2) 可得两质点的相位分别为

$$\varphi_1 = \omega\left(t - \frac{x_1}{u}\right) + \varphi = 2\pi\left(\frac{t}{T} - \frac{x_1}{\lambda}\right) + \varphi,$$

$$\varphi_2 = \omega\left(t - \frac{x_2}{u}\right) + \varphi = 2\pi\left(\frac{t}{T} - \frac{x_2}{\lambda}\right) + \varphi.$$

它们的相位差为

$$\Delta\varphi_{12} = \varphi_1 - \varphi_2 = 2\pi\,\frac{x_2 - x_1}{\lambda},$$

其中 $x_2 - x_1 = \Delta x_{21}$ 叫作波程差,相位差与波程差的关系为

$$\Delta\varphi_{12} = \frac{2\pi}{\lambda}\Delta x_{21}. \tag{6-5}$$

(3) 若 x 和 t 两个都变化,则波函数

$$y = A\cos\left[\omega\left(t - \frac{x}{u}\right) + \varphi\right]$$

是 x 和 t 的二元函数. 它表示波线上所有质点在各个不同时刻的位移情况. 形象地说,因为所有质点在某一特定时刻都有一自己的特定波形,所以这个波函数中包括了无数个不同时刻的波形. 随着 t 的增加,波的表达式就描述了波形的传播,实质上反映了波是振动状态的传播.

为了更清楚地认识到这一点,这里给出定量的分析. 将波形方程改写为

$$y = A\cos\left[\omega\left(t + \Delta t - \Delta t - \frac{x}{u}\right) + \varphi\right] = A\cos\left[\omega\left(t + \Delta t - \frac{x + u\Delta t}{u}\right) + \varphi\right].$$

可见,$t + \Delta t$ 时刻位于 $x + u\Delta t$ 处质点的位移恰好等于 t 时刻位于 x 处质点的位移. 也就是说,在 Δt 时间内,波形以速度 u 向前移动了 $\Delta x = u\Delta t$,位移相等的根源在于,$t + \Delta t$ 时刻位于 $x + u\Delta t$ 处质点的相位恰好等于 t 时刻位于 x 处质点的相位. 因此,在波形向前传播的同时,相位也以相同的速度 u 向前传播,波速 u 是波形或相位传播的速度,如图 6-7 所示.

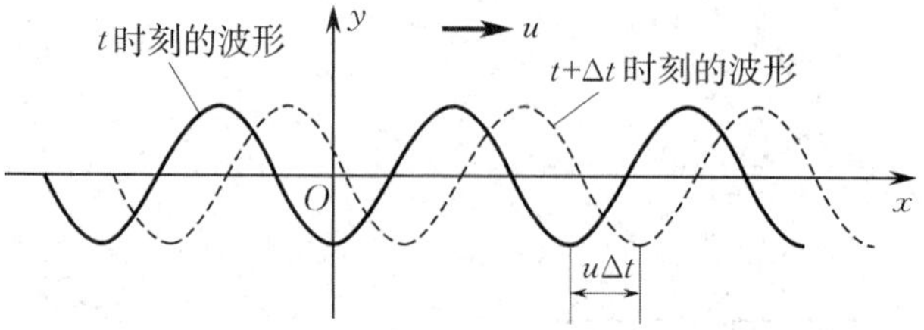

图 6-7 波形的传播

【例 6.2】 如图 6-8 所示,一平面简谐波沿 x 正方向传播,波速为 20 m/s,在传播路径中 A 点的振动方程为 $y_A = 0.03\cos 4\pi t$(SI),试以 A,B,C 为原点写出波函数.

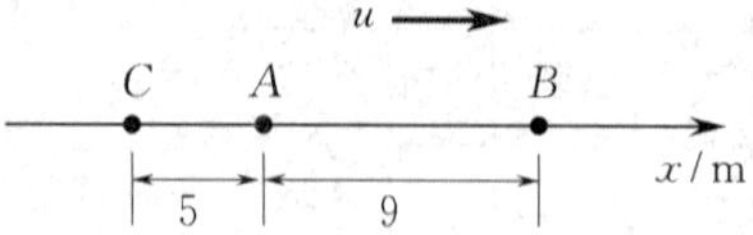

图 6-8

解 (1) 以 A 为原点的波函数的形式为

$$y = 0.03\cos\left(4\pi t - 2\pi\,\frac{x}{\lambda}\right).$$

由式(6-1)可得其波长

$$\lambda = uT = u\,\frac{2\pi}{\omega} = 20 \times \frac{2\pi}{4\pi}\ \text{m} = 10\ \text{m}.$$

因此以 A 为原点的波函数为

$$y = 0.03\cos\left(4\pi t - \frac{\pi}{5}x\right).$$

(2) 若以 B 为原点,则 B 点在 A 点之后,相位落后于 A 点. 由式(6-5)可得

$$\varphi_B = \Delta\varphi_{BA} + \varphi_A = -2\pi\,\frac{x_B - x_A}{\lambda} = -\frac{9}{5}\pi,$$

B 点的振动方程为

$$y_B = 0.03\cos\left(4\pi t - \frac{9}{5}\pi\right),$$

以 B 为原点的波函数为

$$y = 0.03\cos\left(4\pi t - \frac{\pi}{5}x - \frac{9}{5}\pi\right).$$

(3) 若以 C 为原点，则 C 点在 A 点之前，相位超前于 A 点. 由式(6-5) 可得

$$\varphi_C = \Delta\varphi_{CA} + \varphi_A = -2\pi\frac{x_C - x_A}{\lambda} = \pi,$$

C 点的振动方程为

$$y_C = 0.03\cos(4\pi t + \pi),$$

以 C 点为原点的波函数为

$$y = 0.03\cos\left(4\pi t - \frac{\pi}{5}x + \pi\right).$$

6.3 波的能量　能流密度

波动的传播过程就是振动形态的传播过程，波源的振动通过弹性介质由近及远、一层接一层地传播出去，使介质中原来静止的各质点依次在各自的平衡位置附近振动起来，因此波具有动能；同时，由于介质质元的变形，波还具有势能. 机械波的能量就是介质中质点的动能和势能之和. 可见，波传到哪里，哪里的介质就有机械能. 这些能量来自波源. 因此，波的传播过程既是振动的传播过程，又是能量的传递过程. 在不传递介质的情况下传递能量，是机械波的基本性质.

6.3.1 波的能量

下面以固体棒中传播的简谐纵波为例分析波动能量的传播. 如图 6-9 所示，取 x 轴沿棒长方向，设波函数为

$$y = A\cos\omega\left(t - \frac{x}{u}\right).$$

考察棒上 x 处长为 dx 的体积元. 设棒的质量密度为 ρ，横截面积为 S，则该体积元的体积 $dV = Sdx$，质量 $dm = \rho S dx$. 当波传到该体积元时，若它的左端位移为 y、右端位移为 $y + dy$，该体积元不仅有沿 x 方向的运动，还有与 dy 相关的形变，所以它同时具有振动动能和弹性势能.

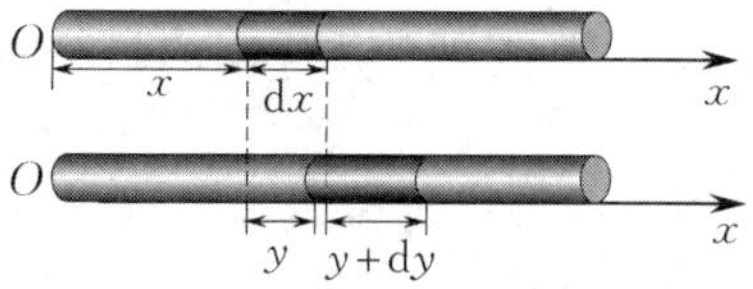

图 6-9　固体棒中波动能量的传播

体积元的振动动能

$$dW_k = \frac{1}{2}v^2 dm.$$

由波函数可得体积元的振动速度为

$$v = \frac{\partial y}{\partial t} = -A\omega\sin\omega\left(t - \frac{x}{u}\right),$$

所以

$$dW_k = \frac{1}{2}(\rho dV)A^2\omega^2 \sin^2\omega\left(t-\frac{x}{u}\right). \tag{6-6}$$

体积元因形变具有的弹性势能 $dW_p = k(dy)^2/2$, k 为棒的劲度系数, k 与弹性模量 E 的关系为 $k = SE/dx$. 于是弹性势能为

$$dW_p = \frac{1}{2}k\,(dy)^2 = \frac{1}{2}ES\,dx\left(\frac{dy}{dx}\right)^2,$$

式中 Sdx 为体积元的体积 dV. 固体内纵波传播的速度 $u = \sqrt{E/\rho}$,上式可改写为

$$dW_p = \frac{1}{2}\rho u^2 dV\left(\frac{dy}{dx}\right)^2.$$

考虑到 y 是 x 和 t 的函数,上式中的$\frac{dy}{dx}$ 应写成$\frac{\partial y}{\partial x}$,于是

$$dW_p = \frac{1}{2}\rho u^2 dV\left(\frac{\partial y}{\partial x}\right)^2. \tag{6-7}$$

由波函数可得

$$\frac{\partial y}{\partial x} = -\frac{\omega}{u}A\sin\omega\left(t-\frac{x}{u}\right).$$

代入式(6-7),可得

$$\begin{aligned} dW_p &= \frac{1}{2}\rho u^2\cdot dV\left[\frac{\omega^2}{u^2}A^2\sin^2\omega\left(t-\frac{x}{u}\right)\right] \\ &= \frac{1}{2}\rho dV\omega^2A^2\sin^2\omega\left(t-\frac{x}{u}\right). \end{aligned} \tag{6-8}$$

比较式(6-6)和式(6-8),可知 $dW_k = dW_p$,即两者时时相等. 这样体积元的总能量为

$$dW = dW_k + dW_p = \rho dV\omega^2A^2\sin^2\omega\left(t-\frac{x}{u}\right). \tag{6-9}$$

讨论:

(1) 在波动传播的介质中,任一时刻体积元动能、势能、总能量都随时间做周期性的变化,且变化是同步的. 即体积元在平衡位置时,动能、势能和总机械能同时达到最大;体积元的位移最大时,三者又同时减为零. 正在通过平衡位置的那些质点,不仅有最大的振动速度$\left(\frac{\partial y}{\partial t}\text{最大}\right)$,而且由于所在处的质元间的相对形变$\left(\frac{\partial y}{\partial x}\right)$也最大,因此势能也最大. 而处于最大振动位移处的那些质元,不仅振动动能为零,而且由于所在处的质元间的相对形变也为零$\left(\frac{\partial y}{\partial x}=0\right)$,所以势能也为零.

(2) 波动中体积元的能量与单一谐振动系统的能量有着显著的不同. 在单一简谐振动的系统中(如弹簧振子),动能和势能相互转化,动能最大时,势能最小;势能最大时,动能最小,系统机械能守恒. 而在波动情况下,任一时刻任一体积元的动能与势能总是随时间变化,且变化同步,值也相等. 这说明体积元总能量不为常数,即能量不守恒.

(3) 波动中体积元能量不守恒,其原因是每个体积元都不是独立地做简谐振动,它与相邻的体积元间有着弹性力,通过弹性力做功,相邻体积元间有能量传递. 因此,在波的传播过程中,该体积元的能量不守恒.

(4) 波动中能量的传播是这样的:设想介质中的某一体积元,在波动传到这点之前,该处的质点是静止的,不存在动能和势能.只有当波动传到这点时,该处的质点才开始振动,因此也就具有了能量.很明显,这能量是由前面的质点传递过来的,这个质点振动以后,又依靠弹性力的作用带动后面的质点运动,即对后面的质点做功而把能量传给后者.由体积元总能量的表达式可知,总能量不是一个常数,它是随时间作周期性变化的.这表明,在波动中,每个体积元都在不断地吸收和放出能量.所以,在波动过程中,沿着波传播方向,某体积元从前面质元获得能量,又把能量传递给后面质元,这样,通过体积元不断地吸收和传递能量,将能量不断传播出去.波动是能量传递的一种形式.

为了精确描述介质中能量的分布情况,我们引入**能量密度**,即单位体积内的波动能量,用 w 表示.

$$w=\frac{\mathrm{d}W}{\mathrm{d}V}=\rho\omega^2A^2\sin^2\omega\left(t-\frac{x}{u}\right). \tag{6-10}$$

显然,w 也是 t 的函数.在很多情况下,不需要具体知道不同时刻能量的瞬时值,只需要知道平均能量的大小.取一个周期求平均值,就可得到平均能量密度

$$\begin{aligned}\overline{w}&=\frac{1}{T}\int_0^T w\mathrm{d}t=\frac{1}{T}\int_0^T\rho\omega^2A^2\sin^2\omega\left(t-\frac{x}{u}\right)\mathrm{d}t\\&=\rho\omega^2A^2\frac{1}{T}\int_0^T\frac{1}{2}\left[1-\cos2\omega\left(t-\frac{x}{u}\right)\right]\mathrm{d}t\\&=\rho\omega^2A^2\frac{1}{T}\left[\frac{1}{2}T-\frac{1}{2}\int_0^T\cos2\omega\left(t-\frac{x}{u}\right)\mathrm{d}t\right]\\&=\frac{1}{2}\rho\omega^2A^2.\end{aligned} \tag{6-11}$$

能量密度在一个周期内的平均值是常量,这说明介质中没有能量的累积.

6.3.2　能流密度

既然波的传播过程是能量的传播过程,因此需引入描述能量流动的物理量来描述波的能量传播.单位时间内垂直通过某一面积的能量,叫作通过该面积的**能流**,用 P 表示.如图 6-10 所示,设 S 为介质中垂直于波传播方向的某一面积,以 S 为底、$u\mathrm{d}t$ 为高的柱体内的能量在 $\mathrm{d}t$ 时间内都将通过 S,所以单位时间内通过 S 的能流等于柱体内的能量除以 $\mathrm{d}t$,即

$$P=\frac{wSu\mathrm{d}t}{\mathrm{d}t}=wuS.$$

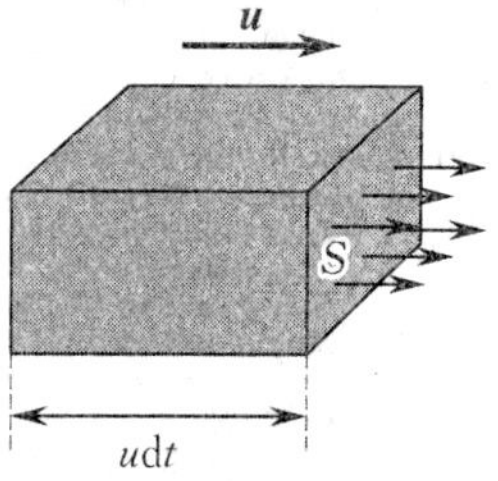

图 6-10　能流

然而这个能流是变化的,为此引入平均能流.单位时间内通过垂直于波的传播方向的某一面积的平均能量称为**平均能流**.通过 S 面的平均能流为

$$\overline{P}=\overline{w}uS, \tag{6-12}$$

式中 $\overline{w}$ 为平均能量密度,u 为波速,S 为面积.

平均能流与所选面积的大小有关,为了表述波的强弱,还需引入能流密度.通过垂直于波传播方向单位面积上的平均能流称为**能流密度**或**波的强度**,用 I 表示,则

$$I=\frac{\overline{P}}{S}=\overline{w}u=\frac{1}{2}\rho\omega^2A^2u. \tag{6-13}$$

能流密度越大,单位时间内通过单位面积的能量越多,波动越强.在国际单位制中,能流密度的单位为瓦[特]每二次方米(W/m^2).

在推导平面波(简谐波)的波函数时,一个重要的假定是介质中各点振幅不变.现在从能量角度来看一下振幅不变的含义.如图 6-11 所示,设垂直于波传播方向上有两平面 S_1,S_2($S_1 = S_2$),两平面构成柱体的两底面.设 $\overline{P}_1$,$\overline{P}_2$ 为通过 S_1,S_2 的平均能流,有

$$\overline{P}_1 = \overline{w}_1 u S_1 = \frac{1}{2}\rho\omega^2 A_1^2 u S_1,$$

$$\overline{P}_2 = \overline{w}_2 u S_2 = \frac{1}{2}\rho\omega^2 A_2^2 u S_2.$$

若 $A_1 = A_2$,则 $\overline{P}_1 = \overline{P}_2$($S_1 = S_2$).

也就是说,如果振幅不变,则通过 S_1,S_2 的平均能流相等,有多少能量通过 S_1 进入柱体内,就有多少能量通过 S_2 流出此柱体.因此,介质中各点振幅相同表明了介质不吸收能量(平面波情况).

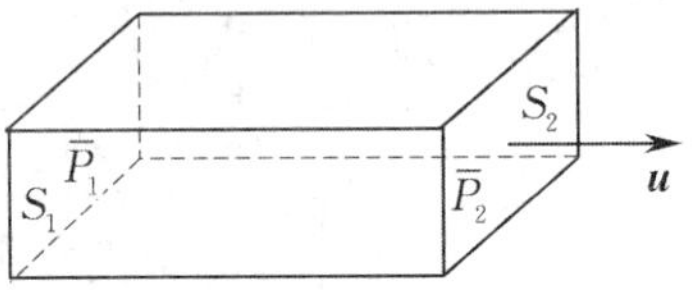

图 6-11 平面波情况

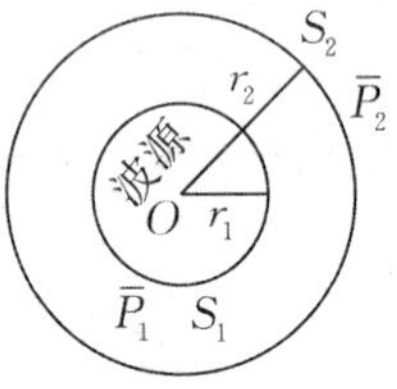

图 6-12 球面波情况

在球面波情况下,假设介质不吸收能量,那么振幅是否不变呢?设距波源 O 分别为 r_1,r_2 的两球面面积为 S_1 和 S_2,如图 6-12 所示,则通过 S_1,S_2 的平均能流分别为

$$\overline{P}_1 = \overline{w}_1 u S_1 = \frac{1}{2}\rho\omega^2 A_1^2 u S_1,$$

$$\overline{P}_2 = \overline{w}_2 u S_2 = \frac{1}{2}\rho\omega^2 A_2^2 u S_2.$$

因为介质不吸收能量,所以 $\overline{P}_1 = \overline{P}_2$,即

$$A_1^2 S_1 = A_2^2 S_2,$$

亦即

$$\frac{A_1}{A_2} = \sqrt{\frac{S_2}{S_1}} = \frac{r_2}{r_1}.$$

这样球面波的振幅与离开波源的距离的关系为

$$A \propto \frac{1}{r},$$

球面简谐波的波函数可表示为

$$y = \frac{A}{r}\cos\omega\left(t - \frac{r}{u}\right), \tag{6-14}$$

式中,r 为离波源的距离,A 为离波源为单位距离时的振幅.

6.4 惠更斯原理　波的衍射

惠更斯(C. Huygens)曾提出子波的假设来阐述波的传播现象,从而建立了惠更斯原理.利

用惠更斯原理能够解释波的反射、折射和衍射等现象. 当然这个原理是唯象(基于对实验现象的概括,没有深入解释原理)的,且十分粗糙,它不能解释波的干涉现象,也不能解释衍射现象中明暗条纹的出现,由该原理还会导致倒退波的出现. 但它对早期波动学的发展有较为重要的贡献,后来菲涅耳在此定理基础上提出了惠更斯-菲涅耳原理,精确地解释了衍射现象.

波动是振动状态的传播. 由于介质中各点间有相互作用,波源振动引起附近各点振动,这些附近点又引起更远点的振动,由此可见,波动传到的各点在波的产生和传播方面所起的作用和波源没有什么区别,都引起该点附近介质的振动. 因此波动传到的各点都可以看作新波源.

例如,水波在水面上传播时遇到障碍物(见图 6-13),障碍物有小孔,小孔的孔径与波长相比非常小,可以发现,穿过小孔的波是圆形波,圆心在小孔处. 这说明波传播到小孔后,小孔成为新的波源. 惠更斯分析和总结了类似的现象,于 1690 年提出了惠更斯原理.

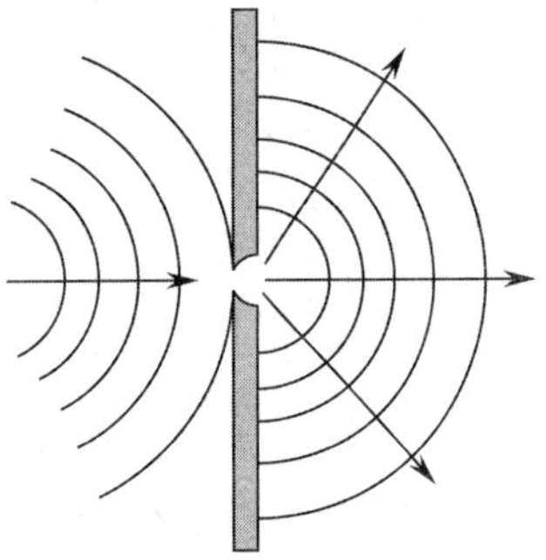

图 6-13　惠更斯原理

6.4.1　惠更斯原理

惠更斯原理是关于波面传播的理论. 表述为:介质中任一波阵面上的各点,都是子波的波源,其后任意时刻,这些子波的包络面就是新的波阵面.

说明:

(1) 惠更斯原理指出了从某一时刻波阵面出发去寻找下一时刻波阵面的方法.

(2) 惠更斯原理对任何介质中的任何波动过程都成立(无论介质是均匀的或非均匀的,是各向同性的或是各向异性的,波的性质是机械波还是电磁波),因而在很广泛的范围内解决了波的传播问题.

(3) 惠更斯原理并不涉及波的形成机制.

(4) 惠更斯原理不能说明各子波在传播中对某一点振动有多少贡献.

6.4.2　原理应用

根据惠更斯原理,应用几何作图方法,由已知的某一时刻波阵面,可以确定下一时刻的波阵面,从而确定波的传播方向. 应用惠更斯原理可以解释波的折射、反射和衍射等现象.

1. 平面波和球面波的传播

(1) 平面波的传播情况. 如图 6-14(a) 所示,平面波在均匀各向同性介质中传播,波速为 u,在 t 时刻波阵面为 S_1(平面),在 $t+\tau$ 时刻波阵面如何?根据惠更斯原理,S_1 上的各点都可以看作新的子波波源,发射子波,故以 S_1 面上各点为中心,以 $r=u\tau$ 为半径,画出许多半球面形(因为介质各向同性,故波沿各个方向的传播速度相同,是一个球面,又没有倒退波,所以是半球面)子波,这些子波的包络面就是 $t+\tau$ 时刻新的波阵面. 显然新波阵面是平行于 t 时刻波阵面 S_1 的平面 S_2.

(2) 球面波的传播情况. 如图 6-14(b) 所示,设球面波在均匀各向同性介质中传播,波速为 u,在 t 时刻波阵面是半径为 R_1 的球面 S_1,在 $t+\tau$ 时刻波阵面如何?同理,以 S_1 面上各点为中心、$r=u\tau$ 为半径,画出许多半球形子波,这些子波的包络面就是 $t+\tau$ 时刻新的波阵面. 显然新波阵

面是以 O 点为中心、$R_2(=R_1+r)$ 为半径的球面 S_2.

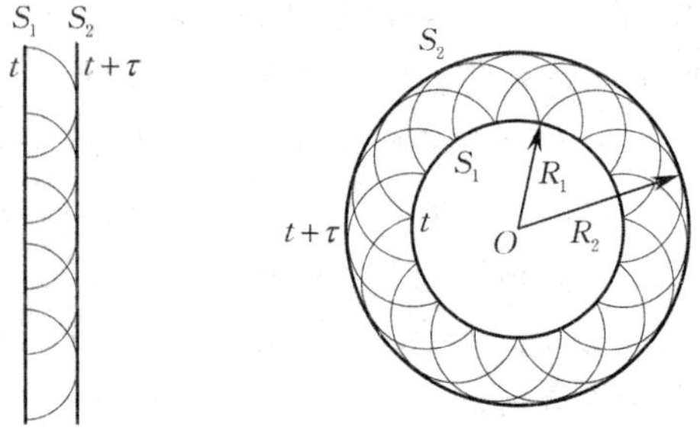

(a) 平面波　　(b) 球面波

图 6-14　用惠更斯原理解释球面波和平面波的传播

说明:从以上表述可以看出,波动在均匀各向同性介质中传播时,它的波形保持不变.在非均匀或各向异性的介质中传播时,同样可以利用上述方法得到下一时刻的波阵面,但波的形状及传播方向都可能发生变化.

2. 波的衍射现象

波在传播过程中遇到障碍物(波阵面受到限制)时,波就不再沿直线传播,而是**绕过障碍物的边缘,在障碍物的阴影区内继续传播**.这种现象称为波的**衍射现象**或绕射现象.简单地说,波遇到障碍物后偏离原来直线传播的现象即为衍射现象.利用惠更斯原理能够定性说明波的衍射现象.图 6-15 所示为水波通过障碍物时发生的衍射现象,障碍物有一宽缝,缝的宽度略大于水波波长.当水波到达障碍物时,波阵面在宽缝上的所有点都可以看作发射子波的波源.这些子波在宽缝前方的包络面就是通过缝后的新波阵面.新波阵面(或波前)不再是平面,中间部分与原来的波阵面平行,说明一部分波仍保持原来的传播方向;而在缝的边缘地方,波阵面发生了弯曲,波线如图 6-15 所示.这说明还有一部分波改变了原来的传播方向,绕过缝的边缘前进.

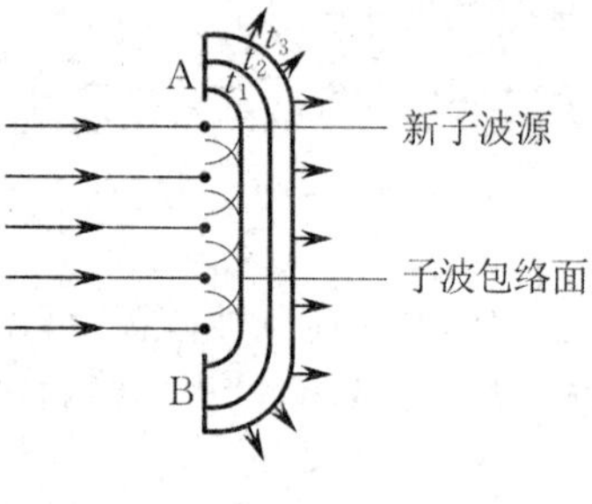

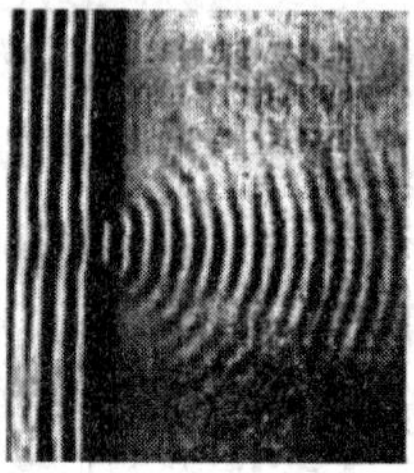

图 6-15　水面波的衍射

衍射现象明显与否,和障碍物的尺寸有关.若缝的宽度远大于波的波长,衍射现象可以忽略,波表现为直线传播.若缝的宽度略大于波长,在缝的中部,波的传播仍保持原来的方向;在缝的边缘处,波阵面弯曲,波的传播方向改变,波绕过障碍物向前传播.若缝的宽度远小于波长,缝成为单独的振动中心(相当于小孔),衍射现象更加明显,波阵面由平面变成球面.

3. 波的反射和折射

波在均匀介质中传播时,波的传播方向是不会改变的.而当波从一种介质传向另一种介质时,在两种介质的分界面上,波的传播方向则会发生改变.入射波的一部分从分界面上返回到原来的介质中,形成反射波,另一部分进入另一种介质,形成折射波,这就是波的反射现象和折射现象. 下面利用惠更斯原理说明波的反射现象和折射现象，并推导出波的反射定律和折射定律.

(1) 波的反射定律. 如图 6－16(a) 所示，有一平面波以波速 u_1 由介质 Ⅰ 传向介质 Ⅰ 和介质 Ⅱ 的分界面，入射波的波面和两种介质的分界面均与图面垂直. 分界面与图面的交线为直线 MN，用 $\boldsymbol{e}_n$ 表示分界面的法线方向，入射波的波线与分界面法线的夹角 i 称为入射角，反射波的波线与分界面法线的夹角 i' 称为反射角.

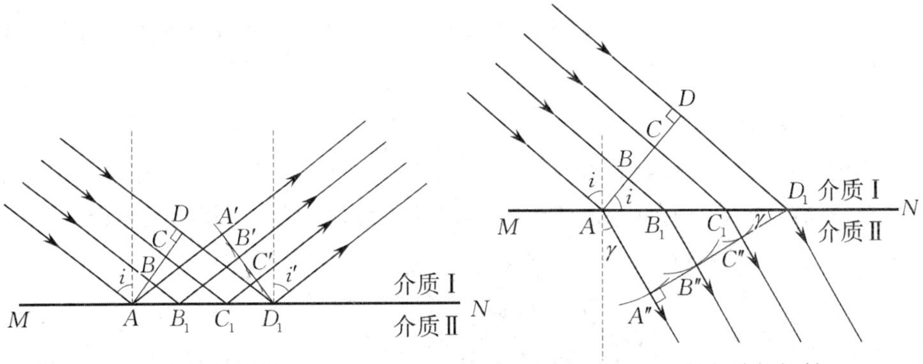

（a）波的反射　　（b）波的折射

图 6－16　波的反射和折射

入射波的波阵面 AD 上的各点 A,B,C,D 先后到达分界面，根据惠更斯原理，分界面上 A，B_1,C_1,D_1 各点先后向介质 Ⅰ 发射子波，其子波的包络面 $A'D_1$ 就是反射波的波阵面. 因为在同一种介质中传播，$AA'=DD_1$，$\triangle ADD_1$ 与 $\triangle AA'D_1$ 全等，所以有

$$i=i'. \tag{6-15}$$

由此得到波的反射定律：入射线、反射线和分界面的法线均在同一平面内且反射角等于入射角.

(2) 波的折射定律. 在图 6－16(b) 中，入射波的另一部分从介质 Ⅰ 进入介质 Ⅱ，折射波的波线与分界面法线的夹角 γ 称为折射角，波在介质 Ⅱ 中的波速为 u_2. 入射波的波阵面 AD 上的各点 A,B,C,D 先后到达分界面，根据惠更斯原理，分界面上 A,B_1,C_1,D_1 各点先后向介质 Ⅱ 发射子波，其子波的包络面 $A''D_1$ 就是折射波的波阵面. 由图 6－16(b) 可知

$$\frac{\sin i}{\sin \gamma}=\frac{DD_1}{AA''}=\frac{u_1}{u_2}. \tag{6-16}$$

由此得到波的折射定律：入射线、折射线和分界面的法线均在同一平面内且入射角的正弦与折射角的正弦之比等于波在两介质中的速度之比.

波的反射和折射在日常生活和生产中应用很广. 例如，在地质勘探中，以人工方法(如爆破) 激发的地震波在地壳中传播时，遇有介质性质不同的岩层分界面，地震波将发生反射与折射，在地表或井中用检波器接收这种地震波并进行处理和解释，可勘探各种矿藏、储油、气层或地质构造.

6.5　波 的 干 涉

前面讨论的是一列波的传播情况，而实际情况常是多列波在同一介质中传播. 将两个小石块投在静止水面上邻近两点，可以观察到，两石块在各自的落点处发出圆形波，两圆形波互相穿过，它们分开之后仍然是分别以两石块落点为中心的两圆形波；当乐队演奏或几个人同时说话

时,人耳能够辨别出每种乐器或每个人的声音,这表明,某种乐器和某人发出的声波并没有因为其他乐器或其他人同时发声而受到影响.

6.5.1 波的叠加原理

1. 波的叠加原理

在相遇区域内,任一点的振动位移为各列波单独存在时在该点所引起的振动的位移的矢量和. 这个规律称为波的叠加原理.

2. 波的独立传播原理

几列波在空间相遇时,仍保持各自原有的特性(频率、波长、振动方向、振幅都不变),并按原来的传播方向继续前进,好像没有遇到过其他波一样. 这称为波的独立传播原理,如图 6-17 所示.

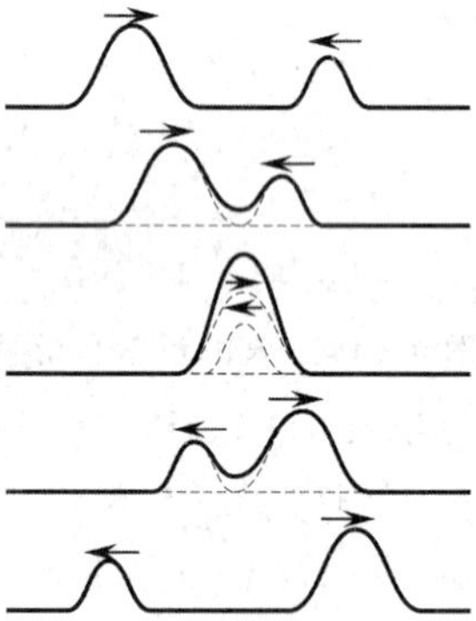

图 6-17 沿相反方向传播的两列波的叠加和独立传播

6.5.2 波的干涉

一般地说,两列或数列波在介质中相遇后,相遇各点的合振动是复杂的,叠加图样也不稳定;但有一种特殊的叠加方式,其叠加图样是稳定的.

图 6-18 波的干涉现象

图 6-18 所示为波的干涉现象. 把两个小球装在同一支架上,使小球的下端紧靠水面. 当支架沿垂直方向以一定的频率振动时,两个小球各自与水面的接触点就成了两个振动方向相同、频率相同、相位相同的波源,各自发出一系列圆形的水面波. 在它们相遇的水面上,呈现出如图 6-18 所示的现象. 由图可见,有些地方水面起伏得很厉害(图中亮处),说明这些地方振动加强了;而有些地方水面只有微弱的起伏(图中暗的地方),说明这些地方的振动减弱,甚至完全抵消了. 在这两列波的相遇区域,振动强弱是按一定的规律稳定分布的,在空间形成一个稳定的叠加图样.

我们把振动方向相同、频率相同、相位相同或相位差恒定的两列波相遇时,使某些位置振动始终加强,而使另一些位置振动始终减弱的现象,叫作**波的干涉现象**. 这样两列能产生干涉现象的波称为**相干波**,相应的波源称为**相干波源**. 干涉现象是波动所独具的特征之一,另一特征是衍射现象,它们是判别某种运动是否具有波动性的主要依据.

注意:所谓稳定的叠加图样,是指合振动的振幅随空间的分布是稳定即不随时间变化的,而不是指振动的位移. 由于每一质点都在振动，质点位移依然在不断地随时间变化，但其最大位移（振幅）是一定的.

下面从解析的角度来看干涉加强或减弱的条件. 如图 6-19 所示，设有两相干波源 S_1，S_2，其振动方程分别为

$$y_1 = A_1\cos(\omega t + \varphi_1),$$
$$y_2 = A_2\cos(\omega t + \varphi_2).$$

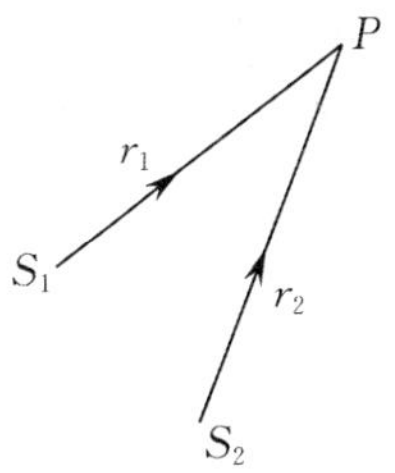

图 6-19　两列波叠加

显然，它们满足频率相同、振动方向相同（都沿 y 方向）、相位差恒定. 两列波在空间 P 点相遇，由波的叠加原理知，P 点的振动等于这两列波单独存在时在 P 点引起的分振动的合成，即 P 点的振动位移等于分振动位移的矢量和. 设 P 点到两波源的距离分别为 r_1 和 r_2，则两列波在 P 点引起的振动分别为

$$y_1 = A_1\cos\left(\omega t + \varphi_1 - \frac{2\pi r_1}{\lambda}\right),$$
$$y_2 = A_2\cos\left(\omega t + \varphi_2 - \frac{2\pi r_2}{\lambda}\right).$$

P 点的合成振动方程为

$$y = y_1 + y_2 = A_1\cos\left(\omega t + \varphi_1 - \frac{2\pi r_1}{\lambda}\right) + A_2\cos\left(\omega t + \varphi_2 - \frac{2\pi r_2}{\lambda}\right).$$

对同方向、同频率振动合成，结果为

$$y = A\cos(\omega t + \varphi),$$

其中 φ 是合振动的初相，满足

$$\tan\varphi = \frac{A_1\sin\left(\varphi_1 - 2\pi\dfrac{r_1}{\lambda}\right) + A_2\sin\left(\varphi_2 - 2\pi\dfrac{r_2}{\lambda}\right)}{A_1\cos\left(\varphi_1 - 2\pi\dfrac{r_1}{\lambda}\right) + A_2\cos\left(\varphi_2 - 2\pi\dfrac{r_2}{\lambda}\right)}.$$

而 A 是合振动的振幅，即

$$A = \sqrt{A_1^2 + A_2^2 + 2A_1A_2\cos\Delta\varphi}, \tag{6-17}$$

式中

$$\Delta\varphi = \left(\varphi_2 - \frac{2\pi r_2}{\lambda}\right) - \left(\varphi_1 - \frac{2\pi r_1}{\lambda}\right) = (\varphi_2 - \varphi_1) - 2\pi\frac{r_2 - r_1}{\lambda} = \text{常数}.$$

对相干波，$\varphi_2 - \varphi_1$ 恒定，$\Delta\varphi$ 只是 r_1 和 r_2 的函数，故振幅仅由 r_1 和 r_2 决定. 对于空间任一确定点，r_1 和 r_2 也确定了，故振幅是常量；而对于空间不同的点，由于 r_1 和 r_2 的值不同，故振幅各不相同，也就是说，振幅随空间有一稳定的不随时间改变的分布，即某些点的振幅恒大，某些点的振幅恒小.

由式(6-17) 可知，对于满足

$$\Delta\varphi = (\varphi_2 - \varphi_1) - 2\pi\frac{r_2 - r_1}{\lambda} = \pm 2k\pi \quad (k = 0,1,2,\cdots) \tag{6-18}$$

的空间各点，合振幅 A 最大，$A = A_1 + A_2$（干涉加强）；而对于满足

$$\Delta\varphi = (\varphi_2 - \varphi_1) - 2\pi\frac{r_2 - r_1}{\lambda} = \pm(2k+1)\pi \quad (k = 0,1,2,\cdots) \tag{6-19}$$

的空间各点，合振幅 A 最小，$A = |A_1 - A_2|$（干涉减弱）. 这样，干涉的结果使空间某些点的振

动始终加强,而另一些点的振动始终减弱.式(6-18)和式(6-19)分别称为相干波的干涉加强和干涉减弱条件.

如果两相干波源的初相相同,即 $\varphi_2=\varphi_1$,则

$$\Delta\varphi=\frac{2\pi}{\lambda}(r_2-r_1)=\frac{2\pi}{\lambda}\delta,$$

$\delta=r_2-r_1$ 表示两波源到考察点路程之差,称为**波程差**.若

$$\delta=r_2-r_1=\pm 2k\frac{\lambda}{2}\quad(k=0,1,2,\cdots),$$

即波程差等于半波长的偶数倍时,$A=A_1+A_2$,干涉加强;当

$$\delta=r_2-r_1=\pm(2k+1)\frac{\lambda}{2}\quad(k=0,1,2,\cdots),$$

即波程差等于半波长奇数倍时,$A=|A_1-A_2|$,干涉减弱.

在其他情况下,合振幅的数值在最大值 A_1+A_2 和最小值 $|A_1-A_2|$ 之间.

干涉现象是波动特有的现象,无论是机械波的干涉,还是光波的干涉,其理论表述具有一致性.相干理论具有广泛的实际应用.例如,礼堂、影剧院的设计,就必须考虑声波的干涉,以避免某些区域声音过强,而某些区域声音过弱.单频噪声也可通过干涉的办法得到消减.

【例 6.3】 如图 6-20 所示,A,B 两点为同一介质中两相干波源,其振幅为 5 cm,频率为 100 Hz,但当 A 点为波峰时,B 点恰为波谷.设波速为 10 m/s,试求分别由 A,B 发出的两列波传到 P 点时干涉的结果.

解 由图 6-20 的几何关系可得

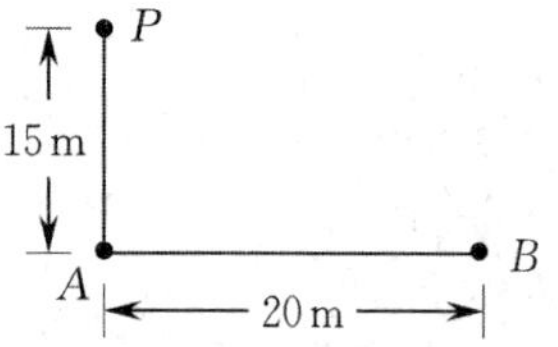

图 6-20 A,B 两列波在 P 点干涉

$$\overline{BP}=\sqrt{15^2+20^2}\ \text{m}=25\ \text{m}.$$

已知 $\nu=100$ Hz,$u=10$ m/s,则

$$\lambda=\frac{u}{\nu}=0.10\ \text{m}.$$

设 A 的相位较 B 超前,则 $\varphi_A-\varphi_B=\pi$.根据相位差与波程差的关系,有

$$\Delta\varphi=\varphi_B-\varphi_A-2\pi\frac{\overline{BP}-\overline{AP}}{\lambda}=-\pi-2\pi\frac{25-15}{0.1}=-201\pi.$$

相位差为 π 的奇数倍,符合干涉减弱条件,而且两波的振幅相同,这样 P 点合振动的振幅 $A=|A_1-A_2|=0$,即 P 点因两波的干涉减弱而不振动.

6.6 驻 波

波的干涉现象是波的叠加的特例,驻波则是波的干涉的特例.

6.6.1 驻波的产生

两个振幅相同的相干波(频率相同、振动方向相同、相位差恒定),在同一直线上相向传播时叠加的结果称为**驻波**.

如图 6-21 所示,弦线的一端固定在音叉上,另一端通过一滑轮系一砝码,使弦线拉紧,现让音叉振动起来,并调节劈尖 B 至适当位置,使 AB 具有某一长度.可以看到整个弦线上形成了一

种稳定的振动状态:有些点始终静止不动,振幅为零(图中 a,b,c,d 等处);而另一些点则始终振动最强,即振幅最大(图中 a',b',c',d' 等处),整个弦线上并没有波形的传播移动,好像波驻扎在那里一样,这就是驻波.

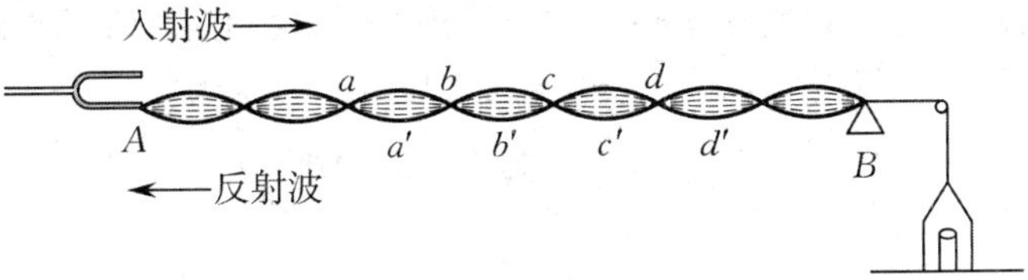

图 6-21　弦线驻波示意图

当音叉振动时,带动弦线 A 端振动,由 A 端振动引起的波沿弦线向右传播,在到达 B 点遇到障碍物(劈尖)后产生反射,反射波沿弦线向左传播. 入射波和反射波满足相干条件,两者干涉的结果就是在弦线上出现了驻波.

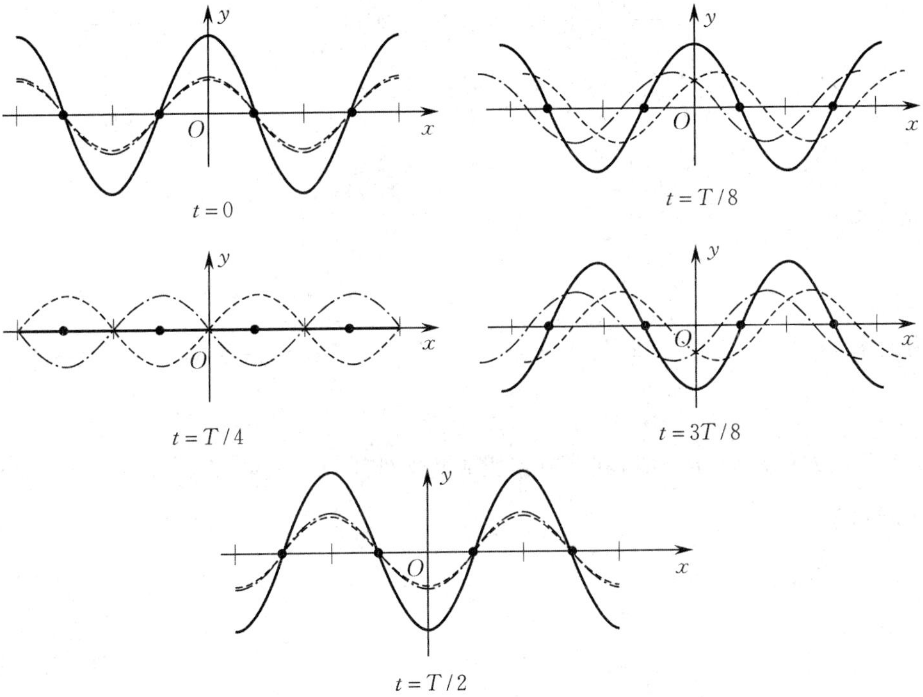

图 6-22　驻波

图 6-22 形象地显示出了驻波的形成. 两种虚线分别表示向右和向左传播的两列相干波,实线代表它们的合振动驻波的波形. 初始时刻,假设两列波的波形刚好重合,其合成波形是两波形在各点的相加,显然,此时各点的振动最强,合位移最大;在 $t = T/8$ 时,两波分别向右、向左传播了 $\lambda/8$ 的距离,其合成波形仍是一条余弦曲线,不过各点的合位移相比刚才减小了一些;在 $t = T/4$ 时,两波分别向右、向左传播了 $\lambda/4$ 的距离,合成波形是一条合位移为零的直线;在 $t = 3T/8$ 和 $t = T/2$ 时,其合成波形在各点的合位移分别与 $t = T/8$ 和 $t = 0$ 时刻的合位移大小相等,但方向相反. 接下来,每隔 $T/8$,合成波形依次重复 $t = 3T/8$, $t = T/4$, $t = T/8$ 时刻的波形,最后回到 $t = 0$ 时刻的波形. 可以看出,波形并不向左或向右传播.

6.6.2 驻波方程

由驻波定义可知，振幅相同而传播方向相反的两列相干波叠加得到驻波. 设这两列波中一列波沿 x 轴正方向传播，另一列波沿 x 轴负方向传播，选取共同的坐标原点和计时起点，为方便起见，设初始时刻及初相位皆为零，则它们的波动方程可以表示为

$$y_1 = A\cos 2\pi\left(\frac{t}{T} - \frac{x}{\lambda}\right),$$

$$y_2 = A\cos 2\pi\left(\frac{t}{T} + \frac{x}{\lambda}\right),$$

式中 A 为波的振幅，λ 为波长. 两波叠加后形成驻波，任意点的合位移为

$$\begin{aligned} y &= y_1 + y_2 = A\cos 2\pi\left(\frac{t}{T} - \frac{x}{\lambda}\right) + A\cos 2\pi\left(\frac{t}{T} + \frac{x}{\lambda}\right) \\ &= A \cdot 2\cos \frac{2\pi\left(\frac{t}{T} - \frac{x}{\lambda}\right) + 2\pi\left(\frac{t}{T} + \frac{x}{\lambda}\right)}{2} \cdot \cos \frac{2\pi\left(\frac{t}{T} - \frac{x}{\lambda}\right) - 2\pi\left(\frac{t}{T} + \frac{x}{\lambda}\right)}{2} \\ &= 2A\cos 2\pi \frac{t}{T} \cdot \cos \frac{-2\pi x}{\lambda} \\ &= 2A\cos \frac{2\pi x}{\lambda}\cos 2\pi\nu t, \end{aligned}$$

即驻波方程为

$$y = 2A\cos \frac{2\pi x}{\lambda}\cos 2\pi\nu t, \qquad (6-20)$$

式中 ν 为频率. 由式(6-20)可知，驻波方程是两个因子 $2A\cos \frac{2\pi x}{\lambda}$ 和 $\cos 2\pi\nu t$ 的乘积.

讨论：

(1) 由驻波方程知，x 给定时，驻波方程变成了 x 处质点的振动方程，振幅为 $2A\left|\cos \frac{2\pi x}{\lambda}\right|$. 不同点振幅可能不同.

(2) 波节. 当振幅 $2A\left|\cos \frac{2\pi x}{\lambda}\right| = 0$ 时，x 对应的质点始终不动，这些点称为**波节**. 其位置满足：

$$\cos \frac{2\pi x}{\lambda} = 0,$$

$$\frac{2\pi x}{\lambda} = \pm (2k+1)\frac{\pi}{2} \quad (k = 0,1,2,\cdots),$$

$$x_k = \pm (2k+1)\frac{\lambda}{4} \quad (k = 0,1,2,\cdots).$$

相邻波节距离

$$x_{k+1} - x_k = [2(k+1)+1]\frac{\lambda}{4} - (2k+1)\frac{\lambda}{4} = \frac{\lambda}{2}.$$

(3) 波腹. 当 $\left|\cos \frac{2\pi x}{\lambda}\right| = 1$ 时，x 处的质点振动最强，这些点称为**波腹**，其位置满足

$$\cos \frac{2\pi x}{\lambda} = \pm 1,$$

$$\frac{2\pi x}{\lambda}=\pm k\pi \quad (k=0,1,2,\cdots),$$

即

$$x_k=\pm k\frac{\lambda}{2} \quad (k=0,1,2,\cdots),$$

相邻波腹距离

$$x_{k+1}-x_k=(k+1)\frac{\lambda}{2}-k\frac{\lambda}{2}=\frac{\lambda}{2}.$$

(4) 驻波中各点的相位. 当 $2A\cos\frac{2\pi x}{\lambda}>0$ 时, $y=\left|2A\cos\frac{2\pi x}{\lambda}\right|\cos 2\pi\nu t$, 这时, x 对应的各点振动相位均为 $2\pi\nu t$.

当 $2A\cos\frac{2\pi x}{\lambda}<0$ 时, $\left|2A\cos\frac{2\pi x}{\lambda}\right|=-2A\cos\frac{2\pi x}{\lambda}$,

$$y=2A\cos\frac{2\pi x}{\lambda}\cos 2\pi\nu t=\left|2A\cos\frac{2\pi x}{\lambda}\right|\cos(2\pi\nu t+\pi),$$

x 对应的各点振动相位均为 $2\pi\nu t+\pi$.

由上述讨论可知,相邻波节间 $2A\cos\frac{2\pi x}{\lambda}$ 同号,相邻波节间各点相位相同,同步一齐振动;而波节两边 $2A\cos\frac{2\pi x}{\lambda}$ 异号,波节两边各点相位相反,反方向振动.

说明:

(1) 驻波是分段振动的,相邻波节间为一整体同步振动.

(2) 驻波每一时刻都有一定波形,波形并不传播,各点以确定的振幅在各自的平衡位置附近振动,故它并不传播振动状态.

(3) 驻波这种特殊形式的振动,不传播振动状态,故不传播能量. 驻波由振幅相同但传播方向相反的两列相干波叠加而成. 这样的两列波在传播过程中均沿波的前进方向传播能量,两者叠加后,能流密度是两列波的能流密度的矢量和,因此驻波的能流密度为零. 故驻波中无能量的定向流动,也就是不传播能量.

6.6.3 波在界面上的反射 半波损失

驻波一般由入射波与反射波叠加而成,反射发生在两介质交界面上. 实验发现,若波是在固定点处反射的,则在反射处形成波节,如图 6-21 所示的音叉实验;如果波是在自由端反射,则反射处为波腹. 一般情况下,两种介质分界面处形成波节还是波腹,取决于介质的性质.

介质的密度和波速的乘积 $Z=\rho u$ 称为介质的波阻抗. 根据波阻抗把介质分为波密介质与波疏介质. 两种介质比较, Z 值较大的称为**波密介质**, Z 值较小的称为**波疏介质**.

当波从波疏介质垂直入射到波密介质时,反射波与入射波在介质分界面处形成波节,说明入射波与反射波相位相反,反射波在该处相位突变 π. 因为在波线上相差半个波长的两点,其相位差为 π,所以,波从波密介质反射回到波疏介质时,相当于获得(或损失)了半个波长的波程. 通常称这种相位突变 π 的现象为**半波损失**.

反之,波从波密介质垂直入射到波疏介质,再被反射回到波密介质时,反射波与入射波在反射面处形成波腹,即入射波与反射波在该处的相位相同,无半波损失.

波在不同介质分界面上反射时有无半波损失如图 6-23 所示.

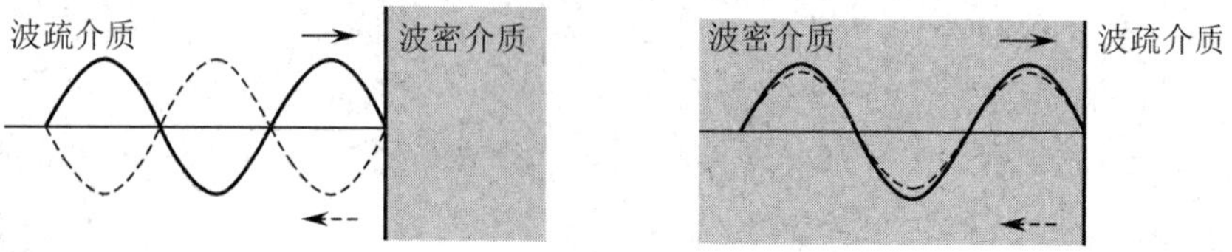

(a) 有半波损失　(b) 无半波损失

图 6-23　波在不同介质分界面上的反射

6.6.4　弦振动的简正模式

从驻波的特征不难看出，当弦线长度一定时，并不是任何频率(或波长)的波都能在弦线上形成驻波. 对于具有一定长度且两端固定的弦线，形成驻波且弦线两端为波节(见图 6-24)的条件是，弦长 l 等于半波长的整数倍，即

$$l = n\frac{\lambda}{2}\quad (n = 1,2,3,\cdots). \tag{6-21}$$

利用 $\nu = \frac{u}{\lambda}$ 可以得到弦线上形成驻波时频率应满足的条件:

$$\nu_n = \frac{u}{\lambda} = n\frac{u}{2l}\quad (n = 1,2,3,\cdots), \tag{6-22}$$

其中 u 是波速. 每一满足式(6-22)的频率 ν_n 都对应一种在弦线上形成驻波的方式，同样它也是弦线的一种振动方式，所有这些振动方式统称为弦振动的**简正模式**. 这些频率也叫作**本征频率**，最低的频率叫作**基频**，其他较高的频率依次叫作二次谐频、三次谐频 ……

简正模式也称为本征振荡，它不仅存在于力学系统，电磁学、光学系统等也都有本征振荡. 本征频率是系统的固有振动频率，当系统受到驱动时，系统会以本征频率或其组合进行振动，因此本征振荡是一种共振态.

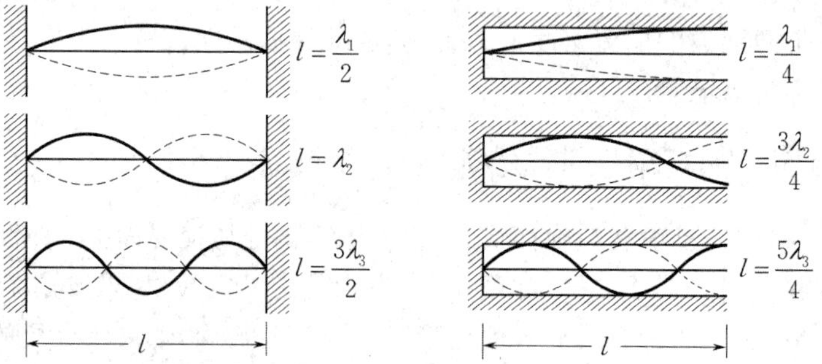

图 6-24　两端固定与单端固定的弦的简正模式

我们同样可以得到一端固定一端自由的弦振动的简正模式，此时自由端处形成波腹，如图 6-24 所示. 弦长与波长满足如下关系的驻波存在于弦上:

$$l = \left(n - \frac{1}{2}\right)\frac{\lambda}{2}\quad (n = 1,2,3,\cdots). \tag{6-23}$$

此时的本征频率为

$$\nu_n = \frac{u}{\lambda} = (2n-1)\frac{u}{4l}\quad (n = 1,2,3,\cdots). \tag{6-24}$$

各种乐器无论弦、管、锣、鼓，它们的振动都按各自相应的某些简正模式进行，并与外界策动力发生共振（策动力的频率与简正频率相同时），从而发出具有特定的音色（谐频）的音调（基频）. 图 6－25 所示为小提琴上的驻波模式.

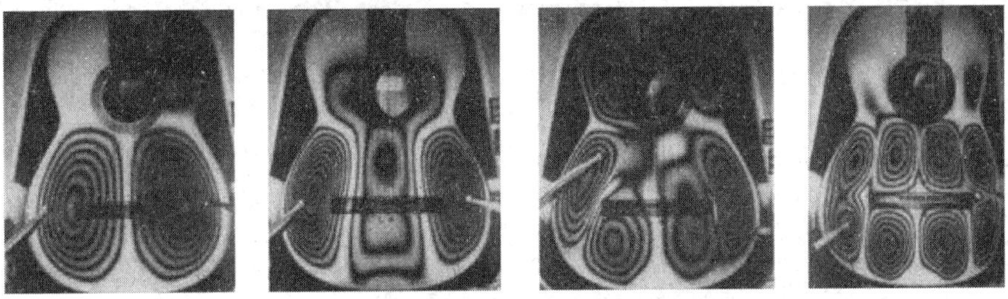

268 Hz　　553 Hz　　672 Hz　　1010 Hz

图 6－25　小提琴上的驻波模式

6.6.5　驻波的能量

驻波是由两个相向传播且等振幅的相干波叠加而成的，因此能量不再传播，而是驻留在驻波区域. 对于机械驻波，同样具有动能与势能，以及动能与势能间的转化. 能量虽然不传播，但在波腹与波节间有动能与势能的转化和传递. 以弦线上的驻波为例，当弦线上的各质点达到各自的最大位移，即形变最大时，振动速度为零，因此动能都为零，此时弦线上各段都有不同程度的变形，越靠近波节处形变越大，这时驻波的能量形式就只有**形变势能**，而且**集中于波节附近**；当弦线上各质点同时回到平衡位置时，弦线成为一条直线，形变完全消失，势能为零，这时各质点的振动速度都达到各自的最大值，且处于波腹位置的质点速度最大，此时驻波的能量形式只有**动能**，且**集中于波腹附近**. 而其他时刻，动能和势能同时存在.

可见，弦线上形成驻波时，动能和势能不断地相互转化，动能主要集中在波腹，势能主要集中在波节，能量在相邻的波腹和波节间往复变化（交替地由波腹附近转向波节附近，再由波节附近转回到波腹附近），无能量的定向传播.

【例 6.4】　如图 6－26 所示，入射波方程为

$$y_1 = 10^{-3}\cos\left[200\pi\left(t - \frac{x}{200}\right)\right]\text{(SI)}. \tag{1}$$

入射波在距原点为 $L = 2.25$ m 的 A 点处反射，已知介质 2 的波阻抗大于介质 1 的波阻抗，并假设反射波与入射波的振幅相等，求反射波函数及驻波方程.

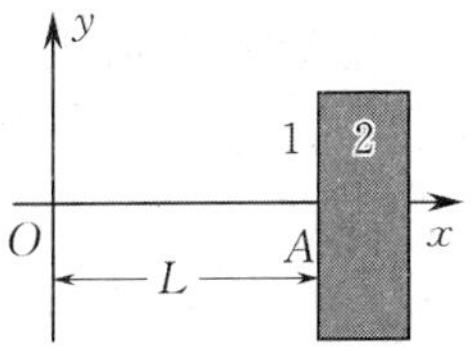

图 6－26

解　建立如图 6－26 所示的坐标，假设反射波方程为

$$y_2 = 10^{-3}\cos\left[200\pi\left(t + \frac{x}{200}\right) + \varphi_0\right]. \tag{2}$$

由入射波在 A 点激发的简谐振动方程为

$$y_R = 10^{-3}\cos\left[200\pi\left(t - \frac{L}{200}\right)\right]. \tag{3}$$

考虑半波损失，A 点的反射振动方程为

$$y_F = 10^{-3}\cos\left[200\pi\left(t - \frac{L}{200}\right) + \pi\right]. \tag{4}$$

它就是反射波的波源方程.又由式(2)可知,反射波在 A 点引起的反射振动方程为

$$y_F = 10^{-3}\cos\left[200\pi\left(t+\frac{L}{200}\right)+\varphi_0\right]. \tag{5}$$

式(4)、式(5)描写的是同一个振动,故两式相等,即

$$200\pi\left(t+\frac{L}{200}\right)+\varphi_0 = 200\pi\left(t-\frac{L}{200}\right)+\pi,$$

考虑 φ_0 在 $[-\pi,\pi]$ 区间取值,得 $\varphi_0=\frac{\pi}{2}$,代入式(2),得反射波的方程为

$$y_2 = 10^{-3}\cos\left[200\pi\left(t+\frac{x}{200}\right)+\frac{\pi}{2}\right].$$

驻波方程为

$$\begin{aligned} y &= y_1 + y_2 \\ &= 10^{-3}\cos\left[200\pi\left(t-\frac{x}{200}\right)\right]+10^{-3}\cos\left[200\pi\left(t+\frac{x}{200}\right)+\frac{\pi}{2}\right] \\ &= 2\times 10^{-3}\cos\left(200\pi t+\frac{\pi}{4}\right)\cos\left(\pi x+\frac{\pi}{4}\right). \end{aligned}$$

6.7 多普勒效应

到目前为止,我们所讨论的都是波源和观察者相对于传播介质静止的情况,这时波源发出的频率和观察者接收到的频率是相同的.如果波源或观察者或两者都相对于介质运动,这时观察者接收到的频率与波源发出的频率就不再相等了,这种由于波源或观察者的运动而出现观察者接收到的频率与波源频率不同的现象叫作**多普勒效应**.这一效应是奥地利物理学家多普勒在1842年发现的.

多普勒效应最常见的实例就是火车通过时汽笛声的变化:当高速度行驶的列车进站时,我们听到的汽笛声不仅越来越大,而且音调升高(声波频率变大);而当列车离去时,汽笛声不仅越来越小,而且音调降低(声波频率变小).这就是声波的多普勒效应.

6.7.1 波源 S 不动,观察者相对介质以速度 v_0 运动

如图 6-27 所示,当观察者静止不动时,波从波源 S 以速度 u 向观察者传播,则在 dt 时间内波传播的距离为 udt.显然分布在距离 udt 中的波都要经过观察者而被观察者接收,故观察者接收到的完整波数就是分布在距离 udt 中的波数.

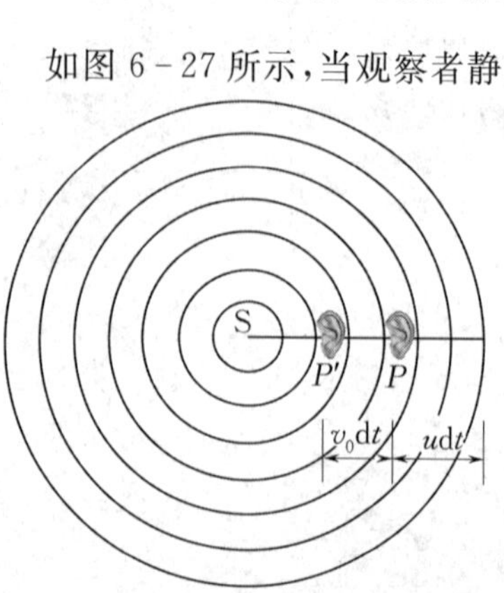

图 6-27 观察者运动的多普勒效应

当观察者以速度 v_0 迎着波的传播方向运动时,观察者在 dt 时间内移动的距离为 v_0dt,分布在 v_0dt 这段距离中的波也经过了观察者,从而被观察者接收.总体来看,dt 时间内分布在 $(v_0+u)dt$ 这段长度中的波都被观察者接收到了,所以观察者接收到的频率 $\nu'=\frac{v_0+u}{\lambda'}$.

由于波源静止不动,所以观测到的波长 λ' 就是波在介质

中传播的 λ(波峰和波峰间的距离是不变的),从而观察者接收到的频率为

$$\nu' = \frac{v_0 + u}{\lambda'} = \frac{v_0 + u}{\lambda} = \frac{v_0 + u}{u}\nu. \tag{6-25}$$

可见,接收到的频率高于波源的频率.

同理,观察者以速度 v_0 远离波源运动时,通过类似的分析,不难求得观察者接收到的频率为

$$\nu' = \frac{u - v_0}{u}\nu. \tag{6-26}$$

此时接收到的频率低于波源的频率.

6.7.2　观察者静止不动,波源相对介质以速度 v_S 运动

当波源运动时,介质中的波长将发生变化.实验发现,当波源向观察者运动时,观测到的波长变短了,而当波源远离观察者运动时,观测到的波长变长了.

如图 6-28 所示,假设波源在 O 点且静止不动,波源在 $t=0$ 时刻的状态在 $t=T$(一个周期)时刻传到了 A 点,即 $t=T$ 时刻,A 处的振动状态和波源在 $t=0$ 时刻的状态相同,它和波源在 $t=T$ 时刻的振动状态相位差为 2π,故 $\overline{OA}$ 间的距离为一个波长 λ;当波源相对介质以速度 v_S 运动时,$t=0$ 时刻,波源的状态开始向 A 传播,在 $t=T$(一个周期)时刻该状态传播到了 A 点,即 $t=T$ 时刻 A 处的振动状态仍和波源在 $t=0$ 时刻的状态相同,但此时波源已由 O 运动到了 O',即 O' 处的振动状态就是波源在 $t=T$ 时刻的振动状态,它和 A 处的振动状态相位差为 2π,故 $\overline{O'A}$ 间的距离等于此时的波长,所以观察者观测到的波长

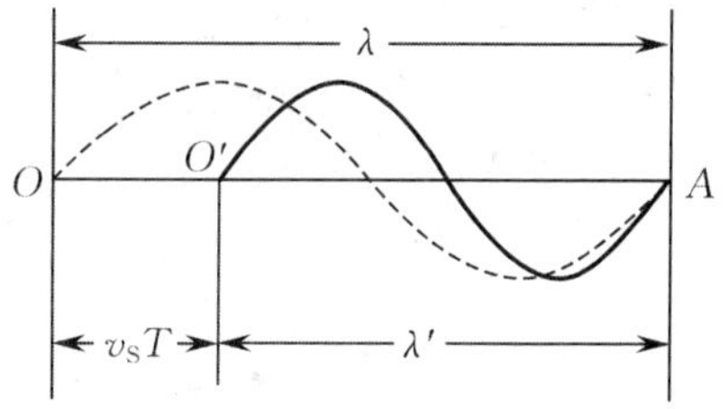

图 6-28　波源运动的前方波长变短

$$\lambda' = \lambda - v_S T = (u - v_S)T = \frac{u - v_S}{\nu}.$$

观察者接收到的频率 $\nu' = \frac{u'}{\lambda'}$,因为观察者相对介质静止不动,所以观察者观测到的波速就是介质中的波速,即 $u' = u$,则

$$\nu' = \frac{u}{\lambda'} = \frac{u}{u - v_S}\nu. \tag{6-27}$$

这表明,当波源向着静止的观察者运动时,观察者接收到的频率高于波源自身的振动频率.

同理,如果波源远离观察者运动,通过类似分析,可求得观察者接收到的频率为

$$\nu' = \frac{u}{\lambda'} = \frac{u}{u + v_S}\nu. \tag{6-28}$$

此时接收到的频率低于波源的频率.

6.7.3　波源与观察者同时相对介质运动

根据上面两种情况的讨论,不难求出观察者和波源都相对于介质运动时观察者接收到的频率为

$$\nu' = \frac{u \pm v_0}{u \mp v_S}\nu, \tag{6-29}$$

式中，观察者向着波源运动时，v_0 前取正号，远离时取负号；波源向着观察者运动时，v_S 前取负号，远离时取正号.

综上可知，多普勒效应既决定于观察者相对介质的速度，又决定于波源相对介质的速度，不论是波源运动，还是观察者运动，还是两者同时运动. 定性地说，只要两者互相接近，接收到的频率就高于原来波的频率；两者互相远离，接收到的频率就低于原来的频率.

如果波源和观察者并非沿着它们的连线运动，以上各式仍适用，只是其中的 v_S 和 v_0 是**运动速度沿连线方向的分量**.

多普勒效应有很多的实际应用，如车辆的速度监测、血流速度检测等，但凡测量运动体的速度，多普勒效应都是常选的方法.

如果波源的速度大于波速，那么式(6-27) 将失去意义. 在这种情况下，快速运动的波源前方不可能有其产生的波，波源在运动的路径上各点所激发的波前将挤压聚集在一个圆锥面上，如图 6-29 所示. 在这个圆锥面上，波的能量高度集中，其强大的能量可以造成巨大的破坏，这种波称为冲击波或激波. 图 6-30 所示为超音速子弹所形成的冲击波.

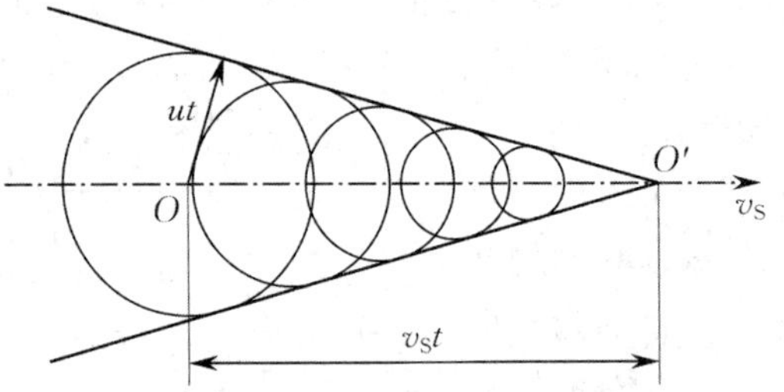

图 6-29　冲击波的形成

图 6-30　子弹的冲击波

【例 6.5】　如图 6-31 所示，A，B 为两个汽笛，其频率都为 500 Hz，A 静止，B 以 60 m/s 的速率向右运动. 在两个汽笛之间有一观察者 O，以 30 m/s 的速度也向右运动. 已知空气中的声速为 330 m/s，求：

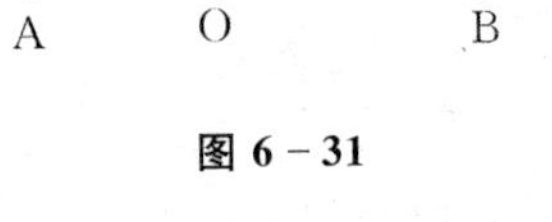

图 6-31

(1) 观察者听到来自 A 的频率；

(2) 观察者听到来自 B 的频率；

(3) 观察者听到的拍频.

解　(1) 观察者远离波源 A 运动，观察者听到来自 A 的频率为

$$\nu' = \frac{330-30}{330} \times 500\ \text{Hz} \approx 454.5\ \text{Hz}.$$

(2) 观察者向着 B 波源运动，而波源 B 远离观察者运动，观察者听到来自 B 的频率为

$$\nu'' = \frac{330+30}{330+60} \times 500\ \text{Hz} \approx 461.5\ \text{Hz}.$$

(3) 观察者听到的拍频为

$$\Delta\nu = |\nu' - \nu''| = 7\ \text{Hz}.$$

【例 6.6】　利用多普勒效应监测车速，固定波源发出频率为 100 kHz 的超声波，当汽车向波源行驶时，与波源安装在一起的接收器接收到从汽车反射回来的超声波的频率为 110 kHz. 已知空气中的波速为 330 m/s，求汽车行驶的速度.

解　汽车作为接收器接收到的频率为

$$\nu' = \frac{u+v}{u}\nu.$$

对于从汽车发出的发射波而言，汽车是波源，这样固定波源接收器接收到来自汽车的发射波的频率为

$$\nu'' = \frac{u}{u-v}\nu' = \frac{v+u}{u-v}\nu.$$

联立上两式，可求得汽车的速度为

$$v = \frac{\nu''-\nu}{\nu''+\nu}u = \frac{110-100}{110+100}\times 330\ \mathrm{m/s} \approx 56.57\ \mathrm{km/h}.$$

6.8 声波 超声波与次声波

6.8.1 声波

机械振动在弹性介质中的传播可以形成声波，频率在20 Hz～20 kHz范围内的振动能引起人的听觉，在这一频段内的机械波称为**声波**．频率低于20 Hz的叫作**次声波**；频率高于20 kHz的叫作**超声波**．因为横波只能在固体中传播，所以在流体中传播的声波只有纵波．

声波的能流密度叫作**声强**，记作I．人耳能够听见的声波不仅受到频率范围的限制，而且要处于一定的声强范围内．人耳能听见的声强下限为10^{-12} W/m^2；使人耳产生疼痛感觉的声强上限为1 W/m^2．实验发现，在这一范围内，人耳对不同频率的声波还存在各自的上、下限值．如图6-32所示，图中最外一条曲线范围是可听范围；中间一条是对音乐的敏感范围，人耳对音乐的频率范围大致是60 Hz～13 kHz，声强范围大致是10^{-9}～10^{-1} W/m^2；最里面一条是对语言的敏感范围．人耳的听觉是由物理机理和生理机理共同产生的．当声波的交变压力到达外耳时，便使鼓膜按入射声波的频率振动．这些振动在中耳的几个听小骨中放大，并通过内耳中的液体传递到内耳的神经末梢，经分析整理成信号传至大脑，产生不同音调和强度的声音感觉，这就是听觉的产生过程．虽然人耳的听觉范围(对于声强)很广，但是人耳对声强的变换并不敏感．因此直接用声强单位来计量声波不太符合听觉的反应特征，所以，在声学中改用声强的对数来标度声强级别，这不仅能"压缩"声强范围，而且大致符合人耳对响度反映的特征．

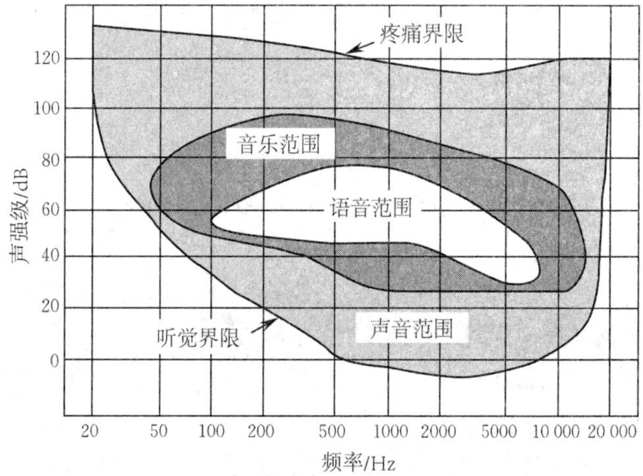

图6-32 听觉范围

声强级 L_I 的定义为

$$L_I = 10\lg\frac{I}{I_0}, \tag{6-30}$$

国际单位制中，声强级的单位为分贝(dB)，式中 $I_0 = 10^{-12}\ \mathrm{W/m^2}$，称为基准声强，它是频率 1 000 Hz 的声波能引起听觉的最弱声强.

人耳感觉到的声音响度与声强级有一定的关系，声强级越高，人耳感觉越响. 为了对声强级和响度有较具体的认识，表 6-2 给出了经常遇到的几种声音近似的声强、声强级和响度.

表 6-2　几种声音近似的声强、声强级和响度

声　源	声强 /(W/m²)	声强级 /dB	响　度
引起痛觉的声音	1	120	
钻岩机或铆钉机	10^{-2}	100	震耳
交通繁忙的街道	10^{-5}	70	响
通常的谈话	10^{-6}	60	正常
耳语	10^{-10}	20	轻
树叶沙沙声	10^{-11}	10	极轻
引起听觉的最弱声音	10^{-12}	0	

单个频率或者由少数几个谐频合成的声波，如果强度不太大，听起来是悦耳的音乐，不同频率和不同强度的声波无规律地组合在一起，听起来便是噪声. 噪声在城市中已成为污染环境的重要因素. 日常生活中的噪声如汽车喇叭的鸣叫声、声强过高的音乐声、物件的撞击声，以及各种汽笛和机器发动机的响声，是严重损伤听力及影响人体健康的原因之一. 为此，减轻和消除噪声已成为目前保护环境所必须考虑的重要问题.

6.8.2　超声波

频率高于20 kHz的机械振动形成超声波(现代超声波技术已能获得高达10^9 Hz的频率级). 近年来超声波技术的发展和应用越来越被重视. 其原因是超声波具有许多富于应用价值的特性，并且产生超声波的元件及其生产工艺得到了很大的改进，使超声波固有的特性更能发挥出有效的作用，最终得到许多工农业生产部门和科研部门的采用. 下面将对超声波的特性、产生和应用三个方面做简要介绍.

1. 超声波的特性

超声波有极强的定向功能. 由于超声波的波长很短，衍射效果小，传播的方向性好，能量可集中成束.

(1) 有极大的声强. 由于超声波频率很高，按照式(6-13)的结论，超声波有远大于普通声音的声强，可以用来进行物体表面研磨或材料的粉碎.

(2) 附加声压值大. 由于超声波有很大的声强，使介质的附加声压值(声波传播处介质压强的变化量)增大，并造成短时间内对介质的拉压作用，在液体中会形成“空穴作用”或“空化现象”，致使液体瞬间破裂，形成小气泡；尺寸匹配的气泡还能引起共振，从而带来升温、升压与放电等结果.

(3) 穿透性强. 由于超声波在液体、固体中传播时衰减很小，因此它能在固体中穿透几十米的厚度.

(4) 有显著的反射效果. 超声波在传播中遇到两类介质的分界面时会有强度明显的反射. 这一特性为材料的无损探伤、地质勘探,以及对人体病变的了解等应用提供了依据.

2. 超声波的产生

利用电与磁的变化而产生的高频机械振动是获得超声波的重要方法.

经适当切割制作成的某些晶片,如石英、钛酸钡等,对其表面加一交变电压,使其表面的正、负电荷不断变化,能引起晶片快速的机械伸缩. 由于电振荡频率很高,由此获得的高频机械振动可发出超声波,利用这种原理制作的超声波发生器叫作压电式超声发生器. 探伤仪即属于此类型.

具有磁致伸缩效应的某些金属如镍、铝铁合金等材料,在交变磁场作用下会产生机械伸缩变形. 把这类铁磁性物质做成芯棒放在通有高频交变电流的线圈中,会引起材料的机械振动,从而产生超声波,利用这种原理制作的超声波发生器叫作磁致伸缩超声发生器.

3. 超声波的应用

下面结合超声波的特性简略介绍一些典型的应用.

(1) 工业无损探伤及"B 超". 利用超声波的各种特性,特别是超声波的反射特性,在工业上可用来探测工件内部的缺陷(如气泡、裂缝、砂眼等). 使用超声波探伤仪探伤时,在工件表面涂上油或水,使探头与工件接触良好. 若探头发出的超声波遇到工件内的缺陷,超声波就会反射回来,被探头接受,通过晶片的机械振动变成电振动并显示在荧光屏上.

与超声波探伤的原理类似,医学上的"B 超"就是利用超声波来显示人体内脏图像从而诊断疾病的.

(2) 加工处理. 利用超声波附加声压大的特性,可以进行各种加工. 例如,把水银捣碎成水银粒子,使其和水均匀地混合在一起成为乳浊液;在医药上可用来捣碎药物,制成各种药剂;在食品工业上可用来制作许许多多的调味汁;在建筑业上则用来制作水泥乳浊液等.

超声波还可以用来清洁空气、洗涤毛织品上的油腻、清洗蒸汽锅炉中的水垢、清洗钟表轴承、去除精密复杂金属部件上的污物,以及制成超声波烙铁,用以焊接铝制物件等.

(3) 医学治疗. 利用超声波的能量来治疗人体疾病已有多年的历史,应用面广泛. 近年来新报道了用超声波治疗偏瘫、面神经麻痹、小儿麻痹后遗症、乳腺炎、乳腺增生症、血肿等疾病,都有一定的疗效.

6.8.3　次声波

次声波又被称为亚声波,一般指频率在$10^{-4}\sim 20$ Hz之间的机械波. 在火山爆发、地震、陨石落地、大气湍流、雷暴、磁暴等自然活动中都会有次声波的产生. 次声波的频率低,衰减极小,它在大气中传播几百万米后,衰减还不到万分之几分贝. 因此,次声波已经成为研究地球、海洋、大气等大规模运动的有力工具. 对次声波的产生、传播、接收和应用等方面的研究,已形成现代声学的一个新的分支,这就是次声学.

次声波还会对生物体产生影响. 某些频率的强次声波能引起人疲劳,甚至导致失明. 有报道说,海洋上发生过强次声波,使海员惊恐万状、痛苦异常、仓促离船,最终导致人员失踪. 鉴于这个原因,目前有的国家已建立了预报次声波的机构.

思 考 题 6

6.1 当波从一种介质进入另一种介质时，机械波的波长、频率、周期和波速四个量中，哪些量是不变的？

6.2 波函数 $y = A\cos\omega\left(t-\frac{x}{u}\right)$ 中的 $\frac{x}{u}$ 表示什么？如果把它写成 $y = A\cos\left(\omega t-\frac{\omega x}{u}\right)$，$\frac{\omega x}{u}$ 又表示什么？

6.3 机械波在介质中传播的速度与哪些因素有关？

6.4 试判断下面几种说法，哪些是正确的，哪些是错的.

(1) 机械振动一定能产生机械波；

(2) 质点振动的速度和波的传播速度相等；

(3) 质点振动的周期和波的周期数值相等；

(4) 波动方程中的坐标原点是选取在波源位置上的.

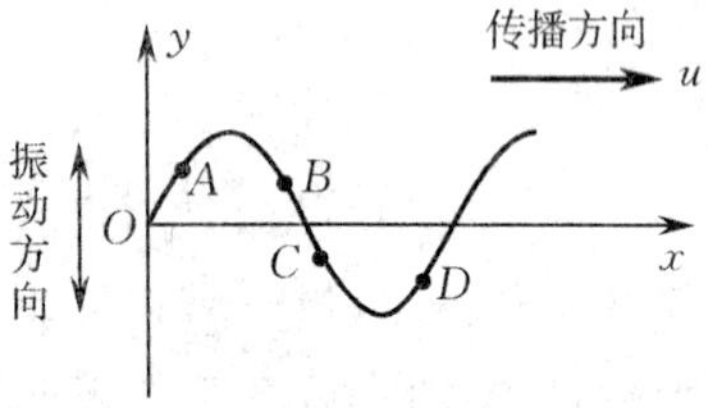

图 6-33

6.5 横波的波形及传播方向如图 6-33 所示. 试画出点 A,B,C,D 的运动方向，并画出 1/4 周期后的波形曲线.

6.6 波动的能量与哪些物理量有关？比较波动的能量与简谐振动的能量.

6.7 波的干涉的产生条件是什么？若两波源所发出的波的振动方向相同、频率不同，则它们在空间叠加时，加强和减弱是否稳定？

6.8 两波源发出频率相同、初相差恒定的余弦波，在交叠区域内两波振动方向垂直，则合振动是什么样的？

6.9 两波在空间某一点相遇，如果在某一时刻该点合成振动的振幅等于两波振幅之和，那么这两波就一定是相干波吗？

6.10 若两列波不是相干波，则当相遇且相互穿过后互不影响；若为相干波，则相互影响，这句话对不对？为什么？同时，请分析叠加原理成立的条件.

6.11 两列相干波形成驻波后的某一时刻，波线上各点的位移都为零，此时波的能量是否为零？

6.12 波源向着观察者运动和观察者向着波源运动，都会产生频率增高的多普勒效应，这两种情况有何区别？

习 题 6

6.1 一横波沿绳子传播，其波的表达式为 $y = 0.05\cos(100\pi t - 2\pi x)$ (SI).

(1) 求此波的振幅、波速、频率和波长.

(2) 求绳子上各质点的最大振动速度和最大振动加速度.

(3) 求 $x_1 = 0.2$ m 处和 $x_2 = 0.7$ m 处两质点振动的相位差.

6.2 一振幅为 10 cm、波长为 200 cm 的简谐横波，沿着一条很长的水平的绷紧弦从左向右行进，波速为 100 cm/s. 取弦上一点为坐标原点，x 轴指向右方，在 $t=0$ 时原点处质点从平衡位置开始向位移负方向运动，求此简谐波的表达式及弦上任一点的最大振动速度.

6.3 一振幅为 10 cm、波长为 200 cm 的一维余弦波，沿 x 轴正方向传播，波速为 100 cm/s，在 $t=0$ 时原点处质点在平衡位置向正位移方向运动. 求：

(1) 原点处质点的振动方程.

(2) 在 $x = 150$ cm 处质点的振动方程.

6.4 一简谐波沿 x 轴负方向传播，波速为 1 cm/s，在 x 轴上某质点的振动频率为 1 Hz、振幅为 0.01 m. $t=0$ 时该质点恰好在正方向最大位移处，若以该质点的平衡位置为 x 轴的原点，求此一维简谐波的表达式.

6.5 已知一平面简谐波的表达式为 $y = 0.25\cos(125t - 0.37x)$ (SI).

(1) 分别求 $x_1 = 10$ m, $x_2 = 25$ m 两点处质点的振动方程；

(2) 求 x_1, x_2 两点间的振动相位差；

(3) 求 x_1 点在 $t = 4$ s 时的振动位移.

6.6 一横波方程为 $y = A\cos\frac{2\pi}{\lambda}(ut - x)$，式中 $A = 0.01$ m，$\lambda = 0.2$ m，$u = 25$ cm/s，求 $t = 0.1$ s 时在 $x = 2$ m 处质点振动的位移、速度、加速度.

6.7 一平面简谐波，频率为 300 Hz，波速为 340 cm/s，在截面面积为 3.00×10^{-2} m^2 的管内空气中传播，若在 10 s 内通过截面的能量为 2.70×10^{-2} J，求：

(1) 通过截面的平均能流；

(2) 波的平均能流密度；

(3) 波的平均能量密度.

6.8 为了保持波源的振动不变，需要消耗 4.0 W 的功率. 若波源发出的是球面波(设介质不吸收波的能量)，求距离波源 5.0 m 和 10.0 m 处的能量密度.

6.9 设平面简谐波沿 x 轴传播时在 $x = 0$ 处发生反射，反射波的表达式为

$$y_2 = A\cos[2\pi(\nu t - x/\lambda) + \pi/2].$$

已知反射点为一自由端，试求由入射波和反射波形成的驻波的波节位置的坐标.

6.10 设沿弦线传播的一入射波的表达式为

$$y_1 = A\cos\left[2\pi\left(\frac{t}{T} - \frac{x}{\lambda}\right) + \varphi\right],$$

波在 $x = L$ 处发生反射，反射点为固定端. 设波在传播和反射过程中振幅不变，试求反射波的表达式.

6.11 一驻波中相邻两波节的距离 $d = 5.00$ cm，质元的振动频率 $\nu = 1.00\times10^3$ Hz，求形成该驻波的两个相干行波的传播速度 u 和波长 λ.

6.12 图 6-34 所示为干涉型消声器的结构，利用这一结构可消减噪声. 当发动机排气噪声声波经管道达到 A 点时，分成两路而在 B 点相遇，声波因干涉而相消. 如果要消除频率为 300 Hz 的发动机排气噪声，问图中弯道与直管长度差 $\Delta r = r_2 - r_1$ 至少应为多少?(设声波的速度为 340 m/s)

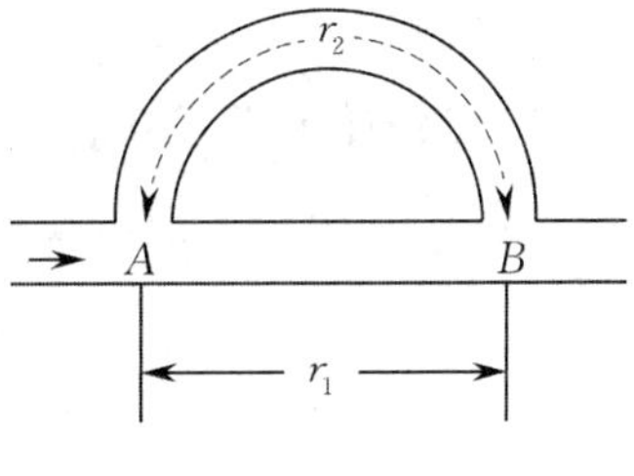

图 6-34

6.13 火车驶过车站时，站台边上观察者测得火车鸣笛声的频率由 1 200 Hz 变到 1 000 Hz. 已知空气中声速为 330 m/s，求火车的速度.

6.14 一声源的振动频率为 ν_S，相对于空气以 v_S 的速率运动，在其运动方向上有一相对于空气静止的接收器 R. 设声波在空气中的传播速度为 u，试求接收器 R 接收到的声波频率.

6.15 面积为 1.0 m^2 的窗户开向街道，街中噪声在窗口的声强级为 80 dB，问有多少"声功率"传入窗内?

6.16 如图 6-35 所示，一次军事演习中，有两艘潜水艇在水中相向而行，甲的速度为 50.0 km/h，乙的速度为 70.0 km/h. 甲潜艇发出一个 1.0×10^3 Hz 的声音信号，设声波在水中的传播速度为 5.47×10^3 km/h，试求：

(1) 乙潜艇接收到的信号的频率；

(2) 甲潜艇接收到的从乙潜艇反射回来的信号频率.

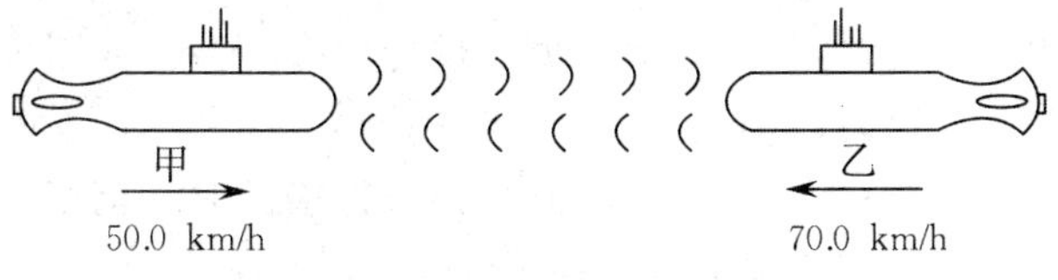

图 6-35

第7章　气体动理论

前面我们研究了最简单的物质运动形式 —— 机械运动的规律. 在这一章里,将研究物质的另一种运动形式 —— 热运动的规律.

众所周知,自然界一切宏观物体都是由数量极大的分子所组成的,这些分子都处于永不停息的无规则运动(称为分子热运动)之中,各种热现象都是分子热运动的宏观表现. 在经典的热运动理论中,假定每个分子的运动都遵循牛顿运动定律. 初看起来,似乎只要知道物体中每个分子运动的初始条件和所有分子之间的相互作用,就能通过逐个求解每个分子的运动方程,确定它们在每一时刻的运动情况,从而说明宏观热现象的规律. 但实际上这是不可能的,这不仅是因为分子数目太多,使我们无法确定每个分子的初始条件以及分子间相互作用的情况(即使知道了相互作用和初始条件,也无法进行求解),而且在研究热运动规律时,这样做也是没有必要的. 在各种宏观热现象中,起决定作用的,不是个别分子的运动情况,而是大量分子的集体行为. 热运动是一种比机械运动更复杂的运动形式,它所遵循的规律 —— 统计规律与机械运动规律也有本质的区别. 本章将以理想气体为研究对象,从物质的微观结构模型出发,运用统计的方法来研究其热运动规律.

7.1　气体分子热运动的规律

7.1.1　分子热运动的图像

人们从大量实验事实中得到了对分子热运动的认识,它可归纳为以下几点:

(1) 宏观物体是由大量分子(或原子)组成的. 1 mol 任何物质都包含有 $N_A = 6.022 \times 10^{23}$ 个分子. 在标准状态下,1 cm^3 任何气体都包含有 2.7×10^{19} 个分子.

(2) 一切物质的分子都在永不停息地无规则地运动着. 每个分子在运动过程中都要与其他分子频繁地发生碰撞,从而导致其速度的大小和方向不断变化,这就使整个系统内部分子的运动状况呈现出一片杂乱无章的景象. 这种无规则运动的剧烈程度与物体的温度有关,温度越高,分子无规则运动越剧烈. 分子的这种无规则运动称为**热运动**.

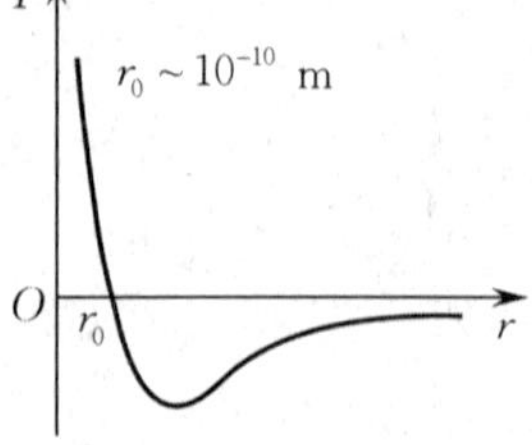

图 7-1　F 与 r 的关系

(3) 分子间存在着相互作用力 —— 分子力. 分子间存在着引力,同时也存在着斥力,两者都随分子间距离 r 的增大而急剧地减小,其合力就是所谓的分子力. 分子力 F 与 r 的关系如图 7-1 所示. 当 $r < r_0$ 时,$F > 0$,分子力表现为斥力;当 $r > r_0$ 时,$F < 0$,分子力表现为引力;当 $r = r_0$ 时,$F = 0$;当 $r \gg r_0$ 时,$F \to 0$. 这表明分子力是一种短程力,只有在分子与分子很接近时才能显现出来. 分子力源于电磁相互作用,是一种保守力.

7.1.2　统计规律性

下面我们以伽耳顿板实验为例来阐明统计规律的意义.

如图 7-2(a) 所示,在一块竖直放置的木板上部,规则地钉上许多铁钉,木板下部用竖直隔板分隔成许多等宽的狭槽,木板顶部置一漏斗. 若向漏斗中投入一个小球,小球在下落过程中先后与多个铁钉相碰,经过曲折的路径,最后落入下部某一狭槽内.

从实验中可以发现,每次投入的小球究竟落入哪个槽内,完全是偶然的,无法事先预测. 这种在一定条件下发生的不确定的试验结果,称为偶然事件或随机事件.

向漏斗内投入一个或少数几个小球虽然无法预料其结果,但若先后或同时从漏斗中投入足够多的小球,则可发现小球在槽内的分布表现出的规律性:各槽内落入的小球数目具有大体确定的比例,中部的几个槽内落入的小球较多,两边的槽内落入的小球较少,如图 7-2(b) 所示.

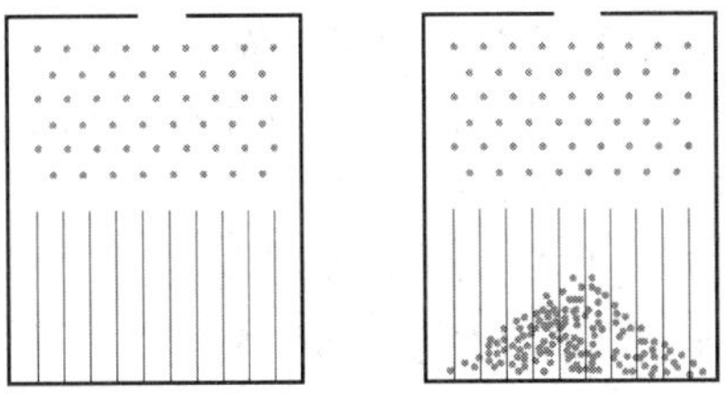

(a)　　(b)

图 7-2　伽耳顿板实验中的小球分布

在伽耳顿板实验中,个别事件虽具有偶然性,大量事件却表现出规律性. 这种对大量的偶然事件的总体起作用的规律,称为**统计规律**. 个别偶然事件的出现虽有各自的因果关系,但对大量偶然事件而言,个别事件的特征不再重要,重要的是在总体上显示了统计规律性.

满足统计规律的前提是必须有大量的事件. 参与的事件数目越多,规律性就越明显,越趋于稳定. 例如,在相同条件下,多次抛掷同一枚质地均匀的硬币,可以发现出现正面(或反面) 的次数与抛掷总次数之比总是在 0.5 左右. 当抛掷次数增多时,比值趋于稳定,我们就说出现正面(或反面) 的概率是 0.5. 在通常条件下,一定量气体中所包含的分子数目非常大,虽然每个分子的速度大小和方向都因频繁的碰撞而经常发生不可预测的变化,但是对于包含大量气体分子的总体来说,在一定温度下,分子的速度分布却遵循着确定的统计规律.

7.2　平衡态及理想气体的物态方程

7.2.1　宏观量与微观量

研究与分子热运动有关的问题时,通常将所研究的物体系统称为热力学系统,简称系统. 在气体动理论中,系统就是我们所研究的那部分气体,它包含大量气体分子.

每个分子都具有各自的质量、大小、位置、速度、动能、势能等,这些描述个别分子特征的物理量,称为**微观量**. 通常在实验中测得的是描述大量分子集体特征的物理量,如气体的体积、压强、温度等,称之为**宏观量**. 大量分子的集体所处的状态称为**宏观态**,由系统中所有分子的微观特征来确定的状态称为**微观态**,一个宏观态可能对应很多个微观态,与不同的宏观态对应的微观态的数目,往往是不相同的. 宏观量与微观量之间存在一定的内在联系. 运用统计方法,求出大量分子的一些微观量的统计平均值,确定它们与相应的宏观量的关系,用以解释在实验中观察到的气体的宏观性质,是气体动理论的任务.

7.2.2 平衡态

宏观态可分为平衡态或非平衡态.无数实验事实表明，任何一个系统，不论其初始的宏观状态如何，只要不受外界影响，经过一定时间后，必将达到一个确定的状态，在该状态下，系统的一切宏观性质都不随时间变化.例如，在容器内盛入一定量的气体，如果不受外界各种作用的影响，经过一段时间后，容器内气体的密度、温度、压强等将处处相同，而且不再发生变化.又如，两冷热程度不同的物体相互接触后，冷的物体变热，热的物体变冷，经过一定时间后，两物体各处的冷热程度变得均匀一致，此后如果没有外界影响，它们所组成的系统将始终保持这个状态，不再发生任何变化.这种在不受外界影响的条件下系统宏观性质不随时间变化的状态，称为**平衡态**；否则，就是**非平衡态**.

应当指出，不能把平衡态简单地说成是不随时间变化的状态.例如，把金属杆一端放在沸水中，另一端放在冰水混合物内，经过一定时间后，金属杆各处的温度虽然不同，但都不随时间变化.对金属杆来说，这时仍存在着外界影响，它所处的宏观态并不是平衡态.

还要指出，系统处于平衡态时，虽然宏观性质不再随时间变化，但从微观角度来看，组成系统的大量分子仍在不停地运动着，只不过是大量分子运动的宏观表现不随时间变化而已.例如，有一个密闭容器，被隔板分为A，B两部分，如图7-3所示.开始时，A部分储有气体，B部分为真空.把隔板抽出后，A部分的气体就向B部分运动，在这一过程中，气体中各处的状态，如分子数密度（单位体积的分子数）是不同的，且会随时间而变化，最后达到各处状态相同.此后如果没有外界影响，容器内的气体将始终保持这一状态，不再发生宏观变化，即达到了平衡态.但由于分子永不停息的运动，A部分的分子仍会跑到B部分去，B部分的分子也会跑到A部分来，总体来说，在任意一段时间内，两部分交换的分子数相同，宏观上表现为分子数密度不随时间变化，呈动态平衡.通常把这种平衡称为**热动平衡**.

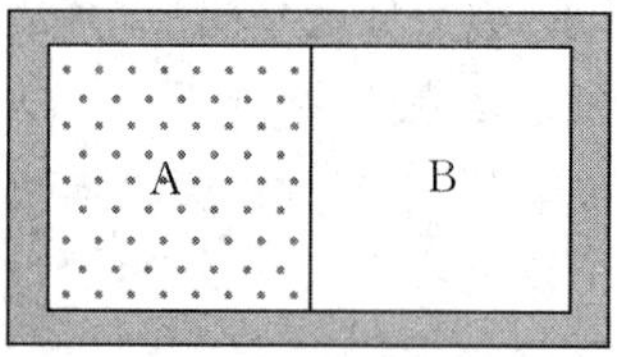

图7-3 热动平衡

完全不受外界影响，宏观性质保持绝对不变的系统，在实际中是不存在的，所以平衡态只是一种理想的情况，它是在一定条件下对实际情况的概括和抽象.由于许多实际情况可近似地视为平衡态，处理方法比较简便，所以对平衡态的讨论仍具有实际意义.

7.2.3 理想气体的物态方程

处于平衡态的气体可以用一些确定的物理量（如温度、压强、体积等）来描述该状态的宏观属性，这些确定量称为气体的**物态参量**.物态参量的每一组数值对应于一个宏观态，气体的宏观态发生变化时，物态参量也会发生相应变化.但处于非平衡态的气体，由于各部分性质不同，且随时间而变化，所以不能只用一组参量来描述.

实验表明，处于平衡态的气体的三个物态参量——压强p、体积V、温度T之间存在着一定的关系.反映这一关系的方程称为气体的**物态方程**.物态方程可以写成显函数形式，即将其中一个参量表示成其余两个参量的函数，如

$$T = f(p,V), \tag{7-1}$$

也可以写成隐函数形式，如

$$F(p,V,T) = 0. \tag{7-2}$$

物态方程与气体的自身性质有关，其形式通常是很复杂的．这里只介绍理想气体的物态方程．

理想气体是分子动理论中的一个理想模型，它所指的是在任何情况下都严格遵守三条实验定律(玻意耳定律、盖吕萨克定律和查理定律)的气体．实验表明，当温度、压强在一定范围内时，很多实际气体，如氢、氦、氮等，都可看作理想气体．因此，研究理想气体物态方程具有重要意义．

常用的一种理想气体物态方程形式为

$$pV = \frac{m'}{M}RT, \tag{7-3}$$

式中，m' 为所研究气体的质量，M 是其摩尔质量，$R = 8.31\ \mathrm{J/(mol \cdot K)}$，是普适气体常量．在国际单位制中，$p$ 的单位是帕[斯卡](Pa)，V 的单位是立方米($\mathrm{m^3}$)，T 的单位是开[尔文](K)．

假设所研究的气体中包含 N 个分子．每个分子的质量为 m，则 $M = N_A m$($N_A = 6.022 \times 10^{23}$ /mol，称为阿伏伽德罗常量)，$m' = Nm$．定义分子数密度 $n = \frac{N}{V}$，即单位体积中的分子数．R 与 N_A 均为恒量，两者之比称为**玻尔兹曼常量**，用 k 表示，

$$k = \frac{R}{N_A} = \frac{8.31}{6.022 \times 10^{23}}\ \mathrm{J/K} = 1.38 \times 10^{-23}\ \mathrm{J/K}.$$

因此式(7-3)可变换为

$$p = nkT. \tag{7-4}$$

式(7-4)是理想气体物态方程的另一形式．

7.3　理想气体的压强和温度的统计意义

压强和温度是气体的两个重要的宏观量．下面我们从理想气体的微观模型出发，阐明这两个量的微观本质，并运用统计方法，导出它们与描述分子运动的微观量之间的关系．

7.3.1　理想气体的微观模型

从实验中知道，在标准状态下，气体的密度大约是它凝结成液体时的1/1 000．假设在液体中分子是紧密排列的，则气体分子之间的平均距离大约是分子本身线度的10倍．分子在气体系统内分布得相当稀疏，除碰撞瞬间外，分子间的相互作用力极为微小．据此人们提出理想气体的微观模型如下：

(1) 理想气体分子可视为体积可以忽略的小球；

(2) 除分子间发生碰撞或分子与器壁发生碰撞的瞬间有作用力之外，分子间及分子与器壁之间的其他相互作用力可以忽略；

(3) 把分子看成完全弹性球，分子之间及分子与器壁之间的碰撞是完全弹性碰撞．

概括地说，理想气体是大量、自由、无规则运动着的弹性球的集合．它是真实气体的近似．真实气体越稀薄，温度越高，越接近理想气体状态．

7.3.2　统计假设

推导理想气体压强公式时，对于大量气体分子的集合体，还需提出统计假设．根据平衡态下气体密度处处相同这一事实，可以假定，对大量气体分子来说，分子沿各个方向运动的机会是均

等的,即向各个方向运动的概率相同.由此可以推断,分子速度沿各个方向的分量的统计平均值均等于零,各分量的平方的统计平均值相等,即

$$\overline{v_x}=\overline{v_y}=\overline{v_z}=0,$$

$$\overline{v_x^2}=\overline{v_y^2}=\overline{v_z^2}.$$

由分子速率与速度分量间的关系 $v^2=v_x^2+v_y^2+v_z^2$ 可得

$$\overline{v_x^2}=\overline{v_y^2}=\overline{v_z^2}=\frac{1}{3}\overline{v^2}.$$

7.3.3 理想气体的压强公式

气体的压强是气体作用在容器器壁单位面积上的指向器壁的垂直作用力.从气体动理论的观点来看,压强是大量气体分子对器壁碰撞的平均效应.无规则运动的气体分子与器壁不断发生碰撞,使器壁受到冲力作用.就个别分子而言,它每次碰在什么地方,对器壁的冲力多大,都是偶然的、不连续的.但是,对包含大量分子的整体来说,由于每一时刻都有许多分子在各处与器壁相碰,器壁就受到均匀、恒定、持续的作用力.这便是压强产生的微观本质.

现在从理想气体的微观模型出发,对各个分子应用力学定律,对大量气体分子的集合体运用统计假设和统计平均方法,推导平衡态下理想气体的压强和描述分子运动的微观量之间的关系.

如图 7-4 所示,假设在一棱长分别为 l_1,l_2,l_3 的长方体容器内有 N 个同类气体分子,每个分子的质量都为 m,由于分子所受的重力可以忽略不计,分子的总能量仅有动能.

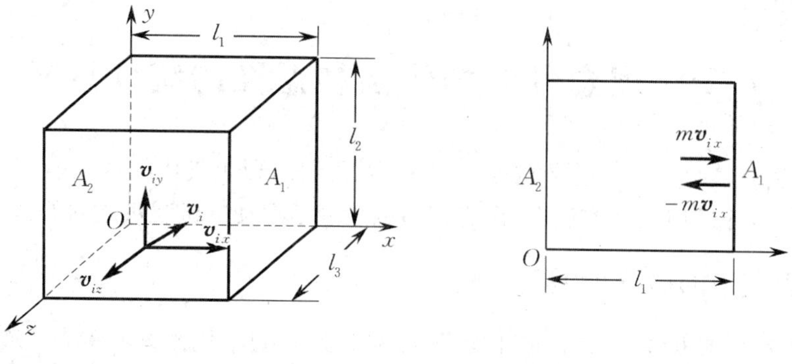

图 7-4 气体压强公式推导

在平衡态下,气体的压强处处相同,因此只需考虑某个特定的器壁(如 A_1 面),计算气体对它的压强.具体步骤如下:

(1) 求第 i 个分子与器壁碰撞一次施于器壁的冲量.设第 i 个分子与 A_1 面发生弹性碰撞,碰撞前速度的 x 分量为 v_{ix},碰撞后速度的 x 分量变为 $-v_{ix}$,碰撞前后第 i 个分子在 x 方向的动量增量应为 $-2mv_{ix}$.根据动量定理,器壁 A_1 施于分子 i 的冲量为 $-2mv_{ix}$.由牛顿第三定律可知,分子施于 A_1 面的冲量为 $2mv_{ix}$.

(2) 求第 i 个分子对 A_1 面的平均冲力.分子 i 从 A_1 面弹回后,沿 $-x$ 方向运动,与 A_2 面碰撞后弹回又与 A_1 面碰撞.在此过程中分子 i 沿 x 方向经过的路程为 $2l_1$,经历的时间应为 $2l_1/v_{ix}$,显然,单位时间内的碰撞次数为 $v_{ix}/2l_1$.于是单位时间内第 i 个分子施于 A_1 面的冲量(平均冲力)为

$$2mv_{ix}\cdot\frac{v_{ix}}{2l_1}=\frac{mv_{ix}^2}{l_1}.$$

(3) 求 N 个分子施于 A_1 面的平均冲力. 实际上容器内有大量分子对 A_1 面碰撞,使器壁受到一个几乎连续不断的力,这个力的大小应等于每个分子作用在 A_1 面上力的平均值之和,即

$$\begin{aligned}\overline{F} &= \sum_{i=1}^{N} \frac{mv_{ix}^2}{l_1} = \frac{m}{l_1}(v_{1x}^2 + v_{2x}^2 + \cdots + v_{Nx}^2)\\ &= \frac{Nm}{l_1}\,\frac{(v_{1x}^2 + v_{2x}^2 + \cdots + v_{Nx}^2)}{N} = \frac{Nm}{l_1}\overline{v_x^2},\end{aligned}$$

其中 $\overline{v_x^2} = \dfrac{v_{1x}^2 + v_{2x}^2 + \cdots + v_{Nx}^2}{N}$,是所有分子速度的 x 分量平方的平均值.

(4) 求 A_1 面受到的压强. 由压强的定义知,A_1 面受到的压强为

$$p = \frac{\overline{F}}{l_2 l_3} = \frac{Nm}{l_1 l_2 l_3}\overline{v_x^2} = nm\,\overline{v_x^2},$$

其中 $n = \dfrac{N}{l_1 l_2 l_3} = \dfrac{N}{V}$,为分子数密度.

(5) 求理想气体的压强. 对处于平衡态的理想气体应用统计假设

$$\overline{v_x^2} = \frac{1}{3}\overline{v^2},$$

可得

$$p = \frac{1}{3}nm\,\overline{v^2},$$

或

$$p = \frac{2}{3}n\left(\frac{1}{2}m\,\overline{v^2}\right) = \frac{2}{3}n\,\bar{\varepsilon}_{kt}, \tag{7-5}$$

式中 $\bar{\varepsilon}_{kt} = \dfrac{1}{2}m\,\overline{v^2}$ 是气体分子的平均平动动能. 式(7-5) 即为**理想气体的压强公式**. 可见,气体作用器壁的压强正比于气体的分子数密度 n 和分子的平均平动动能 $\bar{\varepsilon}_{kt}$. 实际上,个别分子对器壁的碰撞是不连续的,对于个别或少量分子,器壁所受到的冲量的数值是起伏不定的,只有在分子数足够大时,器壁所获得的冲量才有确定的统计平均值. 讨论个别分子产生多大压强是无意义的,压强是一个统计量. 应当指出,压强虽说是由大量分子对器壁碰撞产生的,但它是一个宏观量,可以从实验中直接测得. 而式(7-5) 的右方是不能直接测量的微观量,所以式(7-5) 是无法直接用实验来验证的. 但是,从此公式出发,可以令人满意地解释或论证已经验证过的理想气体诸定律. 理想气体的压强公式是气体动理论的基本公式之一.

气体的密度 $\rho = nm$,故理想气体压强公式也可写为

$$p = \frac{1}{3}\rho\overline{v^2}.$$

7.3.4　温度的统计意义

由理想气体的物态方程和压强公式可以得到气体的温度与分子的平均平动动能之间的关系,从而说明温度这一宏观量的微观本质.

将理想气体压强公式(7-5) 和物态方程(7-4) 相比较,可得

$$\bar{\varepsilon}_{kt} = \frac{1}{2}m\,\overline{v^2} = \frac{3}{2}kT, \tag{7-6}$$

或

$$T = \frac{2}{3k}\bar{\varepsilon}_{kt}. \tag{7-7}$$

该式称为**理想气体的温度公式**,和压强公式一样,是气体动理论的基本公式之一. 它体现了

宏观量 T 与微观量的统计平均值 $\bar{\varepsilon}_{kt}$ 间的联系,也是一条统计规律. 它表明了温度的微观本质:气体的温度是大量气体分子热运动剧烈程度的量度. 分子的平均平动动能与气体的温度成正比,气体的温度越高,分子的平均平动动能越大,分子的热运动的程度越剧烈. 和压强一样,温度这个物理量也只具有统计意义,它是大量分子热运动的集体表现,对一个或几个分子讨论温度是无意义的.

例如,有两种气体,它们分别处于平衡态,若两种气体的温度相等,那么由式(7-6)可以看出,这两种气体分子的平均平动动能也相等. 若使两种气体相接触,两种气体间将没有宏观的能量传递. 因此温度是表征气体处于热平衡状态的物理量.

最后需要指出,由式(7-6)似乎可以得出,当 $T=0$ K时,分子热运动将会停息. 这个结论是不正确的,因为该式是建立在经典物理基础上的,有一定的局限性. 该式只对理想气体才适用,在达到绝对零度前,气体早已变成液态或固态,公式已不再适用. 近代的理论计算指出,即使在 0 K 时,固体的点阵粒子仍具有能量,这已得到实验的证实.

【例 7.1】 氧气的温度为 300 K,压强为 1.013×10^5 Pa,体积为 1 m^3,求氧分子的方均根速率、平均平动动能和平均平动动能总和.

解 首先推导方均根速率公式,再代入数据计算.

由式(7-6)得出方均根速率(速率平方平均的平方根)

$$\sqrt{\overline{v^2}}=\sqrt{\frac{3kT}{m}}.$$

等号右边根号内分子、分母同乘以阿伏伽德罗常量 N_A,注意到 $M=N_A m$, $R=N_A k$,则有

$$\sqrt{\overline{v^2}}=\sqrt{\frac{3RT}{M}},$$

所以,300 K 时氧分子的方均根速率为

$$\sqrt{\overline{v^2}}=\sqrt{\frac{3\times8.31\times300}{32\times10^{-3}}}\ \text{m/s}\approx483\ \text{m/s}.$$

又由式(7-6)得氧分子的平均平动动能为

$$\bar{\varepsilon}_{kt}=\frac{1}{2}m\overline{v^2}=\frac{3}{2}kT=\frac{3}{2}\times(1.38\times10^{-23})\times300\ \text{J}=6.21\times10^{-21}\ \text{J}.$$

分子数密度

$$n=\frac{p}{kT}=\frac{1.013\times10^5}{1.38\times10^{-23}\times300}\ \text{m}^{-3}\approx2.45\times10^{25}\ \text{m}^{-3}.$$

平均平动动能总和

$$E=\bar{\varepsilon}_{kt}n=6.21\times10^{-21}\times2.45\times10^{25}\ \text{J}\approx1.52\times10^5\ \text{J}.$$

虽然分子的平均平动动能很小,但是由于气体的分子数密度很大,气体分子的平均平动动能的总和还是很大的.

7.4 能量均分定理

7.4.1 自由度

完全确定一物体的空间位置所需的独立坐标数目,叫作这个物体的**自由度**.

决定一个在空间任意运动的质点的位置，需要 3 个独立坐标，如 (x,y,z)，因此质点有 3 个自由度，它们都是平动自由度. 若由 N 个互相独立的质点组成一个系统，则该系统应有 $3N$ 个自由度.

如果对质点的运动加以限制(约束)，把它限制在一个平面或曲面上运动，这样的质点就只有 2 个自由度了，若限制质点在一条给定的直线或曲线上运动，则该质点就只有 1 个自由度了. 把飞机、轮船和火车当作质点来看，则在天空中任意飞行的飞机有 3 个自由度，在海面上任意航行的轮船有 2 个自由度. 在路轨上行驶的火车只有 1 个自由度.

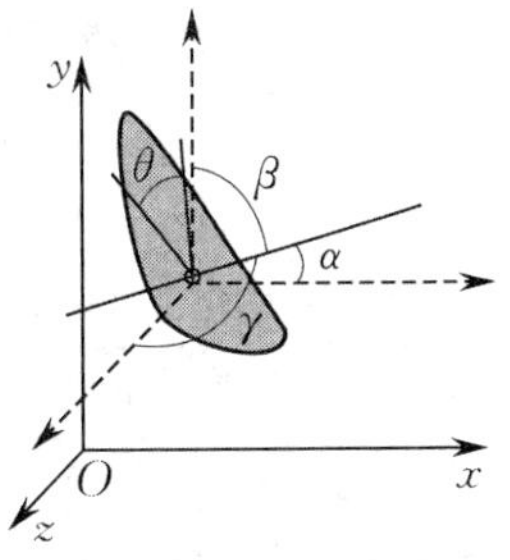

图 7－5　刚体的自由度

一个刚体在空间做任意运动时，除平动外还有转动，如图 7－5 所示. 它的运动可以分解为质心的平动和绕通过质心的轴的转动. 其中：(1) 为了确定质心 C 在平动过程中任一时刻的位置，需要 3 个独立坐标 (x,y,z)，即刚体有 3 个平动自由度. (2) 与此同时，为了确定刚体绕通过质心 C 的轴的转动状态，首先要确定该轴在空间的方位，这可用 3 个方向余弦 ($\cos\alpha, \cos\beta, \cos\gamma$) 表示，但由于存在着 $\cos^2\alpha + \cos^2\beta + \cos^2\gamma = 1$ 的关系，所以 3 个量中只有 2 个是独立的，即确定转轴方位的自由度仅有 2 个；其次要确定刚体绕该轴的转动，可用转角 θ 表示，这就又有 1 个自由度. 因此，刚体绕通过质心的轴转动时，共有 3 个转动自由度.

因此，任意运动的刚体共有 6 个自由度，即 3 个平动自由度和 3 个转动自由度. 当刚体的运动受到某种限制时，它的自由度将减少. 若把刚体的两点固定，它就只能绕通过此两点的连线(转轴) 做定轴转动，刚体便只有 1 个转动自由度.

现在按照上述概念来确定分子的自由度. 从分子的结构上来说，有单原子、双原子、三原子和多原子分子. 单原子分子(如氦、氖、氩等) 可看作自由运动的质点，有 3 个自由度，如图 7－6(a) 所示. 双原子分子(如氢、氧、氟、一氧化碳等) 中的两个原子通过键联结起来，如图 7－6(b) 所示. 若把键看作是刚性的(两原子间的距离不会改变)，则双原子分子就可看作两端分别连接一个质点(原子) 的直线，因此，需用 3 个独立坐标 (x,y,z) 来决定其质心的所在位置，需用两个独立坐标 (α,β) 决定其连线的方位，而两个质点绕其连线为轴的转动是不存在的. 这样，双原子分子共有 5 个自由度：3 个平动自由度，2 个转动自由度. 3 个或 3 个以上的原子所组成的分子，如果其中原子之间保持刚性连接，则可将其看作自由运动的刚体，如图 7－6(c) 所示，共有 6 个自由度. 实际上，双原子或多原子的气体分子并不完全是刚性的. 在原子间相互作用力的支配下，分子内部还存在振动，因此还应有振动自由度.

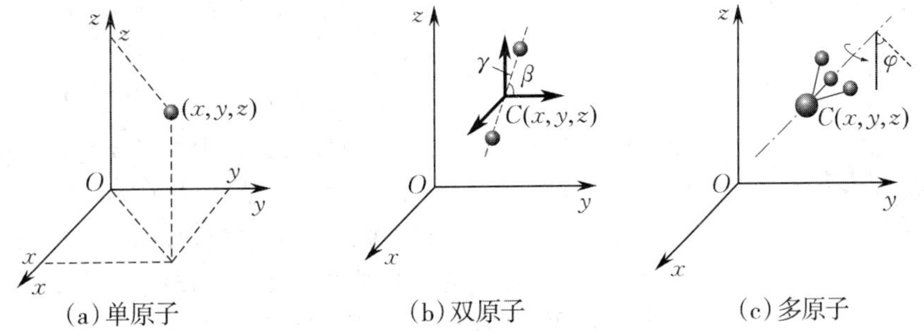

图 7－6　分子运动的自由度

前面所讲的理想气体分子热运动,是把分子视为质点,只研究了分子的平动及相应的能量——平动动能.实际上,分子除单原子分子外,还有双原子、三(多)原子分子.这种结构复杂的分子具有平动、转动及振动的运动形式,在分子的相互碰撞过程中,各种运动形式都可能被激发而具有相应的能量.

在常温下,气体分子可视为刚性分子,不考虑分子内部的振动及其相应的能量.为了确定分子的各种运动形式相应的能量的平均值,有必要根据物体的自由度概念,来研究气体分子的自由度——决定分子位置所需要的独立坐标数.

如上所述,只要将不同结构的分子和不同类型的物体进行类比,就可得到气体分子的自由度.表 7-1 列出了分子的自由度,供以后研究问题时参考.

表 7-1 分子的自由度(忽略振动)

分子种类和对应的物体	平动自由度(t)	转动自由度(r)	总自由度(i)
单原子分子——质点	3	0	3
双原子分子——对称刚体	3	2	5
刚性多原子分子——非对称刚体	3	3	6

7.4.2 能量均分定理

本节将讨论分子热运动的能量所遵循的统计规律,从而分析理想气体的内能.

上一节指出,当温度为 T 的理想气体处于热平衡时,气体分子的平均平动动能与温度的关系为

$$\bar{\varepsilon}_{kt}=\frac{1}{2}m\overline{v^2}=\frac{3}{2}kT,$$

式中下标 k 表示动能,t 表示平动.考虑到气体处于平衡态时,分子在各个方向运动的概率是相等的,即 $\overline{v_x^2}=\overline{v_y^2}=\overline{v_z^2}=\frac{1}{3}\overline{v^2}$.于是由上式可得

$$\frac{1}{2}m\overline{v_x^2}=\frac{1}{2}m\overline{v_y^2}=\frac{1}{2}m\overline{v_z^2}=\frac{1}{2}kT. \tag{7-8}$$

式(7-8)表明,理想气体分子的平均平动动能有 3 个速度二次方项,而且与每一个速度二次方项对应的平均平动动能是相等的,都为 $kT/2$.

由单原子分子组成的理想气体,分子的大小可以略去不计,故单原子分子可当成质点,只需要考虑其平动动能,略去其转动和振动能量.由式(7-8)可知,单原子分子的平均能量有 3 个速度的二次方项,而每一个速度的二次方项都具有 $kT/2$ 的能量,故单原子分子的平均能量 $\bar{\varepsilon}$ 为 $3kT/2$.

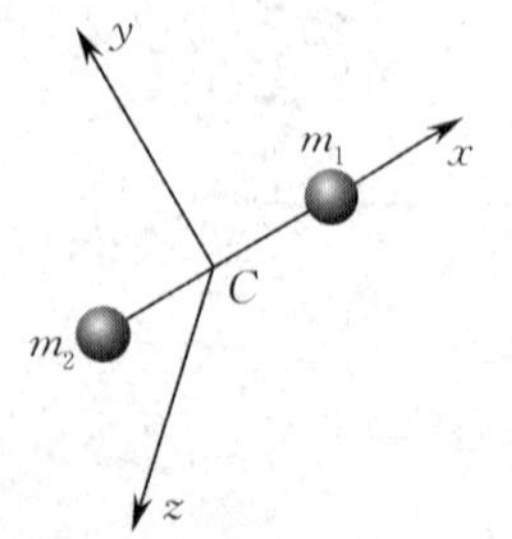

图 7-7 刚性双原子分子

如果理想气体由刚性双原子分子组成,分子运动不仅有平动,还可能有转动.如图 7-7 所示,设 C 为双原子分子的质心,并选如图 7-7 所示的坐标轴.于是,双原子分子的运动可看作质心 C 的平动,以及通过 C 绕 y 轴和 z 轴的转动.因此刚性双原子分子的能量 $\bar{\varepsilon}$ 应为质心 C 的平均平动动能 $\bar{\varepsilon}_{kt}$ 与绕 y 轴和 z 轴的平均转动动能 $\bar{\varepsilon}_{kr}$ 之和,下标 r 表示转动.由于

$$\bar{\varepsilon}_{kt}=\frac{1}{2}m\overline{v_{Cx}^2}+\frac{1}{2}m\overline{v_{Cy}^2}+\frac{1}{2}m\overline{v_{Cz}^2},$$

其中，m 为双原子分子的质量，v_{Cx}，v_{Cy}，v_{Cz} 是质心的速度在 x，y，z 轴上的分量，而绕 y 轴和 z 轴的平均转动动能

$$\bar{\varepsilon}_{kr} = \frac{1}{2}J\,\overline{\omega_y^2} + \frac{1}{2}J\,\overline{\omega_z^2},$$

其中，J 为双原子分子绕过点 C 的 y 轴或 z 轴的转动惯量，ω_x 和 ω_y 分别为双原子分子绕过点 C 的 y 轴和 z 轴的角速度. 所以刚性双原子分子的平均能量为

$$\begin{aligned}\bar{\varepsilon} &= \bar{\varepsilon}_{kt} + \bar{\varepsilon}_{kr}\\ &= \frac{1}{2}m\,\overline{v_{Cx}^2} + \frac{1}{2}m\,\overline{v_{Cy}^2} + \frac{1}{2}m\,\overline{v_{Cz}^2} + \frac{1}{2}J\,\overline{\omega_y^2} + \frac{1}{2}J\,\overline{\omega_z^2}.\end{aligned} \tag{7-9}$$

由此可以看出，刚性双原子分子的平均能量共有5个速度二次方项，其中3项属平均平动动能，2项属平均转动动能.

如果理想气体由非刚性双原子分子组成，两原子好像被一根质量略去不计的弹簧相连，如图7-8所示. 为简便起见，设想非刚性双原子分子沿 x 轴做一维简谐振动. 一维简谐振动的能量包含振动动能和振动势能. 可以证明，这种双原子分子的平均振动能量 $\bar{\varepsilon}_v$（下标v表示振动）为

$$\bar{\varepsilon}_v = \frac{1}{2}\mu\,\overline{v_{Cx}^2} + \frac{1}{2}k\,\overline{x^2}, \tag{7-10}$$

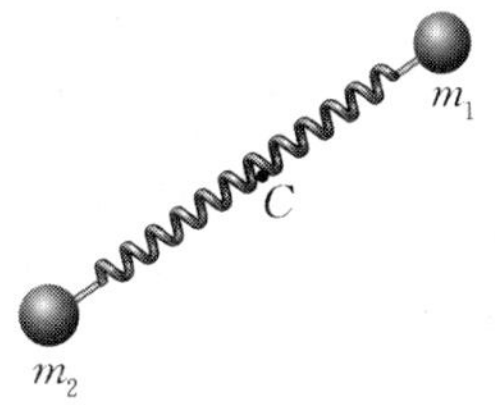

图7-8　非刚性双原子分子

其中，v_{Cx} 是质心沿 x 轴的速度，μ 是双原子分子的**约化质量**（又称为折合质量）；x 是两原子振动时的相对位移. 可见，非刚性双原子分子的平均振动能量共有两个二次方项，一个是速度二次方项，另一个是坐标二次方项. 于是非刚性双原子分子的平均能量为

$$\begin{aligned}\bar{\varepsilon} &= \bar{\varepsilon}_{kt} + \bar{\varepsilon}_{kr} + \bar{\varepsilon}_v\\ &= \frac{1}{2}m\,\overline{v_{Cx}^2} + \frac{1}{2}m\,\overline{v_{Cy}^2} + \frac{1}{2}m\,\overline{v_{Cz}^2} + \frac{1}{2}J\,\overline{\omega_y^2} + \frac{1}{2}J\,\overline{\omega_z^2} + \frac{1}{2}\mu\,\overline{v_{Cx}^2} + \frac{1}{2}k\,\overline{x^2}.\end{aligned} \tag{7-11}$$

由此可以看出，非刚性双原子分子的平均能量共有7个能量二次方项，其中6个是速度二次方项，1个是坐标二次方项. 在这7个能量二次方项中，3项属于平动，2项属于转动，2项属于振动.

在式(7-8)中，一般认为单原子分子每一个速度二次方项所对应的平均平动动能均为 $kT/2$. 然而，在双原子分子乃至多原子分子中，分子不仅有平动，而且还有转动和振动，既有动能，又有势能. 那么，与每一个速度二次方项或每一个坐标二次方项所对应的平均能量是多少呢?

应用玻尔兹曼统计方法可以得到：气体处于平衡态时，分子任何一个二次方项的平均能量都相等，均为 $kT/2$. 这就是**能量均分定理**. 能量均分定理指出，无论是平动、转动或者振动，每一个速度二次方项或坐标二次方项所对应的平均能量均相等，都等于 $kT/2$.

由能量均分定理，可以很方便地求得各种分子的平均能量. 对自由度为 i 的分子，其平均能量为：$\bar{\varepsilon} = ikT/2$. 如果以 t，r 和 v 分别表示分子能量中属于平动、转动和振动的坐标和速度的二次方项的数目，则分子的平均能量一般可表示为

$$\bar{\varepsilon} = (t+r+v)\frac{1}{2}kT,$$

式中 $t+r+v=i$.

7.4.3 理想气体的内能

除分子的动能和势能外，一般气体的内能还应包括分子间的相互作用能. 但对理想气体来说，由于分子间的相互作用可略去不计，所以理想气体的内能只等于气体内所有分子的动能和分子内原子间的势能之和. 已知 1 mol 理想气体的分子数为 N_A. 若该气体分子的自由度为 i，那么，1 mol 理想气体分子的平均能量，即 1 mol 理想气体的内能为

$$E_{\mathrm{mol}} = N_A \bar{\varepsilon} = N_A i \frac{1}{2} kT = \frac{i}{2} RT, \tag{7-12a}$$

而物质的量为 μ 的理想气体的内能则为

$$E = \mu \frac{i}{2} RT. \tag{7-12b}$$

从上式可以看出，理想气体的内能不仅与温度有关，而且还与分子的自由度有关. 对于给定的理想气体，其内能仅是温度的单值函数，即 $E = E(T)$. 这是理想气体的一个重要性质. 当气体的温度改变 $\mathrm{d}T$ 时，其内能也相应变化 $\mathrm{d}E$，有

$$\mathrm{d}E = \mu \frac{i}{2} R \mathrm{d}T. \tag{7-12c}$$

7.5 麦克斯韦气体分子速率分布律

式(7-6)指出，当理想气体的温度恒定时，气体分子的方均根速率也是恒定的. 但由于分子间极其频繁的碰撞，使得任意一个分子的速率都可能与方均根速率相差很大. 这一点是不难理解的. 首先，分子数目是极其巨大的，在标准状态下 1 cm^3 的气体中约有 2.7×10^{19} 个分子；其次，分子一直在做无规则的热运动，分子之间必然要产生极其频繁的碰撞，这种碰撞使得气体分子的速度大小和方向时刻不停地发生变化. 就一个分子而言，它的速率可以具有从零到无限大之间任意可能的值. 方均根速率表达式告诉我们，在给定温度 T 的情况下，分子的方均根速率是确定的. 这就是说，在给定温度下，处于平衡态的气体，个别分子的速率是偶然的，而大量分子的速率是有一定分布规律的. 理想气体分子按速率分布的统计定律最早是由麦克斯韦于 1859 年在概率理论基础上导出的，后来由玻尔兹曼从经典统计力学中导出. 1920 年，施特恩从实验中证实了麦克斯韦分子按速率分布的统计定律. 1934 年，我国物理学家葛正权也从实验中验明了这条定律. 由于篇幅有限，这里不从数学上导出这个定律，而只介绍它的最基本的概念.

7.5.1 测定气体分子速率分布的实验

图 7-9 所示为测定气体分子速率分布的实验装置示意图. 全部装置放在高真空的容器中，图中 A 是产生金属蒸气分子的气源，里面放置金属铊(Tl)，当温度升高到 870 K 时，铊的蒸气通过狭缝 S 后形成一条很窄的分子射线. B 和 C 是两个相距为 l 的共轴圆盘，盘上各开一个狭缝，两狭缝略微错开，成一小角 θ，约 2°(为便于分析，图上此角是夸张放大画出的). D 是一个接收分子的显示屏.

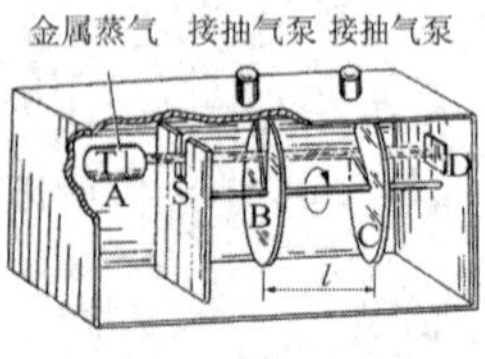

图 7-9 测定气体分子速率分布的实验装置示意图

当 B,C 两圆盘均以角速度 ω 转动时，圆盘每转一周，分子射线通过 B 圆盘一次. 由于在分子射线中分子的速率不同，分子由

B运动到C所需的时间也不一样，所以并非所有通过B的分子都能通过C射到显示屏D上. 分子要通过 C 而射到 D 上，需满足下列关系式

$$\frac{l}{v}=\frac{\theta}{\omega},$$

即分子速率 v 需满足：

$$v=\frac{\omega}{\theta}l.$$

可见，圆盘 B 与 C 起了速率选择器的作用. 当改变 ω(或 l 及 θ)，可以使不同速率的分子通过. 由于 B 和 C 的狭缝都具有一定的宽度，所以实际上当 ω 一定时，能射到显示屏 D 上的，只是分子射线中速率在 $v\sim v+\Delta v$ 区间之内的分子.

实验指出，当圆盘以不同的角速度 $\omega_1,\omega_2,\omega_3,\cdots$ 转动时，从显示屏上可测量出每次所沉积的金属层的厚度，各次沉积的厚度对应于不同速率区间内的分子数. 比较这些厚度的比率，就可以知道在分子射线中，不同速率区间内的分子数与总分子数之比，即相对分子数 $\Delta N/N$. 这个比值也就是气体分子处于速率区间 $v\sim v+\Delta v$ 的概率.

图 7－10 所示为通过分析实验结果而作出的金属气体分子射线中分子速率分布图. 其中一块块矩形面积表示分布在各速率区间内的相对分子数. 在实验条件不变的情况下，每个固定的速率区间内的相对分子数是确定的. 这表明从整体来说，大量分子的速率分布遵从一定的规律，这个规律称为分子速率的分布规律. 值得一提的是，1921 年，我国物理学家丁西林以热电子发射实验，直接验证了高温下的电子和气体分子一样遵从这个速率分布规律. 从而为经典电子理论提供了有力的佐证.

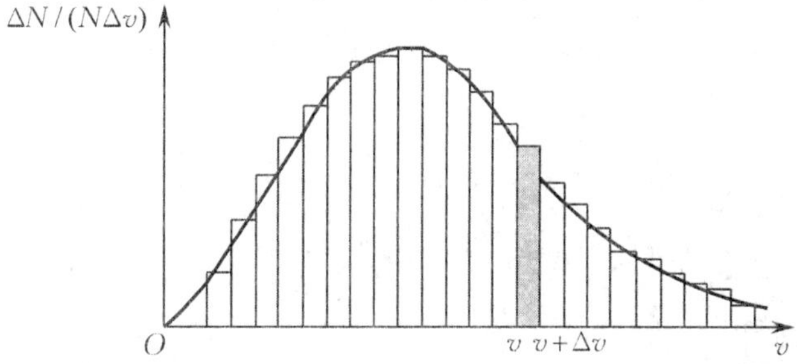

图 7－10　分子速率分布

7.5.2　麦克斯韦气体分子速率分布定律

麦克斯韦根据理想气体在平衡态下，分子热运动具有各向同性的特点，运用概率的方法，导出了在平衡态下气体分子按速率分布的规律.

设在平衡状态下，一定量气体的分子总数为 N，其中速率在 $v\sim v+\Delta v$ 区间内的分子数为 ΔN，而且比值 $\Delta N/N$ 与速率区间有关. 当 $\Delta v\to 0$ 时，则 $\Delta N/N$ 的极限值就变成 v 的一个连续函数，用 $f(v)$ 表示. 我们把这一函数 $f(v)$ 叫作**速率分布函数**，即

$$f(v)=\lim_{\Delta v\to 0}\frac{\Delta N}{N\Delta v}=\frac{1}{N}\lim_{\Delta v\to 0}\frac{\Delta N}{\Delta v}=\frac{1}{N}\frac{\mathrm{d}N}{\mathrm{d}v}. \tag{7-13}$$

速率分布函数的物理意义为：气体分子的速率处于 v 附近单位速率区间的概率，也叫作**概率密度**. 于是有

$$f(v)\mathrm{d}v=\frac{\mathrm{d}N}{N},$$

$f(v)\mathrm{d}v$ 表示在速率 v 附近处于速率 $v\sim v+\mathrm{d}v$ 区间的分子数与总分子数的比值.

1859 年,麦克斯韦首先从理论上导出了在平衡态时气体分子的速率分布函数的数学形式,

$$f(v)=4\pi\left(\frac{m}{2\pi kT}\right)^{\frac{3}{2}}e^{-\frac{mv^2}{2kT}}v^2. \tag{7-14}$$

由式(7-13)和式(7-14)可得

$$\frac{dN}{N}=4\pi\left(\frac{m}{2\pi kT}\right)^{\frac{3}{2}}e^{-\frac{mv^2}{2kT}}v^2dv,$$

式中,T 为气体的温度,m 为分子的质量,k 为玻尔兹曼常量.

图 7-11 所示为**麦克斯韦气体分子速率分布曲线**.根据麦克斯韦气体分子速率分布函数,可得以下结论:

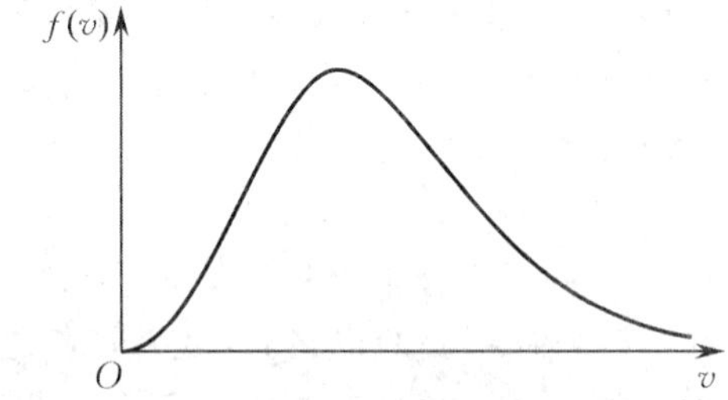

图 7-11 麦克斯韦气体分子速率分布曲线

(1) 气体分子的速率有一个宽广的分布范围,可以取由零到无限大的一切可能值.从图 7-11 可以看出,从原点出发,气体分子的分布概率先是随 v 的增大而增大,经过一极大值后,又随 v 的增大而渐近于横轴.其中,速率很大和速率很小的分子所占的百分比都很小,而具有中等速率的分子所占的百分比则很大.或者说,分子取速率很大和速率很小的概率很小,取中等速率的概率大.

(2) 速率分布曲线有一极大值,与其对应的速率称为**最概然速率**,常以 v_p 表示.其物理意义是:如果把整个速率范围划分为许多相等的小区间,则分布在 $v_p \sim v_p+dv$ 区间内的气体分子所占的比率最大,或者说,气体分子具有这个速率区间内的速率的概率最大.

(3) 曲线下的面积给出了速率分布在该区间的分子数占总分子数的比率,即

$$\frac{\Delta N}{N}=\int\frac{dN}{N}=\int_{v_1}^{v_2}f(v)dv.$$

相应的归一化条件

$$\int_0^{\infty}f(v)dv=1,$$

代表了整个曲线下的面积.

(4) 对于一定质量的气体,速率分布曲线的形状随温度而异.温度升高时,气体中速率较大的分子数增多,曲线峰值的位置将右移.但由于曲线下的总面积是恒定的,所以曲线的高度要降低,变得较为平坦.图 7-12 给出了氧分子在 300 K 和 1 200 K 的速率分布曲线.

(5) 在相同温度下,速率分布曲线的形状随气体分子的质量而异.分子质量较小的气体中,大速率的分子较多,曲线峰值位置向右延伸,同时高度降低,分布曲线变得较为平坦.图 7-13 给出了氧分子和氢分子在相同温度下的速率分布曲线.

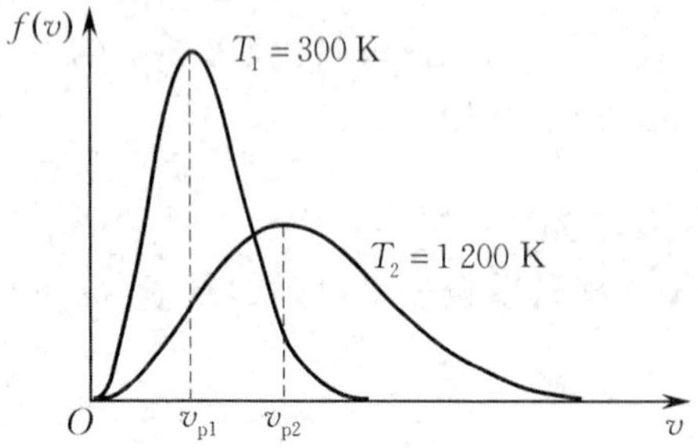

图 7-12 不同温度下的速率分布

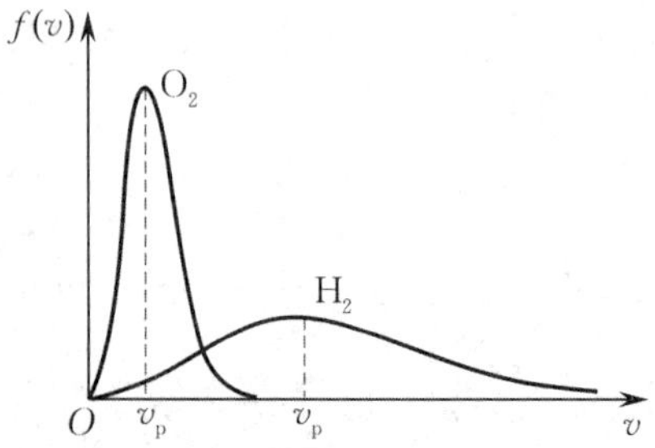

图 7-13 不同气体的速率分布

7.5.3　三种统计速率

从速率分布曲线可以看出，气体分子的速率可以取自零到无限大之间的任一数值，但速率很大和很小的分子，其相对分子数都很少，而具有中等速率的分子，其相对分子数却很大. 这里讨论三种具有代表性的分子速率，它们是分子速率的三种统计值.

1. 最概然速率 v_p

由于最概然速率对应于速率分布函数曲线的极大值，故 v_p 可由 $f(v)$ 对 v 的一阶导数为零求得，即

$$\left.\frac{\mathrm{d}f(v)}{\mathrm{d}v}\right|_{v=v_p}=0.$$

把式(7－14)代入上式，可求得最概然速率为

$$v_p=\sqrt{\frac{2kT}{m}}=\sqrt{\frac{2RT}{M}},\tag{7-15}$$

式中 M 为气体分子的摩尔质量.

2. 平均速率 $\bar{v}$

气体分子速率的统计平均值叫作气体分子的平均速率，即

$$\bar{v}=\frac{\int_0^{\infty}v\mathrm{d}N}{N}=\int_0^{\infty}vf(v)\mathrm{d}v.$$

将式(7－14)代入，得

$$\bar{v}=\sqrt{\frac{8kT}{\pi m}}=\sqrt{\frac{8RT}{\pi M}}.\tag{7-16}$$

3. 方均根速率 $\sqrt{\overline{v^2}}$

气体分子速率的平方的统计平均值的平方根称为方均根速率，

$$\overline{v^2}=\frac{\int_0^{\infty}v^2\mathrm{d}N}{N}=\int_0^{\infty}v^2f(v)\mathrm{d}v.$$

将式(7－14)代入，可得

$$\overline{v^2}=\frac{3kT}{m},$$

则

$$\sqrt{\overline{v^2}}=\sqrt{\frac{3kT}{m}}=\sqrt{\frac{3RT}{M}}.\tag{7-17}$$

这与由平均平动动能和温度关系式所得结果相同.

以上三种速率都具有统计平均的意义，都反映了大量分子做热运动的统计规律. 比较三种速率值可以看出，它们具有相同的规律：与$\sqrt{T}$ 成正比；与$\sqrt{m}$ 成反比. 它们的大小顺序为 $v_p<\bar{v}<\sqrt{\overline{v^2}}$. 这三种速率各有不同的用处：在讨论速率分布时，要用到 v_p；在后面计算分子的平均自由程时，要用到 $\bar{v}$；而在计算分子的平均平动动能时，要用到$\sqrt{\overline{v^2}}$.

【例 7.2】　试计算在 $T=20$ ℃ 时氢气分子和氧气分子的方均根速率.

解　由式(7－17)可得

$$\sqrt{\overline{v^2}}\bigg|_{H_2}=\sqrt{\frac{3RT}{M}}=\sqrt{\frac{3\times 8.31\times 293}{2.0\times 10^{-3}}}\ \mathrm{m/s}\approx 1.91\times 10^3\ \mathrm{m/s},$$

$$\sqrt{\overline{v^2}}\bigg|_{O_2}=\sqrt{\frac{3RT}{M}}=\sqrt{\frac{3\times 8.31\times 293}{32.0\times 10^{-3}}}\ \mathrm{m/s}\approx 4.78\times 10^2\ \mathrm{m/s}.$$

由计算结果可知，在相同温度下，氢分子的方均根速率较大. 如果将摩尔质量不同的气体分子组成的混合气体，装入已抽真空的带有一多孔壁的容器中的一边，则混合气体在通过多孔壁向真空一边扩散的过程中，较轻的分子由于方均根速率大就会跑在前面，就能一定程度"过滤"掉一部分较重的气体分子. 应用多级"过滤"法，就可分离出较轻的气体分子. 此法可用来分离同位素，例如，可从六氟化铀中分离出含量较少的核燃料铀.

7.6 气体分子的平均碰撞频率和平均自由程

在常温下，气体分子的平均速率为数百米每秒. 初看起来，在气体中发生的一切过程似乎都应进行得很快，例如，打开香水瓶盖，应该只要经过百分之几秒，就可在几米远处闻到香味. 但实际情况并非如此，这在历史上曾引起一些物理学家对气体动理论的怀疑. 克劳修斯首先解决了这个疑问. 他指出，气体分子速率虽然很大，但由于分子数密度很大，每个分子在运动过程中都要与其他分子发生频繁碰撞，走迂回曲折的路径，如图 7-14 所示，因此尽管平均速率很大，单位时间内发生的位移并不大，分子从一处到另一处仍然需要相当长的时间. 而且，分子间通过碰撞来实现动量、动能的交换，气体由非平衡态达到平衡态的过程，也是通过分子间的碰撞来实现的.

设想气体中有一个分子 α，在时刻 t 与 A 处分子发生碰撞，经 Δt 时间后，到达 B 处，如图 7-14 所示. 在此时间里，这个分子在前进过程中要与其他分子发生非常频繁的碰撞，每发生一次碰撞，分子的速度不仅大小会变化，而且方向也会变化，其路径是曲折的，因此，分子从 A 处到达 B 处要经历较长的时间. 分子两次相邻碰撞之间自由通过的路程，叫作**自由程**. 从图 7-14 可以看出，分子自由程有长有短，似乎没有规律可循. 但从大量分子无规则热运动观点来看，自由程的长短分布仍然是有规律的.

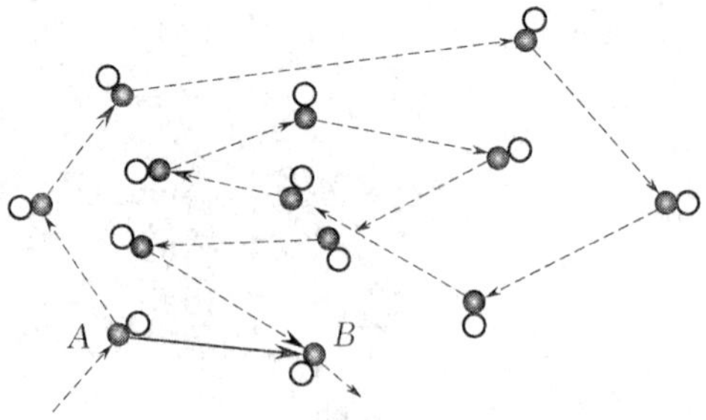

图 7-14 分子碰撞

在单位时间内分子与其他分子碰撞的平均次数叫作**分子的平均碰撞次数**(或称为平均碰撞频率)，用 $\overline{Z}$ 表示. 分子在连续两次碰撞间所经过的路程的平均值叫作**平均自由程**，用 $\overline{\lambda}$ 表示. 设想分子 α 以平均速率 $\overline{v}$ 运动，则上述各量之间存在着下列关系：

$$\overline{\lambda}=\frac{\overline{v}}{\overline{Z}}. \tag{7-18}$$

式(7-18) 表明，分子间的碰撞越频繁，即 $\overline{Z}$ 越大，平均自由程 $\overline{\lambda}$ 越小.

为了使问题简化，先假设分子中只有一个分子 α 以平均速率 $\bar{v}$ 运动，其余分子都看成是静止不动的，并假设分子是具有直径为 d 的弹性小球，分子与其他分子的碰撞都是完全弹性碰撞，如图 7-15 所示.

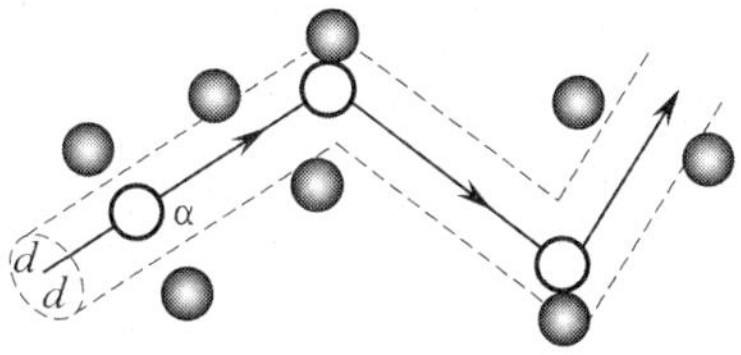

图 7-15　分子碰撞计算模型

在分子 α 的运动过程中，它的球心轨迹是一系列折线，凡是其他分子的球心与折线的距离小于 d(或等于 d) 的，它们都将和分子 α 发生碰撞. 如果以1 s 内分子 α 的球心所经过的轨迹为轴，以 d 为半径作一圆柱体，由于圆柱体的长度为 $\bar{v}$，所以圆柱体的体积是 $\pi d^2\bar{v}$. 球心在这圆柱体内的其他分子，均将与分子 α 发生碰撞. 设分子数密度为 n，则圆柱体内的分子数为

$$\overline{Z} = \pi d^2 \bar{v} n. \tag{7-19}$$

显然，这就是分子 α 在 1 s 内和其他分子发生碰撞的平均次数，πd^2 也叫作碰撞截面.

在推导式(7-19) 的过程中，曾假设仅分子 α 以平均速率 $\bar{v}$ 运动，而其他分子都没有运动. 实际上，每个分子都在不停地运动着. 另外，各个分子运动的速率各不相同，且遵守麦克斯韦气体分子速率分布定律. 考虑到以上因素，必须对式(7-19) 加以修正，修正结果为

$$\overline{Z} = \sqrt{2}\pi d^2 \bar{v} n. \tag{7-20}$$

式(7-20) 表明，平均碰撞次数 $\overline{Z}$ 与分子数密度 n、分子平均速率 $\bar{v}$、分子直径 d 的平方成正比.

把式(7-20) 代入式(7-18)，得

$$\bar{\lambda} = \frac{1}{\sqrt{2}\pi d^2 n}. \tag{7-21}$$

式(7-21) 表明，平均自由程与分子数密度 n、分子直径 d 的平方成反比，而与分子平均速率无关.

因为 $p = nkT$，式(7-21) 还可以写成

$$\bar{\lambda} = \frac{kT}{\sqrt{2}\pi d^2 p}. \tag{7-22}$$

式(7-22) 表明，当气体的温度一定时，气体的压强越大(气体越密集)，分子的平均自由程越短；反之，若气体压强越小(气体越稀疏)，分子的平均自由程越长.

应该指出，在推导平均碰撞次数的过程中，把气体分子当作直径为 d 的弹性小球，并且把分子间的碰撞看成完全弹性碰撞，其实这并不准确. 首先，因为分子不是球体；其次，分子的碰撞过程也并非完全弹性碰撞. 分子是一个复杂的系统，分子之间的相互作用也很复杂，所以，一般把 d 称为分子的有效直径.

在标准状态下，各种气体分子的平均碰撞次数的数量级为 10^9，即每秒有几十亿次碰撞，平均自由程的数量级为 10 ～ 100 nm.

表 7-2 列出了 25℃ 和 1.013×10^5 Pa 下一些气体分子的有效直径、平均自由程和平均碰撞频率.

表 7-2 气体分子的 d, $\bar{\lambda}$ 和 $\bar{Z}$ (25℃, 1.013×10^5 Pa)

气体分子	有效直径 /(10^{-10} m)	平均自由程 /(10^{-8} m)	平均碰撞频率 /(10^9 s^{-1})
氢分子	2.73	12.3	14.4
氦分子	2.18	19	6.6
氮分子	3.74	6.5	7.3
氧分子	3.57	7.14	6.1
空气分子	3.70	6.68	7.0

思 考 题 7

7.1 当系统处于热平衡态时,系统的宏观性质和微观运动有什么特点?

7.2 当一个热力学系统处于非平衡态时,能用温度的概念来描述吗?

7.3 若盛有某种理想气体的容器漏气,使气体的压强、分子数密度各减为原来的一半,则气体分子的平均动能将如何变化?

7.4 给自行车轮胎打气,使其达到所需要的压强,打入胎内的空气质量不管是夏天或冬天都一定相同吗?

7.5 气体处于平衡态,分析分子的平均速率、分子的平均速度和平均动量.

7.6 气体处于平衡态时,按统计规律有 $\overline{v_x^2}=\overline{v_y^2}=\overline{v_z^2}$;如果气体整体沿一定方向运动,则该结论还成立吗?

7.7 两瓶不同种类的气体,它们的体积不同,但它们的温度和压强相同,问单位体积内两种气体分子的总平动动能有何关系?

7.8 保持气体的压强恒定,使其温度升高一倍,问:每秒与器壁碰撞的气体分子数以及每个分子在碰撞时加给器壁的冲量分别有何变化?

7.9 如果氢气和氦气的温度相同,物质的量相同,分析这两种气体的平均动能.

7.10 理想气体定压膨胀时,分子的平均自由程和平均碰撞频率将如何变化?

7.11 气体处于平衡态时,具有某一速率的分子数是确定的,速率刚好为最概然速率的分子数与总分子数的比值确定吗?

7.12 两容器分别储有氢气和氧气,如果压强、体积和温度都相同,则它们的分子速率分布相同吗?

习 题 7

7.1 容器中储有一定量的处于平衡状态的理想气体,温度为 T,分子质量为 m,则分子速度在 x 方向的分量平均值为( ).(根据理想气体分子模型和统计假设讨论)

A. $\bar{v}_x=\dfrac{1}{3}\sqrt{\dfrac{8kT}{\pi m}}$ B. $\bar{v}_x=\sqrt{\dfrac{8kT}{3\pi m}}$ C. $\bar{v}_x=\sqrt{\dfrac{3kT}{2m}}$ D. $\bar{v}_x=0$

7.2 设想在理想气体内部取一小截面 dA,则两边气体通过 dA 互施压力.从分子运动论的观点来看,这个压力施于 dA 的压强为( ).

A. $p=\dfrac{2}{3}n\bar{\varepsilon}_{kt}$ B. $p=\dfrac{4}{3}n\bar{\varepsilon}_{kt}$ C. $p=\dfrac{3}{2}nkT$ D. $p=3nkT$

7.3 阿伏伽德罗常量为 N_A,某理想气体的摩尔质量为 M,则该气体在压强为 p、气体质量为 μ、体积为 V 时的平均平动动能为( ).

A. $\frac{3MpV}{2\mu}$　B. $\frac{3MpV}{2\mu N_A}$　C. $\frac{5MpV}{2\mu N_A}$　D. $\frac{7MpV}{2\mu N_A}$

7.4 根据气体动理论，单原子理想气体的温度正比于(　　).

A. 气体的体积　B. 气体分子的平均转动动能

C. 气体分子的平均动量　D. 气体分子的平均平动动能

7.5 有两个容器，一个盛氢气，另一个盛氧气，如果两种气体分子的方均根速率相等，那么下列结论正确的是(　　).

A. 氧气的温度比氢气的高　B. 氢气的温度比氧气的高

C. 两种气体的温度相同　D. 两种气体的压强相同

7.6 如果在一固定容器内，理想气体分子速率都提高为原来的 2 倍，那么(　　).

A. 温度和压强都升高为原来的 2 倍

B. 温度升高为原来的 2 倍，压强升高为原来的 4 倍

C. 温度升高为原来的 4 倍，压强升高为原来的 2 倍

D. 温度升高为原来的 4 倍，压强升高为原来的 4 倍

7.7 在 20 ℃ 时，单原子理想气体的内能为(　　).

A. 部分势能和部分动能　B. 全部势能

C. 全部转动动能　D. 全部平动动能

7.8 1 mol 双原子刚性分子理想气体，在 1 atm 下从 0 ℃ 上升到 100 ℃ 时，内能的增量为(　　).

A. 23 J　B. 46 J　C. 2 077.5 J　D. 1 246.5 J　E. 12 500 J

7.9 一定量的气体，体积不变而温度升高时，分子平均碰撞频率 $\overline{Z}$ 和平均自由程 $\overline{\lambda}$ 的变化为(　　).

A. $\overline{Z}$ 增大，$\overline{\lambda}$ 不变　B. $\overline{Z}$ 不变，$\overline{\lambda}$ 增大

C. $\overline{Z}$ 减少，$\overline{\lambda}$ 不变　D. $\overline{Z}$ 增大，$\overline{\lambda}$ 减少

7.10 阿伏伽德罗常量为 N_A，若某分子的有效直径为 d，摩尔质量为 M，则它在压强为 p、温度为 T 时的平均碰撞频率为(　　).

A. $\overline{Z}=\frac{2RT}{\sqrt{\pi^3 MN_A}d^2p}$　B. $\overline{Z}=4N_A\sqrt{\frac{\pi}{MRT}}d^2p$

C. $\overline{Z}=\frac{1}{4N_Ad^2p}\sqrt{\frac{MRT}{\pi}}$　D. $\overline{Z}=\frac{RT}{\sqrt{2}\pi N_Ad^2p}$

7.11 麦克斯韦速率分布曲线如图 7-16 所示，图中 A,B 两部分面积相等，则由该图可以得到(　　).

A. v_0 为最概然速率

B. v_0 为平均速率

C. v_0 为方均根速率

D. 速率大于和小于 v_0 的分子数各占一半

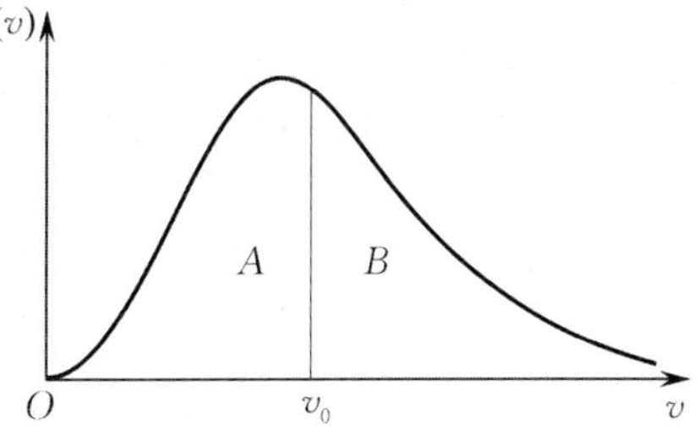

图 7-16

7.12 已知 n 为单位体积的分子数，$f(v)$ 为麦克斯韦速率分布函数，则 $nf(v)\mathrm{d}v$ 表示(　　).

A. 速率 v 附近，$\mathrm{d}v$ 区间内的分子数

B. 单位体积内速率在 $v\sim v+\mathrm{d}v$ 区间内的分子数

C. 速率 v 附近，$\mathrm{d}v$ 区间内的分子数占总分子数的比率

D. 单位时间内碰到单位器壁上，速率在 $v\sim v+\mathrm{d}v$ 区间内的分子数

7.13 某理想气体处于平衡状态，其速率分布函数为 $f(v)$，则速率分布在速率间隔 $v_1\sim v_2$ 内的气体分子的平均速率的计算式为(　　).

A. $\overline{v}=\dfrac{\int_{v_1}^{v_2} vf(v)\mathrm{d}v}{\int_0^{v_2} f(v)\mathrm{d}v}$　　B. $\overline{v}=\dfrac{\int_{v_1}^{v_2} vf(v)\mathrm{d}v}{\int_{v_1}^{\infty} f(v)\mathrm{d}v}$

C. $\overline{v}=\dfrac{\int_{v_1}^{v_2} vf(v)\mathrm{d}v}{\int_0^{\infty} f(v)\mathrm{d}v}$　　D. $\overline{v}=\dfrac{\int_{v_1}^{v_2} vf(v)\mathrm{d}v}{\int_{v_1}^{v_2} f(v)\mathrm{d}v}$

7.14 质量为 m,摩尔质量为 M,分子数密度为 n 的理想气体,处于平衡态时,状态方程为__________,状态方程的另一形式为__________,其中 k 称为__________常量.

7.15 两种不同种类的理想气体,其分子的平均平动动能相等,但分子数密度不同,则它们的温度__________,压强__________.如果它们的温度、压强相同,但体积不同,则它们的分子数密度__________,单位体积的气体质量__________,单位体积的分子平动动能__________.(填"相同"或"不同")

7.16 氢分子的质量为 3.3×10^{-24} g,如果每秒有 10^{23} 个氢分子沿着与容器器壁的法线成 45° 角方向以 10^5 cm/s 的速率撞击在 2.0 cm^2 面积上(碰撞是完全弹性的),则由这些氢气分子产生的压强为__________.

7.17 宏观量温度 T 与气体分子的平均平动动能 $\bar{\varepsilon}_{\mathrm{kt}}$ 的关系为__________,因此,气体的温度是__________的量度.

7.18 在压强为 1.01×10^5 Pa 下,氮分子的平均自由程为 6.0×10^{-8} m,当温度不变时,其压强变为 6.06 Pa,则此时的平均自由程为__________ m.

7.19 在麦克斯韦速率分布关系中,若取 $Nf(v)$ 为纵坐标,速率 v 为横坐标,则速率分布曲线与横坐标所包围的总面积等于__________.

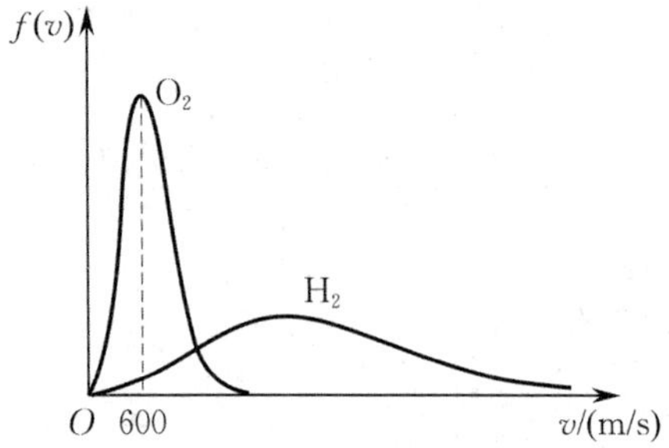

图 7-17

7.20 图 7-17 所示为同一温度下氢气和氧气的麦克斯韦分子速率分布曲线,则氢气分子的最概然速率为__________.

7.21 在容积为 2.0×10^{-3} m^3 的容器中,有内能为 6.75×10^2 J 的刚性双原子分子理想气体.(1) 求气体的压强;(2) 设分子总数为 5.4×10^{22} 个,求分子的平均平动动能及气体的温度.

7.22 容器内储有氧气,其压强 $p=1.01\times10^5$ Pa,温度为 $t=27$ ℃.求:(1) 单位体积内的分子数;(2) 氧气的质量密度;(3) 氧分子的质量;(4) 分子间的平均距离(分子所占的空间看作球状);(5) 氧分子的平均平动动能.

7.23 质量为 0.1 kg、温度为 27 ℃ 的氮气,装在容积为 0.01 m^3 的容器中,容器以 $v=100$ m/s 的速率做匀速直线运动,若容器突然停下来,定向运动的动能全部转化为分子热运动的动能,则平衡后氮气的温度和压强各增加多少?

7.24 容器内某理想气体的温度 $T=273$ K,压强 $p=101.3$ Pa,密度为 $\rho=1.25\times10^{-3}$ $\mathrm{kg/m^3}$,求:(1) 气体的摩尔质量;(2) 气体分子运动的方均根速率;(3) 气体分子的平均平动动能和平均转动动能;(4) 单位体积内气体分子的总平动动能;(5) 0.3 mol 该气体的内能.

7.25 一氧气瓶的容积为 V,充了氧气后,未使用时的压强为 p_1,温度为 T_1;使用后瓶内氧气质量减少为原来的一半,其压强降为 p_2.(1) 试求使用前后氧气分子热运动平均速率之比 $\overline{v}_1/\overline{v}_2$;(2) 若使用后氧气分子的平均平动动能为 6.21×10^{-21} J,试求氧气分子的方均根速率和此时氧气的温度.

7.26 设氢气的温度为 300 ℃,求速度大小在 3 000 m/s 到 3 010 m/s 之间的分子数与速度大小在 v_{p} 到 $v_{\mathrm{p}}+10$ m/s 之间的分子数之比.

第8章　热力学基础

第7章从气体分子热运动观点出发，运用统计方法研究了热运动的规律及理想气体的一些热学性质．本章则以实验事实为基础，从能量转换观点出发，研究物质状态变化过程中，热功转换、热量传递等过程所遵循的宏观规律，不涉及物质的微观结构，是一种宏观理论．

本章涉及的主要内容有：准静态过程、热量、功和内能等基本概念，热力学第一定律及其在理想气体各等值过程中的应用，理想气体的摩尔热容，循环过程及其效率，卡诺循环，热力学第二定律，熵和熵增加定律以及热力学第二定律的统计意义等．

8.1　热力学第一定律

8.1.1　准静态过程

在热力学中，一般把所研究的宏观物体（如气体、液体、固体、电介质和磁介质等）叫作**热力学系统**（以下简称系统），也称为**工作物质**；而把与热力学系统相互作用的环境称为**外界**．本书主要以理想气体作为热力学系统．

当一热力学系统的状态随时间改变时，系统就经历了一个**热力学过程**（以下简称过程）．根据中间状态不同，热力学过程又分非静态过程和准静态过程．

设有一个系统开始时处于平衡态，经过一系列状态变化后到达另一平衡态．一般来说，在实际的热力学过程中，始、末两平衡态之间所经历的中间状态，不可能都是平衡态．我们将中间状态为非平衡态的过程称为**非静态过程**．但是，如果系统在始、末两平衡态之间所经历的过程是无限缓慢的，使系统所经历的每一中间态都可近似地看成平衡态，那么系统的这个状态变化过程称为**准静态过程**．

如图8-1所示，在带有活塞的容器内储有一定量的气体，活塞可沿容器壁滑动，在活塞上放置一些砂粒．开始时，气体处于平衡态，其物态参量为 p_1, V_1, T_1．然后将砂粒一颗一颗地缓慢地拿走，最终气体的物态参量变为 p_2, V_2, T_2．由于砂粒被非常平缓地一颗一颗地拿走，容器中气体的状态始终近似处于平衡态．这种十分缓慢平稳的状态变化过程，可近似为准静态过程．在处理问题时，除一些极快过程（如爆炸）外，大多数情况下都可以把实际过程近似看作准静态过程处理．它在热力学的理论研究和实际应用上有着重要的指导意义．需要指出的是，活塞的运动是不可能如此无限缓慢和平稳的，因此，准静态过程是理想过程，是实际过程的理想化、抽象化．

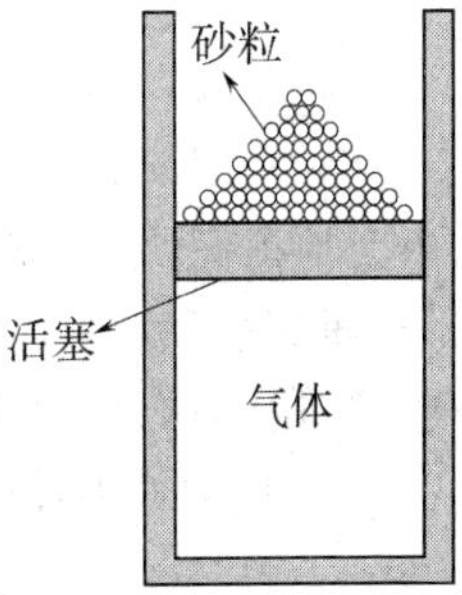

图8-1　准静态过程

8.1.2　准静态过程功

在7.2节中指出，当气体处于平衡态时，温度、压强处处相同，而且不再发生变化，故能够用

$p-V$ 图上一点来表示其状态,如图 8-2(b) 中的 A 点和 B 点. 由此可见,当气体经历一准静态过程时,我们就可以在 $p-V$ 图上用一条相应的曲线来表示,如图 8-2(b) 中的 A 点和 B 点之间的连线. $p-V$ 图上两点之间的这类连线,称为两状态间的**准静态过程曲线**,简称**过程曲线**.

做功是能量传递和转换的一种方式,是系统状态发生变化的原因之一. 下面讨论系统在准静态过程中,因体积变化所做的功. 如图 8-2(a) 所示,在一有活塞的气缸内盛有一定量的气体,气体的压强为 p,活塞的面积为 S,则作用在活塞上的力为 $F = pS$. 当系统经历一微小的准静态过程使活塞移动一微小距离 $\mathrm{d}l$ 时,气体所做的元功为

$$\mathrm{d}W = F\mathrm{d}l = pS\mathrm{d}l = p\mathrm{d}V.$$

其中 $\mathrm{d}V$ 为气体体积的变化量. 元功 $\mathrm{d}W$ 可用图 8-2(b) 中画有斜线的矩形小面积来表示,故气体在由状态 A 变化到状态 B 的准静态过程中所做的功为所有矩形小面积的总和,即

$$W = \int_{V_1}^{V_2} p\mathrm{d}V. \tag{8-1}$$

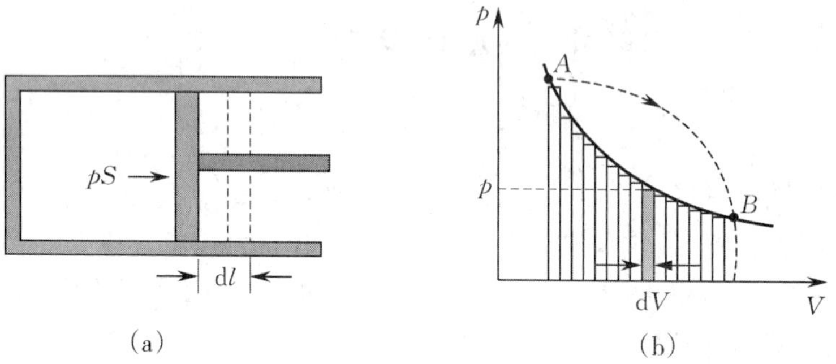

图 8-2　气体膨胀时所做的功

式(8-1)表明,气体所做的功等于 $p-V$ 图上过程曲线下面的面积. 当气体膨胀时,它对外界做正功;当气体被压缩时,它对外界做负功. 假定气体从状态 A 到状态 B 经历另一个路径,如图 8-2(b) 中的虚线,则气体所做的功应该是虚线下面的面积. 状态变化过程不同,系统所做的功也就不同. 总之,系统所做的功不仅与系统的始、末状态有关,而且还与路径有关,是一个过程量.

8.1.3　准静态过程的热量

前面指出,对系统做功可以改变系统的状态. 除此之外,向系统传递能量也可以改变系统的状态. 例如,把一杯冷水放在电炉上加热,高温电炉不断地把能量传递给低温的水,从而使水温也相应地提高,水的状态就发生了改变. 又如,在一杯水中放进一块冰,冰将吸收水的能量而融化,从而使水和冰的状态都发生变化. 我们把系统与外界之间由于存在温度差而传递的能量叫作**热量**,用 Q 表示. 如图 8-3 所示,把温度为 T_1 的系统 A,放在温度为 T_2 的外界环境 B 之中,若 $T_2 > T_1$,则有热量 Q 从 B 传递给 A. 若 $T_2 < T_1$,则热量 Q 将从 A 传递给 B.

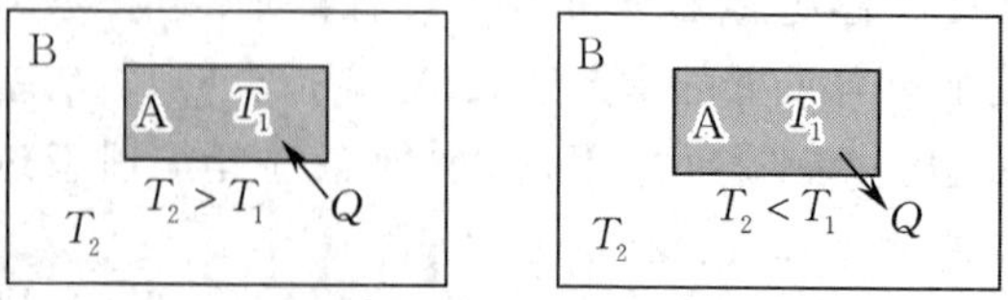

图 8-3　热量

在国际单位制中,热量与功的单位相同,均为焦[耳](J).

热量与功一样是与热力学过程有关的过程量.在系统与外界之间发生能量传递时,一般来说系统的温度是要发生变化的.然而特殊情况下,也可能有这样的情况:当系统与外界之间发生能量传递时,系统的温度维持不变.例如,当一杯冷水放在高温电炉上加热至沸腾后,水虽被继续加热,但水温却维持在沸点而不再升高.在这种情形下,我们也说外界向系统传递了热量.总之,只要有热量的传递,无论系统的温度是否发生变化,都是能量的传递过程.

8.1.4 理想气体的内能

前面指出,做功和传递热量都可以使系统的状态发生变化,其中做功是通过宏观的有规则运动(如机械运动,电流等)来实现的,可称其为**宏观功**.但传递热量却不同,这种交换是通过分子的无规则热运动来完成的,即系统外物体的分子无规则热运动与系统内分子的无规则热运动之间的相互转换.当系统内、外两种分子不断碰撞时,两种分子间的作用力会使分子的能量发生变化,结果表现为外界和系统之间有能量的传递,即热量的传递是通过无规则热运动来实现的.显然,这种能量的传递只有在外界分子和系统分子的平均动能不相同时才能实现.从宏观上来看,这种能量的传递需要外界和系统温度不同.

实验表明,对于系统给定的初始状态和末状态,传递热量和做功的总和与系统经历的过程无关且具有确定值.前面已经指出,无论做功和传热,都可使系统的能量改变,因此,热力学系统在一定状态应具有一定的能量,这个能量仅是系统状态的单值函数,是个状态量,称为**内能**.根据气体动理论的观点,在不考虑分子内部结构情况下,系统的内能就是系统中所有的分子热运动的动能和分子间相互作用势能的总和.对于理想气体,内能仅是温度的函数,即

$$E = E(T).$$

历史上,热量的单位曾用卡表示,而功的单位为焦[耳].英国物理学家焦耳通过实验证明了功和热量在改变系统能量方面是相当的,功和卡的换算关系为

$$1\text{ 卡} = 4.18\text{ 焦[耳]},\quad 1\text{ 焦[耳]} = 0.24\text{ 卡}.$$

8.1.5 热力学第一定律

一般情况下,在一个热力学过程中,做功和传递热量往往同时存在.若系统起始时处于平衡状态,内能为E_0.当外界对其做功为W_{ext}和系统从外界吸热Q后,系统到达平衡状态,其内能为E,则有以下实验结论:

$$E - E_0 = Q + W_{ext},$$

该式表明,系统内能的增量等于外界向系统传递的热量与外界对系统做功之和.如果用W表示系统对外界做的功,那么有$W_{ext} = -W$.于是上式可写成

$$Q = E - E_0 + W = \Delta E + W. \tag{8-2}$$

式(8-2)的物理意义是:系统从外界吸收的热量,一部分用于系统对外做功,另一部分用来增加系统的内能.这就是**热力学第一定律**.显然,热力学第一定律就是包括热现象在内的能量守恒定律.

为便于应用,对式(8-2),规定:$Q > 0$表示系统从外界吸收热量,$Q < 0$表示系统向外界放出热量;$W > 0$表示系统对外界做正功,$W < 0$则表示系统对外界做负功,即外界对系统做正功;$\Delta E > 0$表示系统内能增加,$\Delta E < 0$表示系统内能减少.

对于系统状态微小变化过程,热力学第一定律的数学表达式可写成

$$\mathrm{d}Q = \mathrm{d}E + \mathrm{d}W. \tag{8-3}$$

从热力学第一定律可以知道,要使系统对外做功,必然要消耗系统的内能或从外界吸收热量,或两者皆有.历史上曾有不少人企图制造一种机器,既不消耗系统的内能,又不需要外界向它传递热量,即不消耗任何能量而可以不断地对外做功.这种机器叫作**第一类永动机**.很明显,由于它违反了热力学第一定律而始终未能制成.所以热力学第一定律也可表述为:第一类永动机是不可能实现的.

【例8.1】　一系统由图8-4所示的a状态沿acb过程到达b状态,有345 J的热量传入系统,而系统对外做功为125 J.

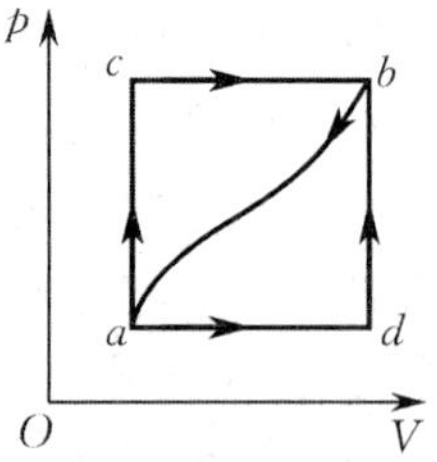

图8-4

(1) 如果系统沿adb过程到达b状态,则系统对外做功为40 J.问有多少热量传入系统?

(2) 当系统由b状态沿曲线ba返回到a状态时,外界对系统做功为80 J,试问:系统是吸热还是放热?传递的热量为多少?

(3) 若系统bd间的内能变化量为$\Delta E_{bd}=75$ J,试问沿ad及ab各吸收多少热量?

解　(1) 由已知条件,在acb过程中,由热力学第一定律得出b,a两状态的内能变化量为

$$\Delta E_{ba}=Q_{acb}-W_{acb}=(345-125)\ \mathrm{J}=220\ \mathrm{J}.$$

因为b,a两状态内能的变化量与过程无关,故在adb过程中,传入系统的热量为

$$Q_{adb}=\Delta E_{ba}+W_{adb}=(220+40)\ \mathrm{J}=260\ \mathrm{J}.$$

(2) 从b沿曲线到a的过程中,仍根据热力学第一定律,有

$$Q_{ab}=\Delta E_{ab}+W_{ba}=-\Delta E_{ba}+W_{ba}=(-220-80)\ \mathrm{J}=-300\ \mathrm{J},$$

负号表示系统放热.

(3) 因为db过程中$\mathrm{d}V=0$,故做功$W_{db}=0$,在db过程中,吸收的热量为

$$Q_{db}=\Delta E_{bd}+W_{db}=\Delta E_{db}=75\ \mathrm{J}.$$

因为$Q_{adb}=260$ J,故在ad过程中吸热为

$$Q_{ad}=Q_{adb}-Q_{db}=(260-75)\ \mathrm{J}=185\ \mathrm{J}.$$

从以上分析可看出,解决问题的关键是利用内能是状态的单值函数性质.

8.2　理想气体的等值过程

作为热力学第一定律的应用之一,本节讨论理想气体的等容过程、等压过程和等温过程中的功、热量、内能增量和摩尔热容.

8.2.1　等容过程　摩尔定容热容

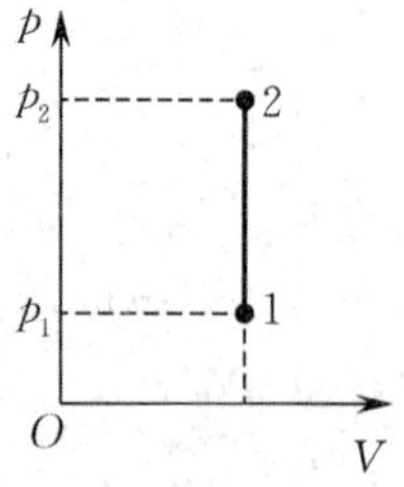

图8-5　等容过程

在等容过程中,理想气体的体积保持不变.如图8-5所示,等容过程在$p-V$图上是一条平行于p轴的直线,即等容线.在等容过程中,由于气体的体积V是常量,气体不对外做功,即$\mathrm{d}W_V=p\mathrm{d}V=0$.由热力学第一定律,有

$$\mathrm{d}Q_V=\mathrm{d}E. \tag{8-4a}$$

对有限的等容过程,则有

$$Q_V = E_2 - E_1. \tag{8-4b}$$

式(8-4b)表明,在等容过程中,气体吸收的热量全部用来增加气体的内能.

现在来讨论理想气体的摩尔定容热容.设有1 mol 理想气体在等容过程中所吸收的热量为 $\mathrm{d}Q_V$,气体的温度由 T 升高到 $T+\mathrm{d}T$,则气体的摩尔定容热容

$$C_{V,\mathrm{m}} = \frac{\mathrm{d}Q_V}{\mathrm{d}T}. \tag{8-5a}$$

根据式(8-4a),式(8-5a)也可写成

$$C_{V,\mathrm{m}} = \frac{\mathrm{d}E}{\mathrm{d}T}. \tag{8-5b}$$

摩尔定容热容的单位为焦[耳]每摩尔开[尔文][J/(mol·K)].式(8-5a)可写成

$$\mathrm{d}Q_V = C_{V,\mathrm{m}}\mathrm{d}T, \tag{8-6a}$$

对于 μ mol 的理想气体,在等容过程中,其温度由 T_1 改变为 T_2 时,所吸收的热量则为

$$Q_V = \mu C_{V,\mathrm{m}}(T_2 - T_1). \tag{8-6b}$$

由式(8-4b)可知,在等容过程中,物质的量为 μ 的理想气体,其温度由 T_1 改变为 T_2 时,内能增量为

$$\Delta E = \mu C_{V,\mathrm{m}}(T_2 - T_1). \tag{8-7}$$

由此可以看出,理想气体的内能增量仅与温度的增量有关,这个结论并不限于等容过程.对于理想气体,无论它经历什么样的状态变化过程,只要温度的增量相同,其内能的增量就是一定的.这也就是说,理想气体内能的改变只与起始和终了状态温度的改变有关,与状态变化的过程无关.因此,我们常用式(8-7)来计算理想气体内能的变化.

8.2.2　等压过程　摩尔定压热容

在等压过程中,理想气体的压强保持不变,如图8-6所示,等压过程在 $p-V$ 图上是一条平行于 V 轴的直线,即等压线.

等压过程的特征为 $p=$ 恒量,系统对外界做功为

$$W = \int_{V_1}^{V_2} p\mathrm{d}V = p\int_{V_1}^{V_2}\mathrm{d}V = p(V_2 - V_1). \tag{8-8}$$

由理想气体状态方程

$$p\mathrm{d}V = \mu R\mathrm{d}T,$$

式(8-8)还可写成

$$W = \mu R(T_2 - T_1). \tag{8-9}$$

在 $p-V$ 图上,功可用等压线下的矩形面积表示.

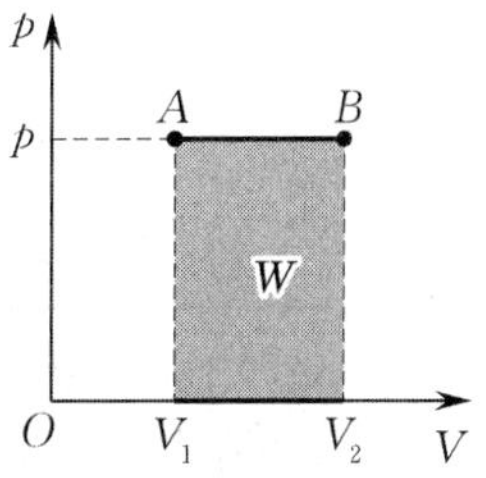

图 8-6　等压过程

在等压过程中,内能的增量仍为

$$\Delta E = \mu C_{V,\mathrm{m}}(T_2 - T_1).$$

由热力学第一定律可得外界向系统传递的热量为

$$\begin{aligned} Q &= \Delta E + W = \mu C_{V,\mathrm{m}}(T_2 - T_1) + \mu R(T_2 - T_1) \\ &= \mu(C_{V,\mathrm{m}} + R)(T_2 - T_1). \end{aligned} \tag{8-10}$$

即理想气体在等压膨胀过程中吸收的热量一部分用来增加系统的内能,一部分用来对外做功.

设有 1 mol 的理想气体,在等压过程中吸收热量 $\mathrm{d}Q_p$,温度升高 $\mathrm{d}T$,则气体的摩尔定压热容为

$$C_{p,\mathrm{m}} = \frac{\mathrm{d}Q_p}{\mathrm{d}T}. \tag{8-11a}$$

物质的量为 μ 的理想气体在等压过程中吸收的热量为

$$Q_p = \int_{T_1}^{T_2} \mu C_{p,m} dT = \mu C_{p,m}(T_2 - T_1). \qquad (8-11b)$$

摩尔定压热容的单位与摩尔定容热容相同. 比较式(8－10) 和式(8－11b) 可得

$$C_{p,m} = C_{V,m} + R, \qquad (8-12)$$

式(8－12) 说明,理想气体的摩尔定压热容与摩尔定容热容之差为普适气体常量 R. 也就是说,在等压过程中,1 mol 理想气体温度升高 1 K,要比其等容过程多吸收 8.31 J 的热量,以用于对外做功. 从表 8－1 我们可以看到,在常温及一个标准大气压下的气体(理想气体),无论是单原子气体、双原子气体,还是多原子气体,尽管它们的摩尔定压热容 $C_{p,m}$ 和摩尔定容热容 $C_{V,m}$ 的实验值并不相同,但 $C_{p,m}$ 与 $C_{V,m}$ 之差的实验值与摩尔气体常量 R 的值还是比较接近的.

在实际应用中,常常用到 $C_{p,m}$ 与 $C_{V,m}$ 的比值,这个比值通常用 γ 表示,称为绝热系数,即

$$\gamma = \frac{C_{p,m}}{C_{V,m}}.$$

表 8－1 给出了几种气体摩尔热容的实验值.

表 8－1　几种气体摩尔热容的实验值

气体		摩尔质量 M	$C_{p,m}$	$C_{V,m}$	$C_{p,m} - C_{V,m}$	$\gamma = C_{p,m}/C_{V,m}$
单原子气体	氦(He)	4.003×10^{-3}	20.79	12.52	8.27	1.66
	氖(Ne)	20.18×10^{-3}	20.79	12.68	8.11	1.64
	氩(Ar)	39.95×10^{-3}	20.79	12.45	8.34	1.67
双原子气体	氢(H_2)	2.016×10^{-3}	28.82	20.44	8.38	1.41
	氮(N_2)	28.01×10^{-3}	29.12	20.80	8.32	1.40
	氧(O_2)	32.00×10^{-3}	29.37	20.98	8.39	1.40
	一氧化碳(CO)	28.01×10^{-3}	29.04	20.74	8.30	1.40
多原子气体	二氧化碳(CO_2)	44.01×10^{-3}	36.62	28.17	8.45	1.30
	一氧化二氮(N_2O)	40.01×10^{-3}	36.90	28.39	8.51	1.30
	硫化氢(H_2S)	34.08×10^{-3}	36.12	27.36	8.76	1.32
	水蒸气	18.02×10^{-3}	36.21	27.82	8.39	1.30

注:在 $p = 1.013 \times 10^5$ Pa, $T = 25$ ℃ 时测得; $C_{p,m}$, $C_{V,m}$ 的单位均为 J/(mol·K), M 的单位为 kg/mol.

在 7.4 节中,我们从能量按自由度均分定理出发,得出了 μ mol 自由度为 i 的理想气体的温度改变 dT 时,其内能相应的改变为

$$dE = \mu \frac{i}{2} R dT.$$

将此式代入式(8－5b) 和式(8－12),可得摩尔定容热容 $C_{V,m}$ 和摩尔定压热容 $C_{p,m}$ 的理论值分别为

$$C_{V,m} = \frac{i}{2}R, \quad C_{p,m} = C_{V,m} + R = \frac{i+2}{2}R. \qquad (8-13)$$

将式(8－13) 的理想气体摩尔热容的理论计算值与表 8－1 中相关的实验值相比较,可以看出,在 1.013×10^5 Pa, 25 ℃ 的实验条件下,各种气体特别是单原子分子气体和双原子分子气体,

其 $C_{p,m}-C_{V,m}$ 的实验值与理论值较为接近. 这表明由理想气体推导得到的能量均分定理对这些气体是合适的. 但对某些三原子分子气体，它们的 $C_{p,m}-C_{V,m}$ 的实验值与理论值则有较大差异. 这也表明能量均分定理有其局限性.

不仅如此，我们从实验中还发现 $C_{V,m}$ 与温度有关. 表 8-2 给出了不同温度下双原子分子氢气(H_2) 的摩尔定容热容的实验值.

表 8-2　在不同温度下双原子分子氢气(H_2) 的摩尔定容热容的实验值

温度 T/K	40	90	197	273	775	1 273	1 773	2 273	2 773
摩尔定容热容 $C_{V,m}$/[J/(mol·K)]	12.46	13.59	18.31	20.27	21.04	22.95	25.04	26.71	27.96

注：压强为 1.013×10^5 Pa.

用表 8-2 的数据可作如图 8-7 所示的 $C_{V,m}$ 与 T 的实验关系曲线. 从该实验曲线可以看出：氢气的 $C_{V,m}$ 是随温度的升高而增加的：当氢气的温度低于100 K 时，其 $C_{V,m}$ 近似为 $3R/2$，似乎此时只有分子的平均平动动能对摩尔热容有贡献；当氢气的温度介于 500 ～ 1 000 K 时，其 $C_{V,m}$ 约为 $5R/2$，此时除分子的平均平动动能外，转动动能也对 $C_{V,m}$ 起作用；当氢气的温度高达 2 500 K 以上时，其 $C_{V,m}$ 逐渐达到 $7R/2$，这时分子的平动、转动和振动能量都对热容有贡献. 这种 $C_{V,m}$ 随 T 的增加而变化的特点，不是氢气所独有，其他气体也有类似的情况. 能量均分定理是无法对此予以说明的，只有用量子理论才能较好地说明这个问题.

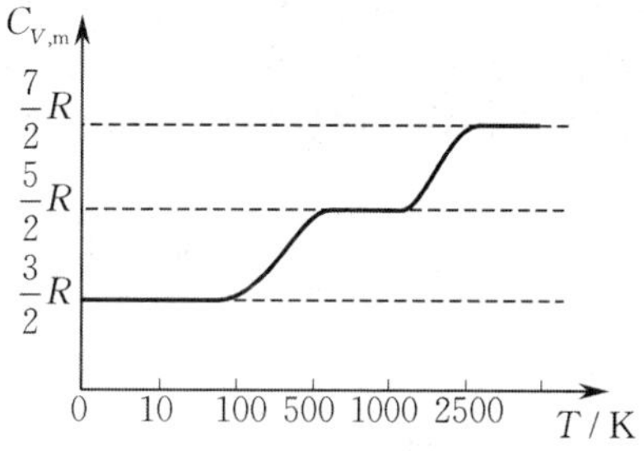

图 8-7　氢气的 $C_{V,m}-T$ 曲线

8.2.3　等温过程

如图 8-8(a) 所示，一个密闭的气缸内贮有一定量的理想气体，气缸壁是由绝热材料制成的，气缸的底部是良导体. 气缸底部与温度为 T 的恒温热源相接触. 缓慢移动活塞，缸内气体将膨胀(或压缩)，气体将对外做正功(或负功)，热量从恒温热源向气缸中的气体传入(或传出)，使气体的温度维持不变，这个过程可看作准静态过程. 这种在温度不变的情况下，状态变化的过程叫作**等温过程**，其特征是 $\mathrm{d}T=0$. 对理想气体来说，由式(8-7) 可知，在等温过程中气体的内能也保持不变，即 $\mathrm{d}E=0$. 理想气体的等温过程在 $p-V$ 图上的过程曲线，如图 8-8(b) 所示，是一条双曲线，该曲线也称为**等温线**.

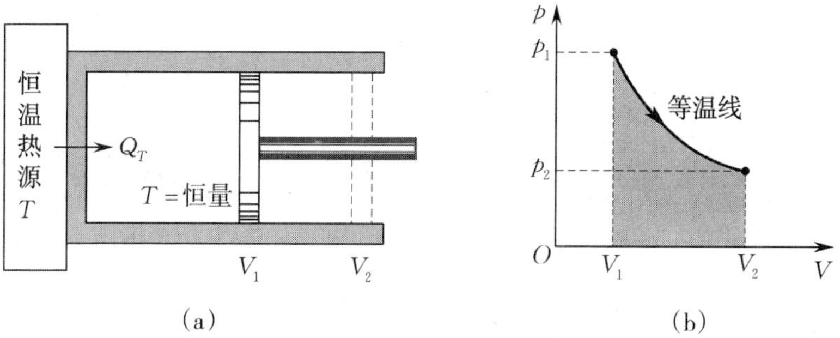

图 8-8　理想气体的等温过程

因为在等温过程中内能不变化，故由热力学第一定律有

$$dQ_T = dW_T = p dV,$$

其中 dQ_T 为气体从温度为 T 的热源中吸收的热量，dW_T 为气体所做的功. 该式表明，在等温过程中，理想气体所吸收的热量全部用来对外做功. 气体对外所做的功等于图 8-8(b) 中等温线下面的面积.

设理想气体在等温过程中，其体积由 V_1 改变为 V_2，则气体所做的功为

$$W_T = \int_{V_1}^{V_2} p dV.$$

由理想气体物态方程 $pV = \mu RT$ 和等温过程中 $T =$ 常量的条件，该式可写为

$$W_T = \mu RT \int_{V_1}^{V_2} \frac{dV}{V} = \mu RT \ln \frac{V_2}{V_1}. \tag{8-14a}$$

由 $p_1 V_1 = p_2 V_2$，得

$$W_T = \mu RT \ln \frac{p_1}{p_2}. \tag{8-14b}$$

式(8-14b) 表明，在理想气体的等温过程中，当气体膨胀($V_2 > V_1$) 时，W_T 和 Q_T 均取正值，气体从恒温热源吸收的热量全部用于对外做功；当气体被压缩($V_2 < V_1$) 时，W_T 和 Q_T 均取负值，此时外界对气体所做的功全部以热量形式由气体传递给恒温热源.

8.3 理想气体的绝热过程

8.3.1 绝热过程

在系统状态变化的过程中，如果它与外界之间没有热量传递，这种过程叫作**绝热过程**. 绝热过程是热力学过程中一个十分重要的过程. 实际上，绝对的绝热过程是没有的，但在有些过程的进行中，虽然系统与外界之间有热量传递，但所传递的热量很小，可忽略不计，这种过程就可近似为绝热过程. 例如，在工程上，蒸汽机气缸中蒸汽的膨胀，柴油机中受热气体的膨胀，压缩机中空气的压缩等，常常近似看作绝热过程. 这些过程进行得很迅速，在过程进行时只有很少的热量通过器壁进入或离开系统. 此外，声波在空气中传播时，空气的压缩和膨胀过程也可看作绝热过程.

因为在绝热过程中 $dQ = 0$，故由热力学第一定律，有

$$0 = dE + dW_S.$$

由于理想气体的内能仅是温度的函数，故由式(8-7) 可得

$$0 = \mu C_{V,m} dT + p dV. \tag{8-15}$$

由理想气体物态方程 $pV = \mu RT$ 得

$$p = \frac{\mu RT}{V}. \tag{8-16}$$

将式(8-16) 代入式(8-15)，并分离变量可得

$$\frac{dV}{V} = -\frac{C_{V,m}}{R} \frac{dT}{T}.$$

将 $R = C_{p,m} - C_{V,m}$ 及 $\gamma = C_{p,m}/C_{V,m}$ 代入，得

$$\frac{dV}{V} = -\frac{1}{\gamma - 1} \frac{dT}{T},$$

积分,有

$$(\gamma-1)\ln V+\ln T=\text{常量},$$

得

$$V^{\gamma-1}T=\text{常量}. \tag{8-17a}$$

这就是理想气体绝热过程的 $V-T$ 函数关系.

将理想气体物态方程 $pV=\mu RT$ 代入式(8-17a),分别消去 V 或 T,可得

$$p^{\gamma-1}T^{-\gamma}=\text{常量}, \tag{8-17b}$$

$$pV^{\gamma}=\text{常量}. \tag{8-17c}$$

式(8-17)的三个公式统称为理想气体的绝热过程方程,简称**绝热方程**.式中各个常量是不相同的.

由式(8-15)可求得在有限过程中,理想气体绝热过程做的功为

$$W_S=\int p\mathrm{d}V=-\mu C_{V,\mathrm{m}}\int_{T_1}^{T_2}\mathrm{d}T=-\mu C_{V,\mathrm{m}}(T_2-T_1). \tag{8-18}$$

从式(8-18)可以看出,若 $T_2<T_1$,则 $W_S>0$,气体绝热膨胀;若 $T_2>T_1$,则 $W_S<0$,气体被绝热压缩.气体在绝热压缩时温度升高,在绝热膨胀时温度降低,这两个结论在许多实际问题中经常用到.例如,用打气筒向轮胎打气时,筒壁会发热;压缩空气从喷嘴中急速喷出时,气体绝热膨胀,使气体变冷,甚至液化.

理想气体绝热做功也可以用物态参量 p,V 表示,即

$$W_S=\frac{p_1V_1-p_2V_2}{\gamma-1}.$$

读者可以自己推证.

8.3.2　绝热线和等温线

为了比较绝热线和等温线,按绝热方程

$$pV^{\gamma}=\text{常量}$$

和等温方程

$$pV=\text{常量},$$

在 $p-V$ 图上作这两过程的过程曲线,如图8-9所示.图中实线是绝热线,虚线是等温线.两线在图中的 A 点相交,显然绝热线比等温线要陡些.这是因为 A 点处等温线的斜率为

$$\left(\frac{\mathrm{d}p}{\mathrm{d}V}\right)_T=-\frac{p_A}{V_A},$$

而 A 点处绝热线的斜率为

$$\left(\frac{\mathrm{d}p}{\mathrm{d}V}\right)_S=-\gamma\frac{p_A}{V_A},$$

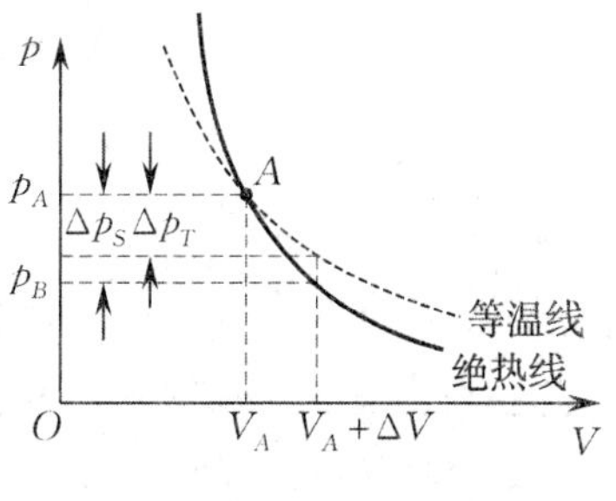

图8-9　绝热线和等温线

其中 $\gamma>1$.这一点可以解释如下:设处于某一状态的气体,经等温过程和绝热过程膨胀了相同的体积,但在绝热过程中压强降低的幅度大,而在等温过程中压强降低的幅度小,即 $\Delta p_S>\Delta p_T$.这是因为在等温过程中,压强的降低仅由气体密度的减小而引起,而在绝热过程中,压强的降低,除气体密度减小这个因素外,温度降低也是使压强降低的一个因素.所以,当气体膨胀相同体积时,在绝热过程中压强的降低比在等温过程中的要多.

8.3.3 四种热力学等值过程的比较

四种理想气体的热力学过程特点如表 8-3 所示.

表 8-3 理想气体的四种热力学过程特点

过程	过程方程	吸收热量	内能增量	做功	摩尔热容
等容	$\frac{p}{T}=$ 常量	ΔE	ΔE	0	$C_{V,m}=\frac{i}{2}R$
等压	$\frac{V}{T}=$ 常量	$\Delta E+W_p$	ΔE	W_p	$C_{p,m}=\frac{i+2}{2}R$
等温	$pV=$ 常量	W_T	0	W_T	∞
绝热	$pV^\gamma=$ 常量	0	ΔE	$-\Delta E$	0

从表 8-3 可以看出，理想气体四个过程的所吸收热量、内能增量和对外做功可以用 3 个表达式 ΔE，W_p 和 W_T 表示出来. 根据式(8-7)、式(8-8) 和式(8-14a)，内能增量为 $\Delta E=\mu C_{V,m}(T_2-T_1)$，等压过程系统做功 $W_p=p(V_2-V_1)$，等温过程系统做功 $W_T=\mu RT\ln\frac{V_2}{V_1}$.

【例 8.2】 设有 5 mol 的氢气，最初温度为 20 ℃，压强为 1.013×10^5 Pa，求下列过程中把氢气压缩为原体积的 1/10 需做的功：(1) 等温过程；(2) 绝热过程.

解 (1) 等温过程中做功为

$$W_T=\mu RT\ln\frac{V_2}{V_1}=5\times8.31\times293\times\ln\frac{1}{10}\ \text{J}\approx-2.80\times10^4\ \text{J},$$

功为负值表示外界对系统做功.

(2) 因为氢气是双原子气体，由表 8-1 可知，$\gamma=1.41$. 所以对绝热过程，由式(8-17a) 可求得末状态的温度为

$$T_2=T_1\left(\frac{V_1}{V_2}\right)^{\gamma-1}=293\times10^{0.41}\ \text{K}\approx753\ \text{K}.$$

氢气经绝热过程做的功为内能增量的负值，即

$$\begin{aligned}W_S&=-\Delta E=-\mu C_{V,m}(T_2-T_1)\\&=-5\times\frac{5}{2}\times8.31\times(753-293)\ \text{J}\approx-4.78\times10^4\ \text{J}.\end{aligned}$$

【例 8.3】 氮气液化. 把氮气放在一个有活塞的由绝热壁包围的气缸中，开始时，氮气的压强有 50 个标准大气压，温度为 300 K；经急速膨胀后，其压强降至 1 个标准大气压，从而使氮气液化. 试问此时氮气的温度为多少？

解 把氮气视为理想气体，其液化过程可当作绝热过程. 由题意知，$p_1=50\times1.013\times10^5$ Pa，$T_1=300$ K，$p_2=1\times1.013\times10^5$ Pa，且氮气为双原子气体，可取 $\gamma=1.40$. 所以按绝热方程式(8-17b) 可得

$$T_2=T_1\left(\frac{p_2}{p_1}\right)^{(\gamma-1)/\gamma}.$$

将已知数据代入上式，有

$$T_2=300\left(\frac{1}{50}\right)^{(1.40-1)/1.40}\ \text{K}\approx98.0\ \text{K}.$$

这个值只是大略的估计值.因为在低温时氮气不能再视为理想气体,而且把氮气的膨胀过程视为绝热过程也只是近似的.

【例 8.4】 1 mol 双原子分子理想气体,如图8-10 所示,从状态$B(p_B,V_B)$ 沿直线变化到$A(p_A,V_A)$,试求:(1) 气体的内能增量;(2) 气体对外界所做的功;(3) 气体吸收的热量;(4) 此过程的摩尔热容.

解 此过程不是前面所讨论的四个过程之一,它为一任意准静态过程.

(1) 以 1 mol 双原子理想气体为研究对象.内能增量只与初、末两态有关.

$$\Delta E=\mu C_{V,\mathrm{m}}(T_A-T_B)=\mu\frac{i}{2}R(T_A-T_B),$$

又根据状态方程 $pV=\mu RT$,得

$$\Delta E=\frac{i}{2}(p_AV_A-p_BV_B)=\frac{5}{2}(p_AV_A-p_BV_B).$$

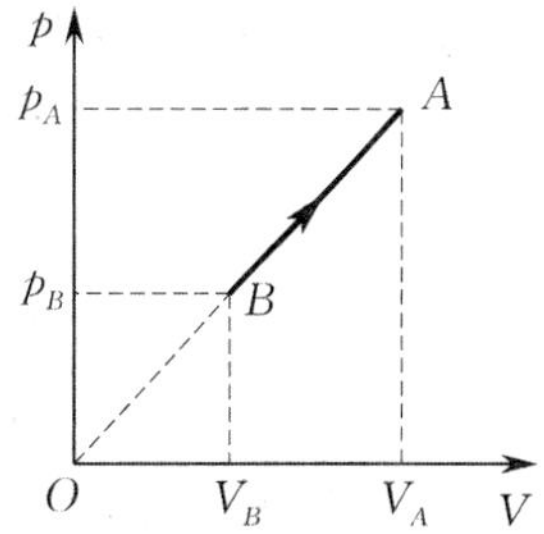

图 8-10

(2) 根据功等于过程曲线下的面积可知,此过程中功为梯形的面积,即两个三角形面积之差,

$$W=\frac{1}{2}p_AV_A-\frac{1}{2}p_BV_B.$$

(3) 根据热力学第一定律有

$$\begin{aligned}Q=\Delta E+W&=\frac{5}{2}(p_AV_A-p_BV_B)+\frac{1}{2}p_AV_A-\frac{1}{2}p_BV_B\\&=3(p_AV_A-p_BV_B).\end{aligned}$$

(4) 由上式可得

$$\mathrm{d}Q=3\mathrm{d}(pV),$$

又由状态方程 $pV=\mu RT$,可得

$$\mathrm{d}Q=3\mu R\mathrm{d}T,$$

由摩尔热容定义知,$C=\dfrac{1}{\mu}\dfrac{\mathrm{d}Q}{\mathrm{d}T}=3R$.

8.4 循环过程　卡诺循环

8.4.1 循环过程

热力学理论的发展是随着研究热机的工作过程而建立起来的.所谓热机,就是某种工作物质(工质)不断地把吸收的热量转变为机械能的装置.简单地说,热机就是利用热来做功的机器,如蒸汽机、汽轮机、内燃机等.

理想气体的等温膨胀过程能够把从外界吸收的热量全部用来对外做功,热能转化为功的效果最好,但是仅借助于这种过程不可能制成实用的热机.这是因为气体在膨胀过程中,体积越来越大,压强则越来越小,最终系统内压强和外界压强相等,膨胀过程就不能继续了.因此,单一的热力学过程,无法实现对外持续不断地做功.

为了让热机将热转化为功的过程能持续地进行下去,需要利用循环过程.系统经过一系列状态过程后又回到原来状态的过程,叫作热力学循环过程,简称**循环**.

现考虑以气体为工作物质的循环过程. 如图 8-11 所示，设气体吸收热量推动气缸的活塞而膨胀，经准静态过程从状态 A 到状态 B，在此膨胀过程中，气体所做的功为 W_{AB}. 若使气体从状态 B 沿原来的路径压缩到状态 A，则气体所做的功为 $W_{BA}=-W_{AB}$. 上述从状态 A 出发又回到状态 A 的过程为一循环过程. 但是在这个循环过程中，系统所做的净功为零，即 $W_{AB}+W_{BA}=0$.

若气体在压缩过程中所经过的路径，与在膨胀过程中所经过的路径不重复，如图 8-12 所示. 气体由起始状态 A 沿过程 AaB 膨胀到状态 B，在此过程中，气体对外所做的功等于过程曲线 AaB 下的面积. 然后再将气体由状态 B 沿过程 BbA 压缩到起始状态 A. 在压缩过程中，外界对气体所做的功等于过程曲线 BbA 下面的面积. 所以气体经历一个循环以后，对外所做的净功 W 应为 AaB 和 BbA 两个循环过程曲线所包围的面积. 应当指出，在任何一个循环过程中，系统做的净功都等于 $p-V$ 图上循环过程曲线所包围的面积.

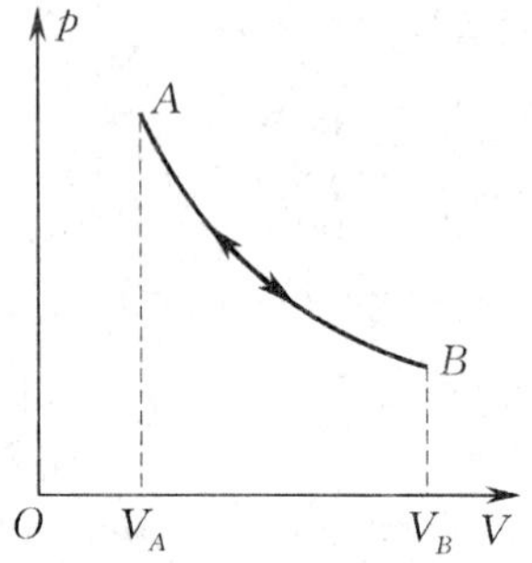

图 8-11 循环过程

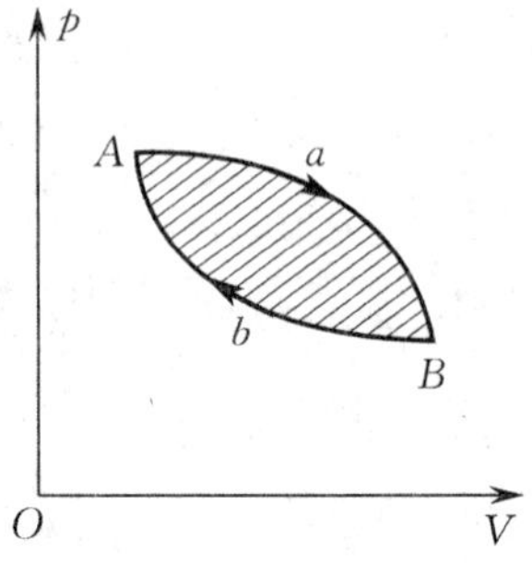

图 8-12 循环过程的功

因为内能是系统状态的单值函数，所以系统经历一个循环过程之后，它的内能没有改变. 这是循环过程的重要特征.

8.4.2 热机和制冷机

按过程进行的方向可把循环过程分为两类. 在 $p-V$ 图上按顺时针方向进行的循环过程叫作**正循环**，图 8-12 所示就是一个正循环；在 $p-V$ 图上按逆时针方向进行的循环过程叫作**逆循环**. 工作物质做正循环的机器叫作**热机**（如蒸汽机、内燃机），它是把热能持续地转变为功的机器. 工作物质做逆循环的机器叫作**制冷机**，它是利用外界做功使热量由低温处流入高温处，从而获得低温的机器.

如图 8-13 所示，一热机经过一个正循环后，由于它的内能不变，因此，它从高温热源吸收的热量 Q_1，一部分用于对外做功 W，另一部分向低温热源释放热量 Q_2（取绝对值）. 定义热机效率（循环效率）为

$$\eta=\frac{W}{Q_1}=\frac{Q_1-Q_2}{Q_1}=1-\frac{Q_2}{Q_1}. \tag{8-19}$$

在热机经历一个正循环后，吸收的热量不能全部转变为功. 当循环过程中工作物质吸收的热量相同时，对外做净功越多，热机效率越高. 目前，蒸汽机主要用于发电厂. 热机除蒸汽机外，还有内燃机、喷气机等，虽然它们在工作方式、效率上各不相同，但工作原理却基本相同，都是不断地把热能转变为功. 下面给出的是对几种装置所测得的热机效率：

液体燃料火箭：$\eta=0.48$；　燃气轮机：$\eta=0.46$；

柴油机：$\eta=0.37$；　汽油机：$\eta=0.25$.

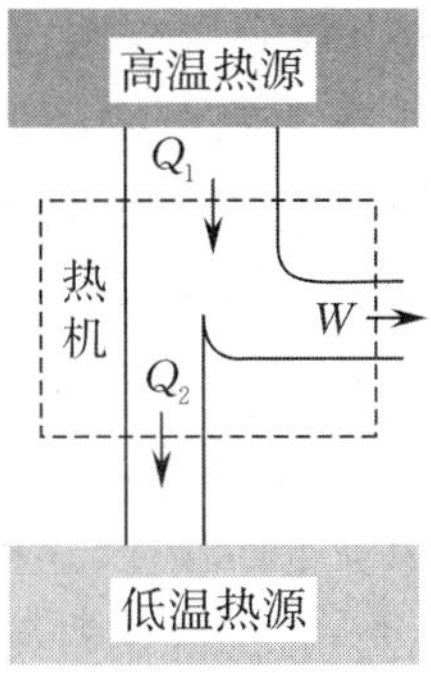

图 8-13　热机示意图

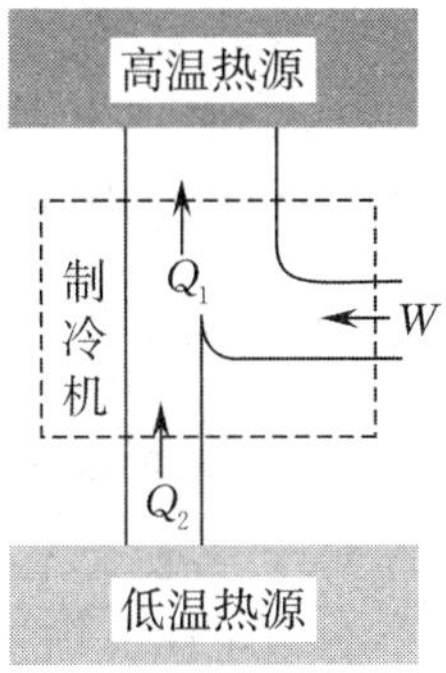

图 8-14　制冷机示意图

图 8-14 所示为制冷机示意图，它表示从低温热源吸取热量而膨胀，并在压缩过程中，把热量传给高温热源. 为实现这一点，外界必须对制冷机做功. 图中 Q_2 为制冷机从低温热源吸收的热量，W 为外界对它做的功，Q_1 为它传给高温热源热量的值(W 和 Q_1 均取绝对值). 定义制冷机的制冷系数为

$$e = \frac{Q_2}{W} = \frac{Q_2}{Q_1 - Q_2}. \tag{8-20}$$

制冷机经历一个逆循环后，由于外界对它做功，可把热量由低温热源传递到高温热源. 外界不断做功，就能不断地从低温热源吸取热量，传递到高温热源. 这就是制冷机的工作原理.

【例 8.5】　汽油机可以近似看作四冲程的奥托(Otto)循环. 如图 8-15 所示，$A \to B$ 是绝热压缩过程，$B \to C$ 是等容升压过程，$C \to D$ 是绝热膨胀过程，$D \to A$ 是等容减压过程. 求 1 mol 理想气体经历此循环的效率.

解　设气体状态为 A, B, C 和 D 的温度分别为 T_A, T_B, T_C, T_D. 由绝热方程有

$$\frac{T_B}{T_A} = \left(\frac{V_1}{V_2}\right)^{\gamma-1}, \quad \frac{T_C}{T_D} = \left(\frac{V_1}{V_2}\right)^{\gamma-1},$$

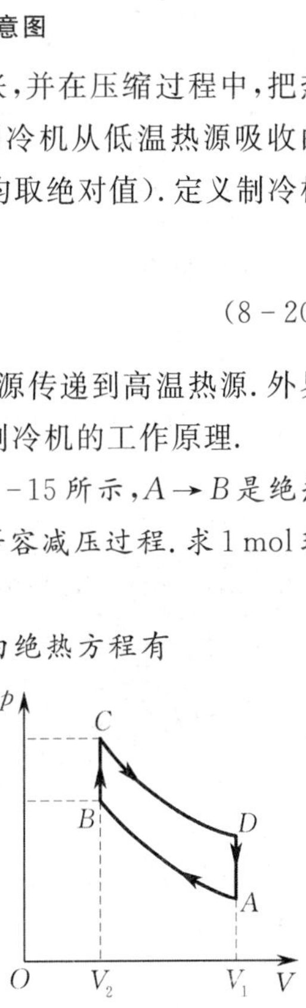

图 8-15

有

$$\frac{T_B}{T_A} = \frac{T_C}{T_D}, \quad \frac{T_B}{T_A} = \frac{T_C - T_B}{T_D - T_A}.$$

$B \to C$ 是等容升压过程，吸收的热量为

$$Q_1 = C_{V,\mathrm{m}}(T_C - T_B).$$

$D \to A$ 是等容减压过程，放出的热量为

$$Q_2 = C_{V,\mathrm{m}}(T_D - T_A).$$

故此循环效率为

$$\eta = \frac{Q_1 - Q_2}{Q_1} = 1 - \frac{T_D - T_A}{T_C - T_B} = 1 - \frac{T_A}{T_B} = 1 - \left(\frac{V_2}{V_1}\right)^{\gamma-1},$$

令式中 $V_2/V_1 = r$，r 为压缩比，则上式为

$$\eta = 1 - r^{\gamma-1}.$$

8.4.3　卡诺循环及其效率

瓦特改进了蒸汽机，使其热机效率大为提高之后，人们迫切要求进一步提高热机的效率. 那

么,提高热机效率的主要方向在哪里呢?提高热机效率有没有极限呢?为此,法国的年轻工程师卡诺(S. Carnot,1796—1832)于1824年提出一个工作在两热源之间的理想循环——卡诺循环,找到了在两个热源温度给定的条件下,热机效率的理论极限值;他还提出了著名的卡诺定理. 这里先介绍卡诺循环,下一节再讨论卡诺定理.

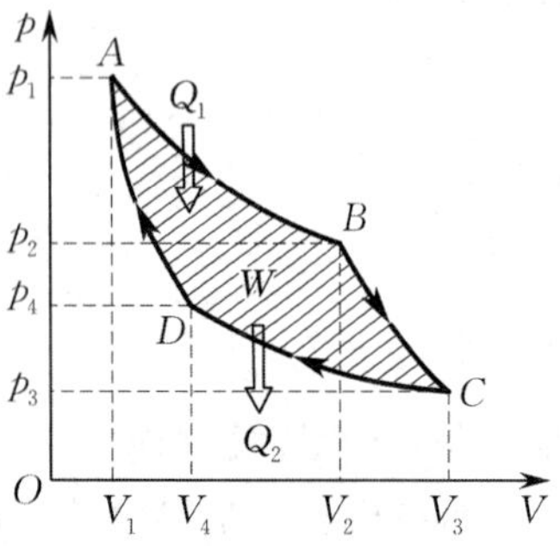

图 8-16 卡诺正循环

卡诺循环是由四个准静态过程所组成的,其中两个是等温过程,两个是绝热过程. 卡诺循环对工作物质是没有规定的,为方便讨论,以理想气体为工作物质,如图8-16所示,曲线 AB 和 CD 分别是温度为 T_1 和 T_2 的等温线,曲线 BC 和 DA 分别是两条绝热线. 如果气体按顺时针方向沿封闭曲线 $ABCDA$ 进行,这种循环称为**卡诺正循环**,与之对应的热机称为**卡诺热机**.

由前两节可求得在四个过程中,气体的内能、对外做功和传递热量间关系如下:

(1) 在 AB 的等温膨胀过程中,气体的内能没有改变,而气体对外做的功 W_1,等于气体从温度为 T_1 的高温热源中吸收的热量 Q_1,即

$$W_1 = Q_1 = \mu R T_1 \ln \frac{V_2}{V_1}. \tag{8-21}$$

(2) 在 BC 的绝热膨胀过程中,气体不吸收热量,对外做的功 W_2 等于气体所减少的内能,即

$$W_2 = -\Delta E = E_B - E_C = \mu C_{V,\mathrm{m}}(T_1 - T_2). \tag{8-22}$$

(3) 在 CD 的等温压缩过程中,外界对气体做的功 $(-W_3)$,等于气体向温度为 T_2 的低温热源放出的热量 $(-Q_2)$,即

$$-W_3 = -Q_2 = \mu R T_2 \ln \frac{V_4}{V_3},$$

有

$$Q_2 = \mu R T_2 \ln \frac{V_3}{V_4}. \tag{8-23}$$

(4) 在 DA 的绝热压缩过程中,气体不吸收热量,外界对气体做的功 $(-W_4)$ 用于增加气体的内能,即

$$-W_4 = \Delta E = E_A - E_D = \mu C_{V,\mathrm{m}}(T_1 - T_2).$$

由以上四式可得理想气体经历一个卡诺循环后所做的净功为

$$W = W_1 + W_2 - W_3 - W_4 = Q_1 - Q_2.$$

从图8-16可以看出,这个净功 W 就是图中循环所包围的面积.

由理想气体绝热方程 $TV^{\gamma-1}=$ 常量,可得

$$T_1 V_2^{\gamma-1} = T_2 V_3^{\gamma-1},$$

和

$$T_1 V_1^{\gamma-1} = T_2 V_4^{\gamma-1}.$$

两式相除,有

$$\frac{V_2}{V_1} = \frac{V_3}{V_4}.$$

把上式代入式(8-21)和式(8-23)的比值,有

$$\frac{Q_2}{Q_1}=\frac{T_2}{T_1}.$$

把它代入循环效率式(8-19)，得到以理想气体为工作物质的卡诺热机效率为

$$\eta=1-\frac{T_2}{T_1}. \tag{8-24}$$

上述结果的意义和可得出的结论有：

(1) 要完成一次卡诺循环必须有高温热源和低温热源.若工作物质在高温热源(温度 T_1)和低温热源(温度 T_2)处分别吸热 Q_1 和放热 Q_2，则有

$$\frac{Q_1}{T_1}=\frac{Q_2}{T_2}.$$

(2) 给出了提高热机效率的途径.卡诺热机的效率与工作物质无关，只与两个热源的温度有关，高温热源与低温热源的温度差越大，卡诺循环的效率越高.

(3) 指出了热机效率的极限.卡诺热机效率最大值必定小于 1，即 $\eta<1$.即不可能将热能完全转化为功.

对于卡诺逆循环所对应的卡诺制冷机，同样可得出制冷系数为

$$e=\frac{T_2}{T_1-T_2}. \tag{8-25}$$

【例 8.6】 有一台电冰箱放在室温为 25 ℃ 的房间里，冰箱储物柜内的温度维持在 5 ℃.现每天有 2.0×10^7 J 的热量自房间通过热传导方式传入电冰箱内.若要使电冰箱内保持 5 ℃ 的温度，外界每天需做多少功，其功率为多少?设在 5 ℃ 和 25 ℃ 之间运转的制冷机(电冰箱)的制冷系数，是卡诺制冷机的制冷系数的 50%.

解 设 e 为制冷机的制冷系数，$e_{卡}$ 为卡诺制冷机的制冷系数，而卡诺制冷机的制冷系数 $e_{卡}=T_2/(T_1-T_2)$，其中 $T_2=5\ ℃=278\ \mathrm{K}$，$T_1=20\ ℃=298\ \mathrm{K}$.于是，有

$$e=\frac{T_2}{T_1-T_2}\times50\%=\frac{278}{298-278}\times50\%=6.95.$$

又已知制冷机的制冷系数的定义式

$$e=\frac{Q_2}{Q_1-Q_2},$$

Q_2 为制冷机从低温热源(储物柜)吸收的热量，Q_1 为传递给高温热源(大气等)的热量，由此可得

$$Q_1=\frac{e+1}{e}Q_2.$$

设 Q' 为自房间传入电冰箱内的热量，其值为 2.0×10^7 J，在热平衡时，$Q_2=Q'$，则有

$$Q_1=\frac{e+1}{e}Q'=2.29\times10^7\ \mathrm{J}.$$

所以，为保持电冰箱在 5 ℃ 和 25 ℃ 之间运转，每天需做的功为

$$W=Q_1-Q_2=0.29\times10^7\ \mathrm{J}.$$

功率为

$$P=\frac{W}{t}=33.6\ \mathrm{W}.$$

8.5 热力学第二定律

19世纪初期,蒸汽机已在工业、航海等部门得到了广泛使用,随着技术水平的提高,蒸汽机的效率也有所增加.但提高热机效率有没有上限呢?能否制造出一种热机,它可把从单一热源吸取的热量完全用来做功呢?能否制造一种制冷机,它可以不需要外界对系统做功,就能使热量从低温物体传递给高温物体呢?人们发现,在自然界中不是所有符合热力学第一定律的过程都能发生,自然界自动进行的过程是有方向性的.为此,人们意识到有必要在热力学第一定律之外再建立一条新的定律.

8.5.1 自然过程的方向性

在前几节,我们特别强调了系统的准静态过程,这是因为在准静态过程中,系统所经历的每一个状态都是平衡(或准平衡)状态,而平衡状态是可以通过少数几个状态参量来描述的最简单的状态,因而准静态过程是可以通过少数几个状态参量来描述其各种细节的过程.这种过程的功、热量、内能变化量都可以用少数几个状态参量及其变化量来表示.由于准静态过程所经历的每一个状态都是平衡态,这就要求过程中的每一步都必须使系统与外界的平衡条件得到满足(或近似满足).这样,系统与外界条件的变化都必须无限缓慢,以保证系统的压强、温度等内部参量与外界的这些参量在任何时刻都一致,而这在实际上是不可能真正做到的.所以,准静态过程只能是一种理想化的过程,自然界实际发生的与热现象有关的过程只可能做到尽量接近它,而不能完全实现它.

自然过程是指在一个与外界无相互作用的系统(也称为孤立系统)内自然发生的过程.在自然界中,自然过程具有方向性的例子很多.

1. 功热转换

功可以完全转变为热,更确切地说,机械能可以完全转变为内能,摩擦生热就是一个典型的例子.经验证明,机械功可以通过摩擦全部转化为热量,但是要把热量完全变为功而不产生其他影响是不可能的.这就是说摩擦生热过程是不可逆的,它说明自然界中的热功转换过程具有方向性.

2. 热传导

两个温度不同的物体相互接触时,热量总是自动地由高温物体传向低温物体,从而使两物体温度相同而达到热平衡.热量不可能自动地由低温处向高温处传递,它说明自然界中的热传导过程具有方向性.

3. 气体的绝热自由膨胀

如图8-17(a)所示,由绝热壁包围的容器中有一隔板,把容器分成A,B两室,其中A室中有气体,B室为真空.在隔板被抽去的瞬间,气体都聚集在容器左半部的A室内,这是一种非平衡态.此后气体将自动地迅速膨胀,由A室向B室扩散,直到充满整个容器,最后达到平衡态.而相反的过程,即充满容器的气体自动地收缩到只占有原体积的一半,而另一半变为真空的过程是不可能实现的.这说明气体向真空绝热自由膨胀的过程是不可逆的,表明自然界中气体的自由膨胀过程具有方向性.

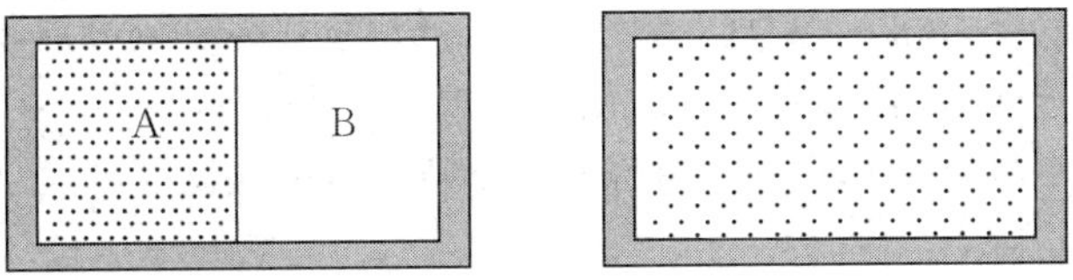

(a)膨胀前　(b)膨胀后

图 8－17　气体的绝缘自由膨胀

以上三个典型的实际过程都具有方向性，相反方向的过程不能自动地发生．由于自然界中一切与热现象有关的实际宏观过程都涉及热功转换或热传导，都是由非平衡态向平衡态的转化，因此可以说，一切与热现象有关的实际宏观过程都是按一定的方向进行的．

8.5.2　热力学第二定律

最早提出并沿用至今的热力学第二定律有两种表述：开尔文表述和克劳修斯表述．

1．开尔文表述

由于热力学第一定律指出，违背能量守恒定律的第一类永动机是不可能制成的，科学家们转而开始思考是否可能制成一种循环动作的热机，把从一个热源吸取的热量全部转变为功，而不放出热量给低温热源，因而它的效率可达 100%．这样的热机并不违反热力学第一定律．然而在提高热机效率的过程中，大量的事实说明，在任何情况下，热机都不可能只有一个热源，热机要不断地把从高温热源吸收的热量变为有用功，就不可避免地将一部分热量传给低温热源．在总结这些及其他一些实践经验的基础上，开尔文提出了一条新的普遍原理：

不可能从单一热源吸取热量，使之完全变为有用功而不产生其他影响．

在开尔文表述中，“单一热源”是指温度均匀并且恒定不变的热源．若热源不是单一的热源，则工作物质就可以由热源中温度较高的一部分吸热，而向热源中温度较低的另一部分放热，这实际上就相当于两个热源．“其他影响”是指除了由单一热源吸热，把所吸的热量用来做功之外的任何其他变化．符合开尔文表述条件的一种情形是循环工作的热机，如果工作物质进行的不是循环过程，而是像等温膨胀那样的过程，理想气体与单一热源接触做等温膨胀，内能不变，是可以把从一个热源吸收的热量全部用于对外做功的，但是，这时产生了其他影响 —— 理想气体的体积膨胀了．

从单一热源吸收热量，使之完全变为有用功而不产生其他影响的机器，称为**第二类永动机**．第二类永动机并不违反热力学第一定律，即不违反能量守恒定律，因而更具有欺骗性．曾有人做过估算，如果能制成第二类永动机，使它吸收海水的热量而做功，那么海水的温度只要降低 0.01 K，所做的功就可供全世界所有的机器使用许多年．然而，人们经过长期的实践认识到第二类永动机是不可能实现的．所以，热力学第二定律的开尔文表述还可以表述为：第二类永动机是不可能造成的．

2．克劳修斯表述

在一个与外界没有能量传递的孤立系统（也称为不受外界影响的系统）中，如果有一个温度为 T_1 的高温物体和一个温度为 T_2 的低温物体，那么，经过一段时间后，整个系统将达到温度为 T 的热平衡状态．这说明在一个孤立系统内，热量是由高温物体向低温物体传递的．我们有这样的经验：从未见过在一孤立系统中低温物体的温度会自动地变得更低，高温物体的温度会自动地变得更高，即热量能自动地由低温物体向高温物体传递．显然，这一过程并不违反热力学第一定律,但在实践中确实无法自动实现.要使热量由低温物体传递到高温物体(如制冷机),只有依靠外界对它做功才能实现.克劳修斯在总结这些规律后得到如下结论:

热量不可能从低温物体自动传递到高温物体而不引起其他变化.

3.两种表述的等价性

乍看起来,热力学第二定律的克劳修斯表述与开尔文表述毫无关系,其实,两者是等价的.也就是说,若一种表述不成立,另一种表述也必然不成立.虽然两种表述形式不同,却是互为因果的.

下面用反证法来论证:如果克劳修斯的表述不成立,那么开尔文的表述也不成立.如图 8-18 所示,在温度为 T_1 的高温热源和温度为 T_2 的低温热源之间有一热机,设该热机违反克劳修斯表述,即可以将热量 Q_1 由低温热源自动传递到高温热源,而不产生其他影响.我们在此温度为 T_1 的高温热源和温度为 T_2 的低温热源之间设计一个卡诺热机,令它在一个循环中从高温热源吸取热量 Q_1,对外做功 W,并把热量 Q_2 传递给低温热源,该卡诺热机是能够实现的.当这一过程完成时,高温热源放出的热量和吸收的热量相等.低温热源放出的热量大于吸收的热量,即低温热源净放出的热量为 Q_1-Q_2,而热机对外所做的功 $W=Q_1-Q_2$.总的结果就等效于图 8-18 中右侧,高温热源没有发生任何变化,而只从单一的低温热源吸取热量 Q_1-Q_2,并全部用于对外做功.显然这是违反开尔文表述的.所以,如果一个系统违反克劳修斯表述,必然也违反开尔文表述.

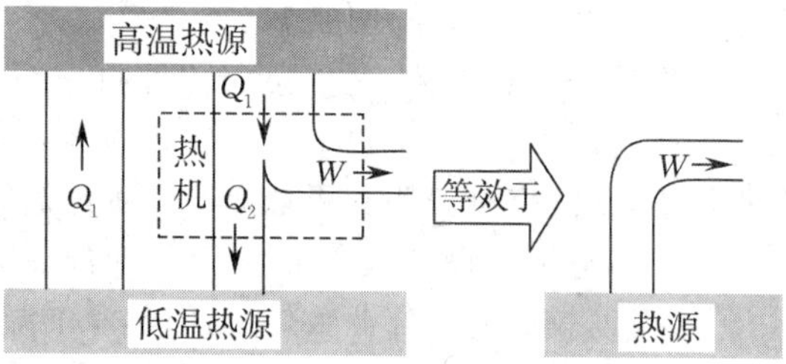

图 8-18 两种表述等价性

类似地,可以用同样的方法证明如果开尔文表述不成立,克劳修斯表述也不成立.从而说明这两种表述的等价性.

热力学第二定律不能从更普遍的定律推导出来,它是大量实验和经验的总结,虽然我们不能直接去验证它的正确性,但由它得出的推论与客观实际相符,因而得到肯定.

热力学第二定律的克劳修斯表述和开尔文表述表明,在一个孤立系统中,热量的传递和热功间的转换都是有方向性的.这个方向性就是:在一个孤立系统中,热量只能自动地从高温物体传递给低温物体,而不能反向进行;在一个循环过程中,功可以转变为热,而热不能全部转变为功,功和热的转变是不对称的.

8.5.3 可逆过程与不可逆过程

可逆过程和不可逆过程是热力学中的重要概念.由热力学第二定律的克劳修斯表述可知,高温物体能够自动地把热量传递给低温物体,而低温物体不可能自动地把热量传递给高温物体.如果把热量由高温物体传递给低温物体作为正过程,而把热量由低温物体传递给高温物体作为逆过程,很显然逆过程是不能自动进行的.可逆过程和不可逆过程定义如下:

在系统状态变化过程中,如果逆过程能重复正过程的每一状态,而且不引起其他变化,这样的过程叫作**可逆过程**；反之，在不引起其他变化的条件下，不能使逆过程重复正过程的每一状态，或者虽然能重复但必然会引起其他变化，这样的过程就叫作**不可逆过程**.

如图 8－17 所示，把隔板抽开后，气体由 A 室向 B 室（真空）扩散，最后两部分达到平衡态. 这个过程，系统是可以自动实现的. 但是，上述过程的逆过程无法自动实现，我们从未观察到 B 室中的气体，在没有外界作用的情况下，能自动回到 A 室中去，即恢复抽隔板前的状况. 显然，气体的扩散是一个不可逆过程. 在日常生活中，也不乏类似的例子. 例如，在一个小房间里打开香水瓶盖，不久，可以觉察到香水弥漫于整个房间，但绝不会觉察到房间空气中的香水分子自动地跑回到香水瓶中去，香水的扩散过程也是不可逆过程. 又如，“飞流直下三下尺”是诗人赞美庐山瀑布的壮观，河水从悬崖高处向下奔泻，这是自然规律，但是，我们绝不会看到从悬崖高处奔流而下的河水自动回到悬崖高处去，河水从悬崖高处奔流而下也是一个不可逆过程.

除此之外，热功转换、热传导、固体的升华、生命科学里的生长和衰老等都是不可逆过程. 在自然界中，不可逆过程是普遍存在的. 自然界实际发生的过程都是不可逆的.

可逆过程是理想的，是对准静态过程的进一步理想化，它是实际过程的近似. 在系统状态变化过程中，要使逆过程能重复正过程的所有状态，而且不引起其他变化，必须满足：

(1) 过程进行得无限缓慢，属于准静态过程；

(2) 没有摩擦力、黏滞力或其他耗散力做功，能量耗散效应可以忽略不计.

同时符合这两个条件的过程才是可逆过程. 严格地讲，完全无摩擦的准静态过程是不存在的，它只是一种理想过程. 但是，我们可以做到非常接近无摩擦且准静态的可逆过程. 无论是在理论还是在计算上，可逆过程这个概念都有着重要意义.

8.5.4　卡诺定理

卡诺提出，在温度为 T_1 的高温热源和温度为 T_2 的低温热源之间工作的可逆热机或可逆制冷机，必须遵守以下两条结论，即**卡诺定理**.

(1) 在相同的高温热源和低温热源之间工作的一切可逆机，都具有相同的效率，与工作物质无关.

(2) 工作在相同的高温热源和低温热源之间的一切不可逆机的效率都不可能大于可逆机的效率.

如果我们在可逆机中取一个以理想气体为工作物质的卡诺机，那么由卡诺定理之(1) 可得

$$\eta = 1 - \frac{Q_2}{Q_1} = 1 - \frac{T_2}{T_1}. \tag{8-26}$$

同样，如果以 η' 代表不可逆机的效率，则由卡诺定理之(2) 有

$$\eta' \leqslant 1 - \frac{T_2}{T_1}, \tag{8-27}$$

式中“＝”适用于可逆机，而“＜”则适用于不可逆机.

卡诺定理指出了提高热机效率的途径. 就过程而论，应当使实际不可逆机尽量地接近可逆机. 对高温热源和低温热源的温度来说，应该尽量地提高两热源的温度差. 温度差越大，热量的可利用价值也越大. 但是在实际热机中，如蒸汽机等，低温热源的温度就是用来冷却蒸汽的冷凝器的温度. 想获得更低的低温热源温度，就必须用制冷机，而制冷机要额外消耗外功，且所消耗的外功不能完全用来制冷，反而会降低整个系统总的热机效率，所以要提高热机的效率应当从提高高温热源的温度着手.

8.5.5 能量品质

热力学第一定律告诉我们,在一切热力学过程中能量之间转换或传递必须遵守能量守恒定律;而热力学第二定律和卡诺定理又指出,在热力学过程中有用能是受到限制的. 例如,工作在高温热源和低温热源之间、效率为 η 的热机,在完成一个循环后,它从高温热源吸收的热量 Q_1,并不能全部用来做功,做功的只是其中的一部分 ηQ_1,它必须把 $(1-\eta)Q_1$ 即 Q_2 的能量传递给低温热源. 这就是说,从高温热源取出的能量只有一部分被利用,其余部分能量被耗散到周围的环境中,最终成为不可利用的能量. 这种情况在热力学过程中还有许多. 例如,一根两端温度分别为 T_1 和 T_2 的金属棒,随着棒内能量的传递,棒两端间的温度差逐渐减小,直至达到热平衡. 从能量守恒来看,系统在始、末状态的能量确实保持不变,但从热传递角度来看,系统既已处于热平衡态,热传递就不会发生了. 也就是说,高温的可利用的能量变成了低温的不可利用能. 据此,人们认为可利用的能量越多,该能量品质越好;反之越差.

提高热机的效率是提高能量品质的一种有效手段. 然而从卡诺定理可以知道,提高热机的效率,即提高能量的品质,还是受到许多限制的. 所以人们在致力于提高热机效率的同时,也应当减少能量无谓的耗费. 此外,开发新的洁净的能源是解决能量品质的又一途径,并已列为全人类本世纪的重大课题之一.

8.6 熵 熵增加原理

热力学第二定律是有关过程进行方向的规律. 它指出,一切与热现象有关的宏观过程实际都是不可逆的. 这表明热力学系统所进行的不可逆过程的初态和终态之间有重大的差异. 这种差异决定了过程的方向. 由此可以预期,根据热力学第二定律有可能找到一个新的态函数,根据这个态函数在始、末两状态的差异来对过程进行的方向做数学分析. 克劳修斯依据热功转换和热传导的不可逆性,分析了卡诺热机,推导出了克劳修斯等式,并在此基础下确立了态函数熵的概念. 用熵的变化把系统中实际过程进行的方向表示出来,这就是熵增加原理.

8.6.1 熵

设 T_1 和 T_2 分别为高、低温恒温热源的温度,Q_1 是系统从高温热源吸收的热量,Q_2 为系统向低温热源放出的热量. 根据卡诺定理,在相同的高温热源和低温热源之间工作的一切可逆机,都具有相同的效率 η,与工作物质无关,即

$$\eta = 1-\frac{Q_2}{Q_1} = 1-\frac{T_2}{T_1}.$$

可得

$$\frac{Q_1}{T_1} = \frac{Q_2}{T_2} \quad 或 \quad \frac{Q_1}{T_1}-\frac{Q_2}{T_2} = 0.$$

式中 Q_1,Q_2 都是大于零的正值,是工作物质所吸收热量和所放出热量的数值. 若使用 8.1 节热力学第一定律中规定的热量符号,即系统从外界吸热时 Q 为正值,系统放出热量时 Q 为负值,则上式应改写成

$$\frac{Q_1}{T_1}+\frac{Q_2}{T_2} = 0, \tag{8-28}$$

式中 Q_1/T_1 和 Q_2/T_2 分别为在等温膨胀和等温压缩过程中吸收热量与热源温度的比值，称为**热温比**. 式(8-28)表明，在可逆卡诺循环中，系统经历一个循环后，其热温比的总和为零. 上述结论虽是从研究可逆卡诺循环时得出的，但它对任意可逆循环都适用，因而具有普遍性.

如图 8-19 所示，有一可逆循环 $ABCDEFGHA$. 这一循环包含四个等温过程和四个绝热过程，其中 AB，CD，EF，GH 为等温过程，BC，DE，FG，HA 为绝热过程. BG' 和 $C'F$ 是两绝热线的延长线，则此可逆循环可看成由三个卡诺循环（$ABG'HA$，$CC'GG'C$ 和 $C'DEFC'$）组成. 所以系统经历一个 $ABCDEFGH$ 可逆循环，系统的热温比应等于三个卡诺循环的热温比之和，并为零，有

$$\frac{Q_2}{T_2}+\frac{Q_4''}{T_4}+\frac{Q_1'}{T_1}+\frac{Q_4'}{T_4}+\frac{Q_1''}{T_1}+\frac{Q_3}{T_3}=0.$$

考虑到在温度为 T_1 的情况下，系统吸收的热量 $Q_1=Q_1'+Q_1''$，在温度为 T_4 的情况下，系统吸收的热量 $Q_4=Q_4'+Q_4''$，上式可写成

$$\frac{Q_1}{T_1}+\frac{Q_2}{T_2}+\frac{Q_3}{T_3}+\frac{Q_4}{T_4}=0,$$

即

$$\sum_{i=1}^{4}\frac{Q_i}{T_i}=0.$$

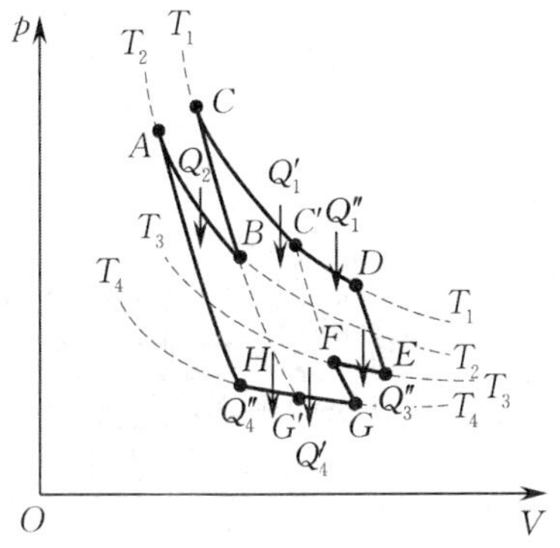

图 8-19　多过程可逆循环

对于任意可逆循环过程，如图 8-20 所示的一条封闭曲线 Ac_1Bc_2A，仿照上述分析不难得知，它可以看成由许多小卡诺循环组成. 这样可逆循环的热温比近似等于所有小卡诺循环热温比之和，并为零，即有

$$\sum_{i=1}^{n}\frac{Q_i}{T_i}=0.\tag{8-29}$$

当小卡诺循环无限变窄，即小卡诺循环的数目无限多时，式(8-29)中的 $n\to\infty$，这时求和可用积分来替代，有

$$\oint\frac{\mathrm{d}Q}{T}=0,\tag{8-30}$$

式中 $\mathrm{d}Q$ 为系统从温度为 T 的热源中吸取的微分热量. 式(8-30)表明，系统经历任意可逆循环后，其热温比之和为零. 式(8-30)也称作**克劳修斯等式**.

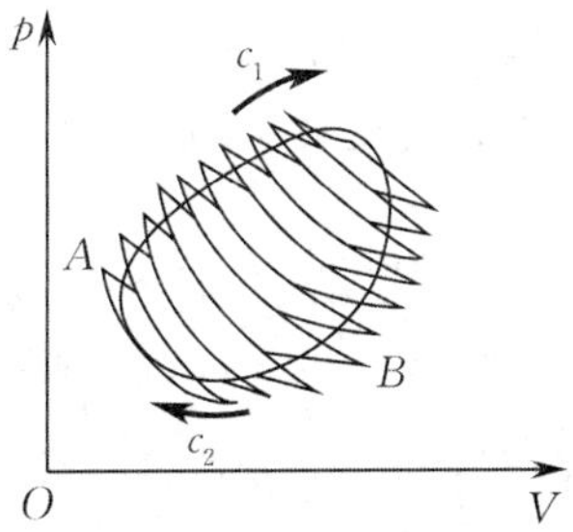

图 8-20　任意可逆循环

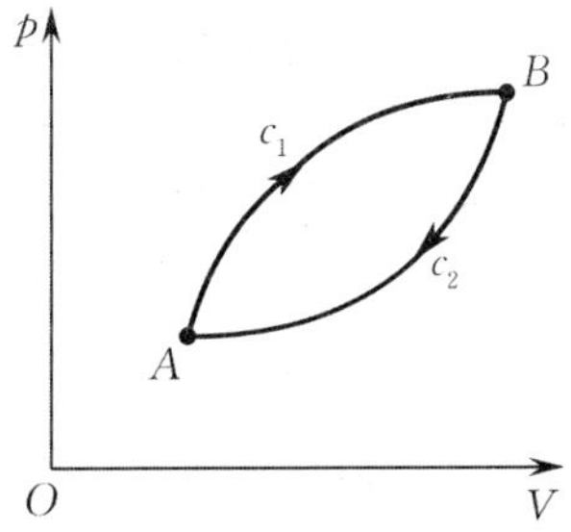

图 8-21　熵

在如图 8-21 所示的可逆循环中有两个状态 A 和 B. 这个可逆循环可分为 Ac_1B 和 Bc_2A 两个可逆过程. 由式(8-30)，有

$$\oint\frac{\mathrm{d}Q}{T}=\int_{Ac_1B}\frac{\mathrm{d}Q}{T}+\int_{Bc_2A}\frac{\mathrm{d}Q}{T}.$$

由于上述每一过程都是可逆的,故正、逆过程热温比的值相等但反号,有

$$\int_{Bc_2A}\frac{dQ}{T}=-\int_{Ac_2B}\frac{dQ}{T},$$

于是上式可写为

$$\int_{Ac_1B}\frac{dQ}{T}=\int_{Ac_2B}\frac{dQ}{T}. \tag{8-31}$$

这个结果表明,系统从状态 A 到达状态 B,无论经历哪一个可逆过程,热温比 dQ/T 的积分都是相等的. 这就是说,沿可逆过程的 dQ/T 的积分,只决定于始、末状态,而与过程无关. 对比 8.2 节关于内能定义的思路,我们可以认为,存在一个新的态函数,这个态函数在始、末两态 A,B 间的增量为一确定值,等于这两平衡态之间任意一个可逆过程的热温比 dQ/T 的积分而与具体过程无关. 这个态函数叫作**熵**,一般用 S 表示. 它是克劳修斯于 1854 年提出,并于 1865 年予以命名的. 于是,由式(8-31) 有

$$S_B-S_A=\int_A^B\frac{dQ}{T}, \tag{8-32}$$

式中 S_A 和 S_B 分别表示系统在状态 A 和状态 B 的熵. 式(8-32) 的物理意义是:在一热力学过程中,系统从初态 A 变化到末态 B 时系统熵的增量等于初态 A 和末态 B 之间任意一可逆过程热温比 dQ/T 的积分. 若系统经无限小的可逆过程,则有

$$dS=\frac{dQ}{T}. \tag{8-33}$$

熵的单位是焦[耳] 每开[尔文](J/K).

8.6.2 熵变的计算

在热力学中,我们主要根据式(8-32) 来计算两平衡态之间熵的变化. 计算时应注意:

(1) 熵是状态的单值函数,故系统处于某给定状态时,其熵也就确定了. 如果系统从始态经一过程达到末态,始、末两态均为平衡态,那么,系统熵的变化也是确定的,与过程是否可逆无关. 因此,当始、末两态之间为一不可逆过程时,就可以预先在两态间设计一个可逆过程,然后用式(8-32) 进行计算.

(2) 将系统分为几个部分,系统的熵是各部分的熵之和,故各部分熵变之和等于系统的熵变.

【例 8.7】 理想气体处于 $T_A=300\ \text{K}$,$p_A=3.039\times10^5\ \text{Pa}$,$V_A=4\ \text{m}^3$ 的状态. 该气体等温地膨胀到体积为 $16\ \text{m}^3$,接着经过一等容过程而达到某一压强,从这个压强再经一绝热压缩就能使气体回到它的初态,如图 8-22 所示. 设全部过程都是可逆的. 试计算每段过程和整个循环过程中熵的变化(已知 $\gamma=1.4$).

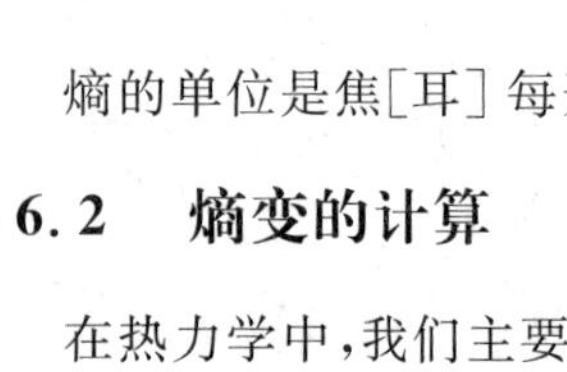

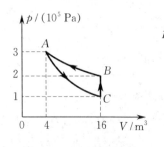

图 8-22 熵计算

解 AB 为等温过程,$dE=0$. 由热力学第一定律有 $dQ=pdV$,利用理想气体状态方程 $pV=\mu RT$,则熵变

$$\begin{aligned}(\Delta S)_T&=\int_{V_A}^{V_B}\frac{dQ}{T}=\int_{V_A}^{V_B}\mu R\frac{dV}{V}\\&=\mu R\ln\frac{V_B}{V_A}=\frac{p_AV_A}{T_A}\ln\frac{V_B}{V_A}\\&=\frac{3.039\times10^5\times4}{300}\times\ln\frac{16}{4}\ \text{J/K}\\&\approx5.62\times10^3\ \text{J/K}.\end{aligned}$$

BC 为等容过程，$dV=0$. 由热力学第一定律有 $dQ=dE=\mu C_{V,m}dT$，则气体的熵变为

$$(\Delta S)_V=\int_{V_B}^{V_C}\frac{\mu C_{V,m}dT}{T}=\mu C_{V,m}\ln\frac{T_C}{T_B}.$$

由绝热过程方程，$TV^{\gamma-1}=$ 常量，有 $T_C/T_B=T_C/T_A=(V_A/V_C)^{\gamma-1}$，所以

$$(\Delta S)_V=\mu C_{V,m}(\gamma-1)\ln\frac{V_A}{V_B}=\frac{p_AV_A}{RT_A}C_{V,m}(\gamma-1)\ln\frac{V_A}{V_B}$$

$$=\frac{p_AV_A}{T_A}\ln\frac{V_A}{V_B}\approx-5.62\times10^3\ \text{J/K}.$$

CA 为绝热过程中，气体的熵变为

$$(\Delta S)_S=0.$$

整个循环过程，气体的熵变为

$$\Delta S=(\Delta S)_S+(\Delta S)_T+(\Delta S)_V=0.$$

【例 8.8】 设有一个系统储有 1 kg 的水，系统与外界间没有能量传递. 开始时，一部分水的质量为 0.30 kg，温度为 90 ℃；另一部分水的质量为0.70 kg，温度为 20 ℃. 混合后，系统内水温达到平衡. 试求水的熵变.

解 由于系统与外界间没有能量传递，因此系统可看作孤立系统. 水由温度不均匀达到均匀的过程，实际上是一个不可逆过程. 为计算混合前、后水的熵变. 我们设想混合前，两部分水均各处于平衡态；混合后的水也处于平衡态，混合是在等压下进行的. 这样我们可假设水的混合过程为一可逆的等压过程. 于是可以利用式(8-32)来计算水的熵变.

设水温达到平衡时的温度为 T'，水的质量定压热容 $c_p=4.18\times10^3\ \text{J/(kg·K)}$，热水的温度 $T_1=363\ \text{K}$，冷水的温度 $T_2=293\ \text{K}$，热水的质量 $m_1=0.3\ \text{kg}$，冷水的质量 $m_2=0.7\ \text{kg}$. 由能量守恒定律和比热容的概念，有

$$0.30\times c_p(363\ \text{K}-T')=0.70\times c_p(T'-293\ \text{K}).$$

解得水温达到平衡时的温度

$$T'=314\ \text{K}.$$

由式(8-32)可得到水的熵变，其中热水的熵变为

$$\Delta S_1=\int_{T_1}^{T'}\frac{dQ}{T}=m_1c_p\int_{T_1}^{T'}\frac{dT}{T}=m_1c_p\ln\frac{T'}{T_1}$$

$$=0.30\times4.18\times10^3\times\ln\frac{314}{363}\ \text{J/K}\approx-182\ \text{J/K},$$

冷水的熵变为

$$\Delta S_2=m_2c_p\int_{T_2}^{T'}\frac{dT}{T}=m_2c_p\ln\frac{T'}{T_2}$$

$$=0.70\times4.18\times10^3\times\ln\frac{314}{293}\ \text{J/K}\approx203\ \text{J/K},$$

总熵变为

$$\Delta S=\Delta S_1+\Delta S_2=21\ \text{J/K}.$$

8.6.3 熵增加原理

前面以不同温度的液体混合为例，得出了孤立系统内部进行不可逆过程时，系统的熵要增加的结论，即

$$\Delta S>0\quad(\text{孤立系统内的不可逆过程}).\qquad(8-34)$$

其实，自然界的不可逆过程有很多，例如，前面已讲过的气体的扩散、热功转换等，都是不可

逆过程.如果用式(8-32)计算,也都能得出熵增加的结果.因此,孤立系统内一切不可逆过程的熵变都是增加的.

那么,在孤立系统中可逆过程的熵变又是如何呢?由于孤立系统与外界间没有能量传递,孤立系统中发生的过程,当然也是绝热的,即 $dQ=0$.因此,由式(8-33)可知,孤立系统中的可逆过程,其熵应该保持不变,即

$$\Delta S = 0 \quad (\text{孤立系统内的可逆过程}). \tag{8-35}$$

于是我们把式(8-34)和式(8-35)合并为一个式子,有

$$\Delta S \geqslant 0. \tag{8-36}$$

式(8-36)适用于孤立系统内任意过程.其中取“$>$”号时,用于不可逆过程;取“$=$”号时,用于可逆过程.式(8-36)叫作**熵增加原理**.它表明,孤立系统中的可逆过程,其熵不变;孤立系统中的不可逆过程,其熵要增加.因此,若一个孤立系统开始时处于非平衡态(如温度不同、气体密度不同等),后来逐渐向平衡态过渡,在此过程中熵要增加,最后当系统达到平衡态时(如温度均匀,气体密度均匀等),系统的熵达到最大值.此后,如果系统的平衡状态不被破坏,系统的熵将保持不变.孤立系统中物质由非平衡态向平衡态过渡的过程为不可逆过程.所以说,孤立系统中不可逆过程总是朝着熵增加方向进行,直到熵为最大值.因此,用熵增加原理可判断过程进行的方向.

应当强调指出,熵增加原理是有条件的,它只对孤立系统或绝热过程才成立.

8.6.4 熵增加原理与热力学第二定律

比较热力学第二定律的表述和熵增加原理的表述,可以看出,它们对宏观热现象进行的方向和限度的叙述是等效的.例如,在热传导问题中,热力学第二定律叙述为:热量只能自动地从高温物体传递给低温物体,而不能自动逆向进行.而熵增加原理叙述为:孤立系统中进行的从高温物体向低温物体传递热量的热传导过程,使系统熵增加,是一个不可逆过程;当孤立系统达到温度平衡时,系统的熵具有最大值.因此,热力学第二定律和熵增加原理对热传导方向的叙述是协调的、等效的.它们对热功转换等其他不可逆的热现象的叙述也是等效的.不过,熵增加原理是把热现象中不可逆过程进行的方向和限度,用简明的数量关系表达出来了,尽管这种表达只适用于孤立系统.

【例 8.9】 设有 μ mol 的理想气体,经绝热自由膨胀,从体积为 V_1 的平衡态 A 膨胀到体积为 V_2 的平衡态 B,求熵变.

解 在理想气体的自由膨胀过程中,系统对外不做功,与外界无热量交换.由热力学第一定律可知 $dE=0$.因为理想气体的内能仅与气体的温度有关.因此,气体的初、末态温度相同,即 $T_A=T_B$.为求其熵变,可设想气体经过一等温可逆过程,由于等温过程 $dE=0$,则 $dQ=dW=p dV$,故从 A 态(V_1,T)到达 B 态(V_2,T),有

$$\Delta S = S_B - S_A = \int_A^B \frac{dQ}{T} = \int_A^B \frac{p\,dV}{T}.$$

利用理想气体状态方程,则

$$\Delta S = \mu R \int_A^B \frac{dV}{V} = \mu R \ln \frac{V_2}{V_1}.$$

因为 $V_2 > V_1$,所以 $\Delta S > 0$.

理想气体的绝热自由膨胀过程中,熵增加,表明此不可逆过程沿着熵增加的方向进行.

【例 8.10】　在体积分别为 V_1 和 V_2 的两个绝热容器中各装有 μ mol 的同种理想气体. 最初两容器互相隔绝，仅温度相同. 然后将两容器接通，使气体最后达到平衡态. 试求这一过程引起的整个系统熵的变化. 并证明 $\Delta S > 0$.

解　以 T 和 T' 分别表示气体最初和最末状态的温度，由于容器绝热，连通时气体未对外做功，所以内能保持不变，则

$$\mu C_{V,\mathrm{m}} T + \mu C_{V,\mathrm{m}} T = 2\mu C_{V,\mathrm{m}} T',$$

由此得

$$T = T'.$$

即气体的最后温度和最初温度相同. 因此可设想气体的可逆等温过程来计算熵变. 由于在最后达到平衡态时，两部分气体压强相等，温度和摩尔数也相同，所以最后两部分气体的体积相等，即 $V' = (V_1 + V_2)/2$，总体积为 $V_1 + V_2$. 设每部分气体均通过可逆等温过程变化到体积 V'，对于等温过程 $\mathrm{d}E = 0$，$\mathrm{d}Q = p\mathrm{d}V = \dfrac{\mu RT}{V}\mathrm{d}V$，则两部分气体的总熵变为

$$\begin{aligned}\Delta S = \Delta S_1 + \Delta S_2 &= \int_{V_1}^{V'} \mu R \frac{\mathrm{d}V}{V} + \int_{V_2}^{V'} \mu R \frac{\mathrm{d}V}{V} \\ &= \mu R \ln \frac{V'}{V_1} + \mu R \ln \frac{V'}{V_2} = \mu R \ln \frac{V_1 + V_2}{2V_1} + \mu R \ln \frac{V_1 + V_2}{2V_2} \\ &= \mu R \ln \frac{(V_1 + V_2)^2}{4V_1 V_2}.\end{aligned}$$

由于 $(V_1 + V_2)^2 > 4V_1V_2$，所以 $\Delta S > 0$.

8.7　热力学第二定律的统计意义

前面我们从宏观角度出发，在讨论自然过程不可逆的基础上，引入了态函数熵的概念，并讨论了熵增加原理. 这一节我们将从微观观点出发，用统计方法描述熵的微观本质，从而加深对熵函数和熵增加原理的理解.

8.7.1　熵与无序度

物质的状态和结构的无序度是与它的混乱程度相联系的，混乱程度越高，其无序度越大；反之越小. 例如，将几滴墨水滴入一杯清水中，开始时，墨水只存在于局部空间，墨水在清水中的分布是不均匀的，其混乱程度较低，我们认为其无序度也较小. 由于分子的无规则热运动，墨水逐渐扩散到整个清水中，随着时间的推移，墨水在空间的分布逐渐趋于均匀，其混乱程度也逐渐提高，即无序度也增大. 当墨水在清水中达到均匀分布时，其混乱程度最高，无序度也最大.

上面仅就物质在空间的分布，阐明了无序度的概念. 下面讨论其他一些热力学过程，并把无序度与熵联系起来.

若在一孤立系统中有两个温度不等的物体相接触，由于热传导的缘故，系统内两物体的温度将由不均匀趋于均匀，在此过程中，系统的无序度将随温度均匀性的提高而有所增加. 例如，孤立系统中两个温度不等的物体间的热传导，理想气体的绝热自由膨胀，无论气体的分子密度由不均匀趋于均匀，还是温度由不均匀趋于均匀，随着熵的增加，系统的无序度总是随着气体分子均匀性的提高而增大. 由此可见，在孤立系统的不可逆过程中，系统的熵增加就意味着系统的无序度的增加.

综上所述,对于任何一个孤立系统中的自发过程,从热力学第二定律的角度来看,总是自发地朝着熵增加的方向进行,当系统处于平衡态时,系统的熵达到最大值;从微观结构的混乱程度来看,总是自发地向无序度增加的方向进行,当系统达到平衡态时,系统的无序度最高.因此,可以说熵是孤立系统的无序度的一种量度.

8.7.2 无序度与微观状态数

为了定量地表示系统的无序度,先介绍宏观状态的微观状态数的概念,然后说明微观状态数与无序度的关系.

为了简单起见,讨论由单原子分子所组成的理想气体.要确定气体中每个分子的力学运动状态,需要指出分子的位置和速度.对于气体的每一个确定的微观状态,都必须指明其中每个分子所处的位置和所具有的速度,因而气体分子按坐标区间和速度区间的一组分布对应系统的一个微观状态.然而为决定气体的宏观热力学性质并不需要这样详细的微观描述,并不需要了解究竟是哪一个分子在这状态区间内,而只需要确定在任一状态区间内的分子数就行了.系统的宏观状态指的是气体分子数在状态区间内的一组分布.在给定一种宏观状态时,系统的微观状态仍可以各式各样,不同的宏观状态对应的微观状态数不同.

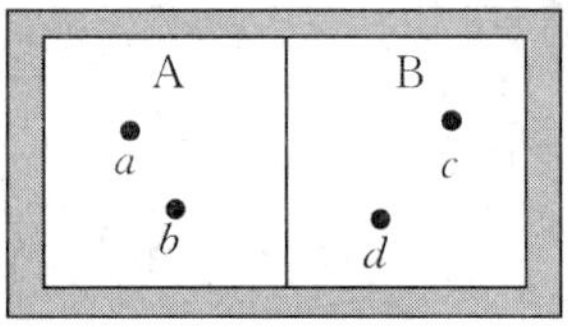

图 8-23 分子在容器中的分布

为了便于理解宏观状态和微观状态数概念,我们举一个例子.如图 8-23 所示,有一长方形容器,容器内有可以分辨的四个气体分子 a,b,c,d.想象把容器分为大小相等的 A,B 两室.在无规则运动中,每一时刻,每一个分子都可能处于 A 室或 B 室中.表 8-4 给出了 4 个分子在容器中的位置分布.

表 8-4 4 个分子在容器中的位置分布

宏观状态(分配种类)	Ⅰ		Ⅱ		Ⅲ		Ⅳ		Ⅴ	
	A	B	A	B	A	B	A	B	A	B
微观状态(分子分布方式)	*abcd*		*abc* *bcd* *cda* *dab*	*d* *a* *b* *c*	*ab* *ac* *ad* *bc* *bd* *cd*	*cd* *bd* *bc* *ad* *ac* *ab*	*a* *b* *c* *d*	*bcd* *cda* *dab* *abc*		*abcd*
一个宏观态对应的微观状态数	1		4		6		4		1	

在统计理论中有一个基本假设(等概率假设):在孤立系统中,各个微观状态出现的概率都是相同的.也称为**微观态的等概率原理**.这就是说,虽然在某一瞬间系统的微观运动状态随时间发生变化,但在足够长的时间内,任一微观状态出现的机会是相等的.既然各微观状态是等概率的,那么,各宏观状态就不可能是等概率的,哪一个宏观状态所包含的微观状态数目多,这个宏观状态出现的机会(概率)就大.这样,微观状态数目就与宏观状态出现的概率对应起来了.

从表 8-4 中可以看出,分子在容器中的分布共有 5 种可能的宏观状态,而与不同宏观状态对应的微观状态(分子分布方式)又各不相同.这 5 种宏观状态所对应的微观状态总数为 16,其中 Ⅰ,Ⅴ 这两种宏观状态各有 1 个微观状态,表明 4 个分子全部处于 A 室(或 B 室)中的可能性是存在的，其概率最小，为$\frac{1}{16}=\frac{1}{2^4}$. 类似地，可以证明：如果共有 N 个分子，则全部 N 个分子都处于 A 室中的概率为$\frac{1}{2^N}$. 可知对 1 mol（$N_A\approx 6\times 10^{23}$ 个分子）的气体来说，所有这些分子全部处于 A 室中的概率实际上是无限接近于零的. Ⅱ，Ⅳ 这两种宏观状态各有 4 个微观状态，其概率为$\frac{1}{4}$；Ⅲ 这种宏观状态（容器中的 A，B 两室各有两个分子）有 6 个微观状态，其概率最大，为$\frac{3}{8}$.

由上面的分析可见，哪一个宏观状态所包含的微观状态数目多，这个宏观状态出现的机会就大，这样，对应微观状态数目多的宏观状态出现的概率就大. 实际上最可能观察到的宏观状态就是在一定条件下出现的概率最大的状态，也就是包含微观状态数最多的宏观状态. 对上述容器内封闭的气体来说，也就是容器的 A，B 两室中分子数相等或差不多相等的那些宏观状态. 对于实际上分子总数很多的气体系统来说，这些“位置上均匀分布”的宏观状态所对应的微观状态数几乎占微观状态总数的百分之百，因此，实际上观察到的总是这种宏观状态. 所以，对应于微观状态数最多的宏观状态就是系统在一定宏观条件下的平衡态. 为了定量说明宏观状态与微观状态数的关系，我们定义：

某一宏观状态所对应的微观状态数称为该宏观状态的热力学概率，用 W 表示.

8.7.3　玻尔兹曼熵关系式

对一孤立系统的宏观不可逆过程，可以从宏观和微观两个方面来表述. 从热力学观点来看，孤立系统的熵会增加，而熵增加的同时系统的无序度也增大. 从统计观点来看，热力学概率是系统无序度的量度，当系统的无序度增大时，其相应的热力学概率也增大. 由上述分析可知，一孤立系统的熵增加时，系统的热力学概率也相应地增大.

至于熵与热力学概率 W 之间的关系，严密推导需要用统计物理学知识. 这里我们以大家熟悉的理想气体绝热自由膨胀为例，导出这一关系.

在图 8-17 所示的装置中，设容器内有 1 mol 理想气体，A 室和 B 室的体积均为 V，膨胀前初始状态 $V_1=V$，膨胀后末态 $V_2=2V$，则气体在此过程中初、末态的熵增量为

$$S-S_0=R\ln\frac{V_2}{V_1}=R\ln 2.$$

而

$$R=N_A k,$$

则

$$S-S_0=R\ln 2=N_A k\ln 2=k\ln 2^{N_A}. \tag{8-37}$$

设系统处于某一宏观状态的熵 S 与该状态所对应的热力学概率 W 之间有某种函数关系

$$S=f(W).$$

考虑到整个大系统是由 A 和 B 两个子系统组成的，以 S 表示整个大系统的熵，以 S_1，S_2 表示 A，B 两个子系统的熵，则

$$S=S_1+S_2.$$

容器中 A，B 两室的微观状态数分别用 W_1 和 W_2 表示，则

$$S=f(W_1)+f(W_2). \tag{8-38}$$

由于隔板是绝热的，A，B 两个子系统之间互不影响，故

$$W=W_1W_2,$$

因此

$$S=f(W)=f(W_1W_2). \tag{8-39}$$

要同时满足式(8-38)和式(8-39),$f(W)$应取对数函数

$$S=A\ln W,$$

则初、末状态之间的熵增量为

$$S-S_0=A\ln\frac{W}{W_0}. \tag{8-40}$$

初始时,容器一半(A或B)中有N_A个分子,另一半没有分子的微观状态数为$W_0(W_0=2)$;末态时,1 mol气体分子均匀分布在整个容器中,其微观状态数为$W(W\approx 2^{N_A})$,则

$$\frac{W}{W_0}=\frac{2^{N_A}}{2}\approx 2^{N_A}. \tag{8-41}$$

将式(8-41)代入式(8-37),得

$$S=k\ln W, \tag{8-42}$$

其中,k为玻尔兹曼常量,W是宏观状态的热力学概率,即微观状态的数目.

式(8-42)常被称为**玻尔兹曼熵关系**.这个关系式的重要意义在于,它把宏观量S(熵)与微观量(热力学概率W)联系起来,并对熵给予了统计解释.

若一个孤立系统的热力学概率由W_1变至W_2,且$W_2>W_1$,那么,由式(8-42)可得

$$\Delta S=S_2-S_1=k\ln\frac{W_2}{W_1}>0.$$

此式表明,孤立系统熵增加的过程就是热力学概率增大的过程,即微观状态数增多的过程,是系统无序度增大的过程,是系统从非平衡态趋于平衡态的过程,是一个宏观的不可逆过程.

*8.8 熵与信息

8.8.1 信息和熵的关系

信息和熵原本分属于两个不同的学科(信息学和热力学),各有自己的专业含义和内涵,互无关联.但随着科技事业的发展,不同学科之间相互渗透、嫁接,引申和扩展了一些概念、术语以及具体的规律表达式.信息理论学的创始人数学家香农(C. Shannon)为了便于定量研究信息学内容,借鉴了热力学熵的有关概念和规律表达式,提出了信息熵的理论.

当然,我们首先需要弄明白究竟信息和熵的概念是怎么发生关联的.在此不妨借用物理学家麦克斯韦的一则思辨性实验来比喻,也许有助于明白两者的联系.

1867年,麦克斯韦设想,有一个能观察到所有分子速度的小精灵(称为麦克斯韦妖),把守着一个容器内隔板上的小闸门,如图8-24所示.当他看到右室中的高速分子来到时就打开闸门让它进入左室;当看到左室中低速分子来到时也打开闸门让它进入右室.且闸门无摩擦,于是一个小精灵无须做功就可使左室越来越热,右室越来越冷,从而使整个容器的热力学熵降低了.显然,容器中出现的情况是违反热力学第二定律(熵增加原理)的.但从信息学的观点来看,这个违反熵增加原理的结论也许还是可以接受的.因为小精灵为了开、闭闸门必须知道容器中分子的速度和位置信息.那么如何获得这些信息呢?最简

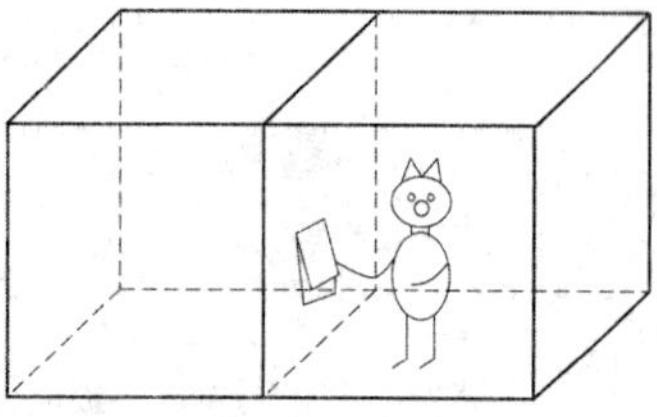

图8-24 麦克斯韦妖

单的途径是依靠外界射入的光照亮了分子而将信息给予小精灵. 于是，容器就将与外界发生关联，熵增加原理适用的条件将不成立；换言之，导致容器内热力学熵降低的重要原因，就在于麦克斯韦妖获得了有效的信息. 如此说来，麦克斯韦妖的例子似乎已明白地启示我们，可以模仿热力学中熵的功能来建立信息熵的概念，从而完全地表达出有效信息和信息熵的关系.

8.8.2　信息量

要确切地给信息下个严格的定义很难，因为信息涉及的范围太广，不仅包括所有的知识体系，还包括我们的感官所感知的一切. 因此，要定量表述信息的量是多少就更难了. 于是人们借鉴统计物理处理大量的研究对象的思路，把对信息的拾取与从许多彼此不相关的事物中选出某种东西的概率联系起来. 人们约定，以在两种并列的、互不相关的可能性之间做出一个选择所需的信息多少，作为信息量的单位，并以 1 bit（比特）表示. 因此，在 2^N 种可能性中确定某一个所需信息就需要 N bit 的信息.

例如，英文书籍中的字符包含字母和标点符号，一共有 32 种，所以书中每个字符所具有的信息量为 5 bit.

8.8.3　信息熵

按常理，信息量越大就越有利于做出判断. 但是，由以上办法算得的信息量可知，信息量越大表示可供选择的可能性越多，而要做出准确判断反而越难. 这是因为在上述的信息量中，既包含了有效信息也包含了不确定信息. 因此还需进一步把这两部分信息区分开来.

人们类比热力学熵是描述分子运动混乱程度的概念，把信息熵作为信息不确定程度的量度. 由于在 N 种并列的、不相关的可能性中出现一种的概率为 $P=1/N$，于是可仿效热力学熵的玻尔兹曼关系式，定义信息熵 S 与 P 的关系为

$$S=-k\ln P, \tag{8-43}$$

式中 $k=1/\ln 2$. 由此可见，信息熵 S 越高，P 就越小，可能性 N 越多，信息的不确定程度就越大. 对于 N 种可能性中每种出现的概率各不相同的情形，设第 i 种可能性出现的概率为 P_i，则信息熵的定义可写成

$$S=-k\sum_{i=0}^{N}P_i\ln P_i. \tag{8-44}$$

显然，当 $P_i=1/N$ 时，此式就回归为式(8-43).

至此，我们就可把前述的信息量看成信息熵与有效的信息量之和了. 下面以天气预报明天下雨和不下雨两种可能性为例，讨论这个关系的含义.

先设下雨的概率 $P_1=0.80$，不下雨的概率 $P_2=0.20$，则信息熵为

$$S=-k(P_1\ln P_1+P_2\ln P_2)=0.722\ \text{bit}.$$

所以对于确定下雨或不下雨两种可能性之一需要 1 bit 的信息量来说，该天气预报提供的有效信息量为 1 bit − 0.722 bit = 0.278 bit.

若天气预报 $P_1=0.90$，$P_2=0.10$，则信息熵将减为 0.469 bit，而该天气预报提供的有效信息量将增至 0.531 bit. 这表明，信息熵 S 的减少就意味着信息源提供的有效信息量增加了.

信息熵的引入为信息学的定量研究提供了方便.

思考题 8

8.1 处于热平衡的两个系统的温度值相同,反之,两个系统的温度值相等,它们彼此必定处于热平衡.这种说法正确吗?

8.2 系统的某一平衡过程能用 $p-V$ 图上的一条曲线来表示吗?

8.3 试区别不可逆过程和反方向进行的过程.

8.4 系统的温度越高,则内能越大吗?

8.5 功是过程量,可以通过做功来改变系统的内能,所以内能也是过程量.试分析这一结论.

8.6 物质的量相同的三种气体:He,N_2,CO_2(均视为刚性分子的理想气体),它们从相同的初态出发,都经历等容吸热过程,若吸取相同的热量,三者温度升高是相同还是不同呢?

8.7 热力学第一定律只适用于准静态过程吗?

8.8 如果 T_1 与 T_2 分别为高温热源与低温热源的热力学温度,那么在这两个热源之间工作的热机,其效率均为 $1-T_2/T_1$ 吗?

8.9 因为正循环过程中系统对外做的净功,在数值上等于 $p-V$ 图中封闭曲线所包围的面积,所以,封闭曲线所包围的面积越大,循环效率越高.这种说法对吗?

8.10 热量能不能从低温物体传向高温物体?

8.11 功可以全部转变为热量,热量能通过一循环过程全部转变为功吗?

8.12 热力学第二定律的开尔文表述和克劳修斯表述是等价的,试述它们的本质.

8.13 由绝热材料包围的容器被隔板隔为两半,左边是理想气体,右边是真空.如果把隔板撤去,气体将进行自由膨胀过程,达到平衡后气体的温度和熵如何变化?

8.14 试分析绝热过程的熵变.

8.15 一杯热水置于空气中,它总是要冷却到与周围环境相同的温度.在这一自然过程中,水的熵如何变化?

习题 8

8.1 图 8-25 所示为一定量的理想气体的 $p-V$ 图,由图可得出结论( ).

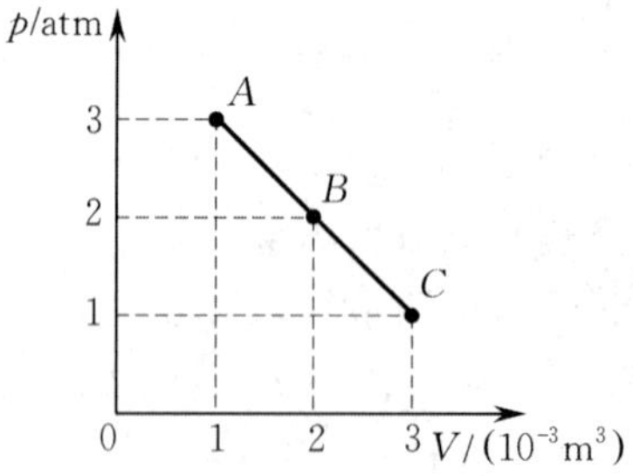

图 8-25

A. ABC 是等温过程　　B. $T_A > T_B$

C. $T_A < T_B$　　D. $T_A = T_B$

8.2 一定量的理想气体处在某一初始状态,现在要使它的温度经过一系列状态变化后回到初始状态的温度,可能实现的过程为( ).

A. 先保持压强不变而使它的体积膨胀,接着保持体积不变而增大压强

B. 先保持压强不变而使它的体积减小，接着保持体积不变而减小压强

C. 先保持体积不变而使它的压强增大，接着保持压强不变而使它体积膨胀

D. 先保持体积不变而使它的压强减小，接着保持压强不变而使它体积膨胀

8.3 气体的摩尔定压热容 $C_{p,\mathrm{m}}$ 大于摩尔定容热容 $C_{V,\mathrm{m}}$，其主要原因是(　　).

A. 膨胀系数不同　　B. 温度不同

C. 气体膨胀需做功　　D. 分子引力不同

8.4 压强、体积和温度都相同(常温条件)的氧气和氦气在等压过程中吸收了相等的热量，它们对外做的功之比为(　　).

A. 1∶1　　B. 5∶9　　C. 5∶7　　D. 9∶5

8.5 如图8-26所示，在 $p-V$ 图上有两条曲线 abc 和 adc，由此可以得出以下结论：(　　).

A. 其中一条是绝热线，另一条是等温线

B. 两个过程吸收的热量相同

C. 两个过程中系统对外做的功相等

D. 两个过程中系统的内能变化相同

8.6 如图8-27所示，理想气体卡诺循环过程的两条绝热线下的面积大小(图中阴影部分)分别为 S_1 和 S_2，则两者的大小关系为：(　　).

A. $S_1 > S_2$　　B. $S_1 < S_2$　　C. $S_1 = S_2$　　D. 无法确定

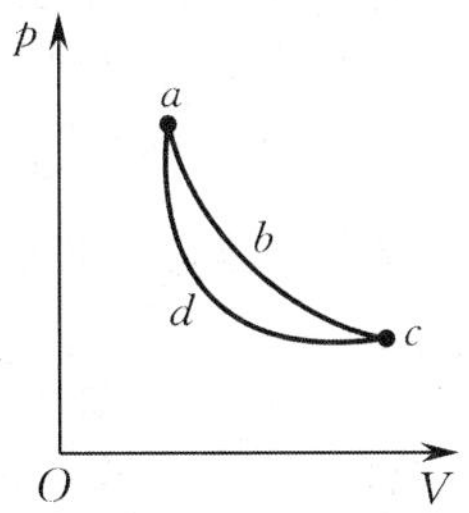

图8-26

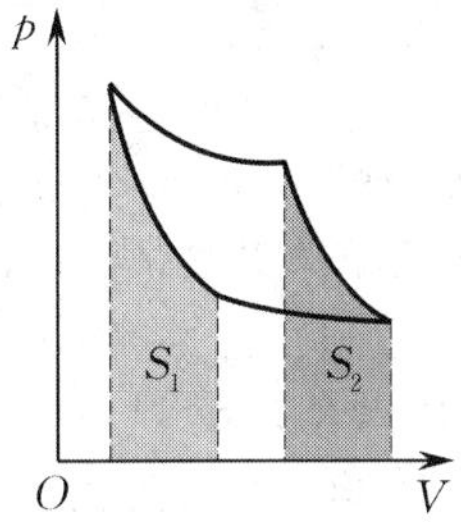

图8-27

8.7 “理想气体与单一热源接触做等温膨胀时，吸收的热量全部用来对外做功.”对此说法，有如下几种评论，(　　)是正确的.

A. 不违反热力学第一定律，但违反热力学第二定律

B. 不违反热力学第二定律，但违反热力学第一定律

C. 不违反热力学第一定律，也不违反热力学第二定律

D. 违反热力学第一定律，也违反热力学第二定律

8.8 1 mol单原子理想气体从初态(p_1, V_1, T_1)经准静态绝热压缩至体积为 V_2，其熵(　　).

A. 增大　　B. 减小　　C. 不变　　D. 不确定

8.9 一定量的理想气体向真空做自由膨胀，体积由 V_1 增至 V_2，此过程中气体的(　　).

A. 内能不变，熵增加　　B. 内能不变，熵减少

C. 内能不变，熵不变　　D. 内能增加，熵增加

8.10 在功与热的转变过程中，下面(　　)的叙述是正确的.

A. 能制成一种循环动作的热机，只从一个热源吸取热量，使之完全变为有用功

B. 其他循环的热机效率不可能达到可逆卡诺机的效率，因此可逆卡诺机的效率最高

C. 热量不可能从低温物体传到高温物体

D. 绝热过程对外做正功，则系统的内能必减少

8.11 给定的理想气体(比热容比为已知)，从标准状态(p_0, V_0, T_0)开始做绝热膨胀，体积增大到3倍，膨胀

后的温度 $T=$ __________.

8.12 热力学系统的状态发生变化时,其内能的改变量只决定于__________而与__________无关.

8.13 一定量的理想气体从同一初态 $a(p_0, V_0)$ 出发,分别经两个准静态过程 ab 和 ac,b 点的压强为 p_1,c 点的体积为 V_1,如图 8-28 所示.若两个过程中系统吸收的热量相同,则该气体的 $\gamma = C_{p,\mathrm{m}} / C_{V,\mathrm{m}} =$ __________.

8.14 如图 8-29 所示,一理想气体系统由状态 a 沿 acb 到达状态 b 系统吸收热量 350 J,而系统做功为 130 J.

(1) 经过过程 adb,系统对外做功 40 J,则系统吸收的热量 $Q=$ __________.

(2) 当系统由状态 b 沿曲线 ba 返回状态 a 时,外界对系统做功为 60 J,则系统吸收的热量 $Q=$ __________.

8.15 1 mol 双原子刚性分子理想气体,从状态 $a(p_1, V_1)$ 沿 $p-V$ 图(见图 8-30)所示直线变到状态 $b(p_2, V_2)$,则(1) 气体内的增量 $\Delta E=$ __________;(2) 气体对外界所做的功 $W=$ __________;(3) 气体吸收的热量 $Q=$ __________.

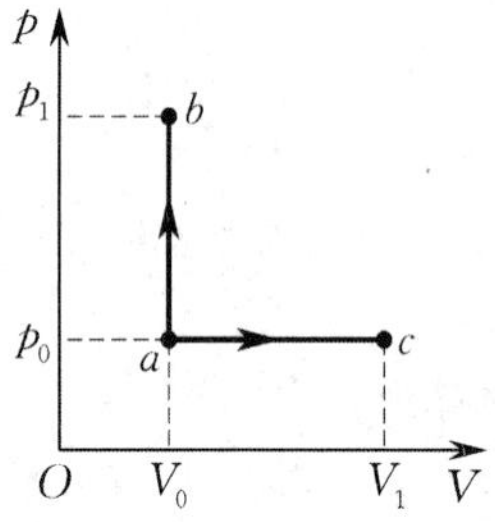

图 8-28

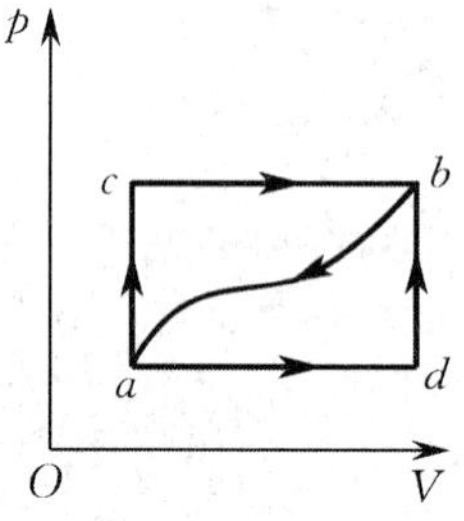

图 8-29

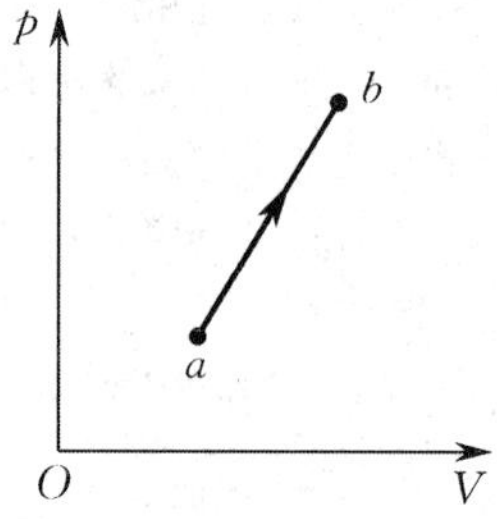

图 8-30

8.16 一卡诺热机从 373 K 的高温热源吸热,向 273 K 的低温热源放热,若该热机从高温热源吸收 1 000 J 热量,则该热机所做的功 $W=$ __________,放出热量 $Q_2=$ __________.

8.17 有 μ mol 理想气体,做如图 8-31 所示的循环过程 $acba$,其中 acb 为半圆弧,ba 为等压过程,$p_c = 2p_a$,在此循环过程中气体净吸收热量为 Q __________ $\mu C_{p,\mathrm{m}}(T_b - T_a)$(填 >、< 或 =).

8.18 有一如图 8-32 所示的循环过程,此循环系统对外做功是__________(填“正的”或“负的”或“零”).

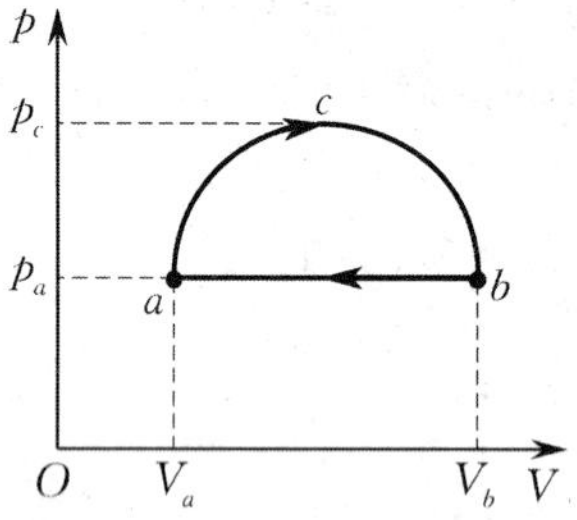

图 8-31

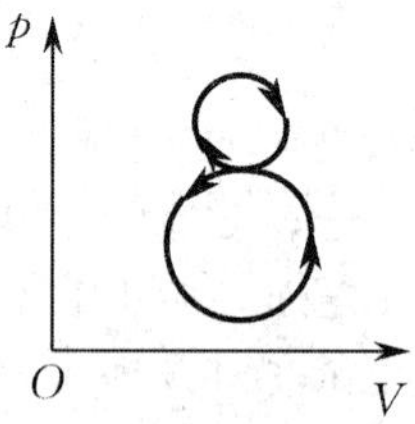

图 8-32

8.19 从统计意义解释:不可逆过程是一个__________的转变过程.一切实际过程都向着__________的方向进行.

8.20 压强为 1.0×10^5 Pa,体积为 0.008 2 m^3 的氮气,从初始温度 300 K 加热到 400 K,加热时,(1) 体积不变;(2) 压强不变,问各需热量多少?哪一个过程所需热量大?为什么?

8.21 有一定量的理想气体,其压强按 $p=\dfrac{C}{V^2}$ 的规律变化,C 是个常量.求气体从容积 V_1 增加到 V_2 所做的功,该理想气体的温度是升高还是降低?

8.22 1 mol 的氢气,在压强为 1.0×10^5 Pa,温度为 20 ℃ 时,其体积为 V_0.今使它经以下两种过程达到同一状态:(1) 先保持体积不变,加热使其温度升高到 80 ℃,然后令它做等温膨胀,体积变为原体积的 2 倍;(2) 先使它做等温膨胀至原体积的 2 倍，然后保持体积不变，加热使其温度升到 80 ℃. 试分别计算以上两种过程中吸收的热量、气体对外做的功和内能的增量，并在 $p-V$ 图上表示两过程.

8.23 有单原子理想气体，若绝热压缩使其容积减半，问气体分子的平均速率变为原来的几倍？若为双原子理想气体，又为几倍？

8.24 一热机在 1 000 K 和 300 K 的两热源之间工作. 现有两种方案：(1) 高温热源提高到1 100 K；(2) 低温热源降到 200 K. 理论上这两种方案分别能增加多少热机效率？为了提高热机效率，哪一种方案更可行？

8.25 两部可逆机串联起来，如图 8-33 所示. 可逆机 1 工作于温度为 T_1 的热源 1 与温度为 $T_2 = 400$ K 的热源 2 之间. 可逆机 2 吸收可逆机 1 放给热源 2 的热量 Q_2，转而放热给 $T_3 = 300$ K 的热源 3. 在两部热机效率和做功相同的情况下，求 T_1.

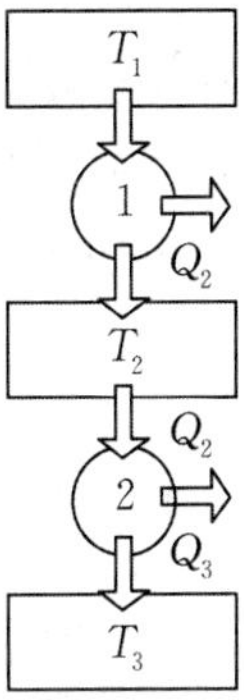

图 8-33

8.26 一热机每秒从高温热源($T_1 = 600$ K) 吸取热量 $Q_1 = 3.34\times10^4$ J，做功后向低温热源($T_2 = 300$ K) 放出热量 $Q_2 = 2.09\times10^4$ J，(1) 问它的效率是多少？它是不是可逆机？(2) 如果尽可能地提高热机的效率，在每秒从高温热源吸热 3.4×10^4 J 时，每秒最多能做多少功？

8.27 把质量为 5 kg、比热容(单位质量物质的热容) 为 544 J/(kg · K) 的铁棒加热到 300 ℃，然后浸入一大桶 27 ℃ 的水中. 求在这冷却过程中铁的熵变.

第9章　静　电　场

电磁运动是物质的又一基本运动形式，电磁相互作用是自然界四种基本相互作用之一，在对物质结构层次的认识过程中，都会涉及电磁相互作用.理解和掌握电磁运动的基本现象和规律，在理论和实践上都有极其重要的意义.

本章的主要内容有：静电的基本规律——电荷守恒定律和库仑定律，描述静电场的两个基本物理量——电场强度和电势，描述静电场性质的两条基本定理——高斯定理和环路定理等.

9.1　静电的基本现象和规律

9.1.1　电荷及电荷守恒定律

1. 什么是电荷

闪电无疑是人类最早看到的电现象.最早在大约公元前600年，古希腊七贤之一的泰勒斯(Thales)就发现，被摩擦过的琥珀能够吸引草屑、细线等轻的物体.今天我们知道许多类似琥珀的绝缘体被摩擦后就会带有某种物质，它不能被看见，也没有重量，但能够显示确切的物理效应，产生各种电现象，这种物质被称为“电荷”.

2. 电荷的分类

实验发现，自然界的电荷分为两种类型，美国科学家富兰克林将其称为正电荷和负电荷.根据现代物理学关于物质结构的理论，我们知道原子是由原子核和电子所构成的.将电子束缚在原子核周围的力是电磁相互作用力.因此，规定电子是带负电荷的粒子，而原子核中的质子是带正电荷的粒子.宏观物体失去电子即带正电(正电荷)，获得额外的电子即带负电(负电荷).

3. 电量及其单位

物体所带电荷的多少或参与电磁相互作用的强度叫作物体的电量，电量的单位是库[仑](C).电量是标量，一般用符号Q表示.

4. 电荷守恒定律

实验证明，对于一个孤立的系统，系统中正、负电荷电量的代数和将保持不变，这一自然规律称为**电荷守恒定律**.现代物理学的很多实验都证明了电荷守恒定律.例如，一个高能光子受到外电场影响时，可以转化为一个正电子和一个负电子(电子对的产生)，转化前后其电荷电量的代数和都为零；而一个正电子和一个负电子相遇时就会湮灭成光子，前后的电量代数和仍然为零.

实验证明，一个电荷的电量与它的运动(速度、加速度)无关，电量也不因坐标系间的变换而改变，这叫作电荷的相对论不变性.

5. 电荷的量子性

1897年，英国物理学家汤姆孙(J.J.Thomson)发现了电子，并通过实验测定了电子的比荷

(电荷和质量之比 e/m). 在此基础上,美国物理学家密立根(R. A. Millikan)经过数年的努力,于1913年通过油滴实验证明,在自然界中,电荷的电量总是以一个基本单元的整数倍出现,电荷的这个特性叫作**电荷的量子性**. 电荷的基本单元(元电荷)就是一个电子所带电量的绝对值,

$$e = 1.602 \times 10^{-19}\,\mathrm{C}.$$

物体所带电量是元电荷的正、负整数倍. 现代物理学理论认为基本粒子中的强子是由若干种夸克或反夸克组成,而夸克或反夸克带有 $\pm e/3$ 或 $\pm 2e/3$ 的电量. 然而高能物理实验尚未发现自由的夸克. 因此,元电荷仍采用电子电量的绝对值.

由于元电荷 e 的量值非常小,而电磁学所研究的通常是宏观物体的电磁现象,所带的电量非常多,在宏观现象中电荷的量子性表现不出来. 所以对我们所讨论的宏观带电体,可以认为电荷是连续分布的.

6. 点电荷

点电荷是一个理想模型,它是一个没有形状和大小而只带有电荷的物体. 点电荷是一个相对的概念,当一个带电体本身的线度比研究的问题中涉及的距离小很多时,该带电体的形状对所讨论的问题没有影响或其影响可以忽略,该带电体就可以看成一个带电的点,即**点电荷**. 至于带电体的线度比相关的距离小多少时才能当作点电荷,要看问题所要求的精度而定. 在宏观意义上讨论电子、质子等带电粒子时,完全可以把它们视为点电荷.

9.1.2　库仑定律

1. 库仑定律的文字表述

库仑定律是关于点电荷间相互作用的规律,是静电学的理论基础. 1785年,法国物理学家库仑利用扭秤实验直接测定了两个带电球体之间的相互作用的电力(或称为库仑力). 在实验的基础上,库仑提出了两个点电荷之间相互作用的规律,即**库仑定律**. 该定律的表述为:在真空中,两个静止的点电荷之间的相互作用力的大小与它们电荷电量的乘积成正比,与它们之间距离的平方成反比;作用力的方向沿着两点电荷的连线,同号电荷相互排斥,异号电荷相互吸引.

2. 库仑定律的数学表述

如图9-1所示,两个点电荷,其电量分别为 q_1 和 q_2, $\boldsymbol{r}$ 是由电荷 q_1 指向电荷 q_2 的矢量,那么,电荷 q_2 受到电荷 q_1 的作用力 $\boldsymbol{F}$ 为

$$\boldsymbol{F} = k\frac{q_1 q_2}{r^2}\boldsymbol{e}_r, \tag{9-1}$$

式中 r 是矢量 $\boldsymbol{r}$ 的大小,即两个点电荷之间的距离; $\boldsymbol{e}_r$ 是矢量 $\boldsymbol{r}$ 的单位矢量; k 为比例系数,可由实验确定,其数值和单位取决于式中各量的单位,在国际单位制中, $k = 8.98755 \times 10^9\ \mathrm{N\cdot m^2/C^2}$,通常在计算中取它的近似值 $k = 9.0 \times 10^9\ \mathrm{N\cdot m^2/C^2}$.

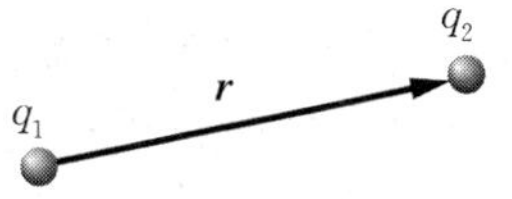

图9-1　库仑定律

为了以后导出的大量电磁学公式中不出现"4π"这个因子,引入另一个常数 ε_0,令

$$\varepsilon_0 = \frac{1}{4\pi k} = 8.85 \times 10^{-12}\ \mathrm{C^2/(N\cdot m^2)},$$

ε_0 叫作真空电容率. 这样有

$$k = \frac{1}{4\pi\varepsilon_0},$$

这种处理方法称为单位制的有理化.

库仑定律的数学表达式(9-1)可改写为

$$\boldsymbol{F}=\frac{1}{4\pi\varepsilon_0}\frac{q_1q_2}{r^2}\boldsymbol{e}_r. \tag{9-2}$$

由库仑定律的表达式可以看出,当 q_1 和 q_2 同号时,q_2 的受力方向与 $\boldsymbol{r}$ 同向,受到排斥力作用;当 q_1 和 q_2 异号时,q_2 受到吸引力作用.由式(9-1)或式(9-2)可以看出,库仑定律给出的库仑力遵守牛顿第三定律.应当指出,由于电磁相互作用传递速度有限等原因,对运动电荷间的相互作用力不能简单地应用牛顿第三定律,对此本书不做深入讨论.

【例 9.1】 假设氢原子中电子和质子之间的距离为 r,试求它们之间的静电力和万有引力之比.

解 由库仑定律知,它们之间的静电力的大小为

$$F_{\mathrm{e}}=\frac{1}{4\pi\varepsilon_0}\frac{e^2}{r^2}.$$

由万有引力定律知,它们之间的万有引力的大小为

$$F_{\mathrm{g}}=G\frac{m_{\mathrm{p}}m_{\mathrm{e}}}{r^2},$$

则其静电力和万有引力之比为

$$\begin{aligned}\frac{F_{\mathrm{e}}}{F_{\mathrm{g}}}&=\frac{1}{4\pi\varepsilon_0G}\frac{e^2}{m_{\mathrm{p}}m_{\mathrm{e}}}=\frac{9.0\times10^9}{6.67\times10^{-11}}\times\frac{(1.6\times10^{-19})^2}{(1.67\times10^{-27})\times(9.1\times10^{-31})}\\&\approx2.27\times10^{39}.\end{aligned}$$

由于两力都与距离的平方成反比例,所以比值中 r^2 被约去.这表明无论两者相隔多少距离,静电力和万有引力的比值不变.万有引力与静电力相比,小得太多,所以在研究微观领域带电粒子间的相互作用时,通常忽略它们之间的万有引力.

9.2 静电场 电场强度

9.2.1 静电场

从上节的讨论我们看到,真空中,两个点电荷之间存在着相互作用力,这种作用力与经典力学中弹力、摩擦力不同,是在两个电荷没有相互接触的情况下发生的.那么两个点电荷之间的相互作用是如何传递的呢?关于这个问题,历史上曾经有两种对立的观点:一种是“超距作用”的观点,认为一个电荷对另一个电荷的作用不需要中间媒介,也不需要时间,是即时直接作用;另一种是“近距作用”的观点,认为电荷之间的作用是需要中间媒介的,作用力的传递也需要经过一段的时间.

近代科学实验证明,“超距作用”的观点是错误的.实验表明,任何带电体在其周围空间都存在一种特殊的物质,即使在真空中这种物质也存在,称之为**电场**.电场的特性之一是对位于其中的电荷施以力的作用,电荷间相互作用是通过电场对电荷的作用来实现的.这就是现代场论的观点.如果电荷相对于观察者是静止的,则该电荷产生的电场称为**静电场**.

根据场论的观点,我们所观察到的两个电荷之间的相互作用力实质上是电场对电荷的作用力,库仑力不再是一个恰当反映实际的概念,今后我们将用电场力表示电荷在电场中所受的力.

静电场的概念很抽象，我们可以通过电场对电荷的两方面作用（电荷在电场中要受到电场力及电荷在电场中运动时电场力要对电荷做功）来认识电场，即从力和能量的角度出发来研究电场的性质和规律，并相应地引入描述电场性质的两个重要的物理量 —— 电场强度和电势.

9.2.2　电场强度

设有一带电量为 Q 的物体，在其周围空间产生电场，如图 9-2 所示.

为了描述该电场对处于其中的电荷施以作用力的性质，设想将一个电量为 q_0 的试验电荷放到电场中的不同位置，观察试验电荷 q_0 的受力情况. 要求试验电荷 q_0 满足两个条件：

（1）体积足够小，可以看成点电荷；

（2）电量足够小，把它放进电场中对原来的电场几乎没有影响.

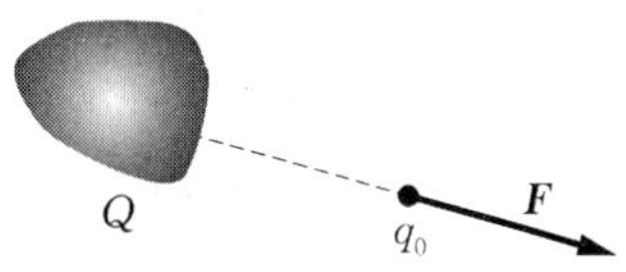

图 9-2　试验电荷在电场中受力情况

实验发现：

（1）在同一个电场中不同的地方试验电荷 q_0 所受电场力的大小和方向一般不同，这说明电场是有强弱分布的，并且有方向性，它表明描写电场的物理量应该是一个矢量；

（2）在电场中任一给定点处试验电荷 q_0 所受力的大小和方向是完全一定的；

（3）在电场中某给定点处改变试验电荷 q_0 的量值，发现 q_0 所受力的方向不变，力的大小与 q_0 的比值不变.

综上分析，试验电荷在电场中某点所受的电场力既与试验电荷所在点的电场性质有关，又与试验电荷的电量有关. 但是比值 $\frac{\boldsymbol{F}}{q_0}$ 却与试验电荷本身无关，仅仅与试验电荷所在处的电场性质有关. 这样，我们就用试验电荷所受的电场力和试验电荷所带电荷量之比，作为描写静电场中各点力的性质的物理量，称为**电场强度**或简称为**场强**，用符号 $\boldsymbol{E}$ 表示，即

$$\boldsymbol{E} = \frac{\boldsymbol{F}}{q_0}. \tag{9-3}$$

由式(9-3)可知，电场中某点的电场强度等于单位试验电荷在该点所受的电场力. $q_0 > 0$ 时，$\boldsymbol{E}$ 的方向和电场力 $\boldsymbol{F}$ 的方向相同；$q_0 < 0$ 时，$\boldsymbol{E}$ 的方向和电场力 $\boldsymbol{F}$ 的方向相反. 电场中任一给定点处，电场强度 $\boldsymbol{E}$ 是确定的，电场中的不同点处，电场强度 $\boldsymbol{E}$ 一般是不相同的，即电场强度 $\boldsymbol{E}$ 应是空间坐标 (x, y, z) 的函数，可表示为 $\boldsymbol{E}(x, y, z)$.

在国际单位制中，电场强度的单位是牛[顿]每库[仑](N/C)，在电工计算中常采用伏[特]每米(V/m).

由式(9-3)可知，若一个点电荷 q 处于某电场中，所在点处的场强 $\boldsymbol{E}$ 已知时，则该点电荷 q 所受到的电场力为

$$\boldsymbol{F} = q\boldsymbol{E}. \tag{9-4}$$

9.2.3　场强的计算

如果电荷分布已知，如何计算电场强度的分布呢？下面先求出点电荷的场强分布公式，在此基础上，根据场强的叠加原理，再来讨论任意电荷分布所激发电场的场强分布的计算方法.

1. 点电荷的场强

如图 9-3 所示,设在真空中有一个静止的点电荷 q,则距离 q 为 r 的 P 点处场强可由式(9-2)和式(9-3)求得. 先假设在 P 点处放一试验电荷 q_0,由式(9-2)可知,作用在 q_0 上的电场力为

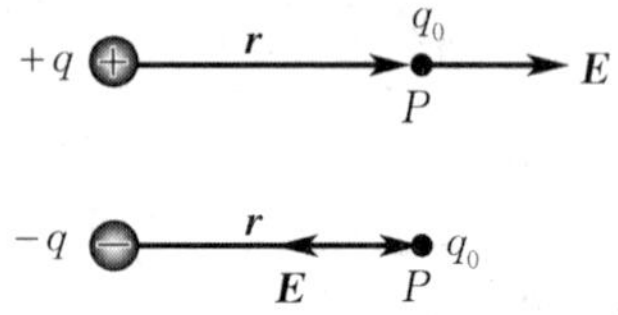

图 9-3 点电荷的场强

$$\boldsymbol{F}=\frac{1}{4\pi\varepsilon_0}\frac{qq_0}{r^3}\boldsymbol{r},$$

式中的 $\boldsymbol{r}$ 是由点电荷 q 指向 P 点的矢量. 再根据式(9-3)可求得 P 点处场强为

$$\boldsymbol{E}=\frac{q}{4\pi\varepsilon_0 r^3}\boldsymbol{r}. \tag{9-5}$$

由式(9-5)可知,点电荷的场强分布具有球对称性,即在以点电荷 q 为球心的任一球面上各点的场强大小相等. 如果 q 为正电荷,则 P 点处的场强方向与 $\boldsymbol{r}$ 的方向相同;如果 q 为负电荷,则 P 点处的场强方向与 $\boldsymbol{r}$ 的方向相反.

2. 场强的叠加原理和点电荷系的场强

如果真空中有 n 个点电荷 $q_1,q_2,\cdots,q_n$ 共同激发电场,这些电荷称为**点电荷系**,如图 9-4 所示. 设 P 点相对于各个点电荷的位矢分别为 $\boldsymbol{r}_1,\boldsymbol{r}_2,\cdots,\boldsymbol{r}_n$,则各个点电荷单独在 P 点处产生的场强分别为

$$\boldsymbol{E}_i=\frac{q_i}{4\pi\varepsilon_0 r_i^3}\boldsymbol{r}_i \quad (i=1,2,\cdots,n).$$

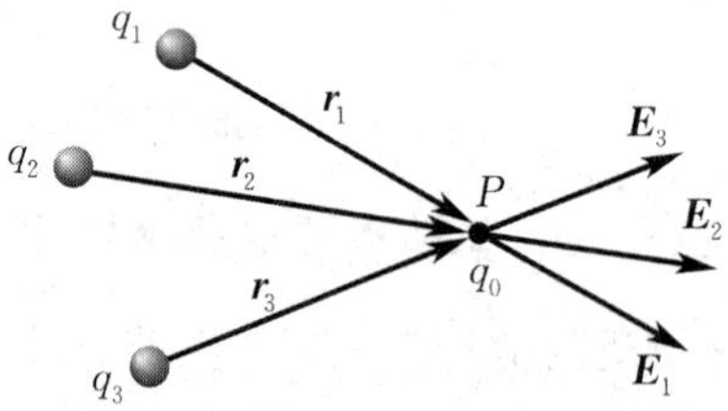

图 9-4 点电荷系的场强

实验表明,**电场力遵从力的叠加原理**,试验电荷 q_0 在点电荷系的电场中某点 P 处受到的电场力等于各个点电荷单独存在时对 q_0 作用力的矢量和,即

$$\boldsymbol{F}=\boldsymbol{F}_1+\boldsymbol{F}_2+\cdots+\boldsymbol{F}_n=\sum_{i=1}^{n}\boldsymbol{F}_i, \tag{9-6}$$

式(9-6)两边同除以 q_0,得

$$\frac{\boldsymbol{F}}{q_0}=\frac{\boldsymbol{F}_1}{q_0}+\frac{\boldsymbol{F}_2}{q_0}+\cdots+\frac{\boldsymbol{F}_n}{q_0}.$$

由场强的定义式(9-3)可知,上式中等号右边各项分别是各个点电荷在 P 点处产生的场强,左边为 P 点处的总场强,即

$$\boldsymbol{E}=\boldsymbol{E}_1+\boldsymbol{E}_2+\cdots+\boldsymbol{E}_n=\sum_{i=1}^{n}\boldsymbol{E}_i. \tag{9-7}$$

式(9-7)说明,点电荷系在空间任一点处所产生的场强等于各个点电荷单独存在时在该点产生的电场强度的矢量和. 这就是**场强的叠加原理**,是电场的基本性质之一.

【例 9.2】 两个等量异号的点电荷 $+q$ 和 $-q$,相距为 l. 当它们之间的距离 l 与各场点到这一对电荷的距离 r 相比小得多时($l \ll r$),这样一对点电荷就称为**电偶极子**. 定义

$$\boldsymbol{p} = q\boldsymbol{l}, \tag{9-8}$$

$\boldsymbol{p}$ 为描述电偶极子构成特征的物理量——**电偶极矩**,简称**电矩**,$\boldsymbol{l}$ 的方向规定为由 $-q$ 指向 $+q$. 试计算电偶极子中垂线上任意一点 P 的电场强度.

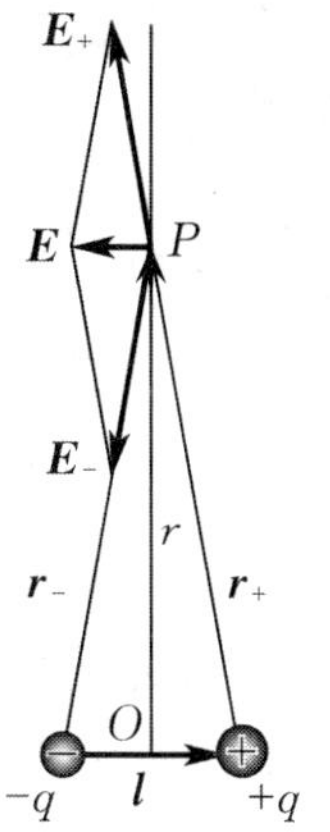

图 9-5 电偶极子中垂线上的场强

解 如图 9-5 所示,设中垂线上任意一点 P 相对于 $+q$ 和 $-q$ 的位置矢量分别为 $\boldsymbol{r}_+$ 和 $\boldsymbol{r}_-$,且 $r_+ = r_-$.

点电荷 $+q$ 和 $-q$ 在 P 点处产生的场强分别为

$$\boldsymbol{E}_+ = \frac{q}{4\pi\varepsilon_0 r_+^3}\boldsymbol{r}_+, \quad \boldsymbol{E}_- = \frac{-q}{4\pi\varepsilon_0 r_-^3}\boldsymbol{r}_-.$$

以 r 表示从电偶极子中心到 P 点的距离,则

$$r_+ = r_- = \sqrt{r^2 + \frac{l^2}{4}} = r\sqrt{1 + \frac{l^2}{4r^2}}.$$

当场点 P 距离电偶极子很远,即 $r \gg l$ 时,有 $r_+ = r_- \approx r$,则 P 点的总场强为

$$\boldsymbol{E} = \boldsymbol{E}_+ + \boldsymbol{E}_- = \frac{q}{4\pi\varepsilon_0 r^3}(\boldsymbol{r}_+ - \boldsymbol{r}_-) = \frac{-q\boldsymbol{l}}{4\pi\varepsilon_0 r^3},$$

式中 $q\boldsymbol{l} = \boldsymbol{p}$ 是电偶极子的电矩. 上式又可写成

$$\boldsymbol{E} = \frac{-\boldsymbol{p}}{4\pi\varepsilon_0 r^3}.$$

此结果表明,电偶极子在其中垂线上距离电偶极子中心较远处各点的电场强度与电偶极子的电矩成正比,与该点和电偶极子中心的距离的三次方成反比,方向与电矩的方向相反.

电偶极子是一个重要的物理模型,在研究电介质的极化、电磁波的发射和吸收等问题中都要用到.

3. 电荷连续分布带电体的电场

从微观结构来看,任何带电物体所带的电荷都是由大量的电子(或质子)组成,这样在带电体上电荷分布实际上是不连续的. 但当考察物体的宏观电现象时,通常仪器能观测到的最小电荷量也包含约 10^{12} 个电子(或质子),实验观察到的电现象是这些大量基本带电粒子所产生的平均效果. 因此,从宏观角度出发,可以认为电荷是连续分布在带电体上的.

对于电荷连续分布的带电体,计算其在真空中所激发的场强时,需要用微积分的方法. 设想把带电体分割成许多微小的电荷元 $\mathrm{d}q$,每个电荷元都可视为点电荷,如图 9-6 所示.

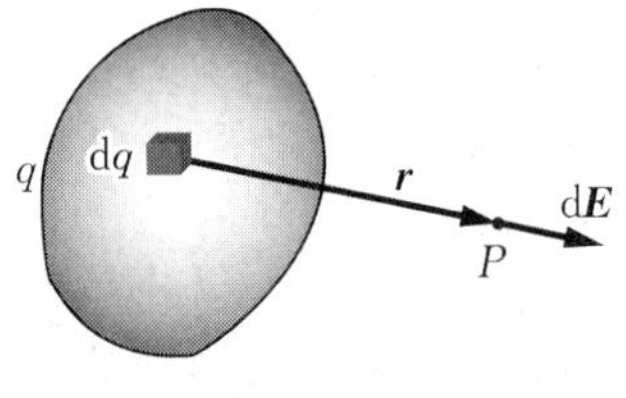

图 9-6 连续分布的带电体

任一电荷元 $\mathrm{d}q$ 在 P 点处产生的场强可由点电荷的场强公式(9-5)写为

$$\mathrm{d}\boldsymbol{E} = \frac{\mathrm{d}q}{4\pi\varepsilon_0 r^3}\boldsymbol{r}.$$

根据场强的叠加原理,整个带电体在 P 点处产生的场强等于所有电荷元产生的场强的矢量和. 由于电荷是连续分布的,可把式(9-7)中的求和符号 $\sum$ 换成积分符号 $\int$,求得 P 点处的场强为

$$\boldsymbol{E} = \int \mathrm{d}\boldsymbol{E} = \int \frac{\mathrm{d}q}{4\pi\varepsilon_0 r^3}\boldsymbol{r}. \tag{9-9}$$

式(9-9)为矢量积分，在具体计算时，一般先求出 d$\boldsymbol{E}$ 在各坐标轴方向上的投影式，然后分别求积分得到 E_x, E_y, E_z，最后求出总场强

$$\boldsymbol{E} = E_x\boldsymbol{i} + E_y\boldsymbol{j} + E_z\boldsymbol{k}.$$

一般来说，带电体上电荷的分布是不均匀的，为了描写电荷在带电体上任一点附近的分布情况，我们引入电荷密度的概念.

如果电荷连续分布在细长的线上，定义电荷线密度为

$$\lambda = \lim_{\Delta l \to 0} \frac{\Delta q}{\Delta l} = \frac{\mathrm{d}q}{\mathrm{d}l},$$

式中 dl 是包含某点的线元，dq 为线元 dl 上所带的电荷量. λ 的单位为库[仑]每米(C/m).

如果电荷连续分布在一个面上，则定义电荷面密度为

$$\sigma = \lim_{\Delta S \to 0} \frac{\Delta q}{\Delta S} = \frac{\mathrm{d}q}{\mathrm{d}S},$$

式中 dS 是包含某点的面积元，dq 为面积元 dS 上所带的电荷量. σ 的单位为库[仑]每平方米(C/m^2).

如果电荷连续分布在整个体积内，则定义电荷体密度为

$$\rho = \lim_{\Delta V \to 0} \frac{\Delta q}{\Delta V} = \frac{\mathrm{d}q}{\mathrm{d}V},$$

式中 dV 是包含某点的体积元，dq 为体积元 dV 上所带的电荷量. ρ 的单位为库[仑]每立方米(C/m^3).

根据电荷在带电体上是线分布、面分布或体分布，应用电荷密度的概念，由式(9-9)计算连续带电体的电场分布. 下面通过几个典型例题来说明计算连续分布带电体所产生的场强的一般方法.

【例 9.3】　试求一均匀带电直线外任意一点处的场强. 如图 9-7 所示，设直线长为 L，电荷线密度(单位长度上的电荷)为 λ(设 $\lambda > 0$). 设直线外场点 P 到直线的垂直距离为 x，P 点与带电直线的上、下端点的连线，与垂线的夹角分别为 θ_1 和 θ_2.

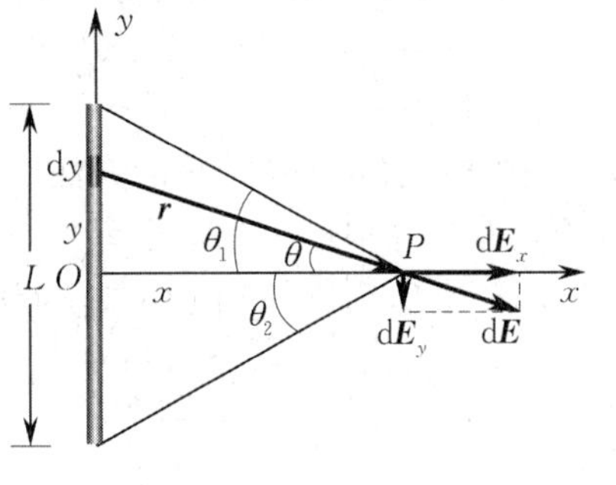

图 9-7　均匀带电直线外一点处的场强

解　均匀带电直线可以理解为实际问题中一根带电细直棒的抽象模型，当观测点与棒之间的距离大到可以忽略棒本身截面尺寸时，该带电细直棒就可以看作一条带电直线. P 点处的场强可以通过积分来求解.

以 P 点到带电直线的垂足 O 为原点，取坐标轴 Ox 沿垂直于带电直线的方向，坐标轴 Oy 沿带电直线方向，如图 9-7 所示，P 点到带电直线的距离为 x. 在带电直线上距原点为 y 处任取一长为 dy 的电荷元，其电量为 d$q = \lambda$dy. dq 在 P 点处的场强为

$$\mathrm{d}\boldsymbol{E} = \frac{\lambda \mathrm{d}y}{4\pi\varepsilon_0 r^3}\boldsymbol{r},$$

式中 $\boldsymbol{r}$ 是从 dy 指向 P 点的位矢. 设 d$\boldsymbol{E}$ 与 x 轴的夹角为 θ，则 d$\boldsymbol{E}$ 沿两个坐标轴方向的分量 dE_x 和 dE_y 分别为

$$\mathrm{d}E_x = \cos\theta \mathrm{d}E = \frac{\lambda x \mathrm{d}y}{4\pi\varepsilon_0 r^3},$$

$$\mathrm{d}E_y = -\sin\theta \mathrm{d}E = -\frac{\lambda y \mathrm{d}y}{4\pi\varepsilon_0 r^3}.$$

从图中的几何关系可知，$y = x\tan\theta$，从而 $\mathrm{d}y = \frac{x}{\cos^2\theta}\mathrm{d}\theta$，并且 $r = \frac{x}{\cos\theta}$，所以

$$\mathrm{d}E_x = \frac{\lambda x \mathrm{d}y}{4\pi\varepsilon_0 r^3} = \frac{\lambda\cos\theta}{4\pi\varepsilon_0 x}\mathrm{d}\theta.$$

由于对整个带电直线来说，θ 的变化范围是从 $-\theta_2$ 到 θ_1，所以

$$E_x = \int \mathrm{d}E_x = \int_{-\theta_2}^{\theta_1} \frac{\lambda\cos\theta}{4\pi\varepsilon_0 x}\mathrm{d}\theta = \frac{\lambda}{4\pi\varepsilon_0 x}(\sin\theta_1 + \sin\theta_2).$$

同理，可得

$$E_y = \int \mathrm{d}E_y = \int_{-\theta_2}^{\theta_1} -\frac{\lambda\sin\theta}{4\pi\varepsilon_0 x}\mathrm{d}\theta = \frac{\lambda}{4\pi\varepsilon_0 x}(\cos\theta_1 - \cos\theta_2).$$

P 点总场强为

$$\boldsymbol{E} = E_x\boldsymbol{i} + E_y\boldsymbol{j}.$$

如果 P 点位于带电直线的中垂线上，则有 $\theta_1 = -\theta_2$，那么

$$E_y = 0,$$

$$E_x = \frac{\lambda\sin\theta_1}{2\pi\varepsilon_0 x}.$$

将 $\sin\theta_1 = \frac{L/2}{\sqrt{(L/2)^2 + x^2}}$ 代入，可得

$$E = E_x = \frac{\lambda L}{4\pi\varepsilon_0 x\,(x^2 + L^2/4)^{\frac{1}{2}}},$$

此时 P 点处场强的方向垂直于带电直线而指向背离直线一方.

如果 $x \ll L$，这时带电直线可看成无限长的直线，则有 $\theta_1 = -\theta_2 = \frac{\pi}{2}$，此时 P 点处场强大小为

$$E = \frac{\lambda}{2\pi\varepsilon_0 x},$$

场强的方向为垂直于带电直线而指向背离直线一方.

此外，在远离带电直线的区域，即当 $x \gg L$ 时，中垂线上的电场强度为

$$E \approx \frac{\lambda L}{4\pi\varepsilon_0 x^2} = \frac{q}{4\pi\varepsilon_0 x^2},$$

其中 $q = \lambda L$，为带电直线所带的总电量. 此结果表明，在距带电直线很远处，该带电直线的电场相当于一个点电荷 q 所产生的电场.

【例 9.4】　一均匀带电细圆环，半径为 R，所带总电量为 q(设 $q > 0$). 试计算圆环轴线上与环心相距 x 的 P 点处的场强.

解　如图 9-8 所示，把圆环分成许多微小的弧段，任一微小弧段 $\mathrm{d}l$ 上所带电荷可视为点电荷，所带电量为

$$\mathrm{d}q = \frac{q}{2\pi R}\mathrm{d}l.$$

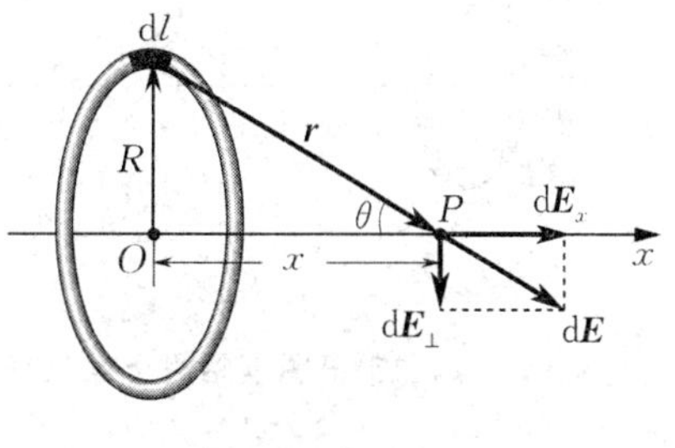

图 9-8　均匀带电细圆环轴线上的电场

此电荷元 $\mathrm{d}q$ 在 P 点的场强为

$$\mathrm{d}\boldsymbol{E}=\frac{\mathrm{d}q}{4\pi\varepsilon_0 r^3}\boldsymbol{r}=\frac{1}{4\pi\varepsilon_0}\frac{q\mathrm{d}l}{2\pi Rr^3}\boldsymbol{r},$$

式中$\boldsymbol{r}$是从$\mathrm{d}l$指向P点的位矢. $\mathrm{d}\boldsymbol{E}$沿平行和垂直于轴线的两个方向的分量分别为$\mathrm{d}\boldsymbol{E}_x$和$\mathrm{d}\boldsymbol{E}_\perp$. 由于圆环电荷分布对于轴线对称,所以圆环上全部电荷的$\mathrm{d}\boldsymbol{E}_\perp$分量的矢量和为零. 因此,$P$点的场强沿轴线方向,且大小为

$$E=\int\mathrm{d}E_x,$$

式中积分为对圆环上全部电荷q积分.

由图可知,

$$\mathrm{d}E_x=\cos\theta\mathrm{d}E=\frac{\mathrm{d}q}{4\pi\varepsilon_0 r^2}\cos\theta,$$

其中θ为$\mathrm{d}\boldsymbol{E}$与x轴的夹角,且固定不变. 所以

$$E=\int\mathrm{d}E_x=\int_q\frac{\mathrm{d}q}{4\pi\varepsilon_0 r^2}\cos\theta=\frac{\cos\theta}{4\pi\varepsilon_0 r^2}\int_q\mathrm{d}q.$$

此式中的积分值即为整个环上的电荷q,所以

$$E=\frac{q\cos\theta}{4\pi\varepsilon_0 r^2}.$$

考虑到$\cos\theta=\dfrac{x}{r}$,而$r=\sqrt{R^2+x^2}$,可将上式改写为

$$E=\frac{qx}{4\pi\varepsilon_0(R^2+x^2)^{3/2}},$$

$\boldsymbol{E}$的方向沿x轴正方向.

若$x\gg R$,$(R^2+x^2)^{3/2}\approx x^3$,则$\boldsymbol{E}$的大小为

$$E\approx\frac{q}{4\pi\varepsilon_0 x^2}.$$

此结果说明,远离环心处的电场也相当于一个点电荷q所产生的电场.

若$x\ll R$,$(R^2+x^2)^{3/2}\approx R^3$,则$\boldsymbol{E}$的大小为

$$E\approx\frac{qx}{4\pi\varepsilon_0 R^3},$$

说明在靠近圆心的轴线上场强大小与x成正比.

【例 9.5】 如图 9-9 所示,设一均匀带电圆盘半径为R,电荷面密度为$\sigma(\sigma>0)$,求圆盘轴线上距离盘心为x的P点处的场强.

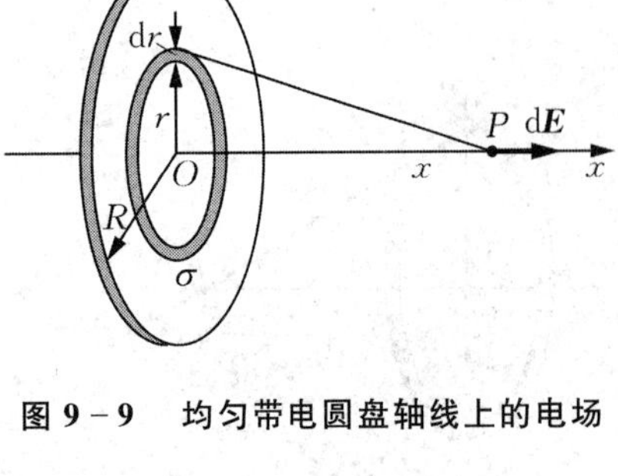

图 9-9 均匀带电圆盘轴线上的电场

解 一薄带电平板,如果其面积的线度及考察点到平板的距离都远远大于它的厚度,该带电板就可以看作一个带电平面.

如图 9-9 所示,把带电圆盘看作由许多同心的带电细圆环组成. 取一个半径为r、宽度为$\mathrm{d}r$的细圆环,此环带的面积为$2\pi r\mathrm{d}r$,所带电量为$\sigma 2\pi r\mathrm{d}r$,由例 9.4 可知,此带电圆环在P点处的场强大小为

$$\mathrm{d}E=\frac{\sigma 2\pi r\mathrm{d}r\cdot x}{4\pi\varepsilon_0(r^2+x^2)^{3/2}},$$

其方向沿 x 轴正方向.

由于组成圆面的各圆环的电场 $\mathrm{d}\boldsymbol{E}$ 的方向都相同，所以 P 点的总场强为各个圆环在 P 点场强的大小的积分，即

$$E=\int \mathrm{d}E=\frac{\sigma x}{2\varepsilon_0}\int_0^R\frac{r\mathrm{d}r}{(r^2+x^2)^{3/2}}$$
$$=\frac{\sigma}{2\varepsilon_0}\left[1-\frac{x}{(R^2+x^2)^{1/2}}\right],$$

场强的方向垂直于圆面且背离圆面.

当 $x\ll R$ 时，此时可将该带电圆盘看作一个"无限大"的带电平面，由上式可得

$$E=\frac{\sigma}{2\varepsilon_0}. \tag{9-10}$$

式(9-10)表明，无限大均匀带电平面两侧各点的场强大小相等，方向都与带电平面垂直. 这种场强大小相等方向相同的电场称为**匀强电场**.

当 $x\gg R$ 时，由二项式定理有

$$(R^2+x^2)^{-\frac{1}{2}}=\frac{1}{x}\left(1+\frac{R^2}{x^2}\right)^{-\frac{1}{2}}=\frac{1}{x}\left[1-\frac{R^2}{2x^2}+\frac{3}{8}\left(\frac{R^2}{x^2}\right)^2-\cdots\right]$$
$$\approx\frac{1}{x}\left(1-\frac{R^2}{2x^2}\right),$$

于是

$$E\approx\frac{\pi R^2\sigma}{4\pi\varepsilon_0 x^2}=\frac{q}{4\pi\varepsilon_0 x^2},$$

式中 $q=\sigma\pi R^2$ 为圆面所带的总电量. 这一结果说明，在远离带电圆面处的电场也相当于一个点电荷的电场.

从以上几个例子可以看到，空间各点的场强是由带电体所带电荷的分布情况决定的. 基于点电荷的场强公式和场强的叠加原理，利用积分方法，原则上可以计算任意给定带电体的场强分布. 计算大致按照如下的步骤进行：先根据带电体的形状选取电荷元 $\mathrm{d}q$，写出 $\mathrm{d}q$ 在待求点处场强的矢量式；再选取适当的坐标系，将场强沿坐标轴进行分解，然后对各分量进行积分；最后将各分量合成，求出总场强的大小和方向. 在实际问题中，当电荷分布具有某种对称性时，应注意做对称性分析，以简化计算过程.

9.3　电场线　电通量

9.3.1　电场线及其性质

1. 电场线

为了形象地描绘场强在空间的分布情形，在电场中引入一种假想的几何曲线，这就是**电场线**，也称 $\boldsymbol{E}$ 线. 电场线最早是由法拉第提出来的. 基于电场中每一点的场强 $\boldsymbol{E}$ 都有一定的大小和方向，所以在电场中画出一系列假想的曲线，使曲线上每一点的切线方向与该点场强的方向一致，曲线的疏密程度可以定性且半定量地反映场强的大小. 图9-10所示为某电场中的一条电场线.

要用电场线定量地描述场强的大小分布,需引入电场线数密度的概念.

设想在电场中任一点,取一个垂直于该点场强方向的面积元 $\mathrm{d}S_{\perp}$,如图 9-11 所示,通过该面元电场线数目为 $\mathrm{d}N$,则定义通过该面元单位面积的电场线数目即 $\dfrac{\mathrm{d}N}{\mathrm{d}S_{\perp}}$ 为电场中该点的**电场线数密度**.在用电场线定量描写场强的大小分布时规定:电场中某点电场强度的大小等于该点处的电场线数密度,即

$$E=\frac{\mathrm{d}N}{\mathrm{d}S_{\perp}}.$$

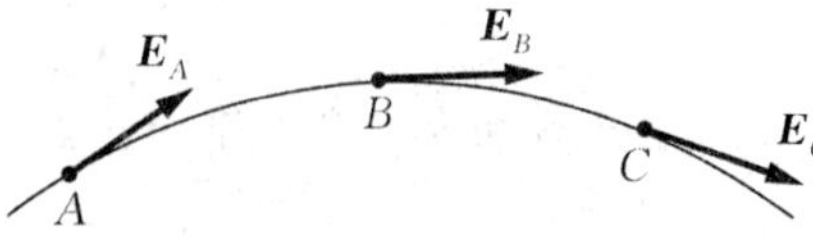

图 9-10 电场线

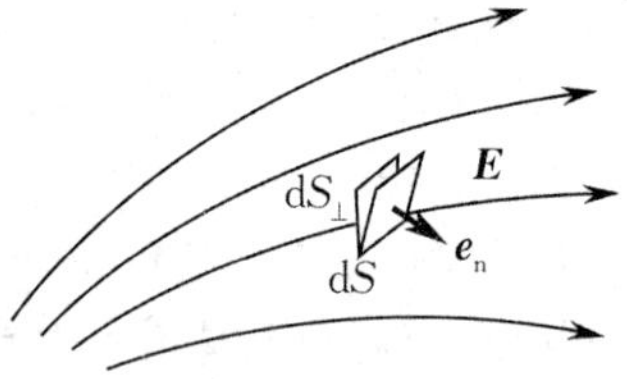

图 9-11 电场线数密度与场强大小的关系

按照这样的规定描绘的电场线既可以定性地描述电场的方向,又可以定量地表示电场的大小.图 9-12 所示为几种常见带电体的电场线.

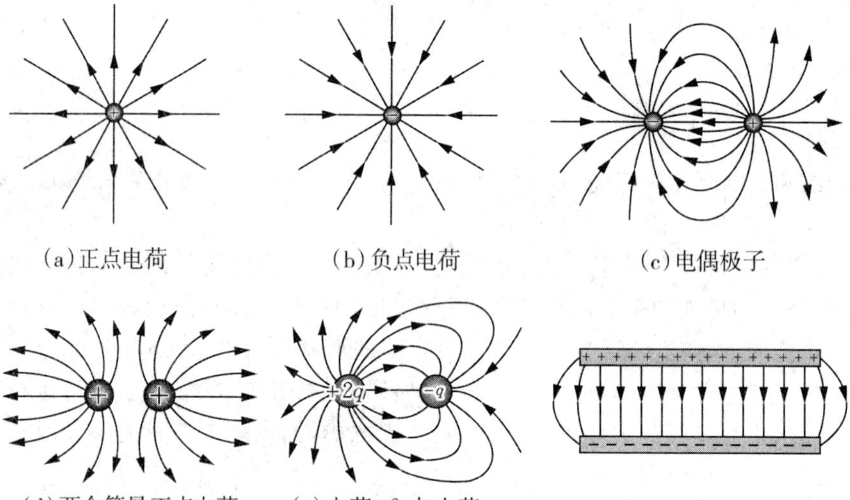

(a)正点电荷 (b)负点电荷 (c)电偶极子

(d)两个等量正点电荷 (e)电荷+2q与电荷-q (f)正、负带电平板

图 9-12 几种常见带电体的电场线

2. 静电场电场线的性质

通过对图 9-12 中几种带电体的电场线的分析可以看出,静电场的电场线具有如下基本性质:

第一,静电场的电场线总是起始于正电荷(或来自无穷远处),终止于负电荷(或伸向无穷远处),在没有电荷的地方不会中断;

第二,静电场的电场线不能形成闭合曲线,任何两条电场线不会相交.

9.3.2 电通量

在电场中穿过某一曲面 S 的电场线的条数,称为穿过该曲面的电场强度的通量,简称为**电通量**,用 Ψ 表示.

按照画电场线图的规定，匀强电场的电场线是一组均匀分布的平行直线，如图 9 - 13(a) 所示. 若在匀强电场中取一个平面，它的面积是 S，且该平面的法线方向与 $\boldsymbol{E}$ 的方向平行，由电场线数密度的概念可知，通过这一平面的电场线数目即电通量为

$$\Psi = ES. \tag{9-11}$$

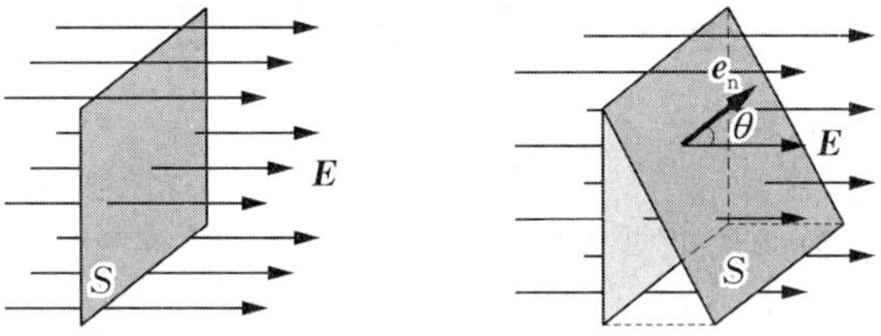

(a)　　　　(b)

图 9 - 13　匀强电场中通过平面的电通量

如果该匀强电场的电场强度 $\boldsymbol{E}$ 的方向与该平面的法线单位矢量 $\boldsymbol{e}_n$ 之间的夹角为 θ，那么通过这一平面的电通量为

$$\Psi = ES\cos\theta = E_n S = ES_{\perp}, \tag{9-12}$$

即电通量等于电场强度 $\boldsymbol{E}$ 在给定平面上的法向分量与平面面积的乘积或场强的大小与给定平面在垂直于场强方向投影面积的乘积. 因为平面的法向分量 $\boldsymbol{e}_n$ 与场强 $\boldsymbol{E}$ 之间的夹角 θ 可以是锐角，也可以是钝角，所以通过给定平面的电通量 Ψ 可正可负. 当 θ 为锐角时，$\cos\theta > 0$，$\Psi > 0$；当 θ 为钝角时，$\cos\theta < 0$，$\Psi < 0$；当 $\theta = \frac{\pi}{2}$ 时，$\cos\theta = 0$，$\Psi = 0$.

在非匀强电场中，空间各点的电场强度 $\boldsymbol{E}$ 的大小和方向是逐点变化的，为了计算通过任意曲面 S 的电通量，可将曲面 S 分割成许多很小的面积元 $\mathrm{d}S$，在每一面积元 $\mathrm{d}S$ 上的 $\boldsymbol{E}$ 可以认为是相等的. 设面积元 $\mathrm{d}S$ 的法向单位矢量 $\boldsymbol{e}_n$ 与面积元处的场强 $\boldsymbol{E}$ 之间的夹角为 θ，如图 9 - 14 所示，则通过这个面积元的电通量为

$$\mathrm{d}\Psi = E\mathrm{d}S\cos\theta = \boldsymbol{E}\cdot\mathrm{d}\boldsymbol{S}, \tag{9-13}$$

式中 $\mathrm{d}\boldsymbol{S} = \boldsymbol{e}_n \mathrm{d}S$，称为矢量面积元. 对整个曲面积分，可求得通过任意曲面 S 的电通量，即

$$\Psi = \iint \mathrm{d}\Psi = \iint_S E\cos\theta \mathrm{d}S = \iint_S \boldsymbol{E}\cdot\mathrm{d}\boldsymbol{S}. \tag{9-14}$$

当曲面 S 是一闭合曲面时，如图 9 - 15 所示，通过该曲面的电通量可表示为

$$\Psi = \oiint_S \boldsymbol{E}\cdot\mathrm{d}\boldsymbol{S}. \tag{9-15}$$

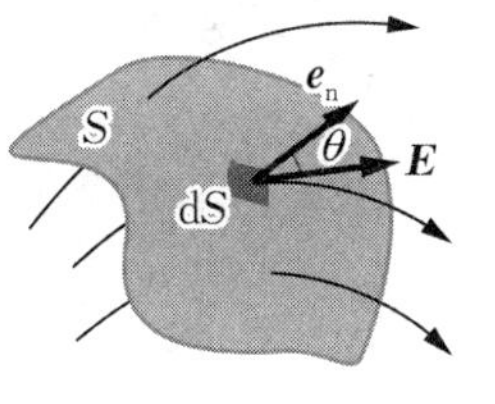

图 9 - 14　通过任意曲面的电通量

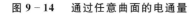

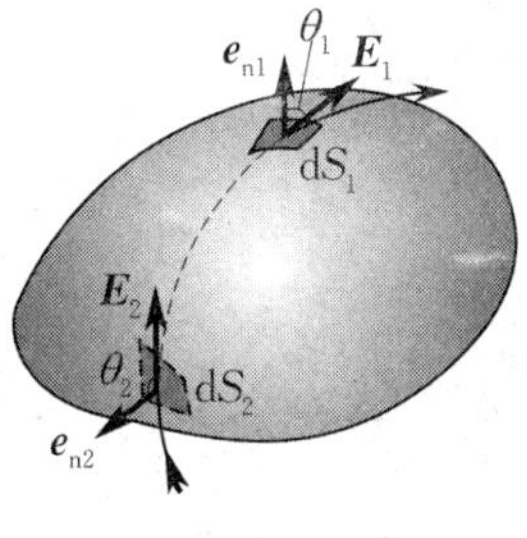

图 9 - 15　通过封闭曲面的电通量

必须指出，对于非闭合曲面，面上各处的法向单位矢量的正方向可以取曲面的任意一侧；但

对于闭合曲面,由于它将整个空间分成内、外两个部分,一般规定自内向外的方向为面元法向的正方向. 所以,当电场线从曲面内向外穿出时,电通量为正;当电场线从曲面外穿入内部时,电通量为负. 式(9-15)所表示的通过闭合曲面的电通量是指净穿出闭合曲面的电场线数目.

9.4 高 斯 定 理

高斯(K. F. Gauss, 1777—1855)是德国物理学家和数学家,他在实验物理、理论物理及数学方面都做出了很大贡献,他导出的高斯定理是电磁学的一条重要定理.

9.4.1 高斯定理的推导

高斯定理给出了静电场中,通过任意闭合曲面的电通量与闭合曲面内部所包围的电荷的关系,是描述静电场基本性质的物理规律之一.

在一个点电荷 q 所激发的电场中,取一个以 q 为中心、r 为半径的球面 S,如图 9-16(a) 所示,则点电荷 q 在球面上任一点的电场强度为

$$\boldsymbol{E}=\frac{q}{4\pi\varepsilon_0 r^3}\boldsymbol{r},$$

电场强度方向都是沿着矢径 $\boldsymbol{r}$ 的方向,处处与球面垂直. 由式(9-15) 可求得通过这个闭合球面的电通量为

$$\Psi=\oiint_S \boldsymbol{E}\cdot\mathrm{d}\boldsymbol{S}=\oiint_S \frac{q}{4\pi\varepsilon_0 r^3}\boldsymbol{r}\cdot\mathrm{d}\boldsymbol{S}=\frac{q}{4\pi\varepsilon_0 r^2}\oiint_S \mathrm{d}S=\frac{q}{\varepsilon_0}. \tag{9-16}$$

该结果表明,通过以点电荷 q 为球心的任何一个闭合球面的电通量只与它所包围的电荷的电量有关,而与球面半径 r 无关. 也就是说,通过以点电荷 q 为球心的所有同心球面的电通量都等于 q/ε_0. 这也表明电场线确实是从点电荷 q 连续地延伸到无穷远处的.

如图 9-16(b) 所示,若所取的闭合曲面 S' 为包围点电荷 q 的任意形状的闭合曲面,根据电场线的性质很容易分析出,穿过闭合曲面 S' 的电场线条数与穿过球面 S 的电场线条数完全一样,即通过它们的电通量也是 q/ε_0.

如图 9-17 所示,若所取的闭合曲面 S'' 不包围点电荷 q,则从点电荷 q 发出的电场线即使从闭合曲面上某位置进入了闭合曲面,也必然会从闭合曲面上另一个位置穿出. 由前面的分析知,电场线穿出曲面电通量为正,电场线进入曲面电通量为负,正、负恰好抵消. 所以通过整个闭合曲面 S'' 的电通量为 0.

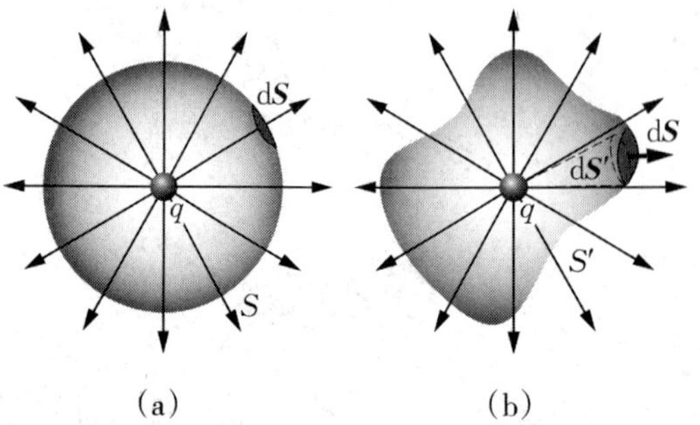

图 9-16 闭合曲面包围点电荷的情形

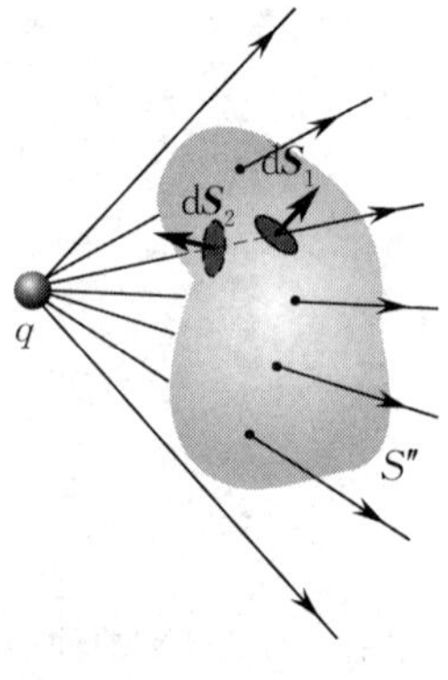

图 9-17 闭合曲面不包围点电荷的情形

基于上述分析，可以得到如下结论：在一个点电荷电场中，通过任意一个闭合曲面 S 的电通量或者为q/ε_0 或者为 0，即

$$\Psi = \oiint_S \boldsymbol{E} \cdot \mathrm{d}\boldsymbol{S} = \begin{cases} \dfrac{q}{\varepsilon_0}, & \text{闭合曲面 } S \text{ 包围点电荷 } q, \\ 0, & \text{闭合曲面 } S \text{ 不包围点电荷 } q. \end{cases} \tag{9-17}$$

如果电场是由 n 个点电荷共同激发的，根据场强的叠加原理，空间任一点处的场强应该等于这些点电荷单独存在时在该点产生的场强的矢量和，即

$$\boldsymbol{E} = \boldsymbol{E}_1 + \boldsymbol{E}_2 + \cdots + \boldsymbol{E}_n = \sum_{i=1}^{n} \boldsymbol{E}_i,$$

其中 $\boldsymbol{E}_1, \boldsymbol{E}_2, \cdots, \boldsymbol{E}_n$ 为单个点电荷产生的电场强度，$\boldsymbol{E}$ 表示总电场强度. 这时通过总电场中任意闭合曲面 S 的电通量为

$$\begin{aligned} \Psi &= \oiint_S \boldsymbol{E} \cdot \mathrm{d}\boldsymbol{S} = \oiint_S (\boldsymbol{E}_1 + \boldsymbol{E}_2 + \cdots + \boldsymbol{E}_n) \cdot \mathrm{d}\boldsymbol{S} \\ &= \oiint_S \boldsymbol{E}_1 \cdot \mathrm{d}\boldsymbol{S} + \oiint_S \boldsymbol{E}_2 \cdot \mathrm{d}\boldsymbol{S} + \cdots + \oiint_S \boldsymbol{E}_n \cdot \mathrm{d}\boldsymbol{S} \\ &= \Psi_1 + \Psi_2 + \cdots + \Psi_n = \sum_{i=1}^{n} \Psi_i. \end{aligned}$$

上式表明电通量遵从叠加原理，即总场强对闭合曲面 S 的电通量等于各点电荷单独存在时对 S 面的电通量的代数和. 由式(9－17)可知，每个点电荷对闭合曲面 S 的电通量，取决于该点电荷是否被闭合曲面 S 所包围. 如果某一点电荷 q_j 被 S 包围，则 $\Psi_j = \dfrac{q_j}{\varepsilon_0}$；如果另一点电荷 q_k 没有被 S 包围，则 $\Psi_k = 0$. 如果 n 个点电荷中被包围的点电荷有 m 个，则通过闭合曲面 S 的总的电通量为

$$\begin{aligned} \Psi &= \oiint_S \boldsymbol{E} \cdot \mathrm{d}\boldsymbol{S} = \oiint_S \boldsymbol{E}_1 \cdot \mathrm{d}\boldsymbol{S} + \oiint_S \boldsymbol{E}_2 \cdot \mathrm{d}\boldsymbol{S} + \cdots + \oiint_S \boldsymbol{E}_n \cdot \mathrm{d}\boldsymbol{S} \\ &= \frac{q_1}{\varepsilon_0} + \frac{q_2}{\varepsilon_0} + \cdots + \frac{q_m}{\varepsilon_0} = \frac{1}{\varepsilon_0} \sum_{i=1}^{m} q_i. \end{aligned} \tag{9-18}$$

对于电荷连续分布的带电体所激发的电场，应用微元分析法，式(9－18)可写成

$$\Psi = \oiint_S \boldsymbol{E} \cdot \mathrm{d}\boldsymbol{S} = \frac{1}{\varepsilon_0} \iiint_V \rho \mathrm{d}V, \tag{9-19}$$

式中，ρ 为电荷体密度，V 为闭合曲面 S 所包围的空间体积. 式(9－19)就是高斯定理的数学表达式，它表明：通过任意闭合曲面的电通量等于该闭合曲面所包围的净电荷(电量的代数和)除以 ε_0.

9.4.2　关于高斯定理的几点讨论

对高斯定理的理解我们应该注意以下几点：

(1) 高斯定理表达式左边的电场强度 $\boldsymbol{E}$ 是曲面上各点的场强，它是由全部电荷(包括闭合曲面内外所有的电荷)共同产生的总电场，并非只由闭合曲面内的电荷产生.

(2) 通过闭合曲面的总场强 $\boldsymbol{E}$ 的通量只与该曲面内部的电荷有关，闭合曲面外的电荷对总场强 $\boldsymbol{E}$ 的通量没有贡献，但对曲面上的场强 $\boldsymbol{E}$ 有贡献.

(3) 静电场的高斯定理说明静电场是有源场. 若闭合曲面包围正电荷，则通过曲面上的电通量为正，即有电场线从曲面上穿出；若闭合曲面包围负电荷，则通过曲面上的电通量为负，即

有电场线从曲面上穿入.这意味着电场线确实是起始于正电荷，终止于负电荷的.静电场的高斯定理实际上是静电场有源性的一种数学表达.

9.4.3 高斯定理的应用

应用高斯定理可以求解具有特殊对称性的带电体系所产生的电场的场强分布，具体步骤是：首先通过对电荷分布的对称性分析定出它产生的电场的对称性，然后通过选取一个特殊的闭合曲面（称为高斯面），并将高斯定理用于该高斯面，求出该带电体系所产生的电场的场强分布.利用高斯定理计算场强分布的关键在于，一是电荷分布具有高度的对称性，二是高斯面的选取要恰当.高斯面选取的技巧是使积分 $\oiint_S \boldsymbol{E}\cdot \mathrm{d}\boldsymbol{S}$ 中的 $\boldsymbol{E}$ 能以标量的形式从积分号内提出来.下面我们通过举例对高斯定理应用中常见的三种对称情况逐一介绍.

【例 9.6】 求均匀带电球面内、外的场强分布.已知球面半径为 R，所带总电量为 q（设 $q>0$）.

解 首先对电荷具有球对称分布的带电球面所激发的场强分布的对称性进行分析.对球面外任一点 P，设 P 距球心为 r，如图 9-18 所示，连接 OP.由于自由空间的各向同性和电荷分布对于 O 点的球对称性，P 点场强 $\boldsymbol{E}$ 的方向只可能是沿矢径 $\overrightarrow{OP}$ 的方向.（假设 $\boldsymbol{E}$ 的方向在图中偏离 $\overrightarrow{OP}$，如向下20°，那么将带电球面连同它的电场以 $\overrightarrow{OP}$ 为轴转动180°后，电场 $\boldsymbol{E}$ 的方向就将相应偏离 $\overrightarrow{OP}$ 向上20°.由于电荷分布并未因此转动而发生变化，所以电场方向的这种改变是不应该有的.带电球面转动时，P 点的电场方向只有沿 $\overrightarrow{OP}$ 的方向才能保持不变）.由于球对称性，在半径为 r 的球面 S 上其他各点的场强方向也都沿各自的矢径方向，且各点的场强的大小都应该相等.对球面内的任一点具有同样的对称性.基于场强分布的对称性分析，可选该球面 S 为高斯面，由于球面上每个面元 $\mathrm{d}S$ 上的场强 $\boldsymbol{E}$ 的方向都和面元矢量 $\mathrm{d}\boldsymbol{S}$ 的方向（法向）相同，故通过球面 S 的电通量为

$$\Psi=\oiint_S \boldsymbol{E}\cdot \mathrm{d}\boldsymbol{S}=E\oiint_S \mathrm{d}S=E(4\pi r^2).$$

此式对 P 点位于球面内、外都适用.

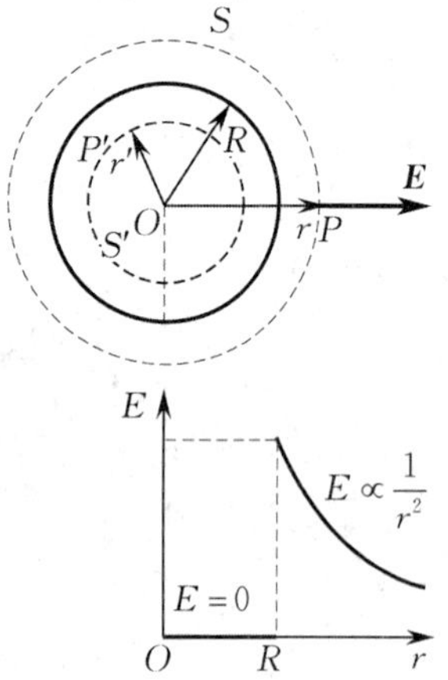

图 9-18 均匀带电球面的场强分布计算

如果 P 点位于球面外，则高斯面所包围的电荷为 q.由高斯定理

$$E(4\pi r^2)=\frac{q}{\varepsilon_0},$$

可得

$$E=\frac{q}{4\pi\varepsilon_0 r^2}.$$

考虑到 $\boldsymbol{E}$ 的方向，可得电场强度的矢量式为

$$\boldsymbol{E}=\frac{q}{4\pi\varepsilon_0 r^3}\boldsymbol{r}\quad (r>R).$$

上式说明，均匀带电球面外的场强分布与球面上的电荷全部集中在球心处的一个点电荷的场强分布一样.

如果 P' 点位于球面内，过 P' 点作半径 r' 的同心球面 S' 为高斯面.闭合球面 S' 所包围的电荷为 0，根据高斯定理

$$\oiint_S \boldsymbol{E}\cdot \mathrm{d}\boldsymbol{S}=E(4\pi r^2)=0,$$

即

$$E = 0 \quad (r < R).$$

结果表明：均匀带电球面内部的场强处处为零.综上有

$$\boldsymbol{E} = \begin{cases} \dfrac{q}{4\pi\varepsilon_0 r^3}\boldsymbol{r}, & r > R, \\ \boldsymbol{0}, & r < R. \end{cases}$$

根据上述结果，可画出球面内、外各点的场强随距离 r 的变化曲线关系，如图 9-18 所示.从图中曲线可以看出，场强 $\boldsymbol{E}$ 在球面($r = R$)上是不连续的.

【例 9.7】　如图 9-19 所示，求均匀带电球体的电场分布.已知球半径为 R，所带总电量为 q.

解　均匀带电球体同样满足球对称.对于球外部，容易看出，例 9.6 中关于球外的场强方向和大小的分析和计算也完全适用.因此可以直接得出：在球体外部的场强分布与所有电荷都集中到球心时产生的电场一样，即

$$\boldsymbol{E} = \frac{q}{4\pi\varepsilon_0 r^3}\boldsymbol{r} \quad (r \geqslant R).$$

为了求出球体内任一点的场强，可以通过球内 P 点做一个半径为 $r(r < R)$ 的同心球面 S 作为高斯面，通过此面的电通量为 $E(4\pi r^2)$.此球面包围的电荷 q' 为电荷的体密度与球的体积之积，即

$$q' = \rho \cdot \frac{4}{3}\pi r^3 = \frac{q}{\frac{4}{3}\pi R^3} \cdot \frac{4}{3}\pi r^3 = \frac{qr^3}{R^3}.$$

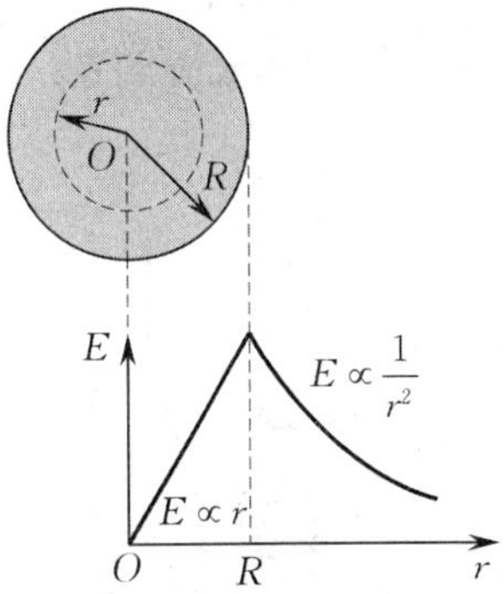

图 9-19　均匀带电球体的场强分布计算

由高斯定理可得

$$\boldsymbol{E} = \frac{q}{4\pi\varepsilon_0 R^3}\boldsymbol{r} \quad (r \leqslant R).$$

若用电荷体密度 $\rho = \dfrac{q}{\frac{4}{3}\pi R^3}$ 表示，均匀带电球体内部各点场强又可写成

$$\boldsymbol{E} = \frac{\rho}{3\varepsilon_0}\boldsymbol{r} \quad (r \leqslant R).$$

均匀带电球体的场强随距离 r 变化的曲线如图 9-19 所示.从图中可以看出，在均匀带电球体内部各点场强的大小与矢径大小成正比，而在球体表面上，场强的大小是连续的.

【例 9.8】　求无限长均匀带电直线的场强分布.已知直线上电荷线密度为 λ.

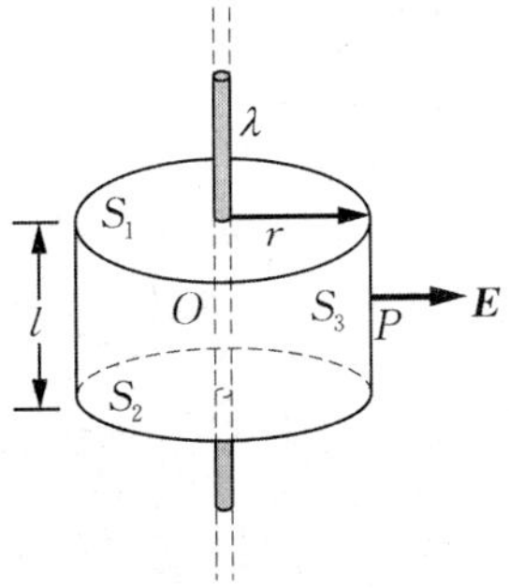

图 9-20　无限长均匀带电直线的场强分布计算

解　均匀带电直线的电荷分布是轴对称的，因而其电场分布亦应具有轴对称性.考虑离直线距离为 r 的一点 P 处的场强 $\boldsymbol{E}$，如图9-20 所示.由于带电直线为无限长，且均匀带电，因而 P 点的场强方向唯一的可能是垂直于带电直线而沿径向，与 P 点在同一圆柱面(以带电直线为轴)上的各点的场强的方向也都应该沿着径向，而且场强的大小应该相等.

基于上述对称性分析，做一个以带电直线为轴、通过 P 点、高为 l 的圆筒形封闭面为高斯面 S，通过高斯面 S 的电通量为通过上、下底面(S_1 和 S_2)的电通量与通过侧面(S_3)的电通量之和，即

$$\Psi = \oint\!\!\!\oint_S \boldsymbol{E} \cdot \mathrm{d}\boldsymbol{S} = \iint_{S_1} \boldsymbol{E} \cdot \mathrm{d}\boldsymbol{S} + \iint_{S_2} \boldsymbol{E} \cdot \mathrm{d}\boldsymbol{S} + \iint_{S_3} \boldsymbol{E} \cdot \mathrm{d}\boldsymbol{S}.$$

在 S 面的上、下底面处,场强方向与底面平行,因此上式等号右边前面两项等于零.而在侧面上各点场强的方向与各点的法线方向相同,所以有

$$\Psi = \oiint_S \boldsymbol{E} \cdot \mathrm{d}\boldsymbol{S} = \iint_{S_3} \boldsymbol{E} \cdot \mathrm{d}\boldsymbol{S} = E(2\pi rl).$$

该闭合曲面内包围的电荷 $q' = \lambda l$,由高斯定理得

$$E(2\pi rl) = \frac{\lambda l}{\varepsilon_0}.$$

由此得

$$\boldsymbol{E} = \frac{\lambda}{2\pi\varepsilon_0 r^2}\boldsymbol{r}.$$

这一结果与例 9.3 利用场强叠加原理通过积分得到的结论一致,但利用高斯定理计算显然要简便得多.

【例 9.9】 求无限长均匀带电圆柱面内、外的场强分布.已知圆柱面(半径为 R)上平行于轴线方向的电荷线密度为 λ.

解 均匀带电圆柱面的电场分布具有轴对称性,设均匀带电圆柱面外距离轴线为 r 的一点 P 处的场强为 $\boldsymbol{E}$,如图 9-21 所示.由于场强分布的轴对称性,P 点的场强方向只可能是垂直于带电圆柱面的轴线而沿径向.而且,以圆柱面的轴线为轴、与 P 点在同一圆柱面上的各点的场强也都沿径向,大小也都相等.

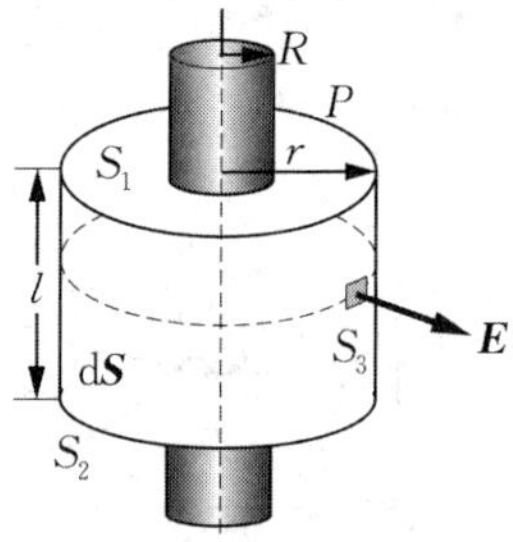

图 9-21 无限长均匀带电圆柱面的场强

为此,作一个通过 P 点、高为 l 的圆筒形封闭曲面为高斯面 S.与例 9.8 同理可得,通过 S 面的电通量为

$$\Psi = \oiint_S \boldsymbol{E} \cdot \mathrm{d}\boldsymbol{S} = \iint_{S_3} \boldsymbol{E} \cdot \mathrm{d}\boldsymbol{S} = E(2\pi rl).$$

此封闭面内包围的电荷 $q' = \lambda l$,由高斯定理得

$$E(2\pi rl) = \frac{\lambda l}{\varepsilon_0}.$$

由此得

$$\boldsymbol{E} = \frac{\lambda}{2\pi\varepsilon_0 r^2}\boldsymbol{r} \quad (r > R).$$

对于均匀带电圆柱面内部的圆筒形高斯面,由于面内没有电荷,由高斯定理有

$$\Psi = \oiint_S \boldsymbol{E} \cdot \mathrm{d}\boldsymbol{S} = E(2\pi rl) = 0,$$

所以柱面内部的场强

$$E = 0 \quad (r < R).$$

结果表明,无限长均匀带电圆柱面外各点的场强等于其全部电荷集中于轴线上时(均匀带电直线)的场强,其内部的场强等于零.

【例 9.10】 求无限大均匀带电平面的电场分布.已知带电平面上电荷面密度为 σ.

解 无限大均匀带电平面的电场分布应具有面对称,考虑距离带电平面为 r 的 P 点处的场强 $\boldsymbol{E}$,如图 9-22 所示.由于电场分布应满足平面对称,所以 P 点的场强必然垂直于该带电平面,而且离平面等距离处(同侧或两侧)的场强大小都相等.当 $\sigma > 0$

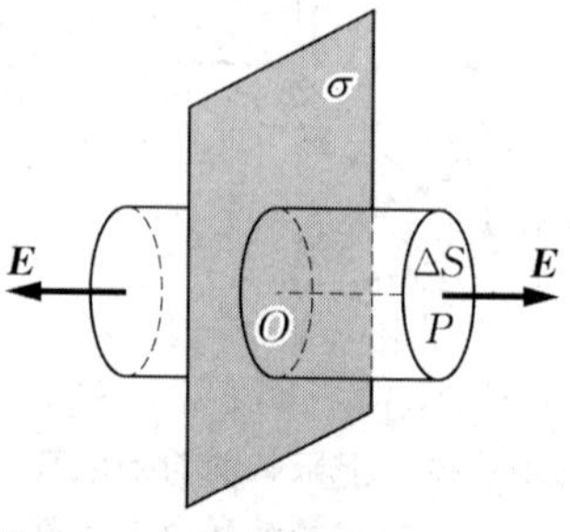

图 9-22 无限大均匀带电平面的电场

时，场强的方向都垂直于平面且指向远离平面的方向.（请读者自己分析）

我们选一个轴线垂直于带电平面的封闭的柱面作为高斯面 S，带电平面平分此柱面，而 P 点位于它的一个底面上.

由于柱面的侧面上各点处的场强 $\boldsymbol{E}$ 与侧面平行，所以通过侧面的电通量为零. 因而只需要计算通过两底面的电通量. 以 ΔS 表示一个底的面积，则由高斯定理

$$\Psi = \oint\!\!\!\oint_S \boldsymbol{E}\cdot \mathrm{d}\boldsymbol{S} = 2\iint_{\Delta S}\boldsymbol{E}\cdot \mathrm{d}\boldsymbol{S} = 2E\Delta S.$$

此封闭面内包围的电荷 $q' = \sigma\Delta S$，由高斯定理可得

$$2E\Delta S = \sigma\Delta S/\varepsilon_0,$$

从而

$$E = \frac{\sigma}{2\varepsilon_0}.$$

此结果说明，无限大均匀带电平面两侧的电场分别是均匀场. 这一结果与例 9.5 利用场强的叠加原理计算的结果相同.

需要强调的是，高斯定理描述的是静电场基本性质，对于任意带电体所激发的静电场都是适用的，对于静电场中任意形状的闭合曲面都是成立的，但在应用高斯定理计算电场的分布时，则要求电荷分布具有高度的对称性.

9.5　静电场的环路定理　电势

在前面几节中，从电荷在电场中受到电场力的作用出发，研究了静电场的性质，引入了描述静电场力的性质的物理量 —— 电场强度 $\boldsymbol{E}$. 既然电荷在电场中要受到力的作用，那么，当电荷在电场中移动时，电场力就要对电荷做功. 在这一节中，我们将从电场力做功入手，导出反映静电场另一基本性质的环路定理，并引入描述静电场性质的另一个物理量 —— 电势.

9.5.1　静电场力做功的特点

为简单起见，我们先讨论一个点电荷在另一个点电荷产生的电场中运动时所受的电场力做功的特点. 如图 9－23 所示，设 q_0 和 q 均为正的点电荷，当 q_0 在 q 所产生的电场中从 a 点沿任意路径移动到 b 点时，静电力对 q_0 做功为

$$A_{ab} = \int_a^b \boldsymbol{F}\cdot \mathrm{d}\boldsymbol{l} = \int_a^b q_0\boldsymbol{E}\cdot \mathrm{d}\boldsymbol{l} = \int_a^b \frac{1}{4\pi\varepsilon_0}\frac{qq_0}{r^3}\boldsymbol{r}\cdot \mathrm{d}\boldsymbol{l}.$$

从图 9－23 可以看出，$\boldsymbol{r}\cdot \mathrm{d}\boldsymbol{l} = r\cos\theta \mathrm{d}l = r\mathrm{d}r$，这里 θ 是从电荷 q 指向 q_0 的矢径 $\boldsymbol{r}$ 与 q_0 的元位移 $\mathrm{d}\boldsymbol{l}$ 之间的夹角. 将此关系代入上式，得

$$A_{ab} = \int_{r_a}^{r_b}\frac{1}{4\pi\varepsilon_0}\frac{qq_0}{r^3}r\mathrm{d}r = \frac{qq_0}{4\pi\varepsilon_0}\left(\frac{1}{r_a}-\frac{1}{r_b}\right), \qquad (9-20)$$

式中 r_a 和 r_b 分别表示点电荷 q_0 在起点 a 和终点 b 时距离点电荷 q 的距离. 结果表明，在点电荷 q 的电场中，静电力对试验电荷 q_0 所做的功只取决于移动路径的起点和终点的位置，而与移动路径无关.

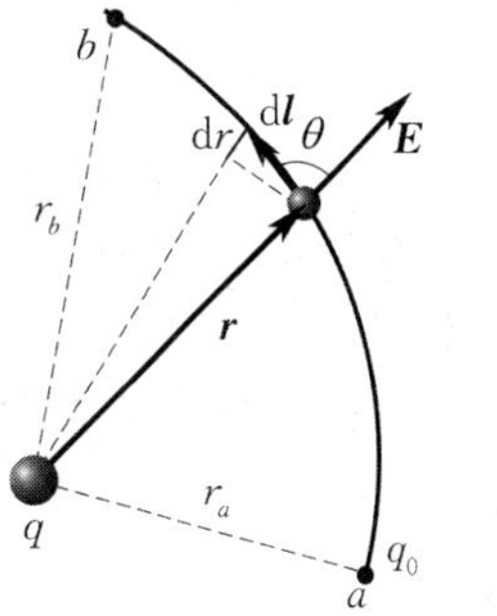

图 9－23　点电荷电场中电场力做功的计算

对于任意的带电体,将其分割成许多的电荷元(可看作点电荷),按照静电力的叠加原理,q_0受到的合力应为各个点电荷的静电力的矢量和,即

$$\boldsymbol{F} = \boldsymbol{F}_1 + \boldsymbol{F}_2 + \cdots + \boldsymbol{F}_n = \sum_{i=1}^{n} \boldsymbol{F}_i.$$

在力学的学习中我们知道,作用在质点上的合力的功应等于各分力功的代数和.所以,当点电荷 q_0 在这个电场中从 a 点沿任意路径移动到 b 点时,静电力对 q_0 所做的功应等于各个点电荷的静电力所做功的总和,即

$$A_{ab} = \int_a^b \boldsymbol{F} \cdot \mathrm{d}\boldsymbol{l} = \sum_{i=1}^{n} \int_{r_a}^{r_b} \boldsymbol{F}_i \cdot \mathrm{d}\boldsymbol{l} = \sum_{i=1}^{n} A_i = \sum_{i=1}^{n} \frac{q_i q_0}{4\pi\varepsilon_0}\left(\frac{1}{r_{ia}} - \frac{1}{r_{ib}}\right), \tag{9-21}$$

式中 r_{ia} 和 r_{ib} 分别表示分割后的单个电荷元 q_i 所在的位置到 q_0 移动路径的起点 a 和终点 b 的距离.结果说明,在任意的带电体产生的电场中,点电荷 q_0 所受的电场力做的功只与始末位置有关,而与路径无关.这与力学中讨论过的万有引力、弹性力等保守力做功的特征类似,所以静电场力也是保守力.

按照力学的理论,保守力还可以表述为:沿任一闭合路径一周做功恒为零,即

$$A = \oint_L \boldsymbol{F} \cdot \mathrm{d}\boldsymbol{l} \equiv 0, \tag{9-22}$$

这里的积分号 $\oint_L$ 表示积分路径 L 是闭合的,并且是在这闭合路径上积分一周.

9.5.2 静电场的环路定理

在一般情况下,电场力可以表示为 $\boldsymbol{F} = q_0\boldsymbol{E}$.此时电场力对 q_0 做功的积分式可以表示成电场强度的积分式与 q_0 的乘积,即

$$A_{ab} = \int_a^b \boldsymbol{F} \cdot \mathrm{d}\boldsymbol{l} = q_0 \int_a^b \boldsymbol{E} \cdot \mathrm{d}\boldsymbol{l}, \tag{9-23}$$

式中 $\int_a^b \boldsymbol{E} \cdot \mathrm{d}\boldsymbol{l}$ 为电场强度 $\boldsymbol{E}$ 沿任意路径从 a 点到 b 点的线积分.我们将式(9-22)也用这种方法来表示,则有

$$A = \oint_L \boldsymbol{F} \cdot \mathrm{d}\boldsymbol{l} = q_0 \oint_L \boldsymbol{E} \cdot \mathrm{d}\boldsymbol{l} \equiv 0.$$

由于 $q_0 \neq 0$,这样必然有

$$\oint_L \boldsymbol{E} \cdot \mathrm{d}\boldsymbol{l} \equiv 0. \tag{9-24}$$

式(9-24)表明,在静电场中,场强 $\boldsymbol{E}$ 沿任意闭合路径的线积分等于零.这个结论称为静电场的**环路定理**,它反映了静电场的保守性.

在场论中,一个矢量沿闭合路径 L 的线积分叫作矢量在闭合路径上的环流.环流是一个应用非常广泛的概念,常用于描述各种矢量场的特点.

如果用环流的概念来表述,静电场的环路定理可以表述为:在静电场中沿任意闭合路径,电场强度的环流恒为零,即在静电场中任何地方都不会有涡旋存在,即电场线是永远不闭合的.因此静电场属于无旋场,任何无旋场所对应的场线都不能闭合.

9.5.3 电势能

在力学中,只要有保守力,就一定有与之对应的势能.同样,静电场力是保守力,它所对应的

势能称为**电势能**. 根据力学中引入势能的一般性定义：点电荷 q_0 在任意一个外电场中的 a 点处的电势能为

$$W_a = \int_a^{(0)} \boldsymbol{F} \cdot \mathrm{d}\boldsymbol{l} = q_0 \int_a^{(0)} \boldsymbol{E} \cdot \mathrm{d}\boldsymbol{l}. \tag{9-25}$$

在电磁学中，我们用 W 表示电势能（如果用符号 E_p，那么容易与场强符号混淆），势能零点用"(0)"表示. 另外，在理论计算和讨论中电势能的零点常常选为无穷远处（在工程技术上常以接地处为电势能的零点）. 在这种情况下，式(9-25)可以写成

$$W_a = q_0 \int_a^{\infty} \boldsymbol{E} \cdot \mathrm{d}\boldsymbol{l}. \tag{9-26}$$

根据静电场的保守性，上述积分中从 a 到∞的积分路径可以是任意的，积分的结果一定与所选择的路径无关（当然，在实际计算中应该选择一条使积分最简单的路径）. 值得注意的是，电势能是对电荷 q_0 和静电场（其他场源电荷产生的）这一系统而言的，只谈电场或只谈电荷都没有电势能. 所以，我们通常是说某电荷处于某电场中具有的电势能.

9.5.4　电势与电势差

1. 电势

从式(9-26)可以看到，任何一个点电荷在电场中某点处所具有的电势能都正比于它所带的电荷量. 但是，电势能与其电量的比值，即

$$V_a = \frac{W_a}{q_0} = \int_a^{\infty} \boldsymbol{E} \cdot \mathrm{d}\boldsymbol{l}, \tag{9-27}$$

就是一个与 q_0 无关，而只与电场的性质和场点 a 的位置有关的量. 我们就把这个只与电场相关的物理量称为电场中 a 点的**电势**，它是描述静电场性质的又一个重要物理量. 式(9-27)就是电势的定义式.

从电势的定义式(9-27)我们知道，静电场中某点的电势等于单位正电荷在该点处所具有的电势能，也等于单位正电荷从该点经过任意路径移动到电势零点处时电场力所做的功. 电势是从功和能的角度描述静电场的.

值得指出的是，电势是标量，电场中某点的电势的量值是相对的，与电势零点的选择有关. 在电势能为零的地方，电势也为零，所以电势能的零点也就是电势的零点. 在电势能中我们规定了无限远处或接地为其零点，则电势的零点也是无限远处或接地. 当然这只是通常的规定，选择其他地点作为电势零点也是可以的.

在国际单位制中，电势的单位是焦[耳]每库[仑](J/C)，称为伏[特](V).

2. 电势差

与电势相关的另一个重要概念是电势差. 顾名思义，**电势差**就是电场中某两点的电势之差，通常用 U 表示. 需要注意的是，通常所说的差值是指前量减后量，而增量则应该为后量减前量，即电势差与电势增量之间有一个负号的差别. 例如，电场中 a，b 两点的电势差可以表示为

$$U_{ab} = V_a - V_b, \tag{9-28}$$

而电势增量则为 $\Delta U = V_b - V_a$.

根据电势的定义式(9-27)，电场中 a，b 两点的电势差为

$$U_{ab} = \int_a^{\infty} \boldsymbol{E} \cdot \mathrm{d}\boldsymbol{l} - \int_b^{\infty} \boldsymbol{E} \cdot \mathrm{d}\boldsymbol{l} = \int_a^{\infty} \boldsymbol{E} \cdot \mathrm{d}\boldsymbol{l} + \int_{\infty}^{b} \boldsymbol{E} \cdot \mathrm{d}\boldsymbol{l} = \int_a^{b} \boldsymbol{E} \cdot \mathrm{d}\boldsymbol{l}. \tag{9-29}$$

由式(9-29)可知,电场中a,b两点的电势差等于把一个单位正电荷从a点沿任意路径移动到b点时电场力所做的功,也等于单位正电荷在a,b两点处所具有的电势能之差.在静电场中给定的两点,电势差具有完全确定的值,而与电势零点的选择没有任何关系.

在国际单位制中,电势差与电势的单位相同.

9.5.5 电势的计算

一般说来,可以根据电势的定义式(9-27),通过场强的线积分来计算电势.

1.点电荷电场的电势

根据电势的定义式(9-27),以及点电荷的场强公式(9-5),以无穷远处作为电势零点,积分路径沿径向方向由待求电势的P点延伸到无穷远处.由于积分方向选取与点电荷场强的方向相同,P点电势可以很容易地计算出来,

$$V_P = \int_P^{\infty} \boldsymbol{E} \cdot \mathrm{d}\boldsymbol{l} = \int_r^{\infty} \frac{q}{4\pi\varepsilon_0 r^2}\mathrm{d}r = \frac{q}{4\pi\varepsilon_0 r}. \tag{9-30}$$

式(9-30)给出了点电荷电场中任意一点的电势,称为点电荷电势公式.根据q的正负,电势V可正可负.当选定无穷远为电势零点时,在正点电荷的电场中,各点电势均为正值,离电荷越远的点,电势越低,与r成反比;在负点电荷的电场中,各点的电势均为负,离电荷越远的点,电势越高,无穷远处电势为零.容易看出,在以点电荷为中心的任意球面上各点电势都是相等的,点电荷电场的电势分布与场强分布一样,具有球对称性.

2.点电荷系电场中的电势

场强叠加原理告诉我们,点电荷系电场中任一点处的场强是各点电荷在该点处所激发的场强的叠加,即

$$\boldsymbol{E} = \boldsymbol{E}_1 + \boldsymbol{E}_2 + \cdots + \boldsymbol{E}_n = \sum_{i=1}^{n} \boldsymbol{E}_i,$$

式中,$\boldsymbol{E}$表示总电场,$\boldsymbol{E}_1$,$\boldsymbol{E}_2$,…,$\boldsymbol{E}_n$分别为单个点电荷产生的电场.根据电势的定义式,并应用场强叠加原理,点电荷系电场中P点的电势可表示为

$$V_P = \int_P^{\infty} \boldsymbol{E} \cdot \mathrm{d}\boldsymbol{l} = \int_P^{\infty} \Big(\sum_{i=1}^{n} \boldsymbol{E}_i\Big) \cdot \mathrm{d}\boldsymbol{l} = \sum_{i=1}^{n} \int_P^{\infty} \boldsymbol{E}_i \cdot \mathrm{d}\boldsymbol{l}. \tag{9-31}$$

式(9-31)最后一个等号右侧被求和的每一个积分式分别为各个点电荷单独存在时各自在P点产生的电势,即有

$$V_P = \sum_{i=1}^{n} V_{Pi} = \sum_{i=1}^{n} \frac{q}{4\pi\varepsilon_0 r_i}, \tag{9-32}$$

式中r_i是第i个点电荷所在位置到P点之间的距离.式(9-32)表明,在点电荷系的电场中任意一点的电势,等于各个点电荷单独存在时在该点产生的电势的代数和.这个结论可称为电势叠加原理.

3.电荷连续分布的带电体电场中的电势

对一个电荷连续分布的带电体,可以设想它由许多电荷元$\mathrm{d}q$组成.每个电荷元都可当作点电荷,将式(9-32)中的求和换成积分,即

$$V_P = \int \frac{\mathrm{d}q}{4\pi\varepsilon_0 r}, \tag{9-33}$$

式中 r 是电荷元 $\mathrm{d}q$ 到 P 点的距离，积分遍及整个带电体.

【例 9.11】　求电偶极子的电场中的电势分布.

解　电偶极子如图 9-24 所示放置. 设电场中任意一点(简称场点) P 离 $+q$ 和 $-q$ 的距离分别为 r_+ 和 r_-，P 点距离电偶极子中点 O 的距离为 r.

根据电势叠加原理，应用点电荷的电势公式 $V=\dfrac{q}{4\pi\varepsilon_0 r}$，$P$ 点的电势为

$$V_P=V_++V_-=\frac{q}{4\pi\varepsilon_0 r_+}+\frac{-q}{4\pi\varepsilon_0 r_-}=\frac{q(r_--r_+)}{4\pi\varepsilon_0 r_+r_-}.\qquad(1)$$

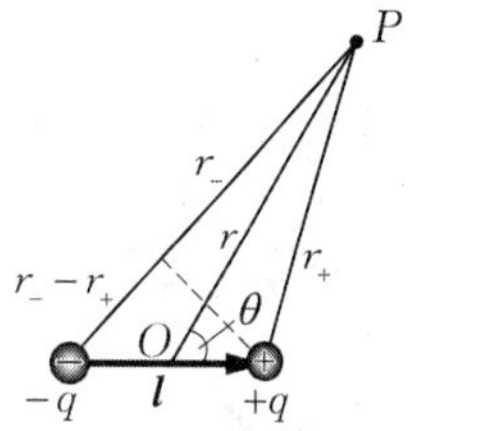

图 9-24　电偶极子的电势

对于离电偶极子比较远的点，即 $r_+,r_-,r\gg l$，应有

$$r_+\approx r_-\approx r,\quad r_+r_-\approx r^2,\quad r_--r_+\approx l\cos\theta,$$

式中 θ 为 $\overrightarrow{OP}$ 与 $\boldsymbol{l}$ 的夹角. 将上述关系代入式(1)，可得 P 点的电势为

$$V_P=\frac{q(r_--r_+)}{4\pi\varepsilon_0 r_+r_-}\approx\frac{ql\cos\theta}{4\pi\varepsilon_0 r^2}=\frac{p\cos\theta}{4\pi\varepsilon_0 r^2}=\frac{\boldsymbol{p}\cdot\boldsymbol{r}}{4\pi\varepsilon_0 r^3},$$

式中 $\boldsymbol{p}=q\boldsymbol{l}$，是电偶极子的电矩，$\boldsymbol{r}$ 为从 O 点到 P 点的矢径.

【例 9.12】　如图 9-25 所示，有一长度为 L、电荷线密度为 λ 的均匀带电直线，求其延长线上距离近端为 R 的 P 点的场强和电势.

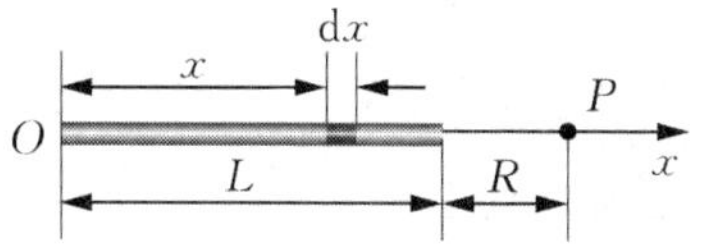

图 9-25　直线段延长线上的场强和电势

解　以带电直线的左端为原点 O，建立如图 9-25 所示的坐标系. 将带电直线分割成许多的微元 $\mathrm{d}x$，则电荷元 $\mathrm{d}q=\lambda\mathrm{d}x$，它在 P 点处产生的场强和电势分别为

$$\mathrm{d}E=\frac{\mathrm{d}q}{4\pi\varepsilon_0\,(L+R-x)^2}=\frac{\lambda\mathrm{d}x}{4\pi\varepsilon_0\,(L+R-x)^2},$$

$$\mathrm{d}V=\frac{\mathrm{d}q}{4\pi\varepsilon_0(L+R-x)}=\frac{\lambda\mathrm{d}x}{4\pi\varepsilon_0(L+R-x)}.$$

根据场强和电势的叠加原理，并考虑到各电荷元所产生的场强方向都沿 x 轴正方向，则 P 点处的场强和电势分别为

$$E=\int\mathrm{d}E=\int_0^L\frac{\lambda\mathrm{d}x}{4\pi\varepsilon_0\,(L+R-x)^2}=\frac{\lambda}{4\pi\varepsilon_0}\left(\frac{1}{R}-\frac{1}{R+L}\right),$$

$$V=\int\mathrm{d}V=\int_0^L\frac{\lambda\mathrm{d}x}{4\pi\varepsilon_0(L+R-x)}=\frac{\lambda}{4\pi\varepsilon_0}\ln\frac{R+L}{R}.$$

本题的电势也可以通过求出场强分布，利用电势的定义式来计算. 为此，先选择从 P 点沿 x 轴到无限远的一条路径，然后对场强进行积分. 在积分时考虑到场强表达式中的距离 R 是一个变量，可以用 x 替换 R，沿 x 轴方向进行积分

$$V_P=\int_P^\infty\boldsymbol{E}\cdot\mathrm{d}\boldsymbol{l}=\int_R^\infty\frac{\lambda}{4\pi\varepsilon_0}\left(\frac{1}{x}-\frac{1}{x+L}\right)\mathrm{d}x=\frac{\lambda}{4\pi\varepsilon_0}\ln\frac{R+L}{R}.$$

这个结果表明，用不同方法计算的电势是一样的. 可以看出，用电势的叠加原理的计算过程要简单一些.

【例 9.13】 一半径为R的均匀带电细圆环，所带电量为q，求在圆环轴线上任意点P的电势.

解 本题也可以用两种方法求解. 先用电势的叠加原理来求. 以圆环的中心O为原点，轴线为x轴建立如图 9-26 所示的坐标系. x表示从环心O到P点的距离，dq表示在圆环上任一电荷元. 由电势叠加原理可得P点的电势为

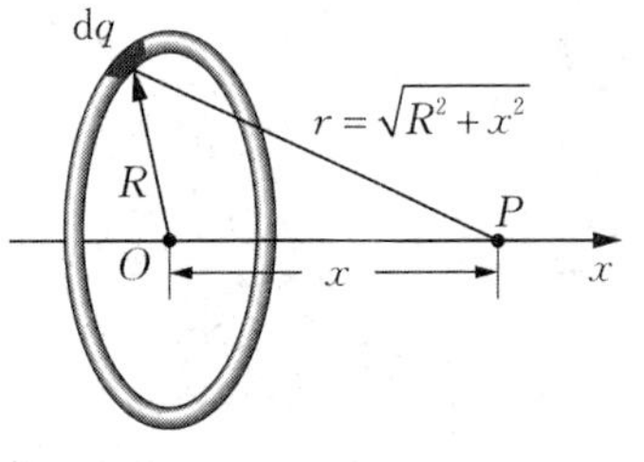

图 9-26 带电圆环轴线上的电势

$$V_P=\int\frac{dq}{4\pi\varepsilon_0 r}=\frac{1}{4\pi\varepsilon_0 r}\int dq=\frac{q}{4\pi\varepsilon_0 r}$$

$$=\frac{q}{4\pi\varepsilon_0\ (R^2+x^2)^{1/2}}.$$

当P点位于环心O处时，有$x=0$，则

$$V_P=\frac{q}{4\pi\varepsilon_0 R}.$$

另一种求解方法是根据已知场强分布，应用电势定义求解. 由例 9.4 可知，圆环在轴线上任意一点的场强大小为

$$E=\frac{qx}{4\pi\varepsilon_0\ (R^2+x^2)^{3/2}},$$

方向沿x轴正方向. 选择沿x轴的积分路径，则P点处的电势可通过对式(9-27)积分求得，即

$$V_P=\int_P^\infty \boldsymbol{E}\cdot d\boldsymbol{l}=\int_x^\infty E\,dx=\int_x^\infty\frac{qx}{4\pi\varepsilon_0\ (R^2+x^2)^{3/2}}dx$$

$$=\frac{q}{4\pi\varepsilon_0\ (R^2+x^2)^{1/2}}.$$

上述两种方法计算所得到的结果是完全相同的.

【例 9.14】 求均匀带电球面所激发的电场中的电势分布. 球面半径为R，总带电量为q.

解 在例 9.6 中我们应用高斯定理已经得到均匀带电球面的场强分布，即

$$\boldsymbol{E}=\begin{cases}\dfrac{q}{4\pi\varepsilon_0 r^3}\boldsymbol{r}, & r>R,\\ \boldsymbol{0}, & r<R.\end{cases}$$

本题我们应用电势的定义式，通过对场强的积分来求电势. 选择无限远为电势零点. 若场点P在球面外($r>R$)，由于在球面外直到无限远处场强的分布都和电荷集中到球心处的一个点电荷的场强分布一样，因此，把场强从P点积分到无穷远的计算结果应与点电荷电场中的电势分布计算结果相同，即球面外任一点的电势应为

$$V_P=\int_P^\infty\boldsymbol{E}\cdot d\boldsymbol{l}=\int_r^\infty\frac{q}{4\pi\varepsilon_0 r^2}dr=\frac{q}{4\pi\varepsilon_0 r}\quad (r>R).$$

若P点在球面内($r<R$)，由于球面内、外场强的分布不同，所以在求积分时要分段进行，即

$$V_P=\int_P^\infty\boldsymbol{E}\cdot d\boldsymbol{l}=\int_r^R 0\cdot dr+\int_R^\infty\frac{q}{4\pi\varepsilon_0 r^2}dr$$

$$=\frac{q}{4\pi\varepsilon_0 R}\quad (r\leqslant R).$$

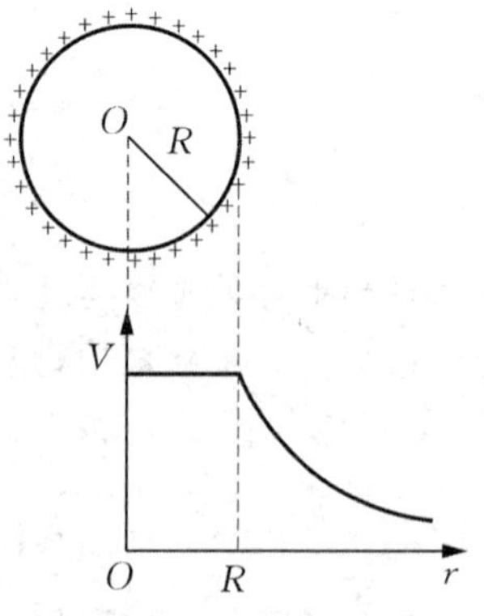

图 9-27 均匀带电球面的电势

结果说明，均匀带电球面内各点电势相等，都等于球面上的电势. 通过对均匀带电球面电势分布V-r曲线(见图 9-27)和场强分布E-r曲线(见图 9-18)的对比可看出，在球面处($r=R$)，场强不连续而电势是连续的. 在经典物理学中，能量

始终是连续的.

【例 9.15】　求电荷线密度为 λ 的无限长均匀带电直线所激发的电场中的电势分布.

解　无限长均匀带电直线周围的场强的大小 $E=\dfrac{\lambda}{2\pi\varepsilon_0 r}$，方向垂直于带电直线. 如果仍选无限远处作为电势零点，则由式 $V_P=\int_P^{\infty}\boldsymbol{E}\cdot \mathrm{d}\boldsymbol{l}$ 积分的结果可知各点电势都将为无限大而失去意义. 这时我们可选距离带电直线为 r_0 的 P_0 点(见图 9-28)为电势零点，则距带电直线为 r 的 P 点处的电势为

$$V_P=\int_P^{P_0}\boldsymbol{E}\cdot \mathrm{d}\boldsymbol{l}=\int_P^{P'}\boldsymbol{E}\cdot \mathrm{d}\boldsymbol{l}+\int_{P'}^{P_0}\boldsymbol{E}\cdot \mathrm{d}\boldsymbol{l},$$

式中积分路径 PP' 段与带电直线平行，而 $P'P_0$ 段与带电直线垂直. 由于 PP' 段与电场方向垂直，所以上式等号右边第一项积分为零. 于是

$$V_P=\int_P^{P_0}\boldsymbol{E}\cdot \mathrm{d}\boldsymbol{l}=\int_r^{r_0}\frac{\lambda}{2\pi\varepsilon_0 r}\mathrm{d}r$$

$$=-\frac{\lambda}{2\pi\varepsilon_0}\ln r+\frac{\lambda}{2\pi\varepsilon_0}\ln r_0.$$

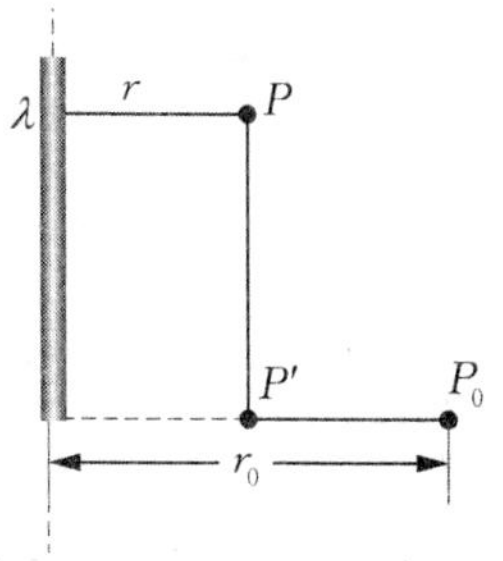

图 9-28　无限长直带电线外的电势

这一结果通常表示为

$$V_P=-\frac{\lambda}{2\pi\varepsilon_0}\ln r+C,$$

式中 C 为与电势零点的位置有关的常数.

由此例看出，当带电体的尺寸为无限大时，电势零点不能再选择在无限远处，而应根据问题的具体情况选择空间某点为电势零点.

9.6　等势面　电场强度与电势梯度的关系

9.6.1　等势面

电场强度和电势都是描述静电场性质的物理量，前面介绍了用电场线形象地描绘电场强度的空间分布，并讨论了电场线的性质. 类似地，也可以用图示的方法形象地描绘电场中的电势分布. 为此，引入等势面的概念，在电场中电势相等的点所组成的曲面叫作**等势面**. 不同的电荷分布，其电场的等势面具有不同的形状与分布. 图 9-29 所示为四种常见电场的等势面和电场线图.

从点电荷的等势面和电场线分布容易发现等势面有两个基本特性.

(1) 电场线处处与等势面正交且指向电势降落方向. 在同一等势面上任意两点 a,b 之间的电势差为零，即将一单位正电荷从 a 点移动到 b 点电场力做功为零，所以场强在 a,b 之间的投影必为零，故场强与等势面相互垂直(或正交).

由电势差计算公式 $U_{ab}=\int_a^b\boldsymbol{E}\cdot \mathrm{d}\boldsymbol{l}$ 可知，当场强沿着电场线从 a 积分到 b，其结果肯定为正，即电势差 $U_{ab}=V_a-V_b>0$，所以沿着电场线方向电势逐渐降低.

(2) 等势面密集的区域场强较强，等势面稀疏的区域场强较弱. 为使等势面的分布能反映电场中场强的强弱分布，我们规定：相邻等势面的电势差为一个常数. 设想把等势面作得非常细密，使相邻等势面之间的电场可以看作匀强电场. 把场强沿电场线从一个等势面积分到相邻的

等势面,得到等势面间的电势差 $U = Ed$,其中 d 为相邻等势面之间的距离. 由于相邻等势面之间的电势差相等,所以,等势面间距大的地方场强小,等势面间距小的地方场强大.

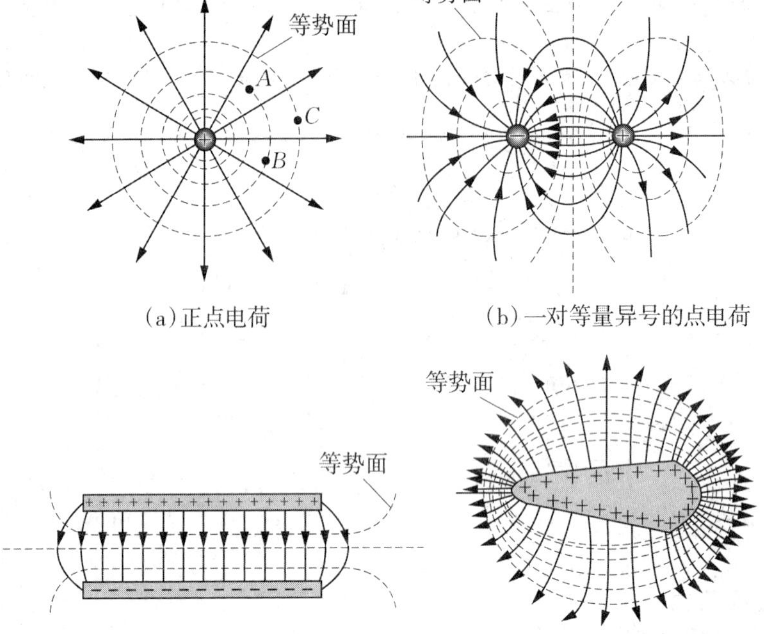

(a)正点电荷　(b)一对等量异号的点电荷

(c)正负带电平面　(d)不规则形状的带电体

图 9-29　四种常见电场的等势面和电场线图

等势面的概念还有实用的意义,因为在实际遇到的很多带电问题中等势面(或等势线)的分布容易通过实验描绘出来,利用等势面的性质就可以方便地对电场的分布进行分析.

9.6.2　场强与电势梯度的关系

场强和电势作为描述同一种特殊物质 —— 静电场性质的物理量,它们之间有着必然的联系. 电势和电势差的计算公式说明了电势与场强之间的积分关系. 下面研究两者之间的微分关系.

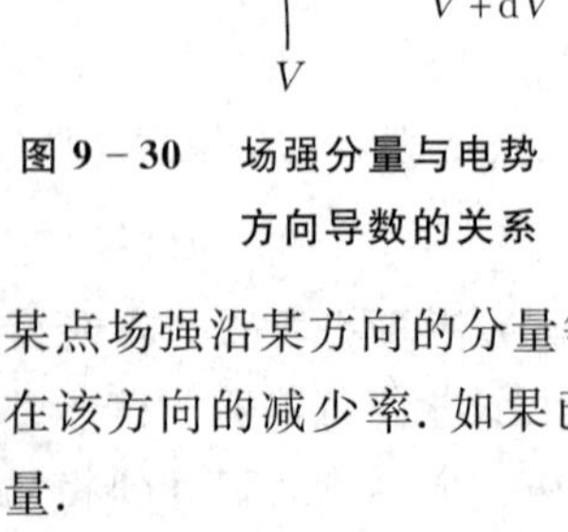

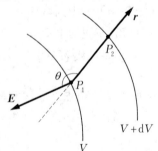

图 9-30　场强分量与电势方向导数的关系

如图 9-30 所示,P_1 和 P_2 是静电场中的两个非常接近的点,$\boldsymbol{r}$ 代表由 P_1 指向 P_2 的方向,P_1 到 P_2 的距离为 $\mathrm{d}r$,电势增量为 $\mathrm{d}V$. 由于电势差 $\mathrm{d}U$ 和电势增量 $\mathrm{d}V$ 只有一个负号的差别,所以 P_1 到 P_2 的电势差为 $\mathrm{d}U = -\mathrm{d}V = \boldsymbol{E}\cdot\mathrm{d}\boldsymbol{r} = E\cos\theta\mathrm{d}r$,其中 $E\cos\theta$ 就是 P_1 处的场强在 $\boldsymbol{r}$ 方向的投影. 所以有

$$E_r = -\frac{\mathrm{d}V}{\mathrm{d}r}, \tag{9-34}$$

式中,$\frac{\mathrm{d}V}{\mathrm{d}r}$ 为电势沿 $\boldsymbol{r}$ 方向单位长度上的变化(或沿 $\boldsymbol{r}$ 方向的空间变化率),即为电势在 $\boldsymbol{r}$ 方向的方向导数. 式(9-34)说明,在电场中某点场强沿某方向的分量等于电势沿此方向的方向导数(或空间变化率)的负值,或等于电势在该方向的减少率. 如果已知空间的电势分布,则可由式(9-34)求出场强在任意方向的分量.

如果电势的分布在直角坐标系中表示为函数$V(x,y,z)$，由式(9－34)可求得场强在三个坐标轴方向的分量

$$E_x=-\frac{\partial V}{\partial x},\quad E_y=-\frac{\partial V}{\partial y},\quad E_z=-\frac{\partial V}{\partial z}. \tag{9-35}$$

将式(9－35)合并，写为矢量公式，则有

$$\boldsymbol{E}=-\left(\frac{\partial V}{\partial x}\boldsymbol{i}+\frac{\partial V}{\partial y}\boldsymbol{j}+\frac{\partial V}{\partial z}\boldsymbol{k}\right). \tag{9-36}$$

电势是一个标量场，标量场在空间的变化率用梯度来描述．按场论中梯度的定义，电势梯度

$$\mathbf{grad}\,V=\nabla V=\frac{\partial V}{\partial x}\boldsymbol{i}+\frac{\partial V}{\partial y}\boldsymbol{j}+\frac{\partial V}{\partial z}\boldsymbol{k}, \tag{9-37}$$

其中∇表示一个矢量算符，定义为$\nabla=\frac{\partial}{\partial x}\boldsymbol{i}+\frac{\partial}{\partial y}\boldsymbol{j}+\frac{\partial}{\partial z}\boldsymbol{k}$，表示对函数求空间变化率．于是场强与电势的关系式可记作

$$\boldsymbol{E}=-\mathbf{grad}\,V=-\nabla V. \tag{9-38}$$

式(9－38)说明电场中任意一点的场强与电势的微分关系，即电场中任意一点的场强等于该点电势梯度的负值．用这个公式，可以很方便地由已知的电势分布求出场强分布．特别是，如果电场中一点的场强$\boldsymbol{E}$的方向可以通过对称性判定出来，那么，设该方向为$\boldsymbol{l}$方向，场强在自身方向的投影E_l就是场强的大小．因此可以由电势分布求出场强的大小

$$E=E_l=-\frac{\partial V}{\partial l}.$$

例如，点电荷的电势分布为$V=\frac{q}{4\pi\varepsilon_0 r}$，由对称性可以判定点电荷的场强方向沿矢径$\boldsymbol{r}$的方向，因此场强的大小$E=E_r=-\frac{\partial V}{\partial r}=\frac{q}{4\pi\varepsilon_0 r^2}$．这正是点电荷的场强公式．

需要指出的是，场强与电势的微分关系说明电场中某点的场强取决于电势在该点的空间变化率，而与该点电势值无直接关系．

下面通过两个例题来说明如何应用场强与电势梯度关系式计算场强．

【例 9.16】　均匀带电细圆环轴线上任一点的电势公式可以表示为

$$V=\frac{q}{4\pi\varepsilon_0\,(R^2+x^2)^{1/2}},$$

其中，x表示圆心到场点的距离，R是圆环的半径．求轴线上任一点的场强．

解　由于均匀带电细圆环的电荷分布对于轴线是对称的，所以轴线上各点的场强在垂直于轴线方向的分量为零，因此轴线上任一点的场强方向均沿x轴．由场强与电势梯度关系式的分量形式可得

$$E=E_x=-\frac{\partial V}{\partial x}=-\frac{\partial}{\partial x}\left(\frac{q}{4\pi\varepsilon_0\,(R^2+x^2)^{1/2}}\right)=\frac{qx}{4\pi\varepsilon_0\,(R^2+x^2)^{3/2}}.$$

这一结果与利用场强叠加原理得到的结果相同．

【例 9.17】　由电偶极子的电势分布求电偶极子的场强．

解　由例 9.11 可知，电偶极子电场中任一点P的电势为

$$V_P=\frac{p\cos\theta}{4\pi\varepsilon_0 r^2}.$$

建立图 9－31 所示的坐标系，以电偶极子中心O为坐标原点，并使电矩$\boldsymbol{p}$指向x轴正方向．

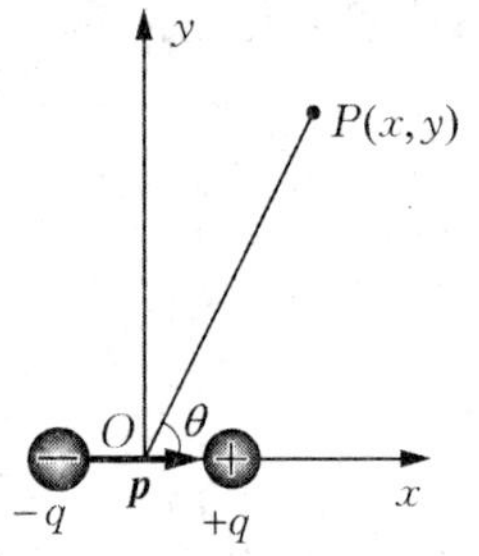

图 9-31 电偶极子电场

设场点 P 所在平面为 Oxy 平面，显然 P 点的场强也在 Oxy 平面内，即只有 E_x，E_y 两个分量. 由图 9-31 中的几何关系可知

$$r^2 = x^2 + y^2,$$

且
$$\cos\theta = \frac{x}{(x^2+y^2)^{1/2}},$$

所以
$$V_P = \frac{p\cos\theta}{4\pi\varepsilon_0 r^2} = \frac{px}{4\pi\varepsilon_0\ (x^2+y^2)^{3/2}}.$$

对任一点 $P(x,y)$，由场强与电势梯度关系式可以得出场强的分量式为

$$E_x = -\frac{\partial V}{\partial x} = -\frac{\partial}{\partial x}\left[\frac{px}{4\pi\varepsilon_0\ (x^2+y^2)^{3/2}}\right] = \frac{p(2x^2-y^2)}{4\pi\varepsilon_0\ (x^2+y^2)^{5/2}},$$

$$E_y = -\frac{\partial V}{\partial y} = -\frac{\partial}{\partial y}\left[\frac{px}{4\pi\varepsilon_0\ (x^2+y^2)^{3/2}}\right] = \frac{3pxy}{4\pi\varepsilon_0\ (x^2+y^2)^{5/2}}.$$

上述结果还可以用如下矢量式表示

$$\boldsymbol{E} = \frac{1}{4\pi\varepsilon_0}\left(\frac{-\boldsymbol{p}}{r^3} + \frac{3\boldsymbol{p}\cdot\boldsymbol{r}}{r^5}\boldsymbol{r}\right).$$

其正确性请读者自行验证.

思考题 9

9.1 两个静止的点电荷之间的相互作用力遵守牛顿第三定律吗？

9.2 两个完全相同的均匀带电小球，带电量分别为 $q_1 = +2$ C 和 $q_2 = -4$ C，它们在真空中相距为 r 且静止，相互作用的静电力为 F.

(1) 若将 q_1，q_2，r 加倍，相互作用力如何变化？

(2) 只改变两小球所带电荷电性，相互作用力如何变化？

(3) 只将 r 增大 4 倍，相互作用力如何变化？

(4) 将两个小球接触一下后，仍放回原处，相互作用力如何变化？

(5) 接(4) 小题，为使接触后静电力大小不变，应如何放置两球？

9.3 在电场中某一点的电场强度定义为 $\boldsymbol{E} = \frac{\boldsymbol{F}}{q_0}$，若该点没有试验电荷，那么该点的电场强度又如何？为什么？

9.4 怎样认识电荷的量子化和宏观带电体电量的连续分布？

9.5 有人说，点电荷在电场中一定是沿电场线运动的，电场线就是电荷的运动轨迹，这样说对吗？为什么？

9.6 若通过一闭合曲面的电通量为零，则此闭合曲面上的 $\boldsymbol{E}$ 一定是

(1) 为零，也可能不为零；

(2) 处处为零.

9.7 如果在一高斯面内没有净电荷，那么，此高斯面上每一点的电场强度 $\boldsymbol{E}$ 必为零吗？穿过此高斯面的电通量又如何呢？

9.8 在点电荷电场中，一正电荷在电场力作用下沿径向运动，其电势是增加、减少还是不变？

9.9 当我们认为地球的电势为零时，是否意味着地球没有净电荷呢？

9.10 在电场中，电场强度为零的点，电势是否一定为零？电势为零的点，电场强度是否一定为零？试举例说明.

9.11 电场中，有两点的电势差为零，如在两点间选一路径，在这路径上，电场强度也处处为零吗？试说明之.

习 题 9

9.1 面积为 S 的空气平行板电容器，两极板的带电量分别为 $+q$ 和 $-q$，若不考虑边缘效应，则两极板间的相互作用力为(　　).

A. $\dfrac{q^2}{\varepsilon_0 S}$　　B. $\dfrac{q^2}{2\varepsilon_0 S}$　　C. $\dfrac{q^2}{2\varepsilon_0 S^2}$　　D. $\dfrac{q^2}{\varepsilon_0 S^2}$

9.2 下面列出的真空中静电场的场强公式，正确的是(　　).

A. 点电荷 q 的场强大小：$E=\dfrac{q}{4\pi\varepsilon_0 r^2}$($r$ 为点电荷到场点的距离)

B. "无限长"均匀带电直线(电荷线密度为 λ)的电场：$\boldsymbol{E}=\dfrac{\lambda}{2\pi\varepsilon_0 r^3}\boldsymbol{r}$($\boldsymbol{r}$ 为从带电直线到场点的垂直于带电直线的矢量)

C. "无限大"均匀带电平面(电荷面密度为 σ)的场强大小：$E=\dfrac{\sigma}{2\varepsilon_0}$

D. 半径为 R 的均匀带电球面(电荷面密度为 σ)外的电场：$\boldsymbol{E}=\dfrac{\sigma R^2}{\varepsilon_0 r^3}\boldsymbol{r}$($\boldsymbol{r}$ 为球心到场点的矢量)

9.3 如图 9-32 所示，两个同心的均匀带电球面，内球面半径为 R_1，带有电荷 Q_1；外球面半径为 R_2，带有电荷 Q_2，则在内球面里面、距离球心为 r 处的 P 点的场强大小 E 为(　　).

A. $\dfrac{Q_1+Q_2}{4\pi\varepsilon_0 r^2}$　　B. $\dfrac{Q_1}{4\pi\varepsilon_0 R_1^2}+\dfrac{Q_2}{4\pi\varepsilon_0 R_2^2}$　　C. $\dfrac{Q_1}{4\pi\varepsilon_0 r^2}$　　D. 0

9.4 如图 9-33 所示，在点电荷 q 的电场中，选取以 q 为中心、R 为半径的球面上一点 P 处为电势零点，则与点电荷 q 距离为 r 的 P' 点的电势为(　　).

A. $\dfrac{q}{4\pi\varepsilon_0 r}$　　B. $\dfrac{q}{4\pi\varepsilon_0}\left(\dfrac{1}{r}-\dfrac{1}{R}\right)$　　C. $\dfrac{q}{4\pi\varepsilon_0(r-R)}$　　D. $\dfrac{q}{4\pi\varepsilon_0}\left(\dfrac{1}{R}-\dfrac{1}{r}\right)$

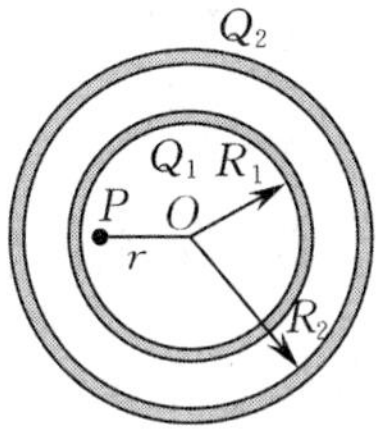

图 9-32

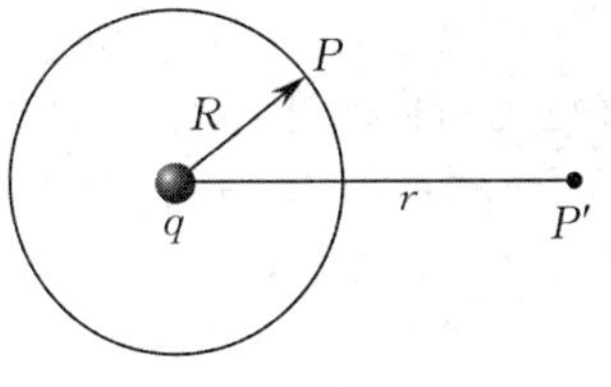

图 9-33

9.5 两根相互平行的"无限长"均匀带正电直线 1,2，相距为 d，其电荷线密度分别为 λ_1 和 λ_2，如图 9-34 所示，则场强等于零的点与直线 1 的距离 a 为______.

9.6 如图 9-35 所示，在边长为 a 的正方形平面的中垂线上，距中心 O 点 $a/2$ 处，有一电荷为 q 的正点电荷，则通过该平面的电场强度通量为______.

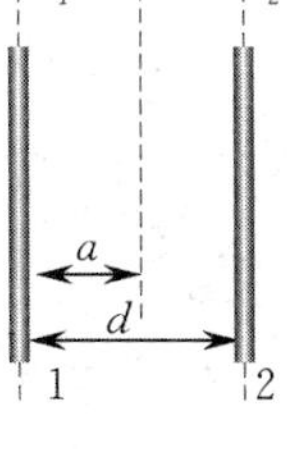

图 9-34

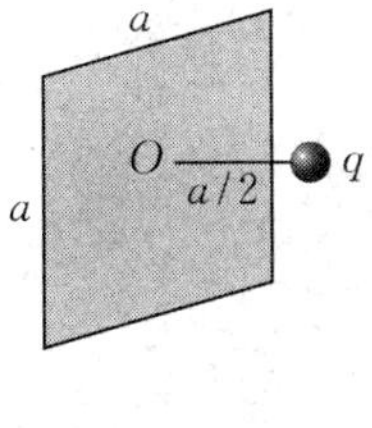

图 9-35

9.7 把一个均匀带有电荷 $+Q$ 的球形肥皂泡由半径 r_1 吹胀到 r_2，则半径为 $R(r_1 < R < r_2)$ 的球面上任一点的场强大小 E 由______变为______；电势 U 由______变为______(设无穷远处为电势零点).

9.8 如图 9-36 所示，试验电荷 q 在点电荷 $+Q$ 产生的电场中，沿半径为 R 的占整个圆 3/4 的圆弧由 a 点移到 d 点的过程中电场力做功为______；从 d 点移到无穷远处的过程中，电场力做功为______.

9.9 已知一平行板电容器，极板面积为 S，两极板间隔为 d，其中充满空气. 当两极板上加电压 U 时，忽略边缘效应，两极板间的相互作用力 $F=$ ______.

9.10 如图 9-37 所示，真空中一长为 L 的均匀带电细直杆，总电荷为 q，试求在直杆延长线上距离杆的一端为 d 的 P 点的电场强度.

9.11 带电细线弯成半径为 R 的半圆形，电荷线密度 $\lambda=\lambda_0\sin\varphi$，$\lambda_0$ 为一常数，φ 为半径 R 与 x 轴所成的夹角，如图 9-38 所示. 试求环心 O 处的电场强度.

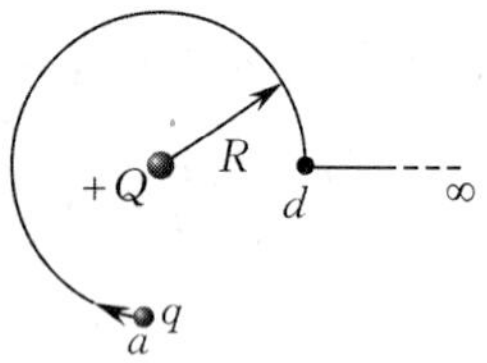

图 9-36

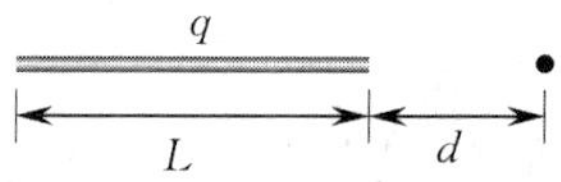

图 9-37

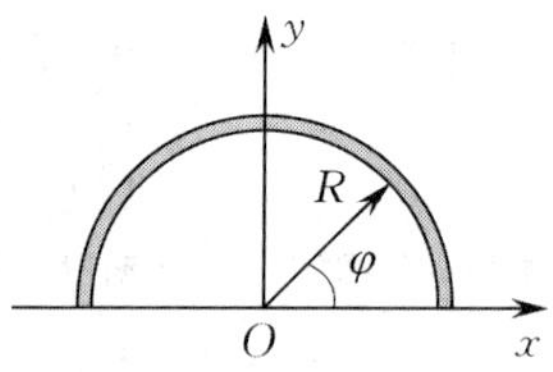

图 9-38

9.12 实验表明，在靠近地面处有相当强的电场，电场强度 $\boldsymbol{E}$ 垂直于地面向下，大小约为 100 N/C；在离地面 1.5 km 高的地方，$\boldsymbol{E}$ 也是垂直于地面向下的，大小约为 25 N/C.

(1) 假设地面上各处 $\boldsymbol{E}$ 都是垂直于地面向下，试计算从地面到 1.5 km 高的大气中电荷的平均体密度；

(2) 假设地表面之下电场强度为零，且地球表面处的电场强度完全是由均匀分布在地表面的电荷产生，求地面上的电荷面密度.

9.13 一半径为 R 的带电球体，其电荷体密度分布为

$$\rho=\begin{cases}\dfrac{qr}{\pi R^4}, & r\leqslant R,\\ 0, & r>R\end{cases}\quad (q\text{ 为一正的常量}).$$

试求：(1) 带电球体的总电荷；(2) 球内、外各点的电场强度.

9.14 两个带等量异号电荷的均匀带电同心球面，半径分别为 $R_1=0.03$ m 和 $R_2=0.10$ m. 已知两者的电势差为 450 V，求内球面上所带的电荷.

9.15 球体内均匀分布着电荷体密度为 ρ 的正电荷，若保持电荷分布不变，在该球体挖去半径为 r 的一个小球体，球心为 O'，两球心间距离 $\overline{OO'}=d$，如图 9-39 所示. 求：在球形空腔内，球心 O' 处的电场强度 $\boldsymbol{E}_0$；在球体内 P 点处的电场强度 $\boldsymbol{E}$. 设 O'，O，P 三点在同一直径上，且 $\overline{OP}=d$.

9.16 如图 9-40 所示，半径为 R 的均匀带电球面带有电荷 q. 沿某一半径方向上有一均匀带电细线，电荷线密度为 λ，长度为 l，细线左端与球心的距离为 r_0. 设球和线上的电荷分布不受相互作用影响，试求细线所受球面电荷的电场力和细线在该电场中的电势能(设无穷远处的电势为零).

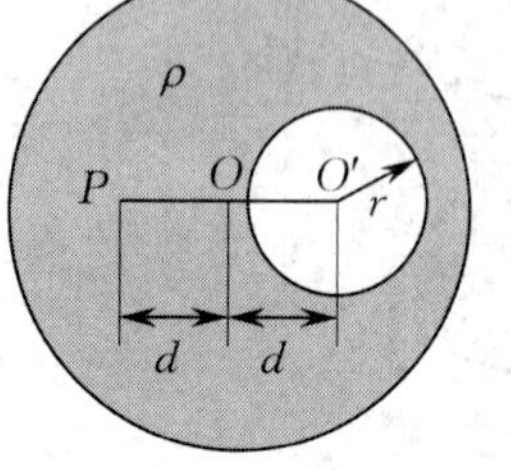

图 9-39

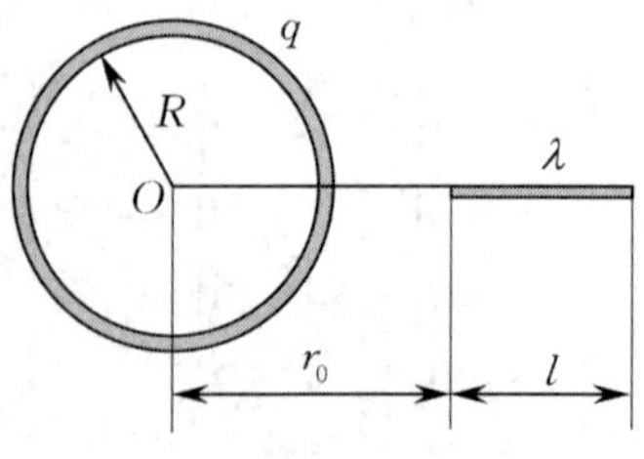

图 9-40

9.17 设气体放电形成的等离子体在圆柱内的电荷体密度分布为

$$\rho(r)=\frac{\rho_0}{\left[1+\left(\frac{r}{a}\right)^2\right]^2},$$

式中,r 是测量点到圆柱体轴线的距离,ρ_0 是轴线上的电荷体密度,a 为常数,试计算其场强分布.

9.18 一半径为 R 的带电球体,其电荷体密度分布为 ρ. 求带电球体内、外的电势分布.

第 10 章　静电场中的导体和电介质

第 9 章我们讨论了真空中的静电场，实际上，带电体的周围空间总是存在着其他的物体，按导电能力可将其简单划分为导体和电介质(也称为绝缘体). 静电的技术应用离不开导体和电介质的静电性质. 本章将讨论静电场中有导体和电介质存在时，它们对电场分布的影响，以及导体和电介质对电场的响应，另外对电场的能量特性进行讨论.

10.1　静电场中的导体

10.1.1　静电平衡及其条件

1. 静电感应与静电平衡

所谓导体，就是能够导电的物体，在形态上可以是固体、液体或气体. 对于金属导体，从微观上来看，内部有大量的自由电子. 在没有外电场时，导体中自由电子与正电荷的电量相等，导体对外不显电性，我们说它处于**电中性状态**. 如果把导体放入静电场中，自由电子将在外电场力的作用下定向运动，形成电流，使导体上的电荷重新分布，如图 10－1(a) 所示. 在电场的作用下导体上的电荷重新分布的过程叫作**静电感应**，重新分布的电荷称为**感应电荷**. 按电荷守恒定律，感应电荷的总电量是零. 感应电荷会产生一个附加电场，如图 10－1(b) 所示，在导体内部这个附加电场的方向与外电场方向相反，结果使导体内的电场削弱. 随着静电感应的进行，感应电荷不断增加，附加电场增强，当导体内部总电场强度为零时，导体上的电荷重新分布过程完成，静电感应结束，导体达到静电平衡，如图 10－1(c) 所示. 由于导体中自由电荷的数量很大(对于铜，自由电子数密度为 $8.5\times10^{28}\ /\mathrm{m}^3$，自由电荷密度为 $1.36\times10^{10}\ \mathrm{C/m}^3$)，静电感应的时间极短($10^{-8}$ s). 通常，在处理静电场中的导体问题时，若无特别说明，一般认为导体已达到静电平衡的状态.

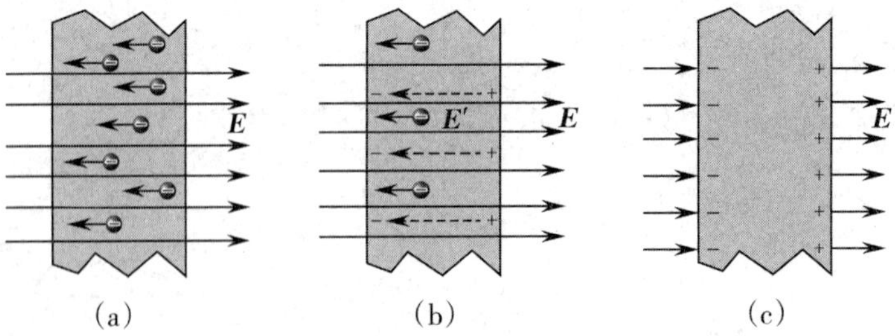

图 10－1　导体的静电感应和静电平衡

2. 导体静电平衡条件

导体达到静电平衡的特征是：自由电荷停止了定向运动，导体上的感应电荷分布趋于稳定. 根据静电的基本性质，导体处于静电平衡时，其场强、电势满足以下条件.

(1) 场强条件. 静电平衡的导体内部的总电场强度为零；导体外表面附近的场强与表面垂

直. 导体内部的总场强为零是显然的，否则电场将继续驱动自由电荷运动，这就不满足静电平衡的特征了. 导体表面附近的场强可以不为零，但它必须与表面垂直，否则场强沿表面的切向分量也能驱动自由电荷形成表面电流，破坏静电平衡. 静电感应对电场的影响不局限于在导体内部，导体外部的电场也可能因静电感应而发生改变. 如图 10－2 所示，在均匀电场中放入一导体球，静电平衡后，不仅导体球所在空间的场强变为零了，导体球外的电场也因感应电荷而发生了改变，不再是原来的均匀电场了.

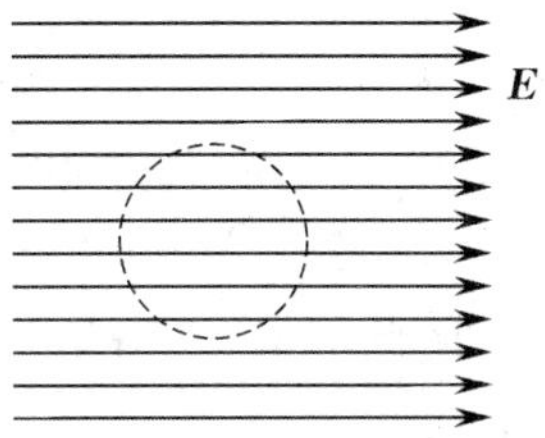

(a) 未放导体球时均匀电场

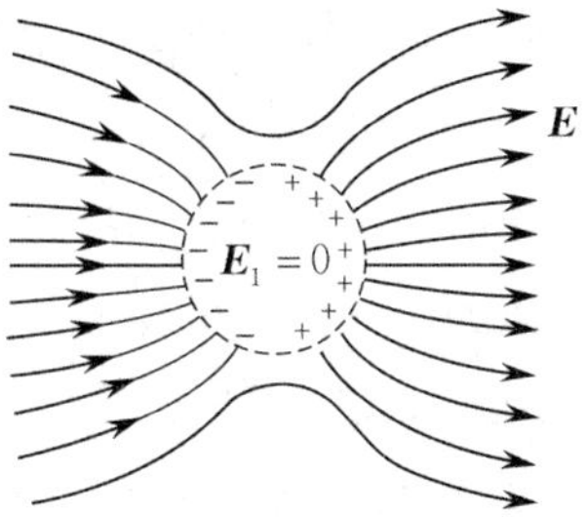

(b) 放入导体球后电场变化

图 10－2　均匀电场中的导体球

(2) 电势条件. 静电平衡的导体是一个等势体，导体表面是一个等势面. 由于静电平衡导体内的场强为零，根据场强与电场梯度的关系 $\boldsymbol{E}=-\nabla V$ 可知电势梯度为零，即导体内的各处的电势相等，故导体是一个等势体，其表面是一个等势面. 显然，如果导体内或导体表面电势不等就会有电势差，因而就有电流，就会破坏静电平衡. 导体表面既然是等势的，按等势面和电场线的性质，那么导体表面以及表面附近的场强就应该垂直于导体表面. 这与场强条件中谈到的表面的场强垂直于表面的结论是一致的.

以上关于导体静电平衡时的场强和电势的条件是基本的，从这两个基本条件出发可推得下面的结论.

推论一　静电平衡时，导体内各处的净电荷为零，导体自身所带的电荷或其感应电荷都只能分布于导体的表面. 我们可以应用高斯定理来证明这一结论. 在导体内部任意作一个闭合曲面 S，按高斯定理有 $\oiint_S \boldsymbol{E}\cdot \mathrm{d}\boldsymbol{S}=q/\varepsilon_0$，由于静电平衡时导体内的场强处处为零，所以上式左边是零，可见等式右边导体内任意闭合曲面 S 所包围的净电荷为零. 也就是说，任意地在导体内作一个闭合曲面，无论此闭合曲面在什么位置，无论是大或是小，内部均无净电荷，即导体内没有净电荷，电荷只能分布于导体表面. 导体表面不仅指导体的外表面，对于空腔导体（如一个导体球壳），其内表面也可能有电荷分布. 这种情况将在后面进行讨论.

推论二　静电平衡时，导体表面外附近的电场强度的大小与该处表面上的电荷密度的关系为

$$E=\frac{\sigma}{\varepsilon_0},\tag{10-1}$$

即表面附近的电场强度大小与电荷面密度成正比. 这里所说的导体表面附近，是指考察点的位置相对于导体很近，相对于该点导体表面上一块很小的面积 S 就像是一个无限大的平面. 式(10－1) 也可以用高斯定理来证明.

如图10-3所示，对于导体表面外附近的考察点 P，过 P 点作一个很小的圆柱形高斯面S，柱

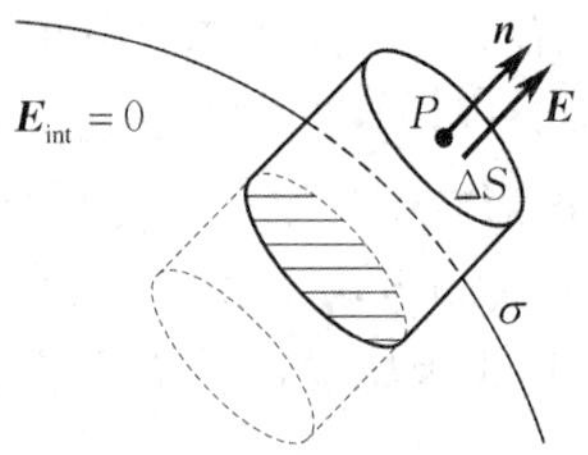

图 10－3 导体表面附近的电场

面的上底面 ΔS 过 P 点且与导体表面平行，下底面位于导体内，柱面的侧面与导体表面垂直. 根据高斯定理 $\oint\!\!\oint_S \boldsymbol{E}\cdot \mathrm{d}\boldsymbol{S} = q/\varepsilon_0$，对于公式左边的通过所取圆柱面的电通量，可分为三部分进行计算，一是位于导体内的下底面，由于静电平衡时导体内的场强处处为零，所以通过下底面的电通量为 0；二是圆柱的侧面，由于导体表面附近的场强与表面垂直，故柱面侧面与场强 $\boldsymbol{E}$ 平行，通过圆柱侧面电通量也为零；这样只有在上底面上有电通量. 由于上底面与 $\boldsymbol{E}$ 垂直，在一个很小的区域内 $\boldsymbol{E}$ 又可以看作均匀场，故通量为 $E\Delta S$. 公式右边的 q 为柱面所包围的净电荷，柱面在导体表面围住一块大小也为 ΔS 的面积，由于电荷可以认为是均匀分布的，故 $q = \sigma\Delta S$，σ 为导体表面的电荷密度，于是有 $E\Delta S = \sigma\Delta S/\varepsilon_0$，由此可得 $E = \sigma/\varepsilon_0$. 在上面的推导过程中所用图形是按导体表面电荷为正的情况下作出的，若表面为负电荷，容易看出，以上的推论仍然正确，但电场的方向是指向导体表面的.

需要强调的是，按高斯定理的物理意义，上式中的 $\boldsymbol{E}$ 应是合场强，不要误认为就是考察点 P 附近的导体表面处的电荷所贡献的场强，而是所有表面上的电荷以及导体外的电荷共同产生的总场强.

以上所给出的导体静电平衡条件及其推论对处于静电平衡状态的导体是普遍成立的. 而下面讨论的这个推论是有前提条件的，这个推论是：若没有其他电场的影响，导体上曲率越大的地方电荷面密度也越大. 例如，一个孤立带电球，它表面的曲率处处相等，故电荷面密度是均匀的. 若把它放在另一个点电荷产生的电场中，则它的电荷分布就不再均匀了. 一个孤立带电的椭球，由于电荷的相互排斥，则在长轴端点的电荷密度要大一些. 但若在椭球附近放一个异号点电荷，则该点电荷附近的导体表面的电荷密度可能会更大. 若导体表面有尖锐的凸出部分，如图 10－4 所示，由于排斥作用，尖端的电荷面密度可以达到很大的值，尖端附近的电场按 $E = \sigma/\varepsilon_0$ 计算，可以达到很强，甚至击穿空气形成尖端放电. 若导体表面有凹面存在，则凹面上的电荷密度和附近的场强可以很小.

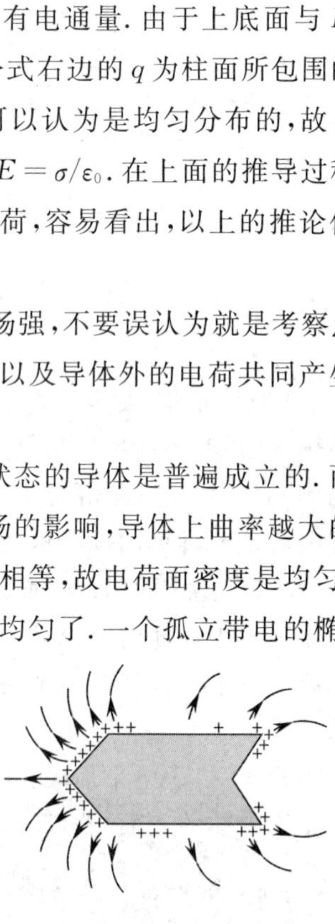
图 10－4 导体尖端处电荷密度大

有导体的静电学问题比真空中的静电学问题要实际一些，也要复杂一些. 这主要表现在真空中所研究的往往是一个确定的电荷分布，而在导体中的电荷分布却是有待分析的问题，分析电荷分布需要正确地理解静电平衡条件，还要用到高斯定理以及电荷守恒定律等基本知识. 一旦电荷分布问题解决了，其余的问题，如求场强和电势，就与前文所介绍过的真空中的问题没有多大的区别了.

10.1.2 静电屏蔽

对于空腔导体，达到静电平衡时其导体空腔能隔断空腔内和空腔外电荷的相互影响，称之为**静电屏蔽**. 下面举例说明.

先看图 10-5 所示情况. 一个导体球壳，空腔内部没有电荷，空腔外部有一个点电荷. 静电平衡时，导体中的场强为零. 下面我们证明，空腔内的场强也为零. 在导体中作一闭合曲面 S 包围空腔，由高斯定理 $\oint\!\!\oint_S \boldsymbol{E} \cdot \mathrm{d}\boldsymbol{S} = q/\varepsilon_0$ 可知，由于曲面 S 上的场强为零，故电通量为零，所以 S 内的净电荷为零. 由于空腔内没有电荷，这表明空腔内表面的净电荷也为零. 是否可能在内表面上存在等值异号的电荷分布而在空腔内形成电场？如果真是这样，正电荷将发出电场线，由于导体内场强为零，这意味着电场线不能穿过导体而只能终止于同样位于空腔内表面的负电荷上，这将违背导体静电平衡的等势条件，所以空腔内表面没有任何电荷分布. 由此可见，空腔内的场强也为零. 这表明导体空腔确实屏蔽了空腔外部的电荷对空腔内部的影响. 静电屏蔽并不违背场强叠加原理，而应该理解为场强叠加原理应用于导体时的一个结果. 导体外部空间的电荷仍然在空腔内的每一点独立地产生各自的场强，而在导体外表面分布的感应电荷却能精确地按照叠加原理在每一点把它完全抵消. 静电屏蔽是把导体的静电平衡条件应用于空腔时所得到的一个必然结论. 静电屏蔽是相当完美的，无论腔外的电荷有多大，无论电荷距离空腔有多近，甚至电荷可以与空腔外表面接触而直接使空腔外表面带上净电荷，空腔内表面都不会有电荷分布，空腔内也都不会有电场分布.

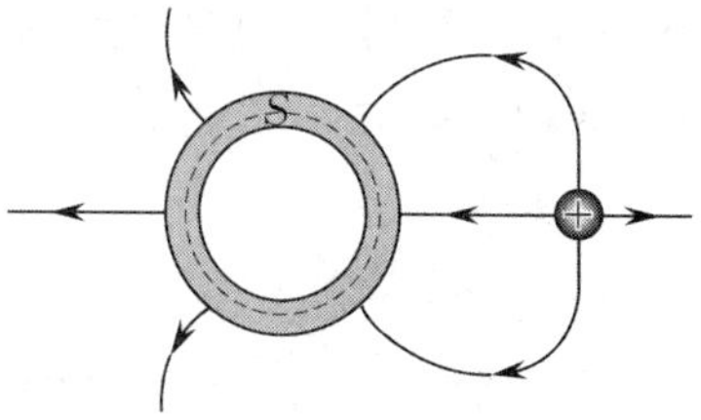

图 10-5　空腔外电荷对空腔内无影响

静电屏蔽在工程技术中有很多的应用，为了避免外场对某些精密仪器的影响，可以把仪器用一个金属壳或金属网罩起来. 高压作业时，操作人员要穿上用金属丝网做成的屏蔽服，也是为了防止电场对人体的伤害. 屏蔽服本身也会带电，且电势可能很高，但屏蔽服内的场强却为零，这就保证了操作者的安全.

下面来看图 10-6(a) 所示情况. 一个导体球壳本身不带电，而在空腔内部有一个点电荷 $+q$. 在导体中作一闭合曲面包围空腔，由高斯定理可知，曲面内的净电荷为零，即空腔内表面的感应电荷应与空腔内部的电荷等值异号，即为 $-q$. 按电荷守恒定律，空腔外表面要出现感应电荷 $+q$，并在空腔外产生一个电场. 若把导体球接地，如图 10-6(b) 所示，由于地球也是一个导体，这时外表面的感应电荷被中和，导体电势为零. 等同于空腔外没有电荷分布，所以也没有电场. 可见一个接地的导体空腔能屏蔽空腔内电荷对外部的影响.

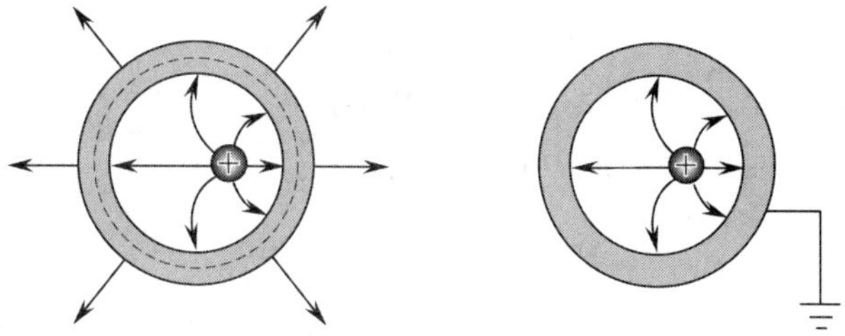

(a)　(b)

图 10-6　接地空腔内电荷对空腔外无影响

图 10-7 表示接地导体空腔内、外均有电荷的情况，它相当于图 10-5 和图 10-6(b) 的两个电荷分布的叠加. 可以理解为，这时空腔内(包括内表面) 的电荷在空腔外产生的场强仍然为

零，而空腔外（包括外表面）在空腔内产生的场强也还是零. 这意味着导体空腔屏蔽了空腔内、外电荷的相互影响. 这就是完整的静电屏蔽.

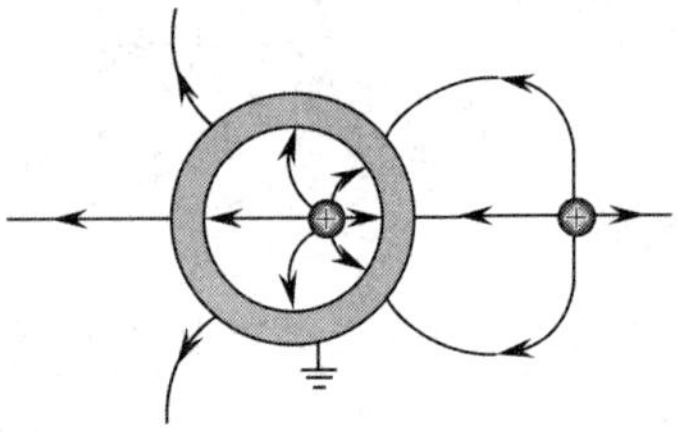

图 10－7 接地导体空腔屏蔽了内、外电荷的相互影响

按静电屏蔽的结论，如果把空腔中的点电荷移到球心，则空腔内表面的电荷会均匀分布，空腔内的电场会是一个对称的点电荷电场而不会受到空腔外电荷的非对称性的影响. 如果空腔内电荷不在球心，并把空腔外的点电荷移到远处，则空腔外表面的电荷会均匀分布，空腔外电场将是一个均匀带电球面的电场，而不会受到空腔内电荷的非对称性的影响.

【例 10.1】 如图 10－8 所示，一半径为 R_1 的导体球带有电量 q，球外有一内、外半径分别为 R_2 和 R_3 的同心导体球壳，带电量为 Q.（1）求导体球和球壳的电势；（2）若用导线连接球和球壳后，导体球和球壳的电势如何？（3）若使球壳外表面接地，导体球和球壳的电势又如何？

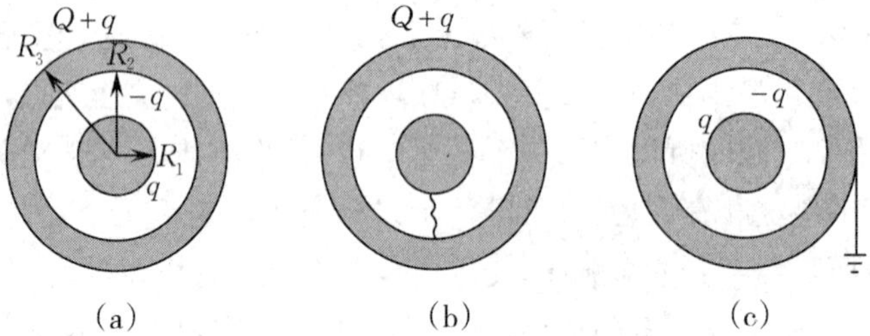

图 10－8

解 （1）由静电平衡条件可知，电荷只能分布于导体表面. 在球壳中作一闭合曲面，应用高斯定理可求得球壳内表面感应电荷为 $-q$. 根据电荷守恒定律，球壳外表面电量应为 $Q+q$. 由于球和球壳同心放置，满足球对称性，故电荷均匀分布，形成三个均匀带电球面，如图 10－8(a) 所示. 利用均匀带电球面的电势公式和电势叠加原理可直接求出电势分布.

导体球的电势为

$$V_1 = \frac{1}{4\pi\varepsilon_0}\left(\frac{q}{R_1} - \frac{q}{R_2} + \frac{Q+q}{R_3}\right).$$

导体球壳的电势为

$$V_2 = \frac{Q+q}{4\pi\varepsilon_0 R_3}.$$

（2）若用导线连接球和球壳，则球上电荷 q 将和球壳内表面电荷 $-q$ 中和，电荷只分布于球壳外表面，见图 10－8(b). 此时球和球壳的电势相等，为

$$V_1 = V_2 = \frac{Q+q}{4\pi\varepsilon_0 R_3}.$$

（3）若使球壳外表面接地，则球壳外表面的电荷被中和，这时只有球和球壳的内表面带电，如图 10－8(c) 所示，此时球壳电势为零，

$$V_2 = 0.$$

球的电势为

$$V_1 = \frac{1}{4\pi\varepsilon_0}\left(\frac{q}{R_1} - \frac{q}{R_2}\right).$$

此题也可以先求出空间的场强分布，再用电势的定义 $V_a = \int_a^{\infty} \boldsymbol{E} \cdot \mathrm{d}\boldsymbol{l}$ 通过积分求出电势，请读者自己考虑.

【例 10.2】　有两块面积较大的导体薄板平行放置，它们的面积均为 S，距离为 d，如图 10-9 所示. 若给 a 板电荷 Q_a，b 板电荷 Q_b，(1) 求 a 和 b 两导体板四个表面的电荷分布、空间的场强分布及两板之间的电势差；(2) 若将 b 板接地，其电荷分布、场强分布及两板间的电势差又如何？

解　(1) 不考虑边缘效应，静电平衡时电荷将分布在导体板的表面上形成四个均匀带电平面，设电荷面密度分别为 $\sigma_1, \sigma_2, \sigma_3, \sigma_4$.

由电荷守恒定律可知

$$(\sigma_1 + \sigma_2)S = Q_a, \tag{1}$$

$$(\sigma_3 + \sigma_4)S = Q_b. \tag{2}$$

由静电平衡条件，导体板 a 内的 A 点和导体板 b 内的 B 点的场强应为零. 先分析 A 点的场强，A 点的场强是由四个电荷面密度分别为 $\sigma_1, \sigma_2, \sigma_3, \sigma_4$ 的无限大的均匀带电平面产生场强的叠加. 假设电荷面密度 $\sigma_1, \sigma_2, \sigma_3, \sigma_4$ 都为正，并以向右为场强正方向，则

$$E_A = \frac{1}{2\varepsilon_0}(\sigma_1 - \sigma_2 - \sigma_3 - \sigma_4) = 0. \tag{3}$$

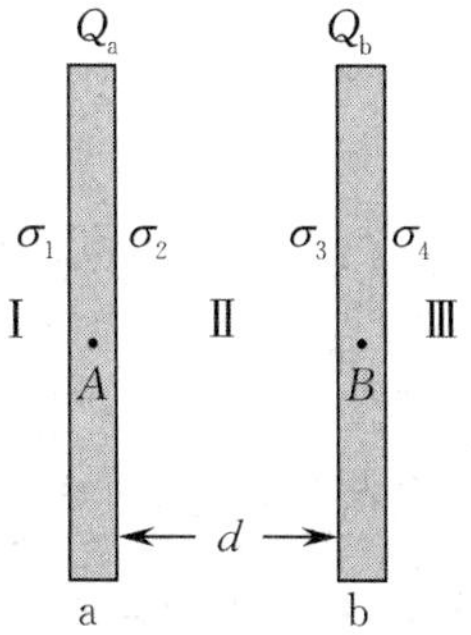

图 10-9

同理，B 点合场强为

$$E_B = \frac{1}{2\varepsilon_0}(\sigma_1 + \sigma_2 + \sigma_3 - \sigma_4) = 0. \tag{4}$$

将以上四式联立求解，可得

$$\sigma_1 = \sigma_4 = \frac{Q_a + Q_b}{2S}, \quad \sigma_2 = -\sigma_3 = \frac{Q_a - Q_b}{2S}.$$

两导体平板将空间分为三个区间 Ⅰ，Ⅱ，Ⅲ，其场强的大小 E_1, E_2, E_3 分别为

$$E_1 = \frac{1}{2\varepsilon_0}(-\sigma_1 - \sigma_2 - \sigma_3 - \sigma_4) = -\frac{Q_a + Q_b}{2\varepsilon_0 S},$$

$$E_2 = \frac{1}{2\varepsilon_0}(\sigma_1 + \sigma_2 - \sigma_3 - \sigma_4) = \frac{Q_a - Q_b}{2\varepsilon_0 S},$$

$$E_3 = \frac{1}{2\varepsilon_0}(\sigma_1 + \sigma_2 + \sigma_3 + \sigma_4) = \frac{Q_a + Q_b}{2\varepsilon_0 S}.$$

以上三式中，若 $E > 0$，表示场强向右；$E < 0$，表示场强向左. 两板之间的电势差为

$$U_{ab} = \int \boldsymbol{E} \cdot \mathrm{d}\boldsymbol{l} = E_2 d = \frac{Q_a - Q_b}{2\varepsilon_0 S} d.$$

(2) 若将 b 板接地，地面可看作一个延伸到无穷远处的导体. 若以无穷远处作为电势零点，则地面和接地导体的电势均为零. 此时 b 板右表面的电荷应为零，即

$$\sigma_4 = 0.$$

若 $\sigma_4 \neq 0$，则将有电场线由 b 板向右延伸到无穷远处，按照沿着电场线方向电势降落的结论，这意味着 b 板电势与无穷远的电势不同，显然不符合上述的等势条件. 此时问题(1) 中的式(2) 由于 b 板和地面交换电荷已经不成立了，而式(1)、式(3)、式(4) 仍成立. 由 $\sigma_4 = 0$ 和式(1)、式(3)、式(4) 可解得

$$\sigma_1 = \sigma_4 = 0, \quad \sigma_2 = -\sigma_3 = \frac{Q_a}{S},$$

即电荷分布集中于两导体板的内侧,这是一个典型的平行板电容器的电荷分布.此时三个区域的场强大小分别为

$$E_1 = E_3 = 0, \quad E_2 = \frac{Q_a}{\varepsilon_0 S},$$

两板间的电势差为

$$U_{ab} = \int \boldsymbol{E} \cdot d\boldsymbol{l} = E_2 d = \frac{Q_a}{\varepsilon_0 S} d.$$

10.2 电容 电容器

10.2.1 孤立导体的电容

导体可以带电,具有储存电荷的能力.对于一个孤立的带电导体,当导体的形状、尺寸及所带的电荷给定后,其电荷分布将确定;由电势分布的计算公式$V = \int \frac{dq}{4\pi\varepsilon_0 r}$可知,其电势分布也将确定.理论和实验都说明,孤立导体的电势与其所带的电量成正比,比例系数是一个完全由导体的形状和尺寸等结构特征决定的常数.为此,我们定义该比例系数为孤立导体的电容,用C来表示,有

$$C = \frac{q}{V}. \tag{10-2}$$

电容C反映了孤立导体储存电荷的能力,其物理意义是使导体升高单位电势所需的电荷量.对于给定的导体,其电容C是确定的.例如,一个半径为R的孤立导体球的电容为

$$C = \frac{q}{V} = 4\pi\varepsilon_0 R.$$

在国际单位制中,电容的单位由式(10-2)定义为法[拉](F),1 F = 1 C/ V.在电工技术中,电容的单位常用微法(μF)、皮法(pF).

$$1\ \text{F} = 10^6\ \mu\text{F} = 10^{12}\ \text{pF}.$$

10.2.2 电容器的电容

利用导体具有储存电荷能力的特性制成的电容器是电工技术中最基本的元件之一.电容器一般由两个导体构成,如图10-10所示,导体A和导体B可组成一个电容器,A,B称为电容器的两个极板.设两个极板所带的电量分别为$+Q$和$-Q$,实验证明,如果没有外电场的影响,两个导体的电势并不与其所带的电荷成正比,但两导体间的电势差$U_{AB} = V_A - V_B$,与其所带的电量Q成正比,我们将比例系数定义为电容器的电容,即

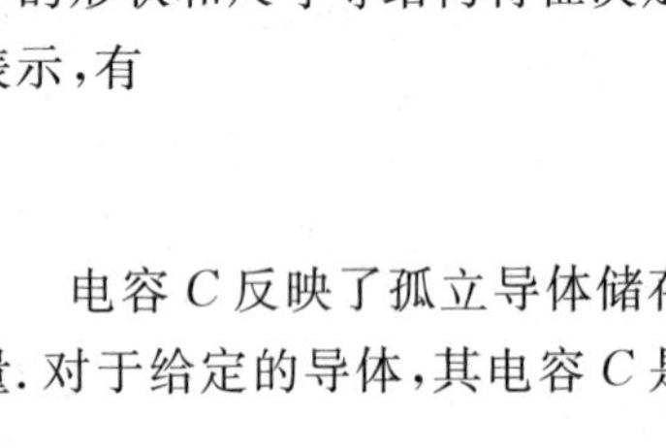

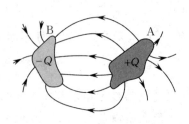

图 10-10 电容器的基本结构

$$C = \frac{Q}{U_{AB}}. \tag{10-3}$$

电容器的电容由其结构即两导体的形状、相对位置及导体周围电介质的性质来决定,与电容器的带电状态无关.电容描述的是电容器储存电荷的能力,即电容器中有单位电压时每个极

板所带的电量.实际上,图10-10所示的那样两个一般的导体构成的电容器的电容很小,且容易受到外电场的干扰,从而影响Q和U的正比例关系.通常的实用电容器是由两个距离很近的导体板构成(如平行板电容器),或是把电容器的一个极板做成一个导体空腔,另一个极板放在空腔之内形成屏蔽(如圆柱形电容器和球形电容器),这样做既能使电容器的电容较大,又使其不受外电场的影响.

下面讨论几种常见真空电容器电容的计算.

1. 平行板电容器

如图10-11所示,平行板电容器由两个平行且靠得很近的金属薄板A,B构成,两极板的面积均为S,极板间的距离为d.设A板带电量为$+Q$,B板带电量为$-Q$.由于两极板间的距离很小,两带电平板各面均可看作无限大的平面.电荷将各自均匀地分布在两板相对的表面上,电荷面密度的大小$\sigma=\dfrac{Q}{S}$,两板间的电场均匀分布,场强大小为

$$E=\frac{\sigma}{\varepsilon_0}=\frac{Q}{\varepsilon_0 S},$$

场强方向由A板指向B板.两板间的电势差为

$$U_{AB}=\int \boldsymbol{E}\cdot d\boldsymbol{l}=Ed=\frac{Qd}{\varepsilon_0 S},$$

所以,平行板电容器的电容为

$$C=\frac{Q}{U}=\frac{\varepsilon_0 S}{d}. \tag{10-4}$$

由式(10-4)可知,平行板电容器的电容与极板的面积S成正比,与极板间的距离d成反比,与极板所带的电量Q无关.

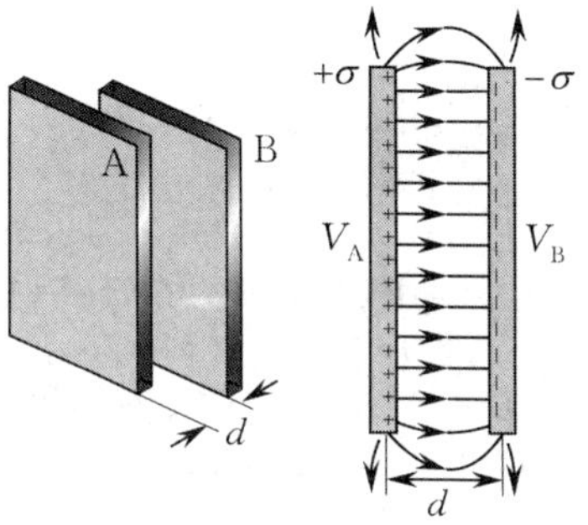

图10-11　平行板电容器

2. 圆柱形电容器

如图10-12所示,圆柱形电容器由两个同轴的金属圆柱筒(面)A,B构成,两个圆柱面的长度均为l,半径分别为R_A和R_B,且圆柱面的长径比很大,即$l\gg R_A$,$l\gg R_B$.设A筒带电量为$+Q$,B筒带电量为$-Q$,电荷均匀分布在A筒和B筒的表面上,单位长度上的电量为$\lambda=\dfrac{Q}{l}$,两带电圆筒可看成无限长的均匀带电圆柱面.由高斯定理可求得两筒之间距离轴线为$r(R_A<r<R_B)$的P点处的场强大小为

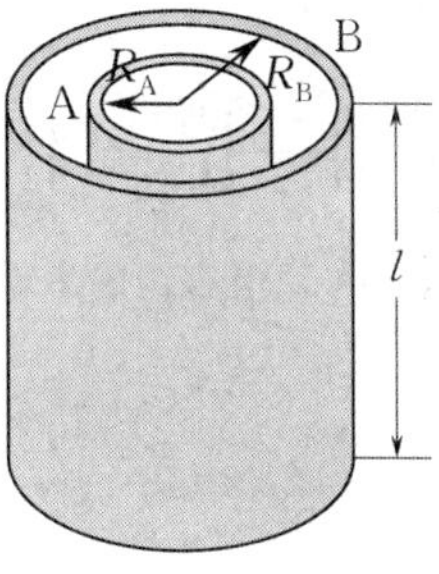

图10-12　圆柱形电容器

$$E=\frac{\lambda}{2\pi\varepsilon_0 r}=\frac{Q}{2\pi\varepsilon_0 rl},$$

场强方向沿径向由A筒指向B筒.两筒间的电势差为

$$U_{AB}=\int \boldsymbol{E}\cdot d\boldsymbol{l}=\int_{R_A}^{R_B}\frac{Q}{2\pi\varepsilon_0 rl}dr=\frac{Q}{2\pi\varepsilon_0 l}\ln\frac{R_B}{R_A},$$

所以圆柱形电容器的电容为

$$C=\frac{Q}{U}=\frac{2\pi\varepsilon_0 l}{\ln(R_B/R_A)}.$$

3. 球形电容器

如图 10-13 所示,球形电容器由半径分别为 R_A 和 R_B 的两个同心的导体球壳 A,B 构成. 设内球壳带电量为 $+Q$,外球壳带电量为 $-Q$,这样两带电球壳可看作两个均匀带电球面. 由高斯定理可求得两球壳之间距离球心为 $r(R_A < r < R_B)$ 的球面上 P 点处的场强大小为

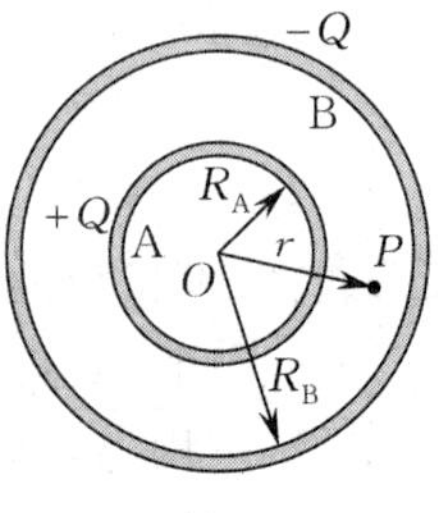

图 10-13 球形电容器

$$E = \frac{Q}{4\pi\varepsilon_0 r^2},$$

方向沿径向向外. 两球壳之间的电势差为

$$U_{AB} = \int \boldsymbol{E} \cdot \mathrm{d}\boldsymbol{l} = \int_{R_A}^{R_B} \frac{Q}{4\pi\varepsilon_0 r^2}\mathrm{d}r = \frac{Q}{4\pi\varepsilon_0}\left(\frac{1}{R_A} - \frac{1}{R_B}\right),$$

所以球形电容器的电容为

$$C = \frac{Q}{U} = \frac{4\pi\varepsilon_0 R_A R_B}{R_B - R_A}.$$

一个孤立的导体球可当作一种特殊球形电容器,即 $R_B \to \infty$的情况.

从上述三种常见电容器电容的计算过程可以得到计算电容器电容的一般步骤:首先假定极板带电,并求出极板间的场强;然后根据场强与电势差的关系计算两极板间的电势差;最后由电容的定义式(10-3) 求出电容.

10.2.3 电容的串联与并联

在实际应用中,若已有的电容器的电容或耐压值(电容能承受的最大电压) 不满足要求时,可以把几个电容器连接起来构成一个电容器组. 连接的基本方式有串联和并联两种.

1. 电容器的串联

图 10-14 表示将 n 个电容器的极板两两首尾相连接,构成一电容器组,这种连接方式称为**串联**. 给其充电后,由于静电感应,每个电容器都带上等量异号的电荷 $+q$ 和 $-q$,这也是电容器组所带电量. 所以,串联的电容器组中每个电容器所带的电量是相等的,即

$$q = q_1 = q_2 = \cdots = q_n.$$

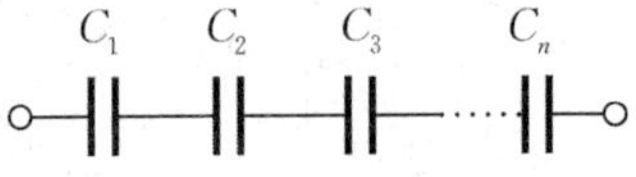

图 10-14 电容器的串联

而电容器组上的总电压为各电容器的电压之和,即

$$U = U_1 + U_2 + \cdots + U_n,$$

n 个电容器串联后等效为一个电容,由上两式可得

$$\frac{1}{C} = \frac{U}{q} = \frac{U_1}{q} + \frac{U_2}{q} + \cdots + \frac{U_n}{q},$$

而

$$\frac{1}{C_1} = \frac{U_1}{q}, \quad \frac{1}{C_2} = \frac{U_2}{q}, \quad \cdots, \quad \frac{1}{C_n} = \frac{U_n}{q},$$

则有

$$\frac{1}{C} = \frac{1}{C_1} + \frac{1}{C_2} + \cdots + \frac{1}{C_n}. \tag{10-5}$$

式(10-5) 表明,串联电容器的等效电容的倒数等于各电容器电容的倒数之和.

容易看出,串联电容器组的等效电容比电容器组中任何一个电容器的电容都小,但等效电容器的电压却高于每一个电容器的电压. 要提高耐压值,常采用电容器串联连接的方式.

2. 电容器的并联

图 10－15 表示将 n 个电容器的极板一一对应地连接，构成一电容器组，这种连接方式称为**并联**. 给其充电后，每个电容器两个极板间的电压都相等，设为 U，有

$$U = U_1 = U_2 = \cdots = U_n,$$

U 也就是电容器组的电压. 电容器组所带总电量为各电容器电量之和，即

$$q = q_1 + q_2 + \cdots + q_n,$$

所以电容器组的等效电容为

$$C = \frac{q}{U} = \frac{q_1}{U} + \frac{q_2}{U} + \cdots + \frac{q_n}{U},$$

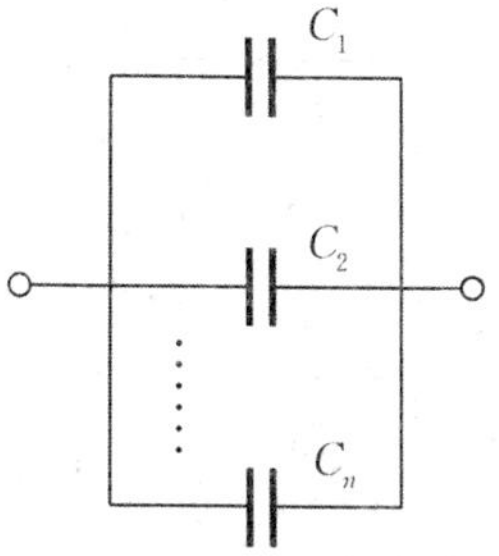

图 10－15　电容器的并联

而

$$C_1 = \frac{q_1}{U},\quad C_2 = \frac{q_2}{U},\quad \cdots,\quad C_n = \frac{q_n}{U},$$

所以有

$$C = C_1 + C_2 + \cdots + C_n. \tag{10-6}$$

式(10－6) 表明，并联电容器的等效电容等于每个电容器的电容之和.

显而易见，并联电容器组的等效电容比电容器组中每一个电容器的电容都大，但各电容器的电压却是相等的. 要提高电容量，常采用电容器并联连接的方式.

若既要提高电容量，又要提高耐压值，在实际中常采用串联与并联混连的方式连接.

10.3　静电场中的电介质

前面我们讨论了静电场中的导体，这一节来讨论静电场与电介质的相互作用，即电介质的极化现象.

10.3.1　电介质的极化

从物质的微观结构来看，电介质中几乎没有自由电荷，构成电介质的分子中的电荷由于很强的相互作用而被束缚在一个很小的尺度(10^{-10} m) 之内. 在外电场的作用下，这些电荷也会在束缚的条件下重新分布，产生新的电荷分布来削弱介质中的电场，但不能像导体那样把场强减弱为零. 下面我们就均匀的、各向同性的电介质的情况来讨论静电场与电介质的相互作用过程.

由分子的电结构理论可知，物质的分子由等量的正、负电荷构成，在一级近似下，可以把分子中的正、负电荷看作位于等效中心的两个等量异号的点电荷. 若分子的等效正、负电荷中心不重合，则等效电荷形成一个电偶极子，其电偶极矩 $\boldsymbol{p} = q\boldsymbol{l}$ 称为分子的固有电矩，这种分子称为**有极分子**. 例如，HCl 分子，H 原子一端带电 $+e$，Cl 原子一端带电 $-e$，形成一个电偶极子，这是化学中典型的极性共价键. 表 10－1 给出了几种分子的固有电矩. 若分子的等效正、负电荷中心重合，则分子的电偶极矩为零，这种分子叫作**无极分子**. H_2，O_2，N_2，CCl_4 等分子即属于这一类情况，化学中称为非极性共价键.

表 10-1 几种分子的固有电矩

分　子	固有电矩 /(10^{-30} C·m)	分　子	固有电矩 /(10^{-30} C·m)
HCl	3.61	CO	0.37
H_2O	6.17	SO_2	5.45
NH_3	4.91	CO_2, H_2, O_2, CCl_4	0

有极分子电介质在没有外电场作用时,虽然每个分子具有电矩,如图 10-16(a) 所示,但由于分子的热运动,使得分子的等效电偶极子无规则排列,其电偶极矩相互抵消,介质对外不显示电性.在有外场 $\boldsymbol{E}_0$ 的作用时,如图 10-16(b) 所示,每个有极分子将受到一个力矩的作用而转动到沿外电场方向有序排列,如图 10-16(c) 所示,这种现象称为**电介质的极化**.有极分子电介质的极化是通过分子的等效电偶极子在外电场转动方向实现的,称为**取向极化**.若撤去外电场,等效电偶极子恢复无规则排列,极化消失,介质重新回到电中性状态.分子热运动的无规则性与分子极化时的取向性是相矛盾的.一般说来,电场越强,温度越低,分子的排列越有序,极化的效应也越显著.

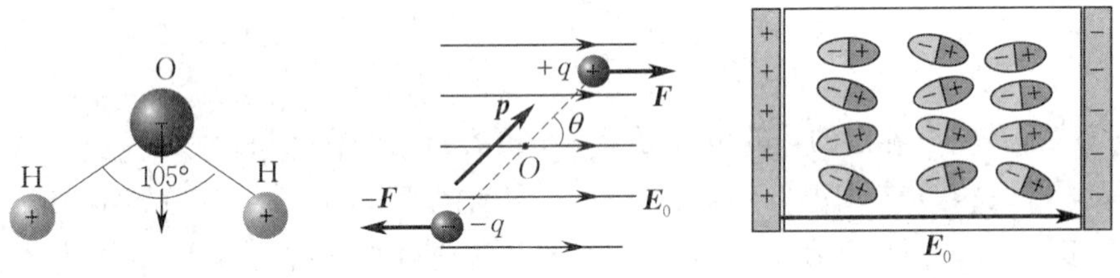

(a)　(b)　(c)

图 10-16 有极分子的极化示意图

无极分子电介质在没有外电场作用时,由于每个分子的固有电偶极矩为零,所以对外也不显示电性,如图 10-17(a) 所示.当有外电场作用时,每个分子的等效正、负电荷中心受电场力的作用而发生相对位移,形成一个电偶极矩,称为**感生电矩**,如图 10-17(b) 所示.感生电矩沿外电场方向排列,使介质极化,如图 10-17(c) 所示.无极分子的极化是由于分子等效正、负电荷中心发生相对位移实现的,故称为**位移极化**.若撤去外场,无极分子的正、负电荷中心重新重合,极化消失,介质恢复电中性.显然,位移极化的微观机制与取向极化不同,但结果却相同:介质中所有分子电偶极矩矢量和不为零,即介质被极化了.所以,如果不涉及极化的机制,在宏观问题的处理上往往不必对它们刻意区分.

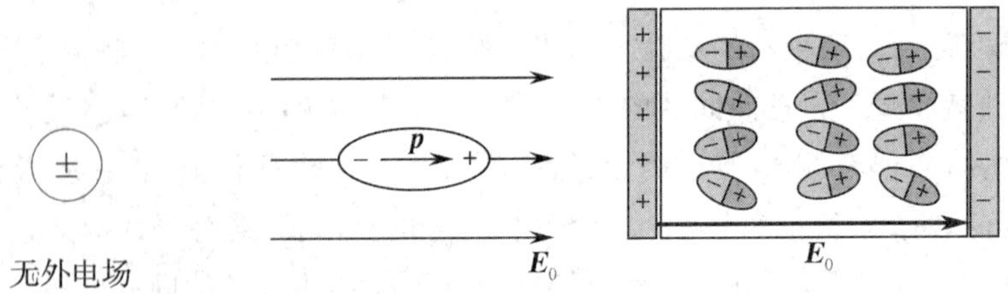

(a)　(b)　(c)

图 10-17 无极分子极化的示意图

10.3.2　电介质中的场强和极化电荷

如果电介质是均匀的，则极化后电介质内部仍然没有净电荷，但电介质的表面会出现面电荷，称为极化电荷．极化电荷不是自由电荷，不能自由运动（有时也称为束缚电荷），但极化电荷会在介质内部产生一个附加电场 $\boldsymbol{E}'$ 使介质中的总电场减小．

电介质中的电场是自由电荷电场与极化电荷的电场叠加的结果．下面用各向同性电介质均匀地充满电场的情况来定量地说明这种叠加的规律．所谓介质均匀地充满电场，对于平行板电容器，是指同一种各向同性的均匀电介质充满两平行板之间；而对于点电荷，原则上要充满到无穷远处．实验证明，若自由电荷的分布不变，当电介质均匀地充满电场后，电介质中任一点的电场强度 E 为原来真空中的电场强度 E_0 的 $1/\varepsilon_r$ 倍，即

$$E=\frac{E_0}{\varepsilon_r},\tag{10-7}$$

其中 $\varepsilon_r>1$，称为电介质的相对电容率，取决于电介质的电学性质．对于"真空"，$\varepsilon_r=1$；对于空气，近似有 $\varepsilon_r\approx1$；对于其他电介质，$\varepsilon_r>1$．

在电场中引入电介质后场强的变化是由于电介质中产生的极化电荷激发的附加电场与外电场叠加的结果．当电介质均匀地充满电场中时，可以通过真空中的电场和电介质中的电场的比较，由自由电荷分布推算出极化电荷的分布．以点电荷的电场为例，真空中的点电荷 q_0 在其周围空间任一点 P 激发的电场为

$$\boldsymbol{E}_0=\frac{q_0}{4\pi\varepsilon_0 r^3}\boldsymbol{r}.$$

电场中充满电介质以后，点电荷本身激发的场强并不会因极化电荷的出现而改变，即仍为上式．极化电荷分布在电介质表面上，即电介质与点电荷交界面上．这是一个很小的范围，从观察点 P 看去，极化电荷也是一个点电荷，设其电量为 q'，它在 P 点激发的电场应为

$$\boldsymbol{E}'=\frac{q'}{4\pi\varepsilon_0 r^3}\boldsymbol{r}.$$

电介质中的场强应是 $\boldsymbol{E}_0$ 与 $\boldsymbol{E}'$ 叠加的结果，即

$$\boldsymbol{E}=\boldsymbol{E}_0+\boldsymbol{E}'=\frac{q_0}{4\pi\varepsilon_0 r^3}\boldsymbol{r}+\frac{q'}{4\pi\varepsilon_0 r^3}\boldsymbol{r}.$$

由式(10-7)可知，均匀电介质中充满点电荷电场中后，P 点处合场强为真空中场强的 $1/\varepsilon_r$ 倍，因此，有

$$\boldsymbol{E}=\frac{q_0}{4\pi\varepsilon_0\varepsilon_r r^3}\boldsymbol{r}.$$

比较以上两式可得

$$q_0+q'=\frac{q_0}{\varepsilon_r}.$$

此式表明，自由电荷和极化电荷的总和等于自由电荷的 $1/\varepsilon_r$ 倍．由此式可解得点电荷周围的极化电荷的电量为

$$q'=\frac{1-\varepsilon_r}{\varepsilon_r}q_0.\tag{10-8}$$

由于 $\varepsilon_r\geqslant1$，故极化电荷与自由电荷异号．对于其他形式的电荷分布，只要是在电场中均匀地充满电介质的条件下，均可如此分析．由 $E=E_0/\varepsilon_r$ 可知，相同的自由电荷在电介质中产生的场强

总是为其在真空中产生的场强的 $1/\varepsilon_r$ 倍,这时任意点的自由电荷和束缚电荷的总和均应为自由电荷的 $1/\varepsilon_r$ 倍,即有 $q_0+q'=\dfrac{q_0}{\varepsilon_r}$,于是我们依然可以得到 $q'=\dfrac{1-\varepsilon_r}{\varepsilon_r}q_0$. 也就是说,式(10-7)和式(10-8)对于各向同性的均匀电介质充满任意带电体的电场中都是成立的.

定义

$$\varepsilon=\varepsilon_0\varepsilon_r \tag{10-9}$$

为电介质的**电容率**,则电介质中的点电荷场强公式为

$$\boldsymbol{E}=\frac{q_0}{4\pi\varepsilon_0\varepsilon_r r^3}\boldsymbol{r}=\frac{q_0}{4\pi\varepsilon r^3}\boldsymbol{r}. \tag{10-10}$$

与点电荷在真空中的场强公式比较,公式形式不变,唯一的变化是把 ε_0 换成了 ε. 由于在所有的场强公式中,真空中的电容率 ε_0 均在分母中,所以当电介质均匀充满电场时,介质中的场强公式形式不变,把 ε_0 换成 ε 即可.

10.3.3 电极化强度

我们知道,在没有外电场时,电介质未被极化,电介质中任一宏观小体积微元 ΔV 中所有分子的电偶极矩的矢量和为零,即 $\sum\boldsymbol{p}=\boldsymbol{0}$. 把电介质放到外电场中,电介质将被极化,此时体积微元 ΔV 中所有分子的电偶极矩的矢量和不为零,即 $\sum\boldsymbol{p}\neq\boldsymbol{0}$. 随着外电场强度的增大,分子的电偶极矩的矢量和将变大. 为此我们用单位体积中分子电偶极矩的矢量和来描述电介质在外电场中的极化程度,即有

$$\boldsymbol{P}=\frac{\sum\boldsymbol{p}}{\Delta V}, \tag{10-11}$$

$\boldsymbol{P}$ 叫作**电极化强度**,其单位是库[仑]每二次方米($\mathrm{C/m^2}$).

电介质极化时,在电介质的表面上将出现极化电荷. 外电场越强,电介质的极化程度越高,电极化强度 $\boldsymbol{P}$ 越大,介质表面上的极化电荷面密度 σ' 越大. 下面我们以电荷面密度分别为 $+\sigma_0$ 和 $-\sigma_0$ 的平行板电容器的极板间充满相对电容率为 ε_r 的均匀电介质为例,来说明电极化强度 $\boldsymbol{P}$ 和极化电荷面密度 σ' 之间的关系.

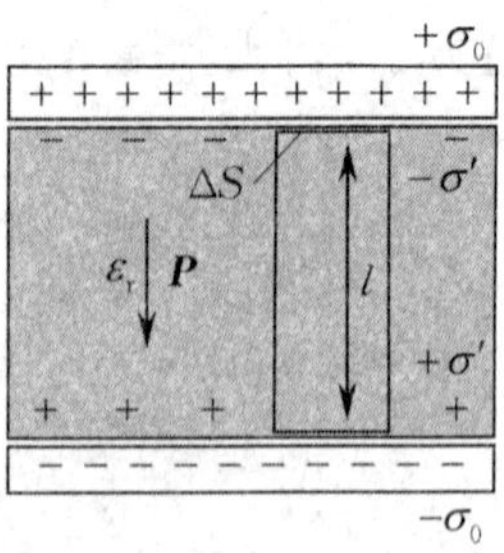

图 10-18 电极化强度与极化电荷面密度的关系

如图 10-18 所示,在电介质中,取一底面积为 ΔS、长为 l 的圆柱体,圆柱体两底面处的极化电荷面密度分别为 $-\sigma'$ 和 $+\sigma'$. 显然,圆柱体内所有分子电偶极矩的矢量和的大小为

$$\sum p=\sigma'\Delta Sl,$$

则电极化强度为

$$P=\frac{\sum p}{\Delta V}=\frac{\sigma'\Delta Sl}{\Delta Sl}=\sigma'. \tag{10-12}$$

式(10-12)表明,两极板间均匀电介质的电极化强度的大小 P 等于极化电荷面密度 σ'.

前面我们根据电介质位于点电荷电场中的情形,得到了极化电荷电量与自由电荷电量之间的关系式(10-8). 下面仍以电荷面密度分别为 $+\sigma_0$ 和 $-\sigma_0$ 的平行板电容器的极板间充满相对电容率为 ε_r 的均匀电介质为例,来说明极化电荷面密度 σ' 和自由电荷面密度 σ_0 之间的关系.

如图 10－19 所示，在自由电荷面密度分别为 $+\sigma_0$ 和 $-\sigma_0$ 的平行板电容器的两极板之间，充满相对电容率为 ε_r 的均匀电介质后，由于极化，在垂直于自由电荷在两极板之间所激发的场强 $\boldsymbol{E}_0$ 的电介质表面上产生面密度分别为 $-\sigma'$ 和 $+\sigma'$ 的极化电荷. 自由电荷在两极板之间激发的场强 $\boldsymbol{E}_0$ 大小为 $E_0=\sigma_0/\varepsilon_0$，极化电荷在两极板之间建立附加电场的场强 $\boldsymbol{E}'$ 大小为 $E'=\sigma'/\varepsilon_0$，$\boldsymbol{E}_0$ 和 $\boldsymbol{E}'$ 方向如图 10－19 所示. 则电介质中的合场强 $\boldsymbol{E}$ 为

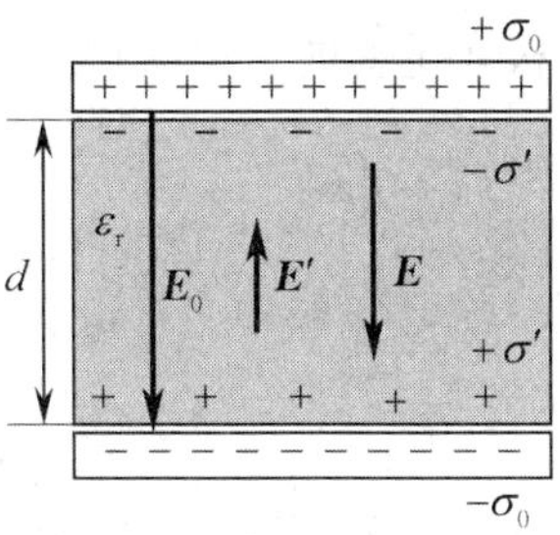

图 10－19　电介质中的场强

$$\boldsymbol{E}=\boldsymbol{E}_0+\boldsymbol{E}'.$$

考虑到 $\boldsymbol{E}_0$ 和 $\boldsymbol{E}'$ 的方向及 $\boldsymbol{E}$ 与 $\boldsymbol{E}_0$ 关系式(10－7)，可得电介质中的合场强 E 的量值为

$$E=E_0-E'=\frac{E_0}{\varepsilon_r},$$

有

$$E'=\frac{\varepsilon_r-1}{\varepsilon_r}E_0, \tag{10-13}$$

从而可得

$$\sigma'=\frac{\varepsilon_r-1}{\varepsilon_r}\sigma_0. \tag{10-14}$$

式(10－14) 给出了极化电荷面密度 σ' 与自由电荷面密度 σ_0 及电介质的相对电容率 ε_r 之间的关系. 由于 $\varepsilon_r\geqslant 1$，所以有 $\sigma'\leqslant\sigma_0$.

将 $E_0=\sigma_0/\varepsilon_0$，$E'=\sigma'/\varepsilon_0$ 及 $\sigma'=P$ 代入式(10－14)，可得电介质的电极化强度的大小 P 与电介质中的合场强大小 E 之间的关系为

$$P=(\varepsilon_r-1)\varepsilon_0 E,$$

写成矢量式有

$$\boldsymbol{P}=(\varepsilon_r-1)\varepsilon_0\boldsymbol{E}. \tag{10-15}$$

式(10－15) 表明，电介质中的 $\boldsymbol{P}$ 与 $\boldsymbol{E}$ 呈线性关系. 我们令 $\chi=(\varepsilon_r-1)$，式(10－15) 也可写成

$$\boldsymbol{P}=\chi\varepsilon_0\boldsymbol{E},$$

χ 称为电介质的**电极化率**.

10.4　电位移矢量　电介质中的高斯定理

上一章讨论的静电场中的高斯定理 $\oiint_S \boldsymbol{E}\cdot d\boldsymbol{S}=q/\varepsilon_0$ 是普遍成立的，其中 q 是闭合曲面 S 内的净电荷. 当电场中有电介质时，它应当是闭合曲面 S 内所包围的自由电荷与极化电荷的总和，即 $q=q_0+q'$，于是高斯定理可写成

$$\oiint_S \boldsymbol{E}\cdot d\boldsymbol{S}=\frac{q}{\varepsilon_0}=\frac{q_0+q'}{\varepsilon_0}.$$

式中的极化电荷 q' 一般情况下是未知的，这给应用高斯定理带来不便. 为此，设法把它用自由电荷 q_0 来表示，这里不做严格的推证，只是用电介质均匀地充满电场的情况来说明这个问题. 按前面所述，电场中均匀地充满电介质时，极化电荷出现在自由电荷附近，电场中各点处自由电荷

和极化电荷的总电量均为自由电荷的 $1/\varepsilon_r$ 倍，即有 $q_0+q'=\dfrac{q_0}{\varepsilon_r}$，把它代入高斯定理，有

$$\oiint_S \boldsymbol{E}\cdot d\boldsymbol{S}=\frac{q_0+q'}{\varepsilon_0}=\frac{q_0}{\varepsilon_0\varepsilon_r}=\frac{q_0}{\varepsilon}.$$

由于在电场 $\boldsymbol{E}$ 中只有电容率为 ε 的一种电介质，于是有

$$\oiint_S \varepsilon\boldsymbol{E}\cdot d\boldsymbol{S}=q_0.$$

在这里，我们定义一个新的物理量叫作**电位移矢量**，用 $\boldsymbol{D}$ 表示，即

$$\boldsymbol{D}=\varepsilon\boldsymbol{E}=\varepsilon_0\varepsilon_r\boldsymbol{E}, \tag{10-16}$$

即在电场中的任意一点，电位移矢量等于该点电介质的电容率 ε 与电场强度 $\boldsymbol{E}$ 之积. 电位移矢量的单位是库[仑]每二次方米(C/m^2).

于是，由上两式得到

$$\oiint_S \boldsymbol{D}\cdot d\boldsymbol{S}=q_0. \tag{10-17}$$

式(10-17)就是**电介质中的高斯定理**. 电介质中的高斯定理表明，电场中通过任一闭合曲面的电位移通量等于闭合曲面所包围的净自由电荷. 可以证明，电介质中的高斯定理对任意的电荷分布，任意的电介质分布都是成立的. 若电介质为真空或空气时，则有 $\boldsymbol{D}=\varepsilon_0\boldsymbol{E}$，电介质中的高斯定理还原为真空中的高斯定理的形式.

和电场强度 $\boldsymbol{E}$ 相似，电位移矢量 $\boldsymbol{D}$ 也在电场所在空间构成一个矢量场，我们也类似地用矢量线形象地描绘电场中电位移矢量的分布，称为**电位移线**，简称 **$\boldsymbol{D}$ 线**. $\boldsymbol{D}$ 线的切线方向表示 $\boldsymbol{D}$ 的方向，$\boldsymbol{D}$ 线的密度表示 $\boldsymbol{D}$ 的大小. $\boldsymbol{D}$ 的通量，即 $\Phi_D=\iint_S \boldsymbol{D}\cdot d\boldsymbol{S}$，称为**电位移通量**或 **$\boldsymbol{D}$ 通量**，表示通过曲面 S 的 $\boldsymbol{D}$ 线条数. 由电介质中的高斯定理可知，$\boldsymbol{D}$ 线发自于正的自由电荷，终止于负的自由电荷. 这与电场线即 $\boldsymbol{E}$ 线不同，$\boldsymbol{E}$ 线始于正电荷，终于负电荷，无论这种电荷是自由的还是束缚的，如图 10-20 所示. $\boldsymbol{D}$ 线的起点和终点与极化电荷无关，但不能认为 $\boldsymbol{D}$ 与极化电荷无关. 场强 $\boldsymbol{E}$ 是由自由电荷和极化电荷共同产生的，故 $\boldsymbol{E}$ 与极化电荷的分布相关. 所以由 $\boldsymbol{E}$ 定义的 $\boldsymbol{D}$ 也与极化电荷的分布相关.

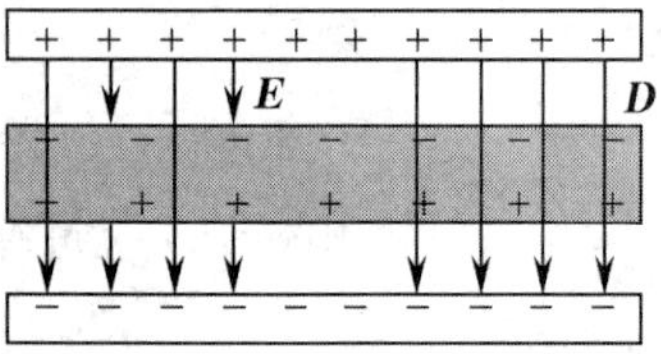

图 10-20 电位移线和电场线的比较

电介质中的高斯定理可以用于求带电体和电介质都具有高度对称性时产生的电场的场强分布. 下面我们通过几个例题来讨论电介质中高斯定理的应用.

【例 10.3】 平行板电容器两极板面积均为 S. 在两板间平行地放置两块面积也为 S，厚度分别为 d_1 和 d_2，电容率分别为 ε_1 和 ε_2 的电介质板，如图 10-21 所示，求该电容器的电容.

解 设两个极板分别带电 $+q$ 和 $-q$，面电荷密度 $\sigma=q/S$. 忽略边缘效应，两种电介质中分别出现均匀电场，场强 $\boldsymbol{E}$ 和电位移矢量 $\boldsymbol{D}$ 均垂直于平板向下. 如图 10-21 所示，作两个底面积分别为 ΔS_1 和 ΔS_2 的圆柱形高斯面 S_1 和 S_2，两底面与平板平行，侧面与平板垂直. 由于两圆柱形高斯面 S_1 和 S_2 的上底面在导体板内，$E=0$，$D=0$，所以 $\boldsymbol{D}$ 通量为零；侧面与 $\boldsymbol{D}$ 线平行，所以 $\boldsymbol{D}$ 通量也为零；只有下底面有 $\boldsymbol{D}$ 通量. 注意两柱形高斯面 S_1 和 S_2 的下底面分别在两种电介质中，由

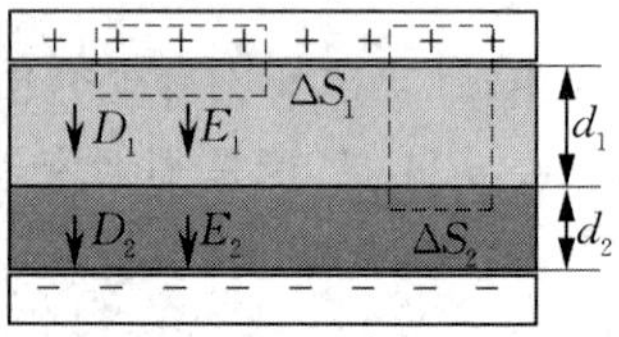

图 10-21

电介质中的高斯定理有

$$\oiint_{S_1} \boldsymbol{D} \cdot \mathrm{d}\boldsymbol{S} = q_1, \quad \oiint_{S_2} \boldsymbol{D} \cdot \mathrm{d}\boldsymbol{S} = q_2,$$

即

$$D_1 \Delta S_1 = \sigma \Delta S_1, \quad D_2 \Delta S_2 = \sigma \Delta S_2.$$

得到

$$D_1 = D_2 = \sigma.$$

上式说明两种电介质中的 $\boldsymbol{D}$ 是相等的.

由电位移矢量的定义 $\boldsymbol{D} = \varepsilon \boldsymbol{E}$ 可得两种电介质中的场强分别为

$$E_1 = \frac{D_1}{\varepsilon_1} = \frac{\sigma}{\varepsilon_1}, \quad E_2 = \frac{D_2}{\varepsilon_2} = \frac{\sigma}{\varepsilon_2}.$$

两极板之间的电势差为

$$U = \int \boldsymbol{E} \cdot \mathrm{d}\boldsymbol{l} = E_1 d_1 + E_2 d_2 = \frac{\sigma}{\varepsilon_1} d_1 + \frac{\sigma}{\varepsilon_2} d_2 = \frac{q d_1}{\varepsilon_1 S} + \frac{q d_2}{\varepsilon_2 S}.$$

所以电容器的电容为

$$C = \frac{q}{U} = \frac{1}{\dfrac{d_1}{\varepsilon_1 S} + \dfrac{d_2}{\varepsilon_2 S}} = \frac{\varepsilon_1 \varepsilon_2 S}{\varepsilon_2 d_1 + \varepsilon_1 d_2},$$

或写作

$$\frac{1}{C} = \frac{d_1}{\varepsilon_1 S} + \frac{d_2}{\varepsilon_2 S} = \frac{1}{C_1} + \frac{1}{C_2}.$$

可见当平行板电容器中平行放置两种电介质时，其电容相当于两个平行板电容器的串联电容. 这两个电容器的板面积仍为 S，极板间距分别为 d_1 和 d_2，其中电介质的电容率分别为 ε_1 和 ε_2.

【例 10.4】　半径为 r_1 的导体球带电为 $+q$，球外有一层内径为 r_1、外径为 r_2 的各向同性均匀电介质，其电容率为 ε，如图 10－22 所示. 分别求电介质、空气中的场强分布和电势分布.

解　由于导体和电介质都具有球对称性，所以自由电荷和极化电荷分布也具有球对称性，因而所产生电场的场强 $\boldsymbol{E}$ 和电位移矢量 $\boldsymbol{D}$ 的分布也具有球对称性，即其方向沿径向发散，且在以 O 为中心的同一球面上各点的 $\boldsymbol{D}$ 及 $\boldsymbol{E}$ 的大小相同. 如图 10－22 所示，在电介质中作一半径为 r 的球面 S_1，按电介质中的高斯定理有

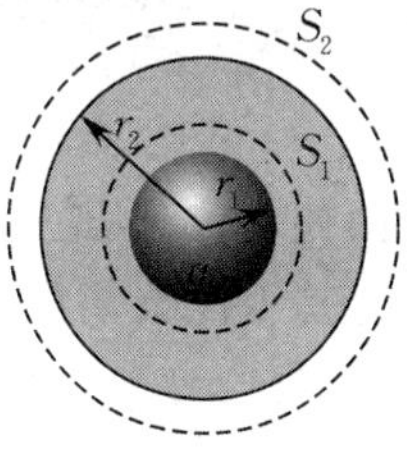

图 10－22

$$\oiint_{S_1} \boldsymbol{D} \cdot \mathrm{d}\boldsymbol{S} = q,$$

即

$$D \cdot 4\pi r^2 = q,$$

所以

$$D = \frac{q}{4\pi r^2} \quad (r_1 < r < r_2).$$

因而电介质中的场强为

$$E = \frac{D}{\varepsilon} = \frac{q}{4\pi \varepsilon r^2} \quad (r_1 < r < r_2),$$

方向沿径向发散.

同理,在电介质外作一球面 S_2,按电介质中的高斯定理仍然有

$$D=\frac{q}{4\pi r^2}\quad (r>r_2),$$

所以电介质外的场强为

$$E=\frac{D}{\varepsilon_0}=\frac{q}{4\pi\varepsilon_0 r^2}\quad (r>r_2),$$

方向沿径向发散.

电介质中距球心为 r 的一点的电势为

$$\begin{aligned}V&=\int_r^\infty \boldsymbol{E}\cdot \mathrm{d}\boldsymbol{l}=\int_r^\infty E\,\mathrm{d}r=\int_r^{r_2}\frac{q}{4\pi\varepsilon r^2}\mathrm{d}r+\int_{r_2}^\infty\frac{q}{4\pi\varepsilon_0 r^2}\mathrm{d}r\\&=\frac{q}{4\pi\varepsilon}\left(\frac{1}{r}-\frac{1}{r_2}\right)+\frac{q}{4\pi\varepsilon_0 r_2}.\end{aligned}$$

空气中距球心为 r 的一点的电势为

$$V=\int_r^\infty \boldsymbol{E}\cdot \mathrm{d}\boldsymbol{l}=\int_r^\infty \boldsymbol{E}\cdot \mathrm{d}\boldsymbol{r}=\int_r^\infty\frac{q}{4\pi\varepsilon_0 r^2}\mathrm{d}r=\frac{q}{4\pi\varepsilon_0 r}.$$

电场中有电介质存在时,一般不宜用叠加原理来求场强 $\boldsymbol{E}$ 和电势 V 的分布.否则必须要考虑极化电荷 q' 单独产生的那一部分场强 $\boldsymbol{E}'$ 和电势 V'.在一定的对称条件下,用电介质中的高斯定理求出 $\boldsymbol{D}$,由 $\boldsymbol{E}=\boldsymbol{D}/\varepsilon$ 得到 $\boldsymbol{E}$,进而用 $V_P=\int_P^\infty \boldsymbol{E}\cdot\mathrm{d}\boldsymbol{l}$ 求出 V 是常用的方法.

10.5 静电场的能量

电荷在电场中移动时,电场力对电荷有做功,这一事实说明电场具有能量.这一节我们将以平行板电容器的充电过程为例,讨论静电场的能量及其计算.

10.5.1 电容器的储能

一个电容器在没充电的时候是没有电能的,在充电过程中,外力要克服电荷之间的相互作用而做功,把其他形式的能量转化为电能.如图 10-23 所示,一电容器正在充电,在充电过程中,无论是用什么装置、方法,总是要不断地把电荷从一个极板输运到另一个极板,从而使两个极板带上等量、异号的电荷.

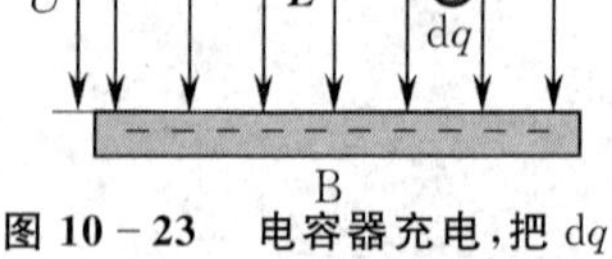

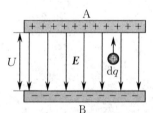

图 10-23 电容器充电,把 dq 电荷从 B 板输运到 A 板时外力做功

设输运的电荷为正电荷,在某一微小过程中,有数量为 dq 的电荷从负极 B 输运到了正极 A.若此时电容器带电量为 q,两极板间电势差为 U,则该过程中外力克服电场力做功为

$$\mathrm{d}A=U\mathrm{d}q=\frac{1}{C}q\,\mathrm{d}q.$$

若在整个充电过程中,电容器上的电量由 0 变化到 Q,则外力克服电场力所做的总功为

$$A=\int\mathrm{d}A=\int_0^Q\frac{1}{C}q\,\mathrm{d}q=\frac{Q^2}{2C}. \tag{10-18}$$

依据能量转换与守恒的思想,在没有与外界发生能量交换的前提下,一个系统拥有的能量应等

于建立这个系统时所输入的能量. 在电容器充电的过程中，能量是通过做功输入到电容器中的，外力的功表现为能量转换的量度. 于是我们可以说，一个电量为 Q、电势差为 U 的电容器储存的电能应该为

$$W_e = \frac{Q^2}{2C} = \frac{1}{2}QU = \frac{1}{2}CU^2. \tag{10-19}$$

从上述的讨论可见，在电容器的充电过程中，外力克服电场力做功，把非静电能转换为电容器的电能.

10.5.2　电场能量密度、静电场的能量

带电的电容器显然是具有能量的，但是电能是储藏在电荷之中还是在电场之中呢?在静电学中是无法作出判断的，因为电场与电荷总是同时存在. 而在电磁场理论中这个问题不难解决，例如现在人类已经能探测到一百亿光年以外星体发出的光，光是电磁波，即变化的电磁场. 最初产生电磁场的那些电荷现在是否存在，我们无从知道，但它产生的电磁场却依然存在，并依然携带着能量. 可见能量存在于电场之中，电能就是电场的能量. 下面我们从平行板电容器的电能公式出发来讨论电场的能量.

对于极板面积为 S、间距为 d 的平行板电容器，当带电量为 Q 时，所储存的电能也可写成

$$W_e = \frac{1}{2}CU^2 = \frac{1}{2}\frac{\varepsilon S}{d}(Ed)^2 = \frac{1}{2}\varepsilon E^2 Sd = \frac{1}{2}\varepsilon E^2 V, \tag{10-20}$$

其中，$V = Sd$，是电场所占据的空间体积.

此结果表明，对一定的电介质中场强一定的电场，电能与电场的体积成正比，这与我们说电能是存储于电场中的能量的说法是一致的. 平行板电容器中的电场是均匀电场，因而电场能量的分布也应该是均匀的，所以我们能求出单位体积内的电场能量即**电场的能量密度**

$$w_e = \frac{W_e}{V} = \frac{1}{2}\varepsilon E^2 = \frac{1}{2}ED = \frac{D^2}{2\varepsilon}. \tag{10-21}$$

上式虽然是从平行板电容器中的电场这个特例中推得的，但可以证明，对于任意的电场，它是普遍正确的.

有了电场能量密度以后，对任意的电场，可以通过积分来求出它的能量. 在电场中取体积元 $\mathrm{d}V$，在 $\mathrm{d}V$ 内的电场能量密度可认为是均匀的，于是 $\mathrm{d}V$ 内的电场能量 $\mathrm{d}W_e = w_e\mathrm{d}V$，在体积 V 中的电场能量为

$$W_e = \int \mathrm{d}W_e = \int_V w_e \mathrm{d}V = \int_V \frac{1}{2}\varepsilon E^2 \mathrm{d}V. \tag{10-22}$$

我们知道，物质具有能量. 电场具有能量是电场的物质性的一种有力的表现.

【例 10.5】　一球形电容器内、外球的半径分别为 R_1 和 R_2，如图 10-24 所示. 两球间充满相对电容率为 ε_r 的电介质，求此电容器带有电量 Q 时所储存的电场能量.

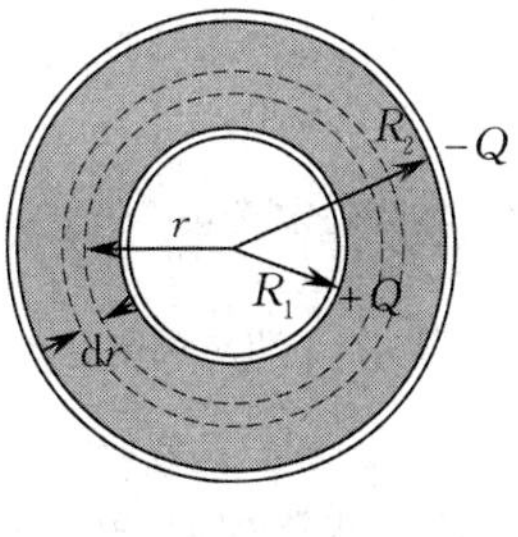

图 10-24

解　球形电容器充电后，内外两球分别带有电量 $+Q$ 和 $-Q$. 由高斯定理可求出内球内部 $(r < R_1)$ 和外球外部 $(r > R_2)$ 的场强为零，两球之间 $(R_1 < r < R_2)$ 的场强大小为

$$E = \frac{Q}{4\pi\varepsilon_0\varepsilon_r r^2}.$$

在两球之间取一个半径为 r、厚度为 $\mathrm{d}r$ 的球壳，它的体积为

$$dV = 4\pi r^2 dr.$$

球壳内的电场能量密度可认为是均匀的,故球壳内的电场能量为

$$dW_e = w_e dV = \frac{1}{2}\varepsilon E^2 dV = \frac{1}{2}\varepsilon_0\varepsilon_r\left(\frac{Q}{4\pi\varepsilon_0\varepsilon_r r^2}\right)^2 \cdot 4\pi r^2 dr = \frac{Q^2}{8\pi\varepsilon_0\varepsilon_r r^2}dr.$$

电容器储存的电场能量为

$$W_e = \int dW_e = \int_{R_1}^{R_2} \frac{Q^2}{8\pi\varepsilon_0\varepsilon_r r^2}dr = \frac{Q^2}{8\pi\varepsilon_0\varepsilon_r}\left(\frac{1}{R_1} - \frac{1}{R_2}\right).$$

球形电容器的电能也可以直接用电容器储存电能的公式求出:

$$W_e = \frac{Q^2}{2C} = \frac{Q^2}{2\cdot 4\pi\varepsilon_0\varepsilon_r \dfrac{R_1R_2}{R_2 - R_1}} = \frac{Q^2}{8\pi\varepsilon_0\varepsilon_r}\left(\frac{1}{R_1} - \frac{1}{R_2}\right).$$

思考题 10

10.1 有一个绝缘的金属筒,上面开一小孔,通过小孔放入一用丝线悬挂的带正电的小球,试讨论在下列各种情形下,金属筒外壁带何种电荷?

(1) 小球跟筒的内壁不接触;

(2) 小球跟筒的内壁接触;

(3) 小球不跟筒壁接触,但人用手接触一下筒的外壁,松开手后再把小球移出筒外.

10.2 举例说明在何种情形下能使导体:

(1) 净电荷为零而电势不为零;

(2) 有过剩的正电荷,而其电势为零;

(3) 有过剩的正电荷,而其电势为负.

10.3 在高压电器设备周围,常围上一接地金属栅网,以保证栅网外的人身安全,试说明其道理.

10.4 在绝缘支柱上放置一闭合的金属球壳,球壳内有一人,当球壳带电并且电荷越来越多时,他观察到的球壳表面的电荷面密度、球壳内的场强是怎样的?当一个带有跟球壳相异电荷的巨大带电体移近球壳时,此人又将观察到什么现象?此人处在球壳内是否安全?

10.5 有人说:"由于 $C = Q/U$,所以电容器的电容与其所带电荷成正比."这句话对吗?如果电容器两极的电势差增加一倍,Q/U 又将如何变化呢?

10.6 一平行板电容器被一电源充电后,将电源断开,然后将一厚度为两极板间距一半的金属板放在两极板之间,试问下述各量如何变化?

(1) 电容;

(2) 极板上的电荷;

(3) 极板间的电势差;

(4) 极板间的电场强度;

(5) 电场的能量.

10.7 电势的定义是单位电荷具有的电势能,为什么带电电容器的能量是 $\frac{1}{2}QU$,而不是 QU 呢?

10.8 (1) 一个带电的金属球壳里充满了均匀电介质,外面是真空,此球壳的电势是否等于 $\frac{1}{4\pi\varepsilon_0}\frac{Q}{\varepsilon_r R}$?为什么?

(2) 若球壳内为真空,球壳外是无限大均匀电介质,这时球壳的电势为多少?

Q 为球壳上的自由电荷,R 为球壳半径,ε_r 为介质的相对电容率.

习 题 10

10.1 如图 10-25 所示，三个无限长、半径分别为 R_1，R_2，R_3 的同轴导体圆柱面. A 和 C 接地，B 带电量为 Q，则 B 的内表面的电荷 Q_1 和外表面的电荷 Q_2 之比为______.

10.2 如图 10-26 所示，真空中有一点电荷 q，旁边有一半径为 R 的球形带电导体，q 距球心为 $d(d>R)$，球体附近有一点 P，P 在 q 与球心的连线上，静电平衡时，P 点附近导体的面电荷密度为 σ. 以下关于 P 点电场强度大小的答案中，正确的是(　　).

A. $\dfrac{\sigma}{2\varepsilon_0}+\dfrac{q}{4\pi\varepsilon_0(d-R)^2}$　　B. $\dfrac{\sigma}{2\varepsilon_0}-\dfrac{q}{4\pi\varepsilon_0(d-R)^2}$

C. $\dfrac{\sigma}{\varepsilon_0}+\dfrac{q}{4\pi\varepsilon_0(d-R)^2}$　　D. $\dfrac{\sigma}{\varepsilon_0}-\dfrac{q}{4\pi\varepsilon_0(d-R)^2}$

E. $\dfrac{\sigma}{\varepsilon_0}$

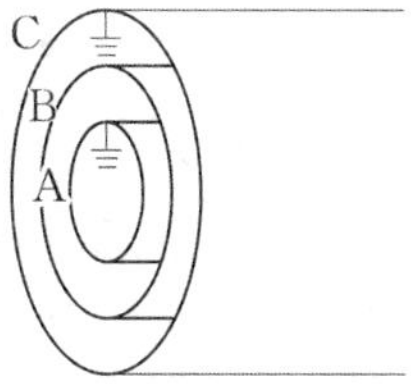

图 10-25

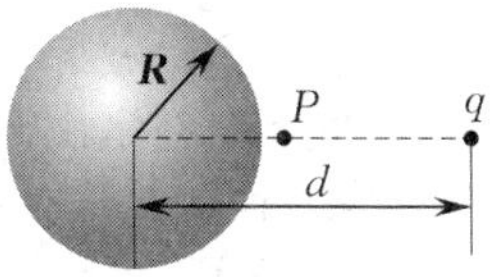

图 10-26

10.3 如图 10-27 所示，一半径为 R 的金属球接地，在与球心相距 $d=2R$ 处有一点电荷 $+q$，则金属球上的感应电荷 q' 为(　　).

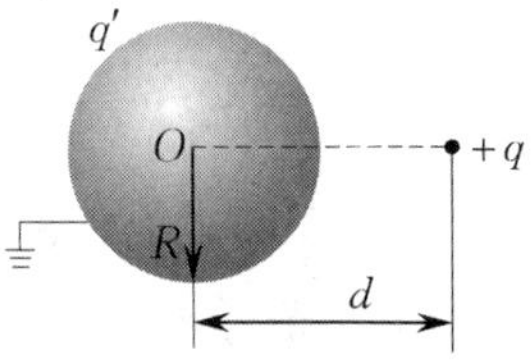

图 10-27

A. $+\dfrac{q}{2}$

B. 0

C. $-\dfrac{q}{2}$

D. 由于感应电荷分布非均匀，因此无法求出

10.4 下列说法正确的是(　　).

A. 高斯面上各点的 $\boldsymbol{D}$ 为零，则面内必不存在自由电荷

B. 高斯面上各点的 $\boldsymbol{E}$ 为零，则面内自由电荷的代数和为零，极化电荷的代数和也为零

C. 高斯面内无自由电荷，则面上各点 $\boldsymbol{D}$ 必为零

D. 高斯面上各点的 $\boldsymbol{D}$ 仅与自由电荷有关

10.5 极化强度 $\boldsymbol{P}$ 是量度电介质极化程度的物理量，有一关系式为 $\boldsymbol{P}=\varepsilon_0(\varepsilon_r-1)\boldsymbol{E}$，电位移矢量公式为 $\boldsymbol{D}=\varepsilon_0\boldsymbol{E}+\boldsymbol{P}$，则(　　).

A. 两公式适用于任何电介质

B. 两公式只适用于各向同性电介质

C. 两公式只适用于各向同性且均匀的电介质

D. 前者适用于各向同性电介质，后者适用于任何电介质

10.6 空气平行板电容器保持电压不变，再在两极板内充满均匀电介质，则电场强度大小 E、电容 C、极板上电量 Q 及电场能量 W 与充入电介质前比较，变化情况是(　　).

A. E 减小，C，Q，W 增大　　B. E 不变，C，Q，W 增大

C. E，W 减小，C，W 增大　　D. E 不变，C，Q，W 减小

10.7 面电荷密度为 σ_1 的无限大均匀带电平面 B 与无限大均匀带电导体平板 A 平行放置,如图 10－28 所示.静电平衡后,A 板两面的面电荷密度分别为 σ_2,σ_3.求靠近 A 板右侧面的一点 P 的场强大小.

10.8 一导体球半径为 R_1,球外有一个内、外半径分别为 R_2,R_3 的同心导体球壳,此系统带电后内球电势为 V_1,外球所带总电量为 Q.求此系统各处的电势和电场分布.

10.9 如图 10－29 所示,半径为 r_1,r_2($r_1 < r_2$)的两个同心导体球壳互相绝缘,现把 $+q$ 的电荷量给予内球.

(1) 求外球的电荷量及电势;

(2) 把外球接地后再重新绝缘,求外球的电荷量及电势;

(3) 然后把内球接地,求内球的电荷量及外球的电势的改变.

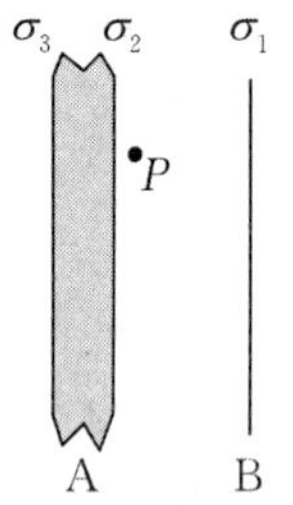

图 10－28

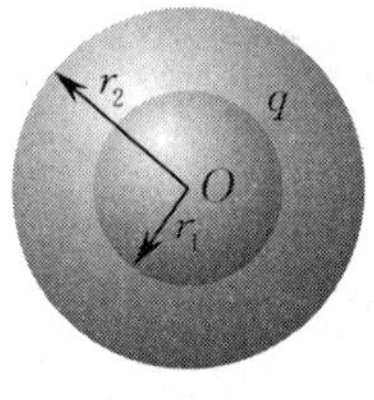

图 10－29

10.10 如图 10－30(a) 所示,由半径分别为 $R_1 = 5$ cm,$R_2 = 10$ cm 的两个很长的共轴金属圆柱面构成一个圆柱形电容器.将它与一个直流电源相接.今将电子射入电容器中,如图 10－30(b) 所示,电子的速度沿其半径为 r($R_1 < r < R_2$)的圆周的切线方向,其值为 3×10^6 m/s.欲使该电子在电容器中做圆周运动,问在电容器的两极之间应加多大的电压?($m_e = 9.1\times10^{-31}$ kg,$e = 1.6\times10^{-19}$ C)

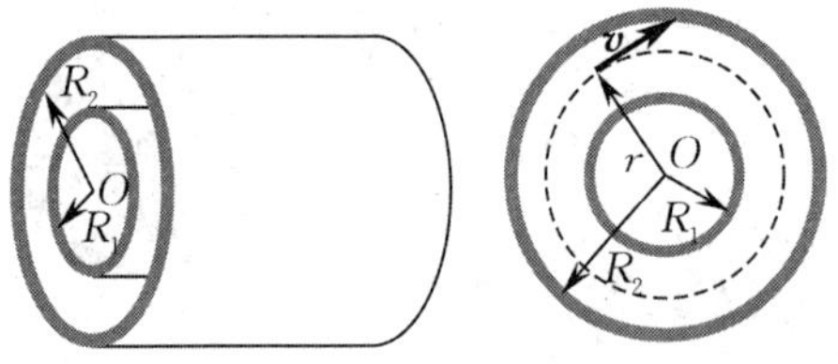

(a) (b)

图 10－30

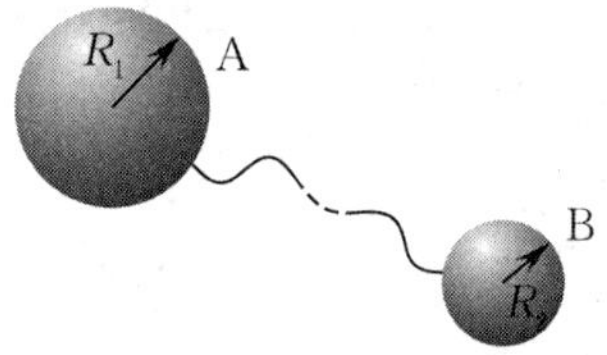

图 10－31

10.11 如图 10－31 所示,半径分别为 R_1,R_2 的两个金属导体球 A,B,相距很远,求:

(1) 每个球的电容;

(2) 若用细导线将两球连接后,利用电容的定义求此系统的电容;

(3) 若系统带电,静电平衡后,两球表面附近的电场强度之比.

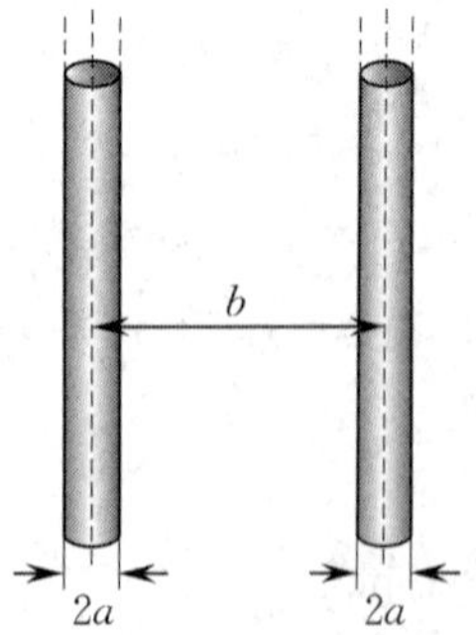

图 10－32

10.12 如图 10－32 所示,两根平行的长直导线,两线中心线相距为 b,它们的横截面半径都等于 a,并且 $b \gg a$,求单位长度上的电容.

10.13 将一个电容为 4 μF 的电容器和一个电容为 6 μF 的电容器串联起来,接到 200 V 的电源上,充电后,将电源断开,并将两电容器分离.在下列两种情况下,每个电容器的电压各变为多少?

(1) 将每一个电容器的正极板与另一个电容器的负极板相连;

(2) 将两电容器的正极板与正极板相连,负极板与负极板相连.

10.14 平行板空气电容器的空气层厚度为 1.5×10^{-2} m,两极间电压为 40 kV 时,电容器是否会被击穿(设空气的击穿场强为 3×10^3 kV/m)?再将一厚度为0.3 cm,相对电容率为 7.0,击穿电场强度为 10 MV/m 的玻璃片插入电容器中,并与两极板平行,这时电容器是否会被击穿?

10.15 如图 10－33 所示,三块平行金属板 A,B,C,面积均为 0.02 m²,A 与 B 相距4.0 mm,A 与 C 相距

2.0 mm，B 和 C 两板都接地. 若 A 板带正电荷 $Q = 3.0 \times 10^{-7}$ C，不计边缘效应，求：

(1) 若平板间为空气（$\varepsilon_r = 1.00$），求 B，C 板上的感应电荷及 A 板的电势；

(2) 若在 A，C 平板间充以另一相对电容率 $\varepsilon_r = 6$ 的均匀电介质，求 B，C 板上的感应电荷及 A 板的电势.

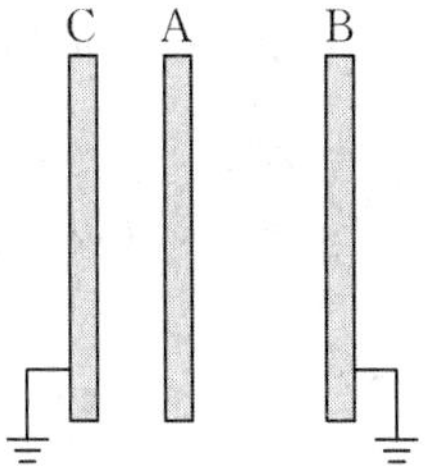

图 10－33

10.16 两个同心的薄金属球壳，内、外球壳半径分别为 $R_1 = 0.02$ m，$R_2 = 0.06$ m. 球壳间充满两层均匀电介质，它们的相对电容率分别为 $\varepsilon_{r1} = 6$ 和 $\varepsilon_{r2} = 3$. 两层电介质的分界面半径 $R = 0.04$ m. 设内球壳带电量 $Q = -6 \times 10^{-8}$ C，求：

(1) $\boldsymbol{D}$ 和 $\boldsymbol{E}$ 的分布，并画 $D-r$，$E-r$ 曲线；

(2) 两球壳之间的电势差；

(3) 贴近内金属壳的电介质表面上的束缚电荷面密度.

10.17 半径为 R 的电介质球，相对电容率为 ε_r，其电荷体密度 $\rho = \rho_0\left(1-\frac{r}{R}\right)$，式中 ρ_0 为常量，r 是球心到球内某点的距离. 试求：

(1) 电介质球内的电位移矢量和场强分布；

(2) 在半径 r 多大处的场强最大?

10.18 如图 10－34 所示，平行板电容器极板面积均为 S，板间距为 d，充以相对电容率分别为 ε_{r1}，ε_{r2}，ε_{r3} 的均匀电介质，求各电容器的电容.

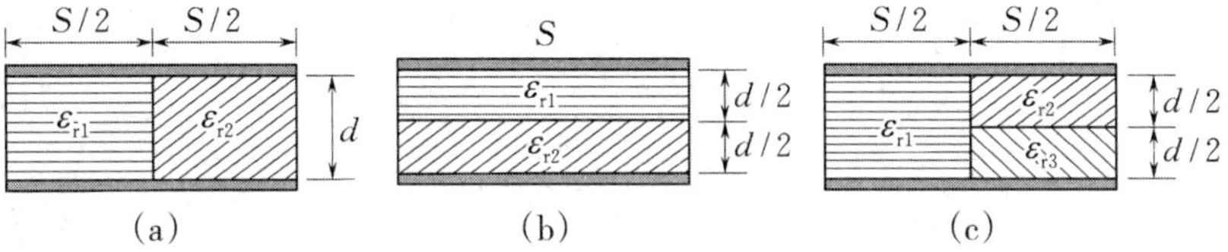

图 10－34

10.19 有两块平行板，面积各为 100 cm^2，板上带有 8.9×10^{-7} C 的等值异号电荷，两板间充以电介质，已知电介质内部电场强度为 1.4×10^6 V/m，求：

(1) 电介质的相对电容率；

(2) 电介质面上的极化面电荷.

10.20 计算半径为 R、电荷体密度为 ρ 的均匀带电球体的电场总能量.

10.21 如图 10－35 所示，圆柱形电容器由半径为 R_1 和 R_3 的两同轴圆柱导体面构成，且圆柱体的长度 l 比半径 R_3 大得多，内、外筒间充满相对电容率分别为 ε_{r1} 和 ε_{r2} 的均匀电介质，两层电介质的分界面半径为 R_2. 设沿轴线单位长度上内、外筒带电为 $+\lambda$ 和 $-\lambda$，求：

(1) 两介质中的 $\boldsymbol{D}$ 和 $\boldsymbol{E}$；

(2) 内外筒间的电势差；

(3) 电容 C；

(4) 整个电介质内的电场总能量.

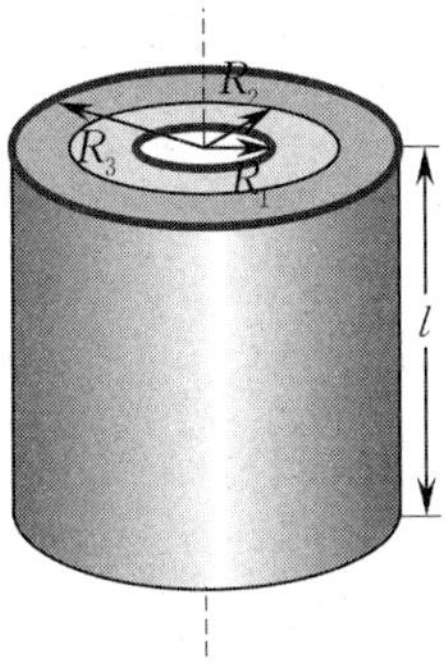

图 10－35

图书在版编目(CIP)数据

物理学. 上/杨晓峰，许丽萍主编. —北京：北京大学出版社，2020. 2
ISBN 978-7-301-31224-7

Ⅰ. ①物…　Ⅱ. ①杨…②许…　Ⅲ. ①物理学—高等学校—教材　Ⅳ. ①O4

中国版本图书馆 CIP 数据核字(2020)第 023213 号

书　　名	物理学（上） WULIXUE (SHANG)
著作责任者	杨晓峰　许丽萍　主编
责任编辑	顾卫宇
标准书号	ISBN 978-7-301-31224-7
出版发行	北京大学出版社
地　　址	北京市海淀区成府路 205 号　100871
网　　址	http://www.pup.cn
电子信箱	zpup@pup.cn
新浪微博	@北京大学出版社
电　　话	邮购部 010-62752015　发行部 010-62750672　编辑部 010-62764271
印 刷 者	长沙超峰印刷有限公司
经 销 者	新华书店
	787 毫米×1092 毫米　16 开本　17.25 印张　431 千字
	2020 年 2 月第 1 版　2021 年 11 月第 3 次印刷
定　　价	49.00 元